VIVRE DANS UNE ILE

Une géopolitique des insularités

COLLECTION
"Géographie et Cultures"

publication du Laboratoire *"Espace et Culture"*

directeur : **Paul CLAVAL**, Professeur Université de Paris IV
rédaction : Colette FONTANEL, Ingénieur d'Etudes au CNRS

titres parus :

Série "Fondements de la géographie culturelle"
Cynthia Ghorra-Gobin (dir.), *Penser la ville de demain,* 1994, 266 p.
Paul Claval, Singaravélou (dir.), *Ethnogéographies,* 1995, 370 p.
Marc Brosseau, *Des Romans-géographes. Essai,* 1996, 246 p.
Françoise Péron, Jean Rieucau, *La Maritimité aujourd'hui,* 1996, 236 p.
Jean-Robert Pitte, Robert Dulau (dir.), *Géographie des parfums,* à paraître.
Joël Bonnemaison, Luc Cambrézy, Laurence Quinty-Bourgeois (dir.), *Les Représentations du territoire,* à paraître.

Série "Histoire et épistémologie de la géographie"
Paul Claval, André-Louis Sanguin (dir.), *La Géographie française à l'époque classique (1918-1968),* 1996, 345 p.
Jean-François Staszak (dir.), *Les Discours du géographe,* 1997, 284 p.
Jean-Pierre Augustin, Vincent Berdoulay, *Modernité et tradition au Canada,* 1997, 220 p.

Série "Culture et politique"
André-Louis Sanguin (dir.), *Les Minorités ethniques en Europe,* 1993, 369 p.
Henri Goetschy, André-Louis Sanguin (dir.), *Langues régionales et relations transfrontalières en Europe,* 1995, 318 p.
Georges Prévelakis (dir.), *La Géographie des diasporas,* 1996, 444 p.
Emmanuel Saadia, *Systèmes électoraux et territorialité en Israël,* 1997, 114 p.
Anne Gaugue, *Les Etats africains et leurs musées. La Mise en scène de la nation,* 1997, 230 p.
Paul Claval, André-Louis Sanguin (dir.), *Métropolisation et politique*, 1997, 316 p.
André-Louis Sanguin (dir.), *Vivre dans une île. Une géopolitique des insularités*, 1997, 390 p.

Série "Etudes culturelles et régionales"
Jean-Christophe Huet, *Les Villages perchés des Dogon du Mali,* 1994, 191 p.
Béatrice Collignon, *Les Inuit. Ce qu'ils savent du territoire,* 1996, 254 p.
Thierry Sanjuan, *A l'Ombre de Hong Kong. Le delta de la Rivière des Perles*, 1997, 313 p.
Thomas Lothar Weiss, *Migrants nigérians. La diaspora dans le Sud-Ouest du Cameroun,* à paraître.

ISBN : 2-7384-5934-X

Sous la direction de André-Louis SANGUIN

VIVRE DANS UNE ILE

Une géopolitique des insularités

Série "Culture et politique"
Collection "Géographie et Cultures"

Éditions L'Harmattan
5-7, rue de l'École-Polytechnique
75005 Paris

L'Harmattan Inc.
55, rue Saint-Jacques
Montréal (Qc) – CANADA H2Y 1K9

Coordination de la rédaction et mise en page :
Colette FONTANEL, Ingénieur d'Etudes au CNRS,
Laboratoire "Espace et Culture"

Photo de couverture :
Cala Macarella et Cala Macarelleta, calanques typiques de la côte méridionale de Minorque (Cliché ESTOP, Palma de Mallorca; don de l'Institut Menorqui d'Estudis)

Sous la direction de André-Louis SANGUIN

VIVRE DANS UNE ILE

Une géopolitique des insularités

Série "Culture et politique"
Collection "Géographie et Cultures"

Éditions L'Harmattan
5-7, rue de l'École-Polytechnique
75005 Paris

L'Harmattan Inc.
55, rue Saint-Jacques
Montréal (Qc) – CANADA H2Y 1K9

Coordination de la rédaction et mise en page :
Colette FONTANEL, Ingénieur d'Etudes au CNRS,
Laboratoire "Espace et Culture"

Photo de couverture :
Cala Macarella et Cala Macarelleta, calanques typiques de la côte méridionale de Minorque (Cliché ESTOP, Palma de Mallorca; don de l'Institut Menorqui d'Estudis)

SOMMAIRE

VIVRE DANS UNE ILE,
Une géopolitique des insularités

Table des matières 5
Avant-propos : André-Louis SANGUIN 7
Prologue : Cristobal TRIAY HUMBERT, L'insulaire, un être apocalyptique ? 9

INTRODUCTION :
André-Louis SANGUIN, "Faire le tour de l'île"... quelques jalons pour une géopolitique des insularités 11

PARTIE I : Insularité et positionnement territorial 21
Michel SIVIGNON, Le rôle géopolitique des îles dans l'histoire de la Grèce moderne 23
Georges PREVELAKIS, La Crête, carrefour culturel et géopolitique 29
Damir MAGAS, Les îles de la Croatie, principales caractéristiques géographiques et géopolitiques 37
Albert ODOUARD, Etude géopolitique de l'archipel canarien : facteurs de cohésion et de désintégration 49
Michel CABOURET, L'insularité, facteur d'autonomie politique et administrative ? Les îles Aland (Finlande) 55
Guy FONTAINE, Mayotte, l'île aux multiples défis 69
Alain HUETZ DE LEMPS, L'isolement de Wallis et Futuna 81
Lluis MALLART, Micro-Etats et localisme comme expression d'internationalité : la démythification de l'insularité comme modèle d'isolement 95

PARTIE II : Les îles et les enjeux géopolitiques 103
Paul CLAVAL, Insularité et politique, le cas de Taïwan 105
Joël BONNEMAISON, La sagesse des îles 121
Philippe PELLETIER, Aspects géopolitiques de la surinsularité japonaise 131
André LOUCHET, Géostratégie de Ceylan et des Maldives 143
Jean-Pierre CHARDON, Les départements français d'Amérique et le nouveau contexte caribéen 155
Denise DOUZANT ROSENFELD, L'archipel cubain dans le nouvel "ordre" mondial 163
François TAGLIONI, Géopolitique et insularité, le cas des Petites Antilles 175

PARTIE III : Economie et aménagement insulaires dans une perspective géopolitique 191
Louis BRIGAND, Les politiques d'acquisition et de gestion des îles et îlots par le Conservatoire de l'Espace du Littoral et des Rivages Lacustres en France 193
André-Louis SANGUIN, Jersey, les avantages économiques d'un territoire insulaire hors Union Européenne 201
Sergi MARI, Coûts et bénéfices de l'insularité d'un point de vue économique, le cas de Minorque 211
Lino et Marie BRIGUGLIO, Le tourisme durable dans les petites îles, le cas de Malte 221
Bartomeu BARCELO, Les changements récents dans la société de Majorque : population et territoire 235
Theodosia ANTHOPOULOU, L'enjeu de petites économies en milieu insulaire grec : l'île de Paros (Cyclades) 241
Ann MARKSOO, Le développement démographique des îles occidentales de l'Estonie dans le contexte des changements politico-économiques 253
Michel DESSE, Les difficultés de la mise en place de la régionalisation en Guadeloupe, Martinique, Réunion 267

PARTIE IV : L'insularité : de l'espace vécu à l'espace rêvé 281
Françoise PERON, Les mutations récentes des identités insulaires : l'exemple des jeunes des petites îles de l'Ouest français; crise des métiers, crise d'identité 283
Robert LEU, Survie indigène et changement culturel aux Iles Marquises (Polynésie Française), le cas de Fatuiva 301
Aliette GEISTDOERFER, Vivre à Saint-Pierre et Miquelon, une société insulaire bloquée pour une survie différenciée 311
Carles CARRERAS, L'insularité comme ressource, le cas minorquin 331
Jean-François STASZAK, L'insularité de Zanzibar, de l'empire des boutres aux nouvelles utopies 339
Louis MARROU, De Lisbonne à Macao : lusotopie insulaire 357
Christophe GRENIER, Les Galapagos: patrimoine mondial ou province équatorienne ? 373

CONCLUSION :
André-Louis SANGUIN, Vers une approche politique de l'insularité en Union Européenne 383

POSTFACE
André-Louis SANGUIN, L'île, l'amour, l'Europe 389

AVANT-PROPOS

André-Louis SANGUIN
Commission de Géographie Politique
(Comité National Français de Géographie)
Commission Carte Politique du Monde
(Union Géographique Internationale)

Ce livre découle directement du colloque international "Vivre dans une île, géopolitique des insularités en Europe et dans le monde" dont il constitue les actes. Ce colloque s'est tenu, du 19 au 22 septembre 1995, à la Casa de Cultura de Mao/Mahon, capitale de l'île de Minorque (Baléares-Espagne).

Placée sous le haut patronage du Consell Insular de Menorca avec le concours de l'Institut Menorqui d'Estudis, cette réunion scientifique a été organisée par la Commission de Géographie Politique (Comité National Français de Géographie) sous le parrainage de la Commission Carte Politique du Monde (Union Géographique Internationale).

Le principe de la tenue de ce colloque thématique dans la deuxième île des Baléares avait été accepté et chaudement appuyé par Joan Huguet, président du Consell Insular de Menorca, devenu ultérieurement président du Parlement de la Communauté Autonome des Baléares à Palma de Majorque. Ce rassemblement a pu se dérouler dans les meilleures conditions grâce au concours apprécié de son successeur Cristobal Triay.

Pour toute la préparation et l'organisation matérielle de cette réunion minorquine, Miquel Angel Limon Pons, chef de presse et du protocole au sein du Consell Insular de Menorca, assisté de Maria José Ramirez Madrid, a joué un rôle majeur. L'Institut Menorqui d'Estudis, son coordonnateur scientifique, Josep Miquel Vidal Hernandez, et plusieurs de ses chercheurs ont apporté une contribution significative par la présentation de communications davantage consacrées à Minorque et par leurs commentaires utiles durant l'excursion thématique menée jusqu'au cœur des calanques du Migjorn, la côte Sud de l'île (*cf.* cliché de couverture).

Nous sommes redevables à tous les participants qui ont fait du colloque de Minorque un succès. La centralisation de l'information pour la publication de ce livre et la préparation du manuscrit final ont été réalisées par Colette Fontanel, ingénieur d'études CNRS à l'Université de Paris-Sorbonne. Afin de conférer à ce livre un unilinguisme français fonctionnel, les textes originellement rédigés en catalan, espagnol et anglais ont été traduits par André-Louis Sanguin tandis que certaines cartes étaient re-dessinées ou carrèment confectionnées par Frédérique Guiraud.

Minorque (689 km^2 et 68 500 habitants) est bien vite apparue comme un lieu idéal pour accueillir un colloque international consacré à la géopolitique des insularités en Europe et dans le monde. A 360 km des côtes françaises, 190 km de Barcelone mais aussi à 310 km des côtes algériennes, cette île, constituée de 8 communes, est catalanophone comme ses consœurs de l'archipel. Au sein de la Communauté Autonome des Baléares (5 014 km^2 et 690 000 habitants), Minorque est une île où l'on rencontre la coexistence pacifique entre des activités souvent opposées: agriculture, industrie, tourisme, transport. C'est surtout une île capable de concilier l'impossible équation développement/conservation. C'est une île où les zones naturelles sont tellement bien protégées que l'UNESCO a octroyé à Minorque le rare privilège du statut de Réserve de la Biosphère.

Mais c'est aussi et surtout l'île où est passé dans les actes quotidiens le fameux principe de subsidiarité, clef de tout fédéralisme et concept central de l'Union Européenne. En d'autres mots, la Communauté Autonome des Baléares, elle-même subsidiaire de l'Etat central espagnol, a octroyé à Minorque des champs de compétence. C'est "l'autonomie dans l'autonomie". Bref, l'Espagne en général et les Baléares en particulier nous donnent là une grande leçon d'européisme.

Joël Bonnemaison, professeur à l'Université de Paris-Sorbonne, nous a quittés le 6 juillet 1997 terrassé par une crise cardiaque à Nouméa, capitale de cette Nouvelle-Calédonie qui lui avait servi de base pour développer l'essentiel de ses recherches océanistes et insularistes dans la portée de la géographie culturelle. Ses publications en ce domaine en avaient fait un spécialiste réputé au niveau national et international (sa thèse de doctorat avait été traduite en anglais aux Presses de l'Université d'Hawaï à Honolulu en 1994).

Il avait été l'un des participants les plus appréciés du colloque de Minorque puisque la presse écrite locale l'avait longuement interrogé dans ses colonnes sur sa conception et sa perception de l'insularité. Dans ce livre, on relira avec profit le texte intitulé "La sagesse des îles" (pages 121 à 129). Ce fut sa communication présentée à Minorque. Elle constitue l'un de ses derniers écrits publiés.

Son voyage intérieur mit en relief l'imaginaire de l'insularité. Il fut un sage des îles qui savait entendre la voix des choses et des hommes.

Hommage ému et adieu à un collègue.

Prologue

L'insulaire, un être apocalyptique ?[1]

Cristobal TRIAY HUMBERT[2]
Président, Consell Insular de Menorca

Il y a quelques semaines, j'avais l'occasion de lire un article de presse très suggestif qui parlait de la psychologie de l'insularité et du défi qu'il y a à définir l'identité des hommes et des femmes qui habitent des territoires insulaires.

En tant que citoyen d'une île (l'île de Minorque), je me suis senti interpelé par cet article. L'auteur y énonçait des choses tout à fait opportunes comme celles-ci :

> *"Un insulaire est un être apocalyptique. C'est parce qu'il perçoit toutes sortes de menaces... C'est un indolent, et il ne cesse de l'être dans la mesure où il faut survivre. L'insulaire est dédaigneux, hautain et simple. Un insulaire, c'est un homme sur une roche mais c'est aussi un homme comme une roche. Il ne peut tourner le dos à la géographie car il en est le fils. C'est un homme obsédé par les voyages et, en même temps, menacé par eux. C'est l'habitant d'un paradis ou d'un enfer".*
>
> *"La mélancolie de l'insulaire a énormément à voir avec ses idées du temps et de l'espace réunis, mais son calme n'évite pas l'audace : cultivateur de terres hostiles ou conquérant de nouveaux espaces... il est un être en rébellion contre lui-même ou un contemplateur endolori de sa propre existence".*

Mesdames et messieurs, un insulaire, un habitant d'une île, c'est tout cela mais c'est aussi beaucoup d'autres choses, jamais bien expliquées et toujours sous le coup d'être de nouveau étudiées.

Aujourd'hui, c'est une satisfaction pour le peuple minorquin, au nom de qui je me permets de vous saluer, de recevoir d'illustres professeurs venus du monde entier et qui se réunissent sur notre terre pour parler précisément des insularités.

---

1. Texte traduit du catalan par André-Louis Sanguin

2. Discours prononcé par le président Triay le 19 septembre 1995 en la Sala Augusta à Mao (Minorque) à l'occasion de la cérémonie d'ouverture du colloque international "Vivre dans une île, géopolitique des insularités en Europe et dans le monde".

Vous le ferez avec une mentalité scientifique, économiciste ou académique mais, selon moi, il me paraît beaucoup plus opportun de rechercher le point de vue humain, intime, psychologique de ce que représente une île et de ce que cela suppose d'y habiter.

Je souhaite que ces journées apportent toutes sortes de conclusions fructueuses capables d'apporter un peu de lumière quant à l'éternelle inconnue qui se cache derrière le concept d'île et derrière le concept d'insularité.

Sachez, mesdames et messieurs, qu' "il n'existe pas dans la nature de lieu plus chargé de risques pour l'indépendance de la créature humaine qu'une île" selon la phrase lapidaire de Domingo Perez Minik[3]*.*

Aidez-nous, par la même occasion, à interpréter les clés de notre existence comme communauté insulaire. J'espère que vos conclusions scientifiques nous ouvriront une porte vers de nouveaux niveaux de bien-être matériel et spirituel. Les insulaires vous en remercieront très sincérement.

---

3. L'écrivain Domingo Perez Minik a reçu le Grand Prix Planeta 1995 du roman espagnol.

INTRODUCTION

André-Louis SANGUIN
Université d'Angers
et Laboratoire Espace et Culture

"Faire le tour de l'ile"... Quelques jalons pour une géopolitique des insularités

Sitôt qu'il a échappé aux périls de la mer et pourvu aux nécessités les plus urgentes de la survie, le premier soin du naufragé jeté sur le rivage de l'île déserte est d'en faire le tour (Marimoutou et Racault, 1995). Or, "faire le tour de l'île" n'est pas chose aisée d'un point de vue conceptuel. Certes, l'île, terre entourée d'eau, est une réalité foncièrement géographique. On peut la décrire, on peut l'étudier, on peut l'analyser. L'île est un lieu géométrique; elle est toujours un milieu lié à la mer ou à l'océan qui l'enserre mais aussi au continent voisin dont elle se singularise. La conscience de l'île présuppose celle du continent. La spécificité insulaire est dérivée et seconde : penser l'île comme île, c'est référer à une norme territoriale préalablement constituée, généralement celle du continent (Racault, 1995).

L'insularité, quant à elle, est une particularité géographique qui se vit et se perçoit comme un particularisme quand le regard de l'insulaire ou le regard des autres transforme la réalité en mythe. Il faut bien comprendre que l'insularité n'est jamais un état stable; elle est une gamme de possibilités. Pour le continental, l'attrait de l'île tient à sa nature périphérique d'espace topologiquement décentré. Il n'est pas absolument nécessaire qu'elle soit lointaine ou difficile d'accès : l'important est qu'une frontière visible en marque la limite. Pour l'insulaire, l'île n'est ni cet espace festif en marge de la norme ni cette projection fictionnelle d'un ailleurs idéal. C'est d'abord et avant tout un "lieu d'ancrage" (Waddell et Nunn, 1994; Stevenson et Talbot, 1995).

Cependant, toute île est sans doute l'espace politique, économique et social le plus facilement et le plus clairement mesurable car l'on sait où il commence et où il finit (Jedrusik, 1992). Dans le monde contemporain, les îles constituent un phénomène géopolitique de toute première importance dans la mesure où elles sont devenues soit l'objet de l'accession à la souveraineté internationale, soit le réceptacle de flux touristiques considérables, soit le pivot de la délimitation de la zone des 200 milles marins (Symmons, 1979).

Parmi tous les Etats devenus indépendants depuis la fin de la Seconde Guerre mondiale, 30 % sont des îles. En termes économiques, la plupart des Etats insulaires en dehors de l'Europe sont pauvres, sans véritables ressources naturelles, à surface limitée et à population faible. Certaines îles ont su valoriser leur signification stratégique en accueillant des bases aériennes ou navales (Islande, Açores, Chypre, Guam, Diego Garcia.....). Toutefois, la plus grande mutation géopolitique actuellement observable est celle issue de l'instauration en 1982 de la fameuse ZEE (Zone Economique Exclusive) des 200 milles marins. Ainsi, le minuscule îlot inhabité de Rockall, localisé à mi-chemin entre l'Irlande et l'Islande mais appartenant à la Grande-Bretagne a pu s'attribuer un espace océanique dépassant les 400 000 km^2 ! (Jayewardene, 1990).

Les paramètres de l'insularité

Capter la nature géopolitique complète du fait insulaire est chose difficile. Néanmoins, à travers l'agenda de la dizaine de questions identifiées ci-dessous, il est possible de tenter de cerner les principaux paramètres de l'insularité :

1- *Comment une île valorise-t-elle son insularité ?* Chaque île mène sa propre stratégie avec une carte maîtresse ou plusieurs cartes dans son jeu : tourisme, industrie, chantiers navals, agriculture, paradis fiscal, commerce hors taxes, sociétés-boîtes aux lettres, pavillon de complaisance, pêche, banque (Crusol, 1989).

2- *Le défi des transports.* Qu'est-ce qu'une politique insulaire des transports ? Quelles sont les stratégies à propos des transports aériens et maritimes reliant l'île au continent ou reliant les îles entre elles ?

3- *Les difficultés et les coûts de l'insularité.* Quels aspects ces difficultés et ces coûts prennent-ils dans la vie quotidienne et dans le genre de vie des insulaires et des touristes visiteurs ? (Doumenge, 1983).

4- *L'Etat souverain continental et l'autonomie insulaire.* A moins qu'elle ne soit de vaste dimension, l'île est presque toujours un territoire dépendant, une colonie ou une ancienne colonie, à divers degrés tributaire d'une métropole continentale. C'est parfois une terre tardivement née à l'histoire au fil des explorations et des conquêtes coloniales. Bref, quelle est l'attitude de l'Etat central face à ses îles ? Quelle différence de statut insulaire y a-t-il entre les îles appartenant à des Etats continentaux de type fédéral et celles appartenant aux Etats de type unitaire ? (Hache, 1982).

5- *Les aspects culturels et linguistiques des insularités.* En quoi la culture d'une île est-elle différente de celle de son Etat continental d'appartenance ? Quelles sont les politiques culturelles de l'Etat central vis-à-vis de ses îles ? L'idiome d'une île est souvent différent de celui employé sur le continent. Dès lors, quel est le statut du bilinguisme dans de telles îles ? (Lacoste, 1988; Sanguin, 1981b).

6- *Les eaux territoriales et les frontières maritimes*. Avec le nouveau Droit de la Mer issu de la Convention de Montego Bay (1982), la ZEE a conféré à beaucoup d'îles un nouveau rôle politique. De quelle façon chacune d'entre elles valorise-t-elle ce nouveau rôle ? (Blake, 1994; Kwiatkowska, 1989; Kliot, 1989; Forbes, 1995).

7- *Les îles et les politiques d'aménagement territorial*. Une île ne peut être aménagée comme n'importe quel territoire continental de l'Etat central. Il ne faut pas oublier qu'une île est toujours un milieu fragile atteignant rapidement les limites de sa capacité de charge (Vidal Hernandez et Rita, 1992; Brigand, 1995).

8- *Les politiques d'aide de l'Etat continental et de l'Union Européenne*. Souvent, dans la géomètrie nationale, une île constitue une zone périphérique. Du coup, pour assurer son développement, elle a besoin de bénéficier de programmes spéciaux d'aide de la part de son Etat d'appartenance. Cette politique se trouve renforcée en Union Européenne par les programmes spéciaux pour les îles dont bénéficient, par exemple, les Baléares, la Corse, la Sardaigne, la Crête, l'Irlande (Hache, 1992; Commission des Iles, 1995).

9- *La perception de l'insularité par les insulaires eux-mêmes*. Les insulaires développent-ils ou non le syndrome de l'isolement et le syndrome de l'encerclement par la mer ? Quelles sont les différentes catégories de cartes mentales bâties par les insulaires et restituant leur espace perçu et leur espace vécu ? (Bonnemaison, 1991; Péron, 1993; Souffrin, 1995; Gourmelon et Brigand, 1991).

10- *Les problèmes environnementaux dans les îles*. La petitesse de beaucoup d'îles engendre une démultiplication des problèmes de pollution. Toute île est également confrontée à des problèmes de ravitaillement en eau douce et en énergie ainsi qu'à la question de l'élimination des déchets (Brigand, 1992; Haas, 1990). Des statuts peuvent préserver l'environnement insulaire (parcs nationaux, parcs régionaux, réserves naturelles...). C'est ainsi que le 7 octobre 1993, l'UNESCO a déclaré Minorque Réserve de la Biosphère dans le cadre du programme MAB/Man and Biosphere (Vidal Hernandez, 1993).

11- *Le sentiment de dépendance vis-à-vis du continent et les relations centre/périphérie*. C'est sans doute l'aspect le plus difficile à saisir dans la problèmatique générale des insularités. Seuls, les insulaires eux-mêmes sont capables d'apporter un éclairage approfondi et des réponses précises à cette question (Bonnemaison, 1994; Marimoutou et Racault, 1995).

Les systèmes insulaires

Un système insulaire peut être soit un groupe d'îles inter-reliées formant une unité collective, soit un réseau d'îles basé sur l'intensité des échanges (communications et distributions). Dès lors, trois catégories de système insulaire peuvent être identifiées :

1- *Le système insulaire à Etat ou territoire administratif unique* (Doumenge, 1985). Dans ce cas, le groupe insulaire constitue soit un Etat indépendant (Vanuatu, Bahamas), soit une province ou une région d'un Etat continental (Baléares, Canaries, Açores, îles grecques).

2- *Le système insulaire à deux ou plusieurs unités politiques*. Ou bien ces groupes insulaires appartiennent à deux ou plusieurs unités politiques (Iles Vierges Britanniques, Iles Vierges Américaines). Ou bien des unités insulaires indépendantes sont associées dans une forme de marché commun ou d'organisation supranationale (Sanguin, 1981a). C'est le cas de la Caricom (*Caribbean Community*) englobant les anciennes Antilles Britanniques. Dans un registre un peu différent, le Trust Territory of the Pacific Islands regroupait les îles américaines du Pacifique médian (Sanguin, 1976).

3- *Les espaces insulaires à réseau*. C'est le système reliant par des flux économico-politiques des îles éloignées entre elles. L'historique Route des Indes et de Chine, mise en place par l'Empire Britannique, reliait Gibraltar, Malte, Chypre, Diego Garcia, Ceylan, Singapour. Le réseau peut être économique comme c'est le cas pour la route aérienne Hawaï-Fidji-Nouvelle Zélande ou pour les lignes aériennes Est-Ouest sur l'Océan Indien dont les Seychelles et Maurice sont les terminus.

En termes économiques et démographiques, quoi de commun entre, d'une part, la Grande-Bretagne, Honshu ou Java et, de l'autre, les cayes inhabités des Bahamas ou les atolls déserts des Maldives ? Les îles varient considérablement en termes de statut politique. Avec 7000 habitants, Nauru est un Etat indépendant tandis que la Polynésie Française, avec 180 000 habitants, ne l'est pas.

L'insularité et le rapport centre/périphérie

Sur l'échelle centre-périphérie, les îles se calent sur différentes positions (Alexander, 1980). Il est ainsi possible de dégager six catégories insulaires sur cette échelle :

1- *Les îles auto-centrées*. C'est sans aucun doute le système insulaire idéal. Le centre de l'île est clairement identifié et sa périphérie est contiguë. Les Seychelles en forment un bon exemple. Les 3/4 de la population vivent sur l'île principale qui abrite l'aéroport international et le grand port. Les communications inter-insulaires sont excellentes et il n'existe pas de sous-centres régionaux. En outre, il n'y a pas de différence ethnique dans la population. Malte, l'Islande et Madère peuvent se rattacher à cette catégorie.

2- *Les îles à sous-centres régionaux*. C'est ce que l'on retrouve aux Fidji, en Polynésie Française, au Vanuatu, en Sardaigne, en Corse, aux Baléares, aux Canaries, aux Açores et dans les îles grecques de la Mer Egée. Certes, la capitale officielle de l'ensemble insulaire fonctionne comme le centre principal. Cependant, d'autres villes de moindre importance sont pourvoyeuses de services et d'activités économiques.

3- *Les îles polycéphales*. Le Danemark insulaire, la Sicile, Cuba, les archipels américains du Pacifique médian, la Papouasie-Nouvelle Guinée, le Kiribati, les Etats des Petites Antilles relèvent de cette catégorie où une combinaison de villes se répartit différentes fonctions.

4- *Les îles à centre réduit*. Ce sont les îles n'ayant qu'un tout petit centre comparé à la périphérie nationale qu'il est sensé desservir. C'est la situation endossée par Male, capitale des Maldives (Mallart, 1989). Les 140 000 Maldiviens vivent sur 200 îles dont 14 000 résidant à Male, île n'ayant que 1500 mètres de longueur. Même schéma pour Tuvalu réparti en 9 grands atolls peuplés de 6000 habitants au total. L'atoll de Fanafuti, la capitale, n'a que 800 habitants.

5- *Les périphéries isolées*. Il s'agit d'îles ou d'archipels perdus au milieu de l'océan ou localisés en angle mort au flanc d'un continent. C'est là que les syndromes d'isolement et d'encerclement maritime sont à leur maximum. On citera pêle-mêle dans cette catégorie l'Ile de Pâques (Chili), Saint-Pierre et Miquelon, le Spitsberg (Svalbard), les Féroé, l'ensemble Shetland-Hébrides-Orcades, les Terres Australes Françaises.

6- *Les îles à partition politique*. Pour des raisons souvent liées à une forme ou à une autre de décolonisation, des îles ou des archipels physiquement homogènes sont coupés en deux par une frontière internationale plus ou moins perméable (Sanguin, 1994). L'Europe a deux îles traversées par une frontière: l'Irlande (frontière *de jure*) et Chypre (ligne de cessez-le-feu étanche tenue par les Casques Bleus). Dans la Caraïbe, Saint-Martin est séparée entre France et Pays-Bas ainsi qu'Hispaniola entre Haïti et la République Dominicaine (Sanguin, 1982). Dans l'Ocean Indien, les Comores sont divisées entre une république indépendante et Mayotte (collectivité territoriale française). L'Indonésie et la Malaisie scindent Bornéo tandis que la Papouasie et l'Indonésie divisent la Nouvelle Guinée. Ce même phénomène affectent les Samoas et Salomon.

On pourrait discuter indéfiniment sur les différences physiques concernant le rapport centre-périphérie selon que l'on se trouve en milieu continental ou en milieu insulaire. Ce qui paraît beaucoup plus essentiel, ce sont les différences de perceptions parmi les sociétés continentales ou insulaires quant à leurs perceptions par rapport au centre. De même, il est curieux de constater que peu de tentatives ont été faites pour sortir les systèmes insulaires du dilemme centre-périphérie, exceptées les expériences de la CARICOM (*Caribbean Community*) et du SPEC (*South Pacific Bureau for Economic Cooperation*).

Les réseaux insulaires

Depuis la fin de la Seconde Guerre mondiale, cinq types de réseaux insulaires sont apparus successivement sur la carte politique du monde (Nunn, 1994) :

1- *Les réseaux impériaux.* Ces dépendances insulaires de puissances coloniales ou para-coloniales comme la Grande Bretagne, la France, l'Espagne, le Portugal, les Etats-Unis étaient éparpillées sur la surface océanique et formaient des séries de réseaux politiques. Les Maldives, Sao Tome e Principe, les îles du Cap Vert, Guam, Porto Rico, Timor, Singapour, Malte étaient autant de points d'appui pour la politique impériale auxquels elles appartenaient.

2- *Les bases militaires, les stations de guidage de missiles et les centres de télécommunications.* Les Etats-Unis, la France et la Grande Bretagne ont transformé certaines îles au service de leur politique océanique. A Guam, à Hawaï, à Palau, à Diego Garcia, à la Réunion, en Polynésie Française, à Keflavik (Islande), à Chypre, ces pays entretiennent ce type d'installations.

3- *Les îles-relais aériens et/ou maritimes.* Dans le filet serré des réseaux aériens mondiaux, certaines îles agissent comme destinations finales ou comme relais indispensables. Palma de Majorque est ainsi l'un des principaux aéroports de l'Union Européenne. Madère, les Canaries, Tahiti, Fidji, les Seychelles, la Réunion, les îles de la Caraïbe, la Corse, la Crète, Chypre, les Baléares sont irriguées par les compagnies aériennes des grands pays. Certaines îles accueillent les supertankers géants incapables d'accoster sur le continent à cause de leur port en lourd. Tel est le rôle dévolu aux Bahamas, aux Iles Vierges Américaines, à Heligoland (Allemagne), à Okinawa, à Terre Neuve ou encore à Bantry Bay (Irlande) ou à Milford Haven (Pays de Galles).

4- *Les îles touristiques.* Elles sont devenues aujourd'hui l'objet de la stratégie des grandes chaînes hôtelières (Sheraton, Hilton, Best and Western, Inter-Continental, Caribbean International Resorts, Club Méditerranée, Méridien, Paladiens/Nouvelles Frontières...). La plupart de ces chaînes ont des ententes avec telle ou telle compagnie aérienne ou encore possèdent leur propre compagnie aérienne (Corsair pour Nouvelles Frontières) de telle sorte que les touristes en provenance d'Europe continentale ou d'Amérique du Nord disposent d'un réseau mondial d'hôtels insulaires sous-tendu par la logistique des compagnies aériennes. Les Antilles, les Canaries, Madère, les Baléares, Chypre, la Corse et la Crète sont très représentatives de ce type de réseau (Segui Llinas, 1995).

5- *Les îles-bases de la grande pêche.* Ce fut traditionnellement le rôle dévolu à l'Islande, au Spitsberg (Svalbard), à Terre Neuve, à Saint-Pierre et Miquelon et à Sakhaline (Sanguin, 1983). La raréfaction de certaines espèces et la mise en place de la ZEE des 200 milles ont mis un terme à cette fonction. Seule, la récolte du krill antarctique est peut-être susceptible de donner une certaine importance à des îles extrêmes de l'hémisphère Sud.

Finalement, l'organisation des îles à des fins politiques, économiques, militaires ou touristiques est un processus hautement complexe (Huetz de Lemps, 1994). Traditionnellement, les spécialistes de géographie politique ont concentré leur attention sur les systèmes et processus à l'oeuvre dans les territoires continentaux. Les îles ne sont plus les grandes absentes de la scène nationale et internationale.

Instabilité, précarité, décentrement, dépendance, séduction, exotisme, tels sont quelques-uns des cadres objectifs de l'insularité. Ils alimentent par réaction un imaginaire inverse qui tend à faire de l'île une centre et une origine (Vidal Hernandez, 1979). L'affirmation d'une spécificité culturelle et l'aspiration à l'autonomie ou à l'émancipation politique constituent les composants les plus significatifs de ce renversement de perspective. Néanmoins, il convient d'ajouter que cette autonomisation de la conscience insulaire n'est pas exempte d'ambiguité : en posant sa différence, l'insulaire conteste certes la norme continentale mais c'est encore une manière de se situer par rapport à elle ! (Marimoutou et Racault, 1995).

Bibliographie

ALEXANDER, Lewis M., 1980, "Centre and Periphery : The Case of Island Systems", *in* : Gottmann, Jean, *Centre and Periphery, Spatial Variations in Politics*, Beverly Hills, Sage Publications, p. 135-147.

ASIN CABRERA, M.A., 1988, *Islas y archipelagos en las Comunidades Europeas*, Madrid, Tecnos.

BLAKE, Gerald, 1994, *Maritime Boundaries*, London, Routledge.

BONNEMAISON, Joël, 1991, "Vivre dans l'île, une approche de l'iléité océanienne", *L'Espace Géographique*, n° 2, p. 119-125.

BONNEMAISON, Joël, 1994, *The Tree and the Canoe : History and Ethnography of Tanna*, Honolulu, University of Hawaii Press.

BRIGAND, Louis, 1992, *Les îles en Méditerranée*, Paris, Economica.

BRIGAND, Louis, 1995, *D'île en île, l'archipel du Conservatoire du Littoral*, Paris, Les Cahiers du Conservatoire du Littoral.

COMMISSION DES ILES, 1994, *Pour une politique européenne des îles*, Rennes, Conférence des Régions Périphériques Maritimes d'Europe.

CRUSOL, Jean, 1989, *L'avenir des petites économies insulaires*, Paris, Economica.

DOUMENGE, François, 1983, *Aspects de la viabilité des petits pays insulaires*, Genève, Rapport à l'UNCTAD.

DOUMENGE, François, 1985, "Les îles et les micro-Etats insulaires", *Hérodote*, n° 37/38, p. 297-327.

FORBES, Vivian Louis, 1995, *The Maritime Boundaries of the Indian Ocean Region*, Singapore, Drake International Publishers.

GOURMELON, Françoise et Louis BRIGAND (sous la direction de), 1991, *Territoires et sociétés insulaires*, Paris, Ministère de l'Environnement, Collection Recherche/Environnement.

HAAS, Peter M., 1990, *Saving the Mediterranean : The Politics of International Environmental Cooperation*, New York, Columbia University Press.

HACHE, Jean-Didier, 1982, "Insularité et institutionnalisation dans les Hébrides Extérieures, Ecosse", *Revue française de science politique*, vol. 32, n° 4/5, p. 743-767.

HACHE, Jean-Didier, 1992, "La Communauté Européenne et la reconnaissance du fait insulaire", *Ultraperiferia*, p. 47-66.

HUETZ DE LEMPS, Christian, 1994, "L'histoire et les îles....", *Hérodote*, n° 74/75, p. 32-45.

JAYEWARDENE, Hiran W., 1990, *The Regime of Islands in International Law*, Dordrecht, Nifhoff.

JEDRUSIK, Maciej, 1992, "Pour une géographie des îles", *Miscellanea Geographica*, n° 5, p. 223-225.

KLIOT, Nurit, 1989, "Cooperation and Conflicts in Maritime Issues in the Mediterranean World", *GeoJournal*, vol. 18, n° 3, p. 263-272.

KWIATKOWSKA, Barbara, 1989, *The 200 Mile Exclusive Economic Zone in the New Law of the Sea*, Dordrecht, Nijhoff.

LACOSTE, Yves, 1988, "Ces îles où l'on parle français", *in* : *Questions de géopolitique*, Paris, Le Livre de Poche, p. 169-203.

MALLART, Lluis, 1989, "Maldives o el regne de les mil illes", *Revista catalana de geografia*, vol. 4, n° 9, p. 5-20.

MARIMOUTOU, Jean-Claude et Jean-Michel RACAULT, 1995, *L'insularité, thématique et représentations*, Paris, L'Harmattan.

NUNN, Patrick D., 1994, *Oceanic Islands*, London, Blackwell.

PERON, Françoise, 1993, *Des îles et des hommes. L'insularité aujourd'hui*, Rennes, Editions Ouest-France.

POIRINE, Bernard, 1995, *Les petites économies insulaires : théorie et stratégie de développement*, Paris, L'Harmattan.

RACAULT, Jean-Michel, "De la définition de l'île à la thématique insulaire", *in* : Marimoutou, Jean-Claude et Jean-Michel Racault, *op. cit.*, p. 9-13.

SANGUIN, André-Louis, 1976, "Transformation et signification de la géographie politique du Pacifique Sud", *The Canadian Geographer/Le Géographe Canadien*, vol. 20, n° 2, p. 233-239.

SANGUIN, André-Louis, 1981a, "Small Is Not Beautiful : la fragmentation politique de la Caraïbe", *Cahiers de Géographie du Québec*, vol. 25, n° 66, p. 343-360.

SANGUIN, André-Louis, 1981b, "Saint-Barthélemy, île normande des Antilles Françaises", *Etudes Normandes*, vol. 30, n° 4, p. 63-77.

SANGUIN, André-Louis, 1982, "Saint-Martin, les mutations d'une île franco-néerlandaise des Antilles", *Cahiers d'Outre-Mer*, vol. 35, n° 138, p. 123-140.

SANGUIN, André-Louis, 1983, *Saint-Pierre et Miquelon, département français d'Amérique du Nord*, Poitiers, Editions Norois.

SANGUIN, André-Louis, 1994, "Chypre, les dimensions ethniques d'une partition et l'avenir d'un pays", *Cahiers de Géographie du Québec*, vol. 38, n° 104, p. 165-184.

SANGUIN, André-Louis, 1996, "Malte au seuil de l'Union Européenne : l'indéniable réussite d'un petit Etat insulaire", *Acta Geographica*, n° 106, p. 21-36.

SEGUI LLINAS, Miguel, 1995, *Les nouvelles Baléares*, Paris, L'Harmattan,.

SOUFFRIN, Emmanuel, "Oekoumène et insularité : la lisibilité de l'espace habité", *in* : Marimoutou, Jean-Claude et Jean-Michel Racault, *op. cit.*, p. 275-279.

STEVENSON, Robert E. et Frank H. TALBOT, 1995, *Islands : The Illustrated Library of the World*, Emmaus (Pennsylvania), Rodale Press.

SYMMONS, Clive Ralph, 1979, *The Maritime Zones of Islands in International Law*, The Hague, Nijhoff.

VIDAL HERNANDEZ, Josep Miquel (sous la direction de), *Enciclopedia de Menorca*, Mao, Obra Cultural de Menorca, depuis 1979, 5 volumes déjà parus sur 14 prévus.

VIDAL HERNANDEZ, Josep Miquel (sous la direction de), 1993, *Menorca Reserva de la Biosfera*, Mao, Consell Insular de Menorca.

VIDAL HERNANDEZ, Josep Miquel et Joan RITA (sous la direction de), 1992, *Jornades sobre Conservacio i Desenvolupament a Menorca/Jornadas sobre Conservacion y Desarrollo en Menorca*, Mao, UNESCO/MAB et Institut Menorqui d'Estudis.

WADDELL, Eric et Patrick D. NUNN, 1994, *The Margin Fades : Geographical Itineraries in a World of Islands*, Suva (Fiji), University of the South Pacific Press.

Première partie

INSULARITE ET POSITIONNEMENT TERRITORIAL

1- Michel SIVIGNON, *Le rôle géopolitique des îles dans l'histoire de la Grèce moderne.*
2- Georges PREVELAKIS, *La Crête, carrefour culturel et géopolitique.*
3- Damir MAGAS, *Les îles de la Croatie, principales caractéristiques géographiques et géopolitiques.*
4- Albert ODOUARD, *Etude géopolitique de l'archipel canarien : facteurs de cohésion et désintégration.*
5- Michel CABOURET, *L'insularité, facteur d'autonomie politique et administrative ? Les Îles Aland (Finlande).*
6- Guy FONTAINE, *Mayotte, l'île aux multiples défis.*
7- Alain HUETZ DE LEMPS, *L'isolement de Wallis et Futuna.*
8- Lluis MALLART, *Micro-Etats et localisme comme expression d'internationalité : la démythification de l'insularité comme modèle d'isolement.*

LE ROLE GEOPOLITIQUE DES ILES DANS L'HISTOIRE DE LA GRECE MODERNE

Michel SIVIGNON
Université de Paris X-Nanterre

Les îles ont joué et jouent encore aujourd'hui un rôle important en Grèce : elles comptent pour 19 % de la surface de l'État néo-hellénique et 13 % de sa population, soit au total 25 000 km² et 1 384 000 habitants.

Grâce à la possession de la quasi totalité des îles de la mer Egée, y compris (sauf Imbros et Tenedos en face des Détroits) celles qui sont à quelques encablures de la côte turque (1,5 kilomètre entre Samos et le littoral anatolien), la Grèce même en limitant à six milles les eaux territoriales, possède une part très importante de la mer Egée. Elle contrôle des îlots qui sont à mi-distance entre Athènes et la Cyrénaïque libyenne. Elle possède encore des îlots au nord de Corfou, à quelques dizaines de kilomètres d'Otrante et rien n'est plus symbolique pour la Grèce que la possession de l'îlot de Castellorizo sur la route entre Rhodes et Limassol mais aussi à quelques mètres de la côte turque. En ce sens et grâce à ses possessions insulaires, la Grèce est tout autant un espace maritime qu'un espace continental et c'est ce qu'exprime la position du Pirée comme premier port de voyageurs de la Méditerranée.

A bien des égards aussi, si l'on aborde le terrain des représentations mentales, les îles apparaissent comme des symboles mêmes de la grécité ("romiosini") pendant l'occupation ottomane au même titre que les montagnes et pendant la décennie de la guerre d'Indépendance, entre le soulèvement de 1821 et la reconnaissance par la Sublime Porte de l'indépendance grecque en 1830, le rôle des marins fut tout aussi important que celui des klephtes et pallikares. Si les îles apparaissent alors comme le symbole de la grécité, c'est que la population ottomane y est rare, même en Crète où les musulmans sont pour la plupart des Crétois convertis parlant le grec. Rappelons enfin que l'achèvement de l'unité du pays se fait officiellement en 1947 par la réunion du Dodécanèse, possession italienne depuis 1911. On peut aussi considérer la question chypriote comme le prolongement de ces affrontements insulaires. On s'efforcera donc ici de replacer la question insulaire grecque dans un cadre historique.

Position politique des îles au Moyen Age et dans la période moderne

Sous sa forme moderne, et en particulier sous sa forme territoriale actuelle, la Grèce est l'héritière de Byzance, beaucoup plus que de l'Antiquité classique. La forme des territoires peuplés par les Grecs au début du XXème siècle, c'est-à-dire en gros la Grèce actuelle à laquelle on peut ajouter Chypre, les côtes occidentales de l'Asie Mineure et le pays de Trebizonde avec son arrière-pays et aussi la Thrace orientale jusqu'à la mer Noire, la forme de ces territoires reproduit trait pour trait les limites de l'empire byzantin au XIIème siècle, à la veille de la prise de Constantinople par les Croisés en 1204 au moment où les constructions politiques serbe et bulgare tiennent tout le nord des Balkans et les royaumes seldjoukides tout l'intérieur de l'Asie Mineure. C'est là qu'il faut chercher la filiation territoriale de la Grèce moderne.

Or, dès ce moment, les puissances maritimes, notamment Venise, mais aussi Gênes, s'approprient des possessions maritimes, au premier rang desquelles les îles. A l'issue de la prise de 1204, Venise récupère entre autres Raguse et Durrès sur la côte adriatique, les Iles Ioniennes, Coron et Modon dans le sud du Péloponnèse, les plus importantes des Cyclades, la Crète, l'Eubée. Dans le même temps les Gênois se constituaient eux aussi un empire maritime avec Samos, Chios, Mytilène et même un temps Rhodes, qui appartient à l'ordre des Hospitaliers jusqu'à la conquête par les Turcs en 1522. Ces derniers mettaient fin en 1157 à une courte domination vénitienne. Les Vénitiens tinrent plus longtemps en Crète, jusqu'à la fin de Candie (Iraklion) en 1645. Ils devaient rester dans les Iles Ioniennes jusqu'à 1797, date de la fin de la République de Venise. Venise gardait même en Epire quelques points d'appui sur le continent, à Parga et Prévéza. Dans les Iles Ioniennes, les Vénitiens furent relayés par les Français jusqu'en 1810 puis par les Anglais.

Les îles grecques après 1821

Les Iles Ioniennes jouèrent un rôle important en tant que laboratoire de l'indépendance : république de l'Heptanèse en 1800. Le soulèvement de 1821 eut un retentissement considérable dans les îles parce que ces dernières constituaient un milieu socio-économique et politique particulier. C'est là que se forme une bourgeoisie marchande, liée à une diaspora répandue dans l'ensemble des ports méditerranéens et dans les capitales importantes de l'Europe de l'Ouest. C'est là aussi que se recrutent les équipages d'une flotte dont le rôle sera considérable pour harceler les forces turques et couper les communications maritimes.

Ce rôle demeura important dans le petit royaume de Grèce, encore que toutes les grandes îles, sauf le cas particulier de l'Eubée, restassent sous domination ottomane, en dépit des soulèvements qui les avaient marqué. On se rappelle le soulèvement de l'île de Chios et les massacres de 1822, dont le rôle fut important dans le développement du sentiment philhellénique (cf. le tableau de Delacroix : *Les massacres de Scio*). Le rôle des Cyclades se lit en particulier dans la place et le rôle d'Ermoupolis, leur capitale et principal port. Jusque vers 1860, Ermoupolis, peuplé en grande partie d'ailleurs par des réfugiés de Chios, fut l'*emporium*, le point de passage obligé des relations avec l'extérieur. C'est là et non pas au Pirée que faisaient escale les vapeurs qui traversaient la Méditerranée d'Est en Ouest. Le Pirée ne l'emportera sur Ermoupolis qu'à la fin du siècle.

Au cours du XIXème siècle d'ailleurs, les divers archipels rejoignent petit à petit la mère patrie. Les Anglais cèdent en 1865 les Iles Ioniennes au royaume de Grèce. Puis après plusieurs soulèvements, la Crète obtient en 1898 un statut très particulier : autonome au sein de l'occupation ottomane, elle a pour gouverneur le diadoque, fils du roi de Grèce. Autant dire que ce n'est qu'un prélude au rattachement. Déjà, de nombreux Turcs crétois choisissent de partir. Le rattachement du Dodécanèse sera retardé par l'épisode colonial italien. La guerre italo-turque de 1911 se termine à la fois par la cession de la Libye et aussi par celle du Dodécanèse, sans aucune autre justification que le désir d'asseoir une domination sur la Méditerranée orientale. De ce fait, Rhodes et le Dodécanèse ne seront pas rattachés à la Grèce à l'issue de la Première Guerre mondiale mais devront attendre la seconde. Le destin de Chypre est parallèle. Ici ce sont les Anglais qui en 1878 succèdent aux Turcs. Ils ne lâcheront pied qu'en 1960, quand l'île accède à l'indépendance. L'Enosis, union avec la Grèce, réclamée par les Chypriotes grecs avant 1960 restera vœu pieux. Les deux seules unités insulaires où Turcs et Grecs resteront physiquement en contact (jusqu'à la purification ethnique de 1974 à Chypre et jusqu'à aujourd'hui à Rhodes) sont Chypre et le Dodécanèse (quelques milliers de Turcs y résident encore) à cause de la phase coloniale italienne et britannique. Quant aux autres îles de l'Egée, en fait celles de l'Egée orientale, elles resteront turques jusqu'en 1912 et seront alors rattachées à la Grèce, au même titre que la Macédoine ou l'Epire. C'est aussi en 1912 que la Crète est officiellement rattachée à la Grèce.

Les îles dans le territoire grec d'aujourd'hui

Il est difficile de parler des îles grecques dans leur ensemble : pour l'étude la plus complète de leur variété et de leur évolution démographique, il convient de se reporter à l'étude magistrale d'Emile Kolodny : *La population des îles de la Grèce*. Que signifie donc vivre dans une île en Grèce aujourd'hui ? La variété des situations est telle qu'il est malaisé de généraliser. Le premier critère de l'activité insulaire est sans doute celui de l'évolution démographique. De ce point de vue les situations sont tout à fait contrastées. Elles opposent des îles en forte progression à d'autres en déclin continu. A la première catégorie appartient la Crète, qui compte en 1991, 540 000 habitants, soit environ trois fois la population de la Corse pour une superficie du même ordre. A la même catégorie appartient l'Egée méridionale, c'est-à-dire l'ensemble formé par les Cyclades et le Dodécanèse : 257 000 habitants.

L'Egée septentrionale (Mytilène, Chios, Samos) compte pour sa part 199 000 habitants, volume de population du même ordre que celui des Iles Ioniennes (193 000 habitants). Si on compare l'évolution de la

Grèce pendant la décennie 1981-91, c'est-à-dire une augmentation de 5,37 % avec celle de ses grandes unités insulaires, la Crète se détache (7,56 %) et plus encore l'Egée méridionale (10,7 %), tandis que les Iles Ioniennes ont enregistré une croissance de 6,1 %, croissance exceptionnelle après un long déclin, cependant que les îles de l'Egée du Nord s'accroissent de 2,06 %.

C'est assez dire que l'insularité ne peut à elle seule constituer un facteur d'explication. Rappelons d'abord que les résultats du recensement sont en Grèce soumis à caution. Mais ce qui est vrai ici devrait l'être là aussi, si on avait, comme on le dit souvent, partout artificiellement gonflé les chiffres des populations des campagnes. En réalité l'insularité constitue un handicap pour les activités traditionnelles : les éleveurs de moutons de Lesvos ont du mal à trouver une clientèle pour leur fromage. Ils souffrent également de devoir payer plus cher le fourrage complémentaire requis par leurs troupeaux. Même remarque pour l'huile d'olive de Lesvos, qui est en grande partie expédiée en vrac en Italie ou en Espagne où elle est conditionnée et revendue pour le plus grand profit des importateurs locaux (cf. à ce sujet le travail de Theodosia Anthopoulou, *Systèmes de production insulaire et développement local*). Pourtant, Lesvos est après la Crète (et l'Eubée) la plus étendue des îles grecques et une de celles où l'activité agricole s'est la mieux maintenue.

Si on met à part le cas de la Crète, exceptionnel à tous égards, c'est sur le tourisme que se fonde la prospérité insulaire dans la Grèce insulaire contemporaine. Or le tourisme s'est concentré durant les dernières années sur un certain nombre d'îles de l'Egée méridionale (Corfou, dont la tradition touristique est ancienne est de ce point de vue une exception). La part de l'équipement et de la fréquentation touristique de la Crète, du Dodécanèse et des Cyclades ne cesse de croître et il y a correspondance entre cette croissance des activités touristiques et celle de la population.

Dans cette croissance, l'équipement en moyens de transport joue un rôle essentiel. Athènes n'est plus au même degré le point de passage obligé du tourisme et la redistribution par les lignes maritimes et leur terminus du Pirée est maintenant concurrencée fortement par le développement des aéroports insulaires. Ces derniers, pour un nombre croissant, sont accessibles aux gros porteurs. Les avions nolisés (les charters) touchent donc directement non seulement Corfou, Iraklion et Rhodes mais aussi Skiathos, Kos, Santorin, Milos, Myconos. La liste s'allonge chaque année ou presque. Il y a pour certaines îles toutes petites, comme Santorin ou Skiathos, une disproportion évidente entre la taille de l'aéroport et la taille de l'île.

Mais la manne touristique ne touche pas toutes les îles, et il faut souligner qu'un certain nombre d'îles est peu concerné par ce mouvement. Tel est le cas de Mytilène, Chios, Samos. Autrement dit, les îles de l'Egée nord-orientale. Ces dernières îles accumulent donc les handicaps. Elles sont éloignées du centre (Athènes-Le Pirée), proches d'une frontière menaçante (la Turquie) et repliées sur des activités anciennes comme l'agriculture à Mytilène (olive et élevage), le vin à Samos, l'armement maritime à Chios. Elles n'attirent guère les investissements et leur population diminue.

Mais inversement Rhodes est tout autant éloignée du centre, tout autant proche de la Turquie. Cela ne l'a pas empêchée de devenir un centre touristique majeur. Il y a plus : la proximité de Rhodes est à l'origine du développement du pôle touristique turc de Bodrum, puisque les premiers touristes visitant Bodrum provenaient de Rhodes d'où ils venaient pour la journée. Mais ce type de relations suivies reste exceptionnel. Partout ailleurs les relations sont plus faciles et moins coûteuses vers Le Pirée que vers la côte turque distante de quelques milles.

La Crète est finalement la seule île à avoir une croissance équilibrée, au demeurant remarquable, fondée tout autant sur ses ressources propres (agriculture et petite industrie) que sur la fréquentation touristique. Ailleurs, on peut dire à quelques exceptions près que le tourisme et lui seul détermine le destin insulaire. Les exceptions sont les îles de marins et d'armateurs et pour une part les îles de paysans et de bergers. Mais ces activités ne font que retarder le déclin démographique. Seul le tourisme peuple. Encore faut-il voir de près comment on observe un peuplement saisonnier articulé sur la présence du tourisme, sorte de nomadisme moderne qui est le fait des propriétaires de commerces et pour une part des originaires qui louent quelques chambres dans leur maison. Il reste que, sauf l'exception crétoise où on note un vrai développement d'origine multiple, c'est le tourisme balnéaire estival et lui seul qui permet de survivre à bien des îles grecques qui, sans cet apport de capitaux et de population, seraient vouées à l'abandon.

LA CRETE, CARREFOUR CULTUREL ET GEOPOLITIQUE

Georges PREVELAKIS
Université de Paris-Sorbonne
et Laboratoire "Espace et Culture"

Une situation géostratégique exceptionnelle

Un simple regard sur la carte de la Méditerranée orientale suffit pour constater la situation géopolitique extraordinaire de la Crète. Celui qui domine la *Mégalonissos* (Grande Île) est en mesure de contrôler la circulation maritime de la Méditerranée occidentale vers la Méditerranée orientale, ainsi que le débouché de la Mer Noire vers la Méditerranée. Depuis deux siècles, l'importance de la situation crétoise n'a cessé de s'accroître. Les visées russes vers les mers chaudes, le percement du Canal de Suez, le développement de l'aviation et -plus tard- des fusées ont rendu la position de la Crète de plus en plus convoitée par les puissances. La *Geopolitik* allemande a très vite compris l'utilité de la Crète comme plate-forme pour l'aviation. Hitler avait décidé l'attaque de l'île bien avant d'être contraint à l'opération contre la Yougoslavie et la Grèce par l'échec de Mussolini en Épire. Le contrôle de la Crète lui paraissait indispensable pour défendre le pétrole de la Roumanie que l'aviation britannique pouvait menacer à partir de la Crète, mais aussi pour les besoins logistiques de l'*Afrika Korps*.

Pendant la guerre froide, la Crète a été un des principaux appuis de la politique américaine de l'endiguement *(containment)*. Les bases américaines en Crète ont joué et jouent encore un rôle multiple : bases navales, bases aériennes, centres de renseignement, probablement bases nucléaires, etc. La flotte soviétique, n'ayant pas de base navale proche, se limitait à des mouillages dans les eaux peu profondes à proximité de la Crète. Les deux superpuissances se trouvaient dans un face-à-face tendu autour de la Crète. Les Crétois étaient conscients qu'en cas de guerre mondiale, leur île serait parmi les premières cibles des fusées nucléaires soviétiques. La position crétoise était et reste fort utile pour la politique américaine en Proche Orient. Les bases américaines ont été utilisées lors des conflits arabo-israéliens, de la guerre du Golfe, etc. Le rôle de la Crète comme plate-forme pour des opérations en Moyen-Orient renforce l'importance des bases militaires dans l'île. Etant donné que le pétrole de cette région constituera un des plus grands enjeux stratégiques mondiaux des prochaines décennies, la détention du territoire crétois apporte à la Grèce un atout considérable et consolide sa position internationale. Si l'évolution technologique et géopolitique a renforcé le rôle géopolitique de la Crète pendant notre époque, l'île a connu du bonheur mais aussi des souffrances de par sa centralité tout au long de son histoire. Les Crétois ont su exploiter la situation de leur île en développant le commerce et la navigation. Les Minoens ont créé la première "thalassocratie" européenne. Cette puissance maritime a permis l'essor d'une civilisation sophistiquée.

A d'autres périodes, des forces extérieures ont dominé l'île, qui a souvent servi d'arène de confrontation des puissances se disputant la maîtrise de la Méditerranée orientale. Précocement hellénisée (arrivée des Doriens vers 1100 av. J.-C.), la Crète a été soumise à l'Empire romain (vers 67 av. J.-C.) et a fait partie de l'Empire byzantin. Conquise par les Sarrasins en 824, la Crète est devenue la base de la piraterie en Méditerranée orientale jusqu'à sa reconquête par Constantinople en 961. Après la quatrième Croisade (1204), elle est tombée sous la domination vénitienne. Au XVIème siècle commença la lutte entre l'Empire ottoman et Venise pour son contrôle, lutte qui s'inscrit dans la confrontation entre Orient et Occident pour la domination des routes maritimes en Méditerranée orientale. La Crète a été le dernier bastion vénitien gagné par les Turcs (en 1669), ce qui montre l'acharnement de la Sérénissime pour le maintien d'une position sans laquelle sa présence en Orient était vouée à la disparition.

La période vénitienne a fortement influencé la culture crétoise. Pourtant, les Crétois acceptaient mal la domination d'une puissance catholique. Ils ont donc accueilli favorablement l'arrivée des Turcs, plus tolérants en matière de religion que les Latins. Mais la lune de miel entre Crétois et Turcs n'a pas duré longtemps. L'oppression des *aghas* turcs poussait la population à la révolte. A partir notamment du moment où les puissances européennes ont commencé à s'immiscer dans les affaires de l'Empire ottoman, c'est-à-dire pendant le XIXème siècle, les insurrections commencèrent à avoir lieu en Crète presque tous les vingt ans. Dans le cadre de la *Question d'Orient* et après une ultime révolte crétoise, la Crète fut libérée de la domination ottomane. Après une période transitoire d'existence indépendante (1898-1912), elle fut intégrée à la Grèce. Suite à la défaite de l'armée grecque en Asie Mineure en 1922, tous les Turcocrétois ont été obligés de quitter leur île natale dans le cadre de l'échange des populations. Ainsi la Crète devint une province grecque, ce qui était l'objectif des révoltes de ses habitants depuis la création de l'État grec.

La question crétoise et sa solution ont servi de modèle au projet politique chypriote de l'*Enosis* (et le sort des Turcocrétois a servi de mise en garde pour les Chypriotes turcs). Pourtant, les Chypriotes grecs n'avaient pas affaire au *Grand homme malade,* mais à l'Empire britannique. La question chypriote a trouvé une "solution" beaucoup moins favorable aux aspirations de ses habitants grecs que la question crétoise.

L'iconographie crétoise

Ce qui paraît étonnant dans l'histoire crétoise, c'est la persistance de l'iconographie hellénique à travers les siècles. L'île a été dominée par des puissances diverses, qui ont toutes voulu imposer leur culture à ses habitants. De plus, à chaque période de bouleversements, des massacres, des expulsions, et des colonisations ont eu lieu, si bien que la population crétoise a changé à plusieurs reprises pendant sa longue histoire : la conquête de l'île par les Sarrasins a conduit à l'élimination de la plupart de sa population chrétienne; quand les Byzantins ont repris l'île, ils ont expulsé les Sarrasins (200 000 personnes) et l'ont recolonisée avec des familles nobles, comme les Kallerghis, et avec des paysans grecs, slaves et arméniens; les Vénitiens aussi ont effectué une colonisation massive, tandis que la conquête de la Crète par les Ottomans est d'abord due aux Vénitiens et aux Orthodoxes qui ont voulu les suivre, c'est à dire à peu près la moitié de la population de l'île. La présence ottomane a conduit à l'islamisation d'une partie de la population et à l'arrivée des troupes ottomanes, tandis que les populations chrétiennes se sont repliées vers l'intérieur. Au XVIIIème siècle, les Turcocrétois (Crétois musulmans mais hellénophones dans leur grande majorité) représentaient la moitié de la population crétoise. Au XIXème siècle pourtant les Crétois orthodoxes ont à nouveau renforcé leur place dans la population et ont pu dominer l'île à nouveau. Plusieurs Turcocrétois se sont reconvertis à l'Orthodoxie, d'autres ont émigré (cf. Emile Kolodny, 1995, "Des musulmans dans une île grecque : les «Turcocrétois»", *Mediterranean World*, XIV, Tokyo, p. 1-16, p. 5-9). L'échange des populations après 1923 a mis fin à la présence de l'Islam sur l'île.

La puissance de l'iconographie orthodoxe et hellénique à travers des siècles de conflits et de destructions confirme la forte résistance de la culture hellénique. Elle montre aussi que, contrairement à ce qu'on aurait tendance à penser, les iconographies se consolident dans l'adversité; la circulation n'affaiblit pas forcément les iconographies et contribue même parfois à leur renforcement. La force de l'iconographie crétoise est évidente dans le nouveau cadre politique dans lequel s'inscrit la Crète au XXème siècle, c'est à dire l'État grec. La spécificité crétoise différencie l'île de toutes les autres provinces grecques et détermine des relations entre le centre et la périphérie qui se caractérisent par une forte originalité.

Une histoire aussi mouvementée que celle de la Crète a fortement influencé la culture politique des habitants de l'île. Vivant sur un grand carrefour, leur survie identitaire en tant que communauté n'aurait pas été possible sans une forte capacité d'assimilation mais aussi sans la résistance aux influences culturelles externes. A Venise, les Crétois ont opposé l'orthodoxie, et ainsi l'iconographie orthodoxe s'est renforcée pendant les siècles de la domination vénitienne. Par contre, pendant la période ottomane, ils ont combiné le nationalisme grec (qui a commencé à prendre forme à partir de la fin du XVIIIème siècle) avec les éléments de leur passé occidental et maritime vénitien. Ainsi, la Crète a été pendant le

XIXème siècle un des territoires ottomans le plus ouverts à l'influence occidentale. L'inclination vers les puissances maritimes occidentales constitue d'ailleurs une des principales composantes de la culture politique crétoise. Dans la politique grecque, la Crète de Venizélos a représenté l'avant-garde de la tendance favorable à l'Entente. Pendant la Deuxième Guerre mondiale, les Crétois ont combattu avec les Anglais et ont résisté farouchement à l'occupation de leur île par les Allemands.

L'identité régionale crétoise n'a jamais cessé de fonctionner comme un élément iconographique puissant. Malgré son ouverture maritime et commerciale, la Crète constitue pour les Crétois un univers complet, qui peut se replier sur soi-même en cas de nécessité en attendant le moment propice pour étendre à nouveau ses réseaux. L'autochtonéité, plus mythique que réelle, la fierté pour une histoire prestigieuse donnant aux habitants de chaque village crétois le sentiment d'être les descendants directs du roi Minos, une forte territorialité des communautés villageoises, tels sont les principaux éléments de l'identité régionale crétoise. Les deux éléments traditionnels de l'identité, l'identité régionale et locale et l'identité orthodoxe, ont survécu en Crète de manière plus forte que dans le reste de la Grèce. L'identité nationale est très forte aussi, mais elle diffère de ses expressions dans les autres territoires grecs. Les Crétois ne se considèrent pas comme d'abord Grecs, puis comme Crétois, selon la logique moderne des identités emboîtées, mais comme plus Grecs que les autres Grecs, parce que Crétois. Pour eux, la crétoité constitue le degré le plus élevé de la grécité.

Une telle vision résulte de l'histoire contemporaine de la Crète qui a souvent joué un rôle d'avant-garde de l'idée nationale et de la Grande Idée, c'est a dire de l'idéal expansionniste grec. Elle exprime aussi une relation ambiguë entre centre et périphérie, entre Athènes et la Crète. En Grèce, la question crétoise n'a jamais été une question d'indépendantisme ou de sécessionnisme. Elle a pris la forme d'une lutte de la Crète pour la domination politique de la Grèce avant la Deuxième Guerre mondiale et pour une participation accrue dans la direction politique du pays après la guerre civile.

Centre et périphérie

La situation de la Crète dans la politique grecque est unique. Elle est la seule province qui a pu échapper au rouleau compresseur de l'homogénéisation culturelle et politique qui caractérise la construction nationale. Le processus d'homogénéisation, conçu et orchestré à partir de la capitale dès les années 1830, a été appliqué d'abord dans les territoires de la vieille Grèce, c'est a dire le Péloponnèse, la Grèce continentale, la Thessalie et les îles ioniennes. Dans un deuxième temps, la nouvelle Grèce, c'est-à-dire l'Épire, la Macédoine, la Thrace et les îles, a été soumise au même processus. L'homogénéisation de l'ensemble du territoire grec s'est achevée dans les années 1960. La Crète a constitué la principale exception à la transformation des identités, à l'affaiblissement des identités régionales et locales et de l'identité orthodoxe traditionnelle *rum* au profit d'une l'identité nationaliste uniforme. La résistance crétoise au rouleau compresseur athénien a été possible tout d'abord à cause de la forte territorialité et de l'homogénéité de la population crétoise. Après le départ des Turcocrétois, il ne restait sur l'île que les Orthodoxes. La Crète a évité l'arrivée d'un grand nombre de réfugiés d'Asie Mineure qui auraient pu affaiblir l'identité régionale au profit de la nouvelle identité nationaliste. Par contre, dans les autres territoires de la nouvelle Grèce, l'arrivée massive de réfugiés d'Anatolie ou du Pont a créé une ambiance de creuset qui a facilité la mutation identitaire, c'est-à-dire le passage des identités traditionnelles à l'identité nationaliste moderne.

Une deuxième raison de la résistance crétoise à l'influence culturelle athénienne a été le rôle politique de la Crète en Grèce. Le plus grand homme politique de la Grèce a été "le Grand Crétois", Eleuthérios Venizélos. Pendant la Première Guerre mondiale, Venizélos, en tant que premier ministre de la Grèce, s'est opposé au roi Constantin qui était favorable à la neutralité de la Grèce et a organisé un deuxième gouvernement grec à Salonique sous la protection de l'armée d'Orient. La Grèce a été divisée en deux, la nouvelle Grèce suivant Venizélos et la vieille Grèce suivant le roi. Ainsi, à travers Vénizelos et ses partisans crétois, la Crète a pris la direction des nouveaux territoires dans leur lutte contre l'esprit conservateur de la vieille Grèce dirigée par Athènes. Suivit la période de l'histoire grecque connue sous le nom de *Dichasmos,* c'est-à-dire de la division politique de la nation grecque en deux; cette période a duré de la Première Guerre mondiale jusqu'à la dictature de 1936; venizélistes et royalistes alternaient au pouvoir. Il est évident qu'à la tête du mouvement anti-athénien, la Crète pouvait difficilement accepter l'influence d'Athènes.

La Deuxième Guerre mondiale et la guerre civile ont modifié la relation entre Athènes et la Crète. La Grande Idée et le conflit entre Vénizelos et le roi Constantin de la Première Guerre mondiale appartenaient déjà à l'Histoire. Les représentants des deux versions du nationalisme grec (traditionaliste et conservateur d'Athènes, libéral et expansionniste de la Crète) se sont rendus compte que leur opposition avait affaibli la nation face à ses ennemis. Avec la disparition de Venizélos en 1936, la Crète a perdu son principal atout dans la politique grecque. La direction du "camp démocratique" (anti-royalistes et ensuite centristes) passait maintenant aux mains d'hommes politiques non-Crétois et principalement à la dynastie péloponnésienne Papandréou. Les Crétois abandonnaient l'espoir de dominer la politique de la Grèce par manque de projet politique et de chef. En même temps, Athènes était consciente de la difficulté de briser la résistance crétoise par la force. L'importance stratégique croissante de l'espace crétois la poussait à la modération - modération conseillée certes aussi par les représentants de la grande puissance protectrice, les États-Unis. D'autre part, l'influence de la Crète sur le reste de la nouvelle Grèce avait disparu avec la mort de Vénizelos;

l'acceptation tacite d'un statut privilégié pour la Crète ne risquait donc pas de conduire à une mise en cause générale de l'influence du Centre. Enfin, avec l'immigration à Athènes d'une grande partie de l'élite intellectuelle crétoise, un véritable *lobby* crétois y a été constitué, *lobby* qui a joué le rôle d'un lien entre la capitale et la plus grande île du pays. Un "compromis historique" entre Athènes et la Crète a été établi après la guerre civile grecque, compromis dont un des principaux éléments fut l'anticommunisme.

Dans ce "compromis historique", les Crétois ont remplacé leur ambition de diriger le pays par le maintien d'une présence forte dans les instances dirigeantes des partis politiques, dans le gouvernement, etc. Ainsi, pendant la dictature militaire, le colonel crétois Stylianos Pattakos était le deuxième dignitaire du régime. Une de ses principales fonctions a été de calmer les ardeurs démocratiques de ses compatriotes par la distribution de faveurs. Après la dictature, un des principaux ministres, chef de la Nouvelle Démocratie - parti fondé par Constantin Karamanlis - puis premier ministre fut Constantin Mitsotakis, neveu de Venizélos. Il est vrai que le PASOK, héritier du "camp démocratique", n'a pas d'hommes politiques crétois de grande envergure, mais son organisation crétoise est extrêmement puissante et influence les décisions du parti, surtout en ce qui concerne les affaires qui intéressent la Crète. D'ailleurs, pour un mouvement politique tel que le PASOK, une forte participation dans l'appareil est beaucoup plus importante que quelques postes ministériels. Les Crétois ont aussi accepté de laisser Athènes négocier l'utilisation de la position stratégique de l'île sans en contester les décisions. Il n'y a pas eu en Crète de protestations contre la présence des bases militaires américaines, malgré le danger qu'elles représentaient pour l'île en cas de conflagration. En échange, les Crétois ont obtenu une certaine indépendance culturelle ainsi que des privilèges d'ordre matériel. Une des principales spécificités crétoises est l'existence d'une Eglise orthodoxe crétoise autocéphale. Contrairement à l'église autocéphale grecque "d'Athènes" qui est soumise à la logique étatiste et nationaliste, l'Eglise crétoise maintient la tradition représentée par le Patriarcat œcuménique de Constantinople. L'Eglise crétoise est très riche et puissante et représente la continuité avec la tradition du *rum milliet*.

La présence des autorités étatiques en Crète est souvent plus symbolique que réelle, et les lois sont appliquées avec la plus grande circonspection. L'exemple le plus flagrant concerne la détention d'armes à feu. Théoriquement défendue comme dans le reste de la Grèce, elle est tolérée en Crète. Toute fête familiale se termine par les *balothies*, c'est à dire par des tirs en l'air. Il est évident qu'avec une population armée, le rôle de la police devient fort délicat. Cette dernière préfère souvent laisser les autochtones régler leurs différents de manière traditionnelle lorsque cela est possible. Les notables locaux et les prêtres jouent un rôle de juge parfois plus important que celui des tribunaux officiels. Aussi, lors des élections, les coutumes l'emportent sur la législation : dans certains villages, le mari accompagne sa femme dans l'isoloir pour s'assurer qu'elle vote selon ses consignes. Ces phénomènes, qui paraissent surprenants et critiquables pour la logique de l'État moderne, peuvent aussi être perçus comme les expressions d'un équilibre entre les racines culturelles, les structures sociales traditionnelles et les besoins de la modernité. Cet équilibre fonctionne bien et la société crétoise vit confortablement au milieu de ses contradictions. Elle est capable d'adapter son économie aux exigences de la conjoncture avec un minimum de concessions à des tendances qui ont provoqué ailleurs la dissolution de la société et la disparition des traditions. Elle se caractérise par un "conservatisme progressif". Le deuxième privilège de la Crète concerne l'accès aux ressources de l'Etat. Le clientélisme politique est très développé et fonctionne à tous les niveaux. Les députés sont le lien entre les habitants et l'administration et leur assurent toutes sortes de privilèges. Ce phénomène est omniprésent en Grèce, mais il se manifeste en Crète avec plus de vigueur encore. Le *lobby* crétois arrive à obtenir de l'Etat grec des privilèges pour l'île, comme par exemple la création de trois universités, une pour chaque grande ville.

La spécificité crétoise s'exprime avec la plus grande clarté dans le domaine électoral. Pendant la période du *Dichasmos*, entre les deux guerres, la Grèce était divisée en deux. La vieille Grèce votait royaliste, tandis que la nouvelle Grèce, c'est à dire la Grèce du Nord, l'Épire, la Crète et certaines îles, votaient venizéliste. Après la guerre civile, les comportements se sont uniformisés partout en Grèce, sauf en Crète. La Crète continue à voter de manière monolithique pour les héritiers présumés de Venizélos, c'est-à-dire les centristes, et après la fin de la dictature des colonels (1974) pour le PASOK (socialistes). La persistance d'un comportement électoral crétois qui les différencie du reste de la Grèce ne correspond pas à une inclinaison politique plus radicale que les autres régions de la Grèce. Bien au contraire, la culture politique crétoise est très conservatrice; le communisme n'a pas pu se développer en Crète même pendant la guerre civile. Les Crétois votent tous de la même manière pour souligner leur différence et leur solidarité face au reste de la Grèce mais cette volonté de différenciation n'arrive pas jusqu'à la création d'un parti crétois. Le comportement électoral crétois exprime parfaitement les subtilités de l'iconographie crétoise et des rapports politiques entre la Crète et Athènes.

Un paradigme crétois ?

La Crète est une région qui vit bien. Elle détient une place privilégiée en Grèce et en Europe. La modernisation économique y avance à grands pas. Son agriculture et son tourisme assurent un niveau de vie élevé à ses habitants. Ses villes redécouvrent leur patrimoine historique et apprennent à apprécier et à mettre en valeur la richesse de leurs monuments byzantins, vénitiens ou ottomans. Les nouvelles universités sont des pôles d'innovation en biologie ou en informatique grâce à leurs liens avec de grandes universités américaines par la diaspora scientifique crétoise. Le tourisme renouvelle l'ancien cosmopolitisme des escales maritimes crétoises du XIXème siècle.

Ces succès sont dûs en grande partie à la géographie, qui a offert à la Crète tous les avantages : terre fertile, nature accueillante, carrefour géopolitique, point de rencontre des cultures et des civilisations. Les Crétois sont conscients de ces faveurs de la Nature, cela explique leur amour pour leur île et la grande nostalgie de ceux que la mauvaise fortune a obligés à partir. Cependant, la véritable source des succès crétois se trouve dans le facteur humain. Le "conservatisme progressif" crétois a permis une adaptation à la modernité qui n'a pas détruit les traditions sociales et culturelles. L'attachement à l'iconographie hellénique parallèlement à "l'insubordination crétoise" et la résistance à la logique centralisatrice des institutions occidentales de l'Etat-nation, leur ont permis de gérer leur relation avec le centre sans débordements vers le sécessionnisme ni disparition de leur identité régionale.

Le secret du succès crétois se trouve dans l'expérience d'un peuple qui, comme Ulysse, a beaucoup souffert et a connu beaucoup de cultures et de civilisations. Le résultat de son Odyssée se matérialise dans une iconographie à la fois régionale, nationale et cosmopolite, qui continue à le guider à travers la Scylla et la Charybde.

LES ILES DE LA CROATIE, PRINCIPALES CARACTERISTIQUES GEOGRAPHIQUES ET GEOPOLITIQUES[1]

Damir MAGAS
Université de Zadar, Croatie

Principaux traits spatiaux

Les îles de la Croatie se localisent sous forme d'une chaîne de montagne émergée, longue de 450 km, située au large de la côte orientale de l'Adriatique. Elles constituent la principale partie des îles de l'Adriatique. A côté de 718 îles et îlots, on trouve 389 îlets et 78 récifs. La superficie totale des îles de la Croatie atteint 3300 km^2 (soit 5,8 % de la superficie de la Croatie continentale) et la longueur cumulée de leurs côtes s'élève à 4057 km. Vingt de ces îles occupent une superficie supérieure à 20 km^2 chacune et 57 autres ont une superficie comprise entre 1 et 20 km^2 ! Les plus grandes îles sont Krk (409 km^2), Cres (404 km^2), Brac (394 km^2), Hvar (299 km^2), Pag (284 km^2) et Korcula (276 km^2). En 1991, les plus peuplées étaient Korcula (17 038 habitants), Krk (16 402 habitants), Brac (13 824 habitants), Hvar (11 495 habitants), Rab (9 025 habitants) et, enfin, Losinj (8 134 habitants). Le peuplement de ces îles remonte à la Préhistoire puisqu'on y a retrouvé des fragments, des reliques et des monuments datant de l'âge de pierre. Quelques-unes de ces îles sont évoquées dans les écrits des auteurs grecs et latins de l'Antiquité. Les Liburniens et les Illyriens ont laissé des traces dans de nombreux sites préhistoriques et historiques. Soixante-dix-sept de ces îles sont habitées et dix-sept ne le sont que périodiquement.

Au milieu du XIXème siècle, il y avait 118 000 habitants sur ces îles. Jusqu'au début du XXème siècle, durant le régime austro-hongrois, l'augmentation du nombre d'habitants a été rapide, de telle sorte qu'au commencement du XXème siècle il y avait 303 noyaux de peuplement avec 176 000 habitants. La période de la monarchie yougoslave puis de la Yougoslavie communiste se caractérisa par une diminution de la population comme ce fut, d'ailleurs, le cas un peu partout en Croatie. Ce phénomène trouve son explication dans l'existence d'énormes vagues d'émigration de telle sorte qu'en 1981, les îles ne comptaient plus que 116 000 habitants.

L'augmentation de population revint plus tard si bien qu'en 1991 on dénombrait 128 000 habitants, lesquels constituent seulement 2,6 %

1. Texte traduit de l'anglais par André-Louis SANGUIN

de la population totale de la Croatie. Cependant, cette augmentation doit être prise sous réserve étant donnée l'absence d'un recensement plus précis. Le plus gros peuplement insulaire est Mali Losinj (6 566 habitants en 1991) sur la partie Nord de l'île de Losinj. Il est suivi de Vela Luka (4 464 habitants) et de Korcula (3 232 habitants), tous deux localisés dans la partie Sud de l'île de Korcula. Parmi ces 303 unités de peuplement, 35 peuvent être considérées comme urbaines et 268 sont des villages ruraux. Il est à noter que ces îles sont presque exclusivement occupées par une population croate. Les données démographiques les plus récentes montrent que cet espace se caractérise par une très mauvaise structure par âge (plus de 12 % de la population est formée de personnes de 60 ans et plus tandis que moins de 30 % a en dessous de 19 ans). En outre, presque 10 % des habitants sont temporairement absents parce qu'ils séjournent ou travaillent dans des pays étrangers.

Une étude consacrée aux caractéristiques démographiques des îles de la Croatie durant les trente dernières années s'attache à l'analyse de la population totale et à sa dynamique naturelle et mécanique. Cette analyse montre que la direction la plus fréquente en termes de dynamique de population est surtout constituée par la dépopulation causée à la fois par un solde migratoire négatif, par une faible natalité et par une forte mortalité. Cependant, la période observée révèle une polarisation démographique. Il y a une dépopulation continue dans les villages et peuplements des parties intérieures des îles, d'un côté, mais une tendance à l'augmentation de population dans les noyaux urbains, de l'autre.

En ce qui concerne la géomorphologie, les îles se sont constituées principalement après la dernière glaciation du Pléistocène. A cette époque, les zones les plus basses étaient recouvertes par la mer. Géologiquement parlant, c'est la surrection de ces plis qui a formé ces alignements de crêtes le long de la côte selon la direction dite "dinarique". Ces formes de relief sont bien connues en géomorphologie littorale sous le nom de côte de type "dalmate". Leur altitude ne dépasse pas 778 mètres (c'est la hauteur du Vidova Gora sur l'île de Brac, la plus haute de toutes). Le climat est typiquement méditerranéen bien qu'il ne soit pas tout à fait le même sur toutes les îles. En effet, il est plus aride et plus chaud dans les îles du Sud et plus frais dans les îles du Nord. Les plus basses températures moyennes en janvier tournent autour de 6-8°C tandis que les plus hautes températures en juillet affichent une moyenne de 23° à 26°C, tout en augmentant du Nord-Ouest vers le Sud-Est. De même, les précipitations augmentent lentement depuis les îles du Sud-Est (750-800 mm) vers les îles du Nord-Ouest (1000-1200 mm).

Les eaux de l'archipel croate n'ont pas de caractéristiques particulières. Les îles ont très peu d'eaux de surface, à l'exception de quelques ruisseaux. Parmi les lacs internes aux îles, sel le lac Vrana (*Vransko jezero*) dans l'île de Cres se distingue par sa taille. Il y a aussi quelques lacs salés (Dugi otok, Mljet). L'hydrologie karstique souterraine dominante a formé de nombreuses curiosités spéléologiques attractives : sources sous-marines, sources de surface, puits, syphons... Le sol n'est présent que sous des formes morphologiques karstiques de type *polje* ou dans les vallées sèches du karst. Il couvre rarement de grandes superficies insulaires (Susak, Unije). La catégorie prédominante de sol est la célèbre *terra rossa*. Quelques petites superficies sont recouvertes de sols bruns ou sableux. Cela constitue la base pour une agriculture insulaire spécifique. Les principales cultures sont les olives, la vigne, les légumes, les céréales, les figues, le marasquin, les amandes... La faune et la flore sont au diapason du sol karstique et du climat méditerranéen. La biogéographie est déterminée par des cortèges méditerranéens (peuplements de chênes yeuses) généralement présents sous formes dégradées (maquis) parce que résultant de plusieurs siècles de surexploitation. La vie animale est encore plus pauvre que sur le continent. A cause de la nature karstique des sols et de l'extension de pâturages pierreux, seul le petit bétail est élevé, notamment les ovins.

Les îles ne forment ni une province séparée ni un comté autonome. Administrativement parlant, les îles de la Croatie font partie de sept provinces (*zupanija*) dont les chefs-lieux sont situés sur le continent. La plupart des îles sont dans l'orbite de villes continentales comme Rijeka, Split, Zadar, Dubrovnik ou Sibenik. Du point de vue confessionnel, les plus grandes îles sont ecclésiastiquement indépendantes. Un évêque catholique réside à Krk et un autre à Hvar. Le diocèse de Krk englobe les îles du Nord comme Rab, Krk, Losinj, Cres, une partie de Pag et les petites îles adjacentes. Le diocèse de Hravar, quant à lui, recouvre les îles de Hvar, Brac, Vis, Solta et les petits îlots adjacents. Autrefois, des évêques résidaient aussi à Osor (pour Cres et Losinj), à Rab et à Korcula. Cela souligne, à l'évidence, l'importance que ces îles endossèrent depuis le Moyen-âge jusqu'au début du XIXème siècle. L'analyse des îles de la Croatie, sur la base d'indicateurs insulaires fondamentaux, offre toute une série d'éléments montrant très clairement qu'elles sont loin d'exploiter toutes leurs possibilités de développement. Cela s'explique par certains facteurs restrictifs. Les quatre plus connus d'entre eux sont les suivants :
- système communiste bridant les initiatives de l'économie de marché;
- rôle des îles comme refuges pour des populations fuyant un continent peu sûr;
- problèmes non résolus d'approvisionnement en eau;
- mauvaise infrastructure de transport et fragmentation territoriale.

Etre complètement entouré par la mer... ou comment les îles de la Croatie évaluent-elles leur insularité ?

L'évaluation de l'insularité peut être directement observée à travers la situation et la structure économique. Depuis la fin du XIXème siècle ou encore plus récemment, certaines de ces îles ont développé une importante activité touristique (Rab, Losinj, Hvar, Krk, Pag, Brac, Korcula, Murter, Ugljan, Cres, Lopud). Les autres viennent juste de commencer les premières étapes du développement touristique (Dugi otok, Mljet, Solta,

Vis, Sipan, Kolocep, Iz). Cette nouvelle activité est sensée atténuer voire arrêter le déclin démographique. En particulier, les dernières décennies ont été marquées par la montée en puissance du tourisme nautique. Certaines marinas bien équipées de même que des ports touristiques sont des escales importantes de circuits nautiques le long de la côte adriatique, y compris les îles vierges. Les plus importants d'entre eux sont Punat (île de Krk), Zut (île de Kornati) et Hramina (île de Murter)... En 1989, les îles croates ont été visitées par 1,6 million de touristes qui y effectuèrent 14,5 millions de nuitées (9 nuits/touriste en moyenne). On dénombre 39 500 lits en hôtels, 63 100 lits en camps, 94 600 lits en chambres d'hôtes et gîtes ruraux. La guerre avec les Serbes a mis un coup d'arrêt brutal à l'activité touristique qui, récemment, semble donner de nouveaux signes de revitalisation.

L'industrie ne se rencontre que dans quelques îles. Il s'agit essentiellement de la construction navale et de la réparation navale (Losinj, Korcula, Ugjlan) ou de manufactures (Korcula, Krk, Brac) ou encore de petites conserveries de poisson (Dugi otok, Vis, Brac, Korcula). L'agriculture ne subsiste que dans les zones les plus favorables et dans les lieux les plus peuplés. Il faut souligner que la plus grande partie des espaces agricoles a été abandonnée après la Seconde Guerre mondiale. Seule la culture des olives se maintient tandis que la viticulture (Korcula, Hvar), l'élevage des ovins (Pag) et la culture légumière (Ugljan) ne sont que des activités sporadiques. La pêche est liée aux usines de conditionnement du poisson sur les îles (Dugi otok, Ugljan, Vis, Brac, Korcula, Cres et autres) ou sur le continent. L'aquaculture est bien développée dans l'archipel de Zadar (Ugljan, Pasman...).

L'archipel croate est partie intégrante de l'Etat. Par voie de conséquence, nous ne pouvons pas parler, en ce qui le concerne, de zones spéciales de type "paradis fiscal" ou "zone franche hors taxes". Une raison supplémentaire explique cette absence : à cause des circonstances de la guerre avec les Serbes, le jeune Etat croate ne pouvait rendre possibles les conditions de tels statuts. Seuls, quelques privilèges de circulation ont été octroyés aux insulaires. A cause de tout cela, les activités bancaires et commerciales sont stagnantes sur ces îles. Les secteurs les moins peuplés mais aussi les plus attractifs des îles de la Croatie cherchent à affirmer les avantages d'une nature sauvage. Des parcs nationaux ont été créés. Parmi les plus visités, mentionnons l'archipel de Kornati près de Zadar, la partie occidentale de l'île de Mljet, les îles Brioni (ancienne résidence d'été de Tito) au Sud-Ouest de l'Istrie, la réserve naturelle Telascica sur l'île Dugi otok. Ces espaces protégés sont aussi l'occasion de valoriser certains genres de vie insulaires et de retenir la population.

Bien que les îles ne constituent qu'une petite partie de l'économie nationale croate, l'introduction récente de l'économie de marché montre que des progrès ont été réalisés depuis quelques années. Ainsi, en 1989, il n'y avait dans l'archipel croate que 181 entreprises privées (soit 3,1 % des entreprises privées de Croatie). En 1991, elles étaient passées à 398 (soit 2,4 % des entreprises privées croates). Certains économistes estiment que les entreprises industrielles des îles tendent à devenir plus performantes que celles du continent. La raison en est qu'elles sont confrontées au défi insulaire : les îles n'ont pas les ressources suffisantes pour accueillir les grosses industries qui sont devenues les grandes perdantes avec le passage de la Croatie à l'économie de marché. Par ailleurs, les entreprises touristiques collectivistes, spécialisées dans des prestations de masse, atteignirent des sommets avant la dislocation de l'ex-Yougoslavie. Aujourd'hui, elles font montre d'une faible efficacité.

Quels sont les défis à la circulation dans les îles croates ?

L'interconnection de la circulation est d'une importance extrême pour la vie et le développement insulaires. Il y a encore bien des petites îles qui ont besoin de meilleures liaisons, encore non satisfaites. Par ailleurs, certaines îles, notamment les plus grosses et les plus proches du continent ont résolu leurs problèmes de transport. Des liaisons aériennes modernes ont été mises en place par la construction de nouveaux aéroports dans les îles de Krk, Losinj, Hvar et Brac. La construction de ponts a pratiquement transformé certaines îles en des péninsules, grandes ou petites (Krk, Pag, Vir, Ciovo, Murter) ou encore des ponts relient les îles entre elles (Cres/Losinj, Ugljan/Pasman). Bien que tout véhicule ait à payer un péage pour passer sur le pont entre le continent et Krk, le plus grand de Croatie et le seul à péage, le trafic provoqué par l'industrie (complexe chimique Dina) y est très soutenu. Les liaisons maritimes sont davantage orientées vers les centres régionaux du littoral continental (Split, Zadar, Rijeka, Dubrovnik, Sibenik) et également avec les lignes de car-ferries les plus courtes avec le continent. Le long de la côte croate, les lignes de car-ferries et de bateaux de passagers relient entre elles Rijeka, Zadar, Split et Dubrovnik. Durant, l'été, elles se prolongent sur l'Albanie et Corfou. Malheureusement, peu d'entre elles touchent les îles. Les seules escales insulaires sont à Rab, Hvar, Korcula et Mljet. Durant la saison touristique, quelques îles comme Losinj, Dugi otok et Hvar jouissent de liaisons par hydrofoils ou traversiers classiques avec la côte croate ou italienne. Quelques îles ont fondé leur propre compagnie maritime indépendante comme Rab, Korcula, Losinj, Vrgada. En 1990, le trafic réalisé par ces nouvelles compagnies représentait 15,4 % de tout le trafic passagers de Croatie. On dénombre un total de 29 lignes de car-ferries et autres traversiers ayant transporté, en 1991, 1,4 million de véhicules et plusieurs millions de passagers. Sur les 23 îles équipées d'un vrai réseau routier, on relève 1246 km de routes publiques (dont 1145 km classés routes modernes). La longueur des routes nationales se monte à 121 km, celle des routes régionales à 590 km et celle des routes locales à 535 km.

Problèmes et coûts liés à la situation insulaire

Les principales difficultés sont liées à des questions de connections et d'infrastructures concernant les communications. Le transport passager est cher pour les insulaires. A cause du manque de lignes, certaines petites îles ont été complètement dépeuplées (Bisevo, Skarda, Scedro, Srakane Vele et Srakane Male). Il est très difficile et même très coûteux d'installer l'eau et l'électricité sur ces îles. Toutes les îles habitées ont des génératrices d'électricité mais, seules, les plus grosses d'entre elles ont résolu le problème d'approvisionnement en eau d'une manière moderne. Il s'agit, en réalité, des îles les plus proches de la côte comme Losinj, Cres, Krk, Rab, Pag, Korcula, Hvar, Brac et quelques autres. Le problème des systèmes d'égout devient de plus en plus aigu sur les îles. On rencontre aussi de sérieuses difficultés dans les domaines scolaires et médico-sanitaires dans les petites îles. Les lycées et les institutions médico-hospitalières ne se trouvent que dans les plus grosses îles. Cependant, en cas d'urgence, des interventions immédiates sont fournies dans les petites îles. La police et l'armée disposent de vedettes rapides et même d'hélicoptères. Parfois, des grèves parmi les insulaires peuvent causer des tort aux visiteurs. Les touristes aussi font face aux problèmes soulevés par l'insularité : approvisionnement en alimentation parfois peu commode, transports rares, fourniture en eau limitée, distance par rapport au médecin le plus proche... Néanmoins, un certain nombre de touristes, bien que conscients de ces limites insulaires, sont intéressés à séjourner là loin de la vie moderne et bruyante des agglomérations urbaines.

Etat continental et autonomie insulaire

Les îles croates ne sont ni des provinces ni des cantons indépendants. Elles sont autonomes mais seulement au degré le plus bas de l'autonomie locale. Selon la nouvelle grille territoriale de l'administration publique en Croatie mise en place en 1993, des séries de petites communes ont été créées. Les îles les plus grandes et les plus peuplées ont obtenu plusieurs communes (Brac 7, Krk 6 et une ville, Hvar 3 et une ville, Korcula 3 et une ville, Pag 2, Ugljan 2, Vis 1 et une ville). Les plus petites et les moins peuplées constituent souvent une commune avec une ou plusieurs îles voisines (Dugi otok, Solta, Mljet, Lastovo, Rab, Losinj, Cres, Pasman, Vir). En règle générale, les plus petites îles appartiennent à la commune d'une île voisine plus importante ou encore à une commune dont le centre se trouve sur le continent (archipel de Sibenik, une partie de l'archipel de Zadar, archipel de Dubrovnik). Lorsque la Croatie est devenue un Etat indépendant et souverain en 1991, beaucoup d'îles obtinrent le statut de communes (jusqu'en 1993 pour les dernières). Cela a très clairement stimulé des processus positifs d'auto-organisation locale.

Caractéristiques linguistiques et culturelles

Les îles de la Croatie ont préservé et même promu certaines formes et variantes de la langue croate bien que la population soit pleinement croate depuis les débuts du Moyen-âge. Ce qui caractérise ces variantes sont, d'une part, une prononciation archaïque et, d'autre part, un vocabulaire assez semblables à la langue parlée dans les régions croates jusqu'au XIXème siècle.

Des vagues de réfugiés s'échappant de régions turbulentes voisines sur le continent ont amené avec elles un petit nombre de mots turcs, hongrois et même latins (la côte dalmate eut longtemps des liens avec Venise). Chaque île a sa prononciation particulière et même son patrimoine culturel propre. Ces îles sont une véritable anthologie de monuments sacrés croates (églises, monastères) remontant même jusqu'à la période du vieil Etat croate du IXème siècle. Les plus vieux monuments sont les derniers témoins de l'époque romaine dans les provinces illyriennes (Dalmatie du Sud-Est et Liburnie du Nord-Ouest). Beaucoup de traditions de la vie religieuse et séculière ont été préservées jusqu'à aujourd'hui. Avec l'indépendance du nouvel Etat croate, elles reprennent vigueur. Les publications écrites dans les dialectes locaux prennent de l'importance. Non seulement cela n'est pas réprimé par le gouvernement central mais, au contraire, ce dernier soutient cette évolution car la très forte conscience nationale des insulaires a toujours été exceptionnellement développée. Comme il n'y a jamais eu de langue particulière aux îles, il n'a jamais été nécessaire d'introduire la pratique du bilinguisme, pas même dans la partie septentrionale de l'île de Losinj où l'on trouvait des Croates italianisés et des Italiens immigrés qui partirent après la Seconde Guerre mondiale. Leur possible retour dans la nouvelle Croatie libre et démocratique n'aurait pas grande signification dans la mesure où, constituant moins de 5 % de la population de chaque commune concernée, ils pourraient jouir du droit des minorités garanti par la Constitution de Croatie.

L'Eglise Catholique Romaine a joué un rôle important dans le maintien des valeurs culturelles traditionnelles au sein de ces îles. On notera en particulier le vieux droit des Croates de se servir de l'alphabet glagolitique originel et de la langue croate dans la liturgie, ce qui est une exception dans le catholicisme de rite latin. Il y a un siège épiscopal à Krk et un autre à Hvar. Ils ont juridiction sur les grandes îles du Nord et les îles moyennes de Dalmatie. Les autres îles relèvent des archidiocèses de Split et de Zadar.

Mer territoriale et frontières maritimes : aspects géopolitiques

Les îles de l'Adriatique ont joué un rôle considérable dans la délimitation et la démarcation des frontières maritimes de la Croatie, en particulier entre la Croatie et l'Italie. La distance entre certains îlots croates (Palagruza, Jabuka) et la côte continentale a conditionné la considérable largeur des eaux territoriales. Il en va de même pour les eaux intérieures à cause du positionnement de telle ou telle île. La frontière entre la mer épicontinentale croate et son homologue italienne a été réglée par convention. Eu égard à la superficie de l'Adriatique, la Convention de Montego Bay (1982) n'a aucune conséquence ici. A l'époque de l'ex-Yougoslavie, certaines îles, à cause de leur position stratégique, étaient soumises à d'importantes restrictions, ce qui gênait considérablement le développement du tourisme et l'hébergement des visiteurs étrangers. Ainsi, par exemple, des îles comme Vis et Lastovo dotées de bases navales et militaires étaient interdites aux étrangers. Il en allait de même pour Brioni, résidence d'été de Tito. Le nouvel Etat de Croatie s'est rapidement intéressé à valoriser ces îles plutôt que d'en retenir le seul aspect stratégique, et toutes les restrictions antérieures ont été abolies. Il existe d'autres petites bases militaires sur des îles plus petites qui conservent cependant un caractère défensif typique.

Pendant des siècles, les îles de la Croatie ont été un aperçu significatif de ce qui se passait tant en Croatie continentale que dans le reste des Balkans. Elles furent souvent le refuge d'exilés de guerre ou de réfugiés venant du continent. La plus grande vague de migration eut lieu de la fin du XVème siècle jusqu'à la fin du XVIIème siècle durant les conquêtes ottomanes en Bosnie, en Croatie et en Hongrie, précisément à l'époque du déclin du royaume hungaro-croate et de la chute antérieure du royaume de Bosnie. La plus grande partie du royaume croate fut conquise par la Turquie (l'intérieur continental) et par Venise (le littoral et les îles). De telle sorte que le royaume de Croatie se maintint seulement dans la plus petite partie dénommée *reliquiae reliquiarum* ou *antemurale chritianitatum*. Du coup, il entra complètement mutilé dans l'Empire d'Autriche et plus tard dans la monarchie austro-hongroise. Malgré la domination étrangère et l'immigration venant du continent, les îles de la Croatie ont préservé, pendant des siècles, la langue, la culture et les traditions croates. Cela ne peut s'expliquer que par leur isolement manifeste malgré la proximité de la côte. Toutefois, on ne peut nier la forte influence de l'Ouest venant des villes croates de l'Adriatique aussi bien que de la péninsule italienne. Les deux guerres emboîtées de Croatie et de Bosnie (1991-1995) se sont distinguées par l'incroyable bannissement de Croates, de Bosniaques et autres non-Serbes en vue de créer la soi-disant "Grande Serbie". Ces événements tragiques ont eu leurs conséquences sur les îles. Un grand nombre de réfugiés de cette horrible guerre prit le chemin de l'exil sur les îles de Croatie en 1991-1992. Ils trouvèrent de quoi s'héberger dans les complexes touristiques (Brac, Hvar, Ugljan, Losinj, Krk, Korcula). A côté de cela, beaucoup de familles des villes de l'Adriatique attaquées par les Serbes (Zadar, Dubrovnik, Sibenik, Biograd) y mirent à l'abri les enfants et les vieux. Ainsi, il y eut beaucoup de familles insulaires ou encore des familles ou des amis ayant leur résidence secondaire sur les îles qui offrirent l'hospitalité à toutes ces personnes. Cette immigration soudaine posa d'énormes problèmes aux îles mais, dans le même temps, elle permit, ici ou là, en particulier dans les petites îles les plus dépeuplées, de revitaliser l'école, le commerce, les services médicaux. Certaines écoles, fermées depuis pas mal d'années, réouvrirent et les équipes enseignantes furent même renforcées. Pendant une courte période, le trafic insulaire fut bloqué par la marine de la JNA (Armée Populaire Yougoslave aux mains des Serbes). Elle se replia ensuite sur ses bases dans les îles de Vis et de Lastovo puis vers celle de Boka Kotorska, complètement usurpée par la Serbie-Monténégro. L'importance géostratégique des îles croates dans les deux guerres emboîtées de Croatie et Bosnie (1991-1995) est devenue de plus en plus significative. Cela a pu se vérifier par la présence massive de flottes militaires étrangères dans l'Adriatique disposant de leur propre logistique (porte-avions, croiseurs...). Il faut aussi mentionner que la variété de ces îles les rend capables de résister à des forces d'agression. On a pu effectivement le constater lors des combats contre la flotte turque, lors des tactiques de la Résistance durant la Seconde Guerre mondiale et lors de la guerre menée par les Serbes contre la Croatie à la fin de 1991. Lors de ce dernier événement, une importante flotte militaire littéralement raflée par les Serbes fut incapable de parer aux coups donnés par les habitants des îles équipés seulement de petits bateaux.

La politique d'approvisionnement dans un espace insulaire

Certaines petites îles furent incapables de résister aux périodes de mauvais approvisionnement et au manque de liaisons avec les îles plus grandes ou avec le continent. A présent, elles sont habitées par quelques personnes âgées vivant seules ou isolées (Bisevo, Srakane Vele, Srakane Male, Scedro, Sv. Andrija, Skarda). Cependant, la plupart des îles possèdent une large capacité d'endurance, les rendant capables de supporter des périodes difficiles et de conserver un minimum de vitalité. En particulier, les grandes îles sont aujourd'hui bien ravitaillées en produits de première nécessité. Les principaux centres locaux disposent dorénavant d'un bon réseau de commerces d'articles quotidiens voire de boutiques spécialisées (Mali Losinj, Krk, Hvar, Vela Luka, Korcula...). Des lignes électriques connectent aujourd'hui presque toutes les îles habitées mais la fourniture en eau domestique demeure encore un problème central. Les nouvelles circonstances politiques que représente l'introduction de l'économie de marché ont récemment permis la mise en place d'une abondance d'initiatives venant du secteur privé.

Les politiques d'aide

Les îles croates ne peuvent malheureusement bénéficier des subventions de l'Union Européenne puisque la Croatie n'en est pas membre. La Croatie elle-même essaie d'améliorer la situation de ses propres îles par le canal de différents programmes à l'échelle nationale. Le Centre pour le Développement Insulaire a été fondé. Il dispose de certaines ressources pour des programmes de développement en cours. Cependant, le fardeau financier le plus lourd repose sur les épaules des autorités de chaque commune insulaire. On a pris en considération l'idée de quelques privilèges fiscaux à long terme mais il n'y a pas encore eu d'applications concrètes, perceptibles sur le terrain. La Croatie est membre de l'association Eurorégion Alpe-Adria. Cette dernière a quelques idées pour aider les îles de l'Adriatique, notamment le projet de mise en oeuvre de nouveaux aéroports.

Comment les insulaires considèrent-ils l'isolement insulaire ?

Le syndrome de l'isolement et de l'encerclement par la mer dépend de divers facteurs. Plus le nombre d'habitants est petit, plus le trafic et les liaisons sont faibles, plus large est la distance avec le continent, plus fort, alors, est ce syndrome. Une meilleure proximité avec le littoral continental n'entraîne pas nécessairement le sentiment extrême d'être coupé de la côte et d'être abandonné. Certaines petites îles comme Susak, Sestrunj et autres peuvent servir d'échantillons pour l'analyse de ce type de situation dans la mesure où elles constituent des complexes spéciaux de topophilie, d'espace perçu et d'espace vécu. A cause du manque de routes insulaires, il est intéressant de remarquer que, jusqu'à aujourd'hui, les peuplements sur certaines îles étaient très isolés les uns des autres. Pis, ils étaient mieux reliés à tel ou tel centre urbain sur le continent qu'avec un autre peuplement sur la même île (par exemple Dugi otok, Pasman, Ugljan, Mljet). L'exposition centenaire aux vols effectués par des pirates, des pillards et autres prédateurs a sans doute engendré une certaine prudence atavique vis-à-vis des étrangers mais, dans le même temps, les insulaires sont capables d'accueillir à bras ouverts l'ami ou la connaissance.

Les problèmes environnementaux dans les îles

Jusqu'au début de la brutale agression serbe de 1991, les îles de la Croatie utilisaient leur potentiel en fonction du tourisme et d'autres branches économiques mentionnées plus haut. La situation s'est améliorée quand, à la suite des victoires croates en Krajina à l'été 1995, le centre des combats s'est déplacé en Bosnie. Cela a été rendu possible principalement à cause du très haut niveau de qualité environnementale de ces îles. L'eau bleue pure, les innombrables criques sauvages, la végétation autochtone, l'absence d'agriculture à produits chimiques, le petit nombre d'habitants sont les qualités majeures caractérisant les îles de la Croatie. Le tourisme nautique est particulièrement attiré par ces qualités. Cependant, ce tableau idyllique ne doit pas masquer certains problèmes. Pour le moment, aucun consensus ne s'est dégagé quant à la manière de traiter le plus efficacement possible le problème des déchets. Du coup, chaque île traite le problème séparément, en comptant surtout sur les capacités auto-purificatrices de la mer ou encore en incinérant voire en mettant en place des décharges. Il y a des difficultés particulières à tenter de résoudre ces problèmes sur les petites îles éloignées. A côté des ordures produites par la population, il y a un autre genre de pollution. Les rivages des îles, particulièrement ceux faisant face à l'Adriatique, sont souvent attaqués par des rejets effectués par des bateaux entrant ou sortant des ports de l'Adriatique. A cause de cela, les criques les plus attractives subissent des dommages. Ici et là, les côtes des îles de la Croatie sont défigurées par des rangées de construction, en particulier les résidences de week-end. Cependant, si l'on considère la longueur des côtes, on peut estimer que ce genre de construction ne pourrait abîmer la beauté des rivages.

Le sentiment de dépendance vis-à-vis du continent et le rapport centre/péripherie

La proximité du littoral et l'extension longitudinale ont rendu les îles croates très dépendantes du continent. Chaque jour, les ports du continent approvisionnent les îles en biens de consommation et en matériaux. Les principaux centres de décision ne sont pas du tout situés sur les îles. C'est pourquoi s'est développée dans l'archipel une mentalité de dépendance renforcée par de mauvais indicateurs démographiques (vieillissement, manque de population en dessous de 20 ans...). L'absence d'une population en âge de procréer fournit un cadre mental de désespérance et de manque de foi dans le futur. Quelques pas ont été faits pour améliorer la situation. Pour certains sociologues, il faudrait transformer l'identité insulaire en un point d'ancrage de l'identité croate. Jusqu'à maintenant, la jeune République de Croatie, impliquée, dès son accession à l'indépendance, dans une agression dirigée contre elle par les Serbes, n'a pas eu le temps de concevoir une politique de développement des îles périphériques.

ETUDE GEOPOLITIQUE DE L'ARCHIPEL CANARIEN : FACTEURS DE COHESION ET DE DESAGREGATION[1]

Albert ODOUARD
Université Blaise Pascal, Clermont-Ferrand et CERAMAC

L'étude géopolitique de l'archipel canarien montre actuellement un contraste étonnant entre l'acuité des tensions interinsulaires d'une part et le large consensus sur la position internationale des îles d'autre part. Cette situation résulte de la variété des îles et de leurs versants et des multiples formes de mise en valeur économique qu'elles ont connu.

Géopolitique de l'archipel : tensions internes et consensus international

Les Canaries constituent une communauté autonome dans le cadre de l'Espagne, mais une communauté qui a deux capitales Las Palmas et Santa Cruz de Tenerife, où siège alternativement le gouvernement régional. Ces deux villes rassemblent la moitié des Canariens et elles commandent aux deux grandes îles, Grande Canarie et Tenerife, sur lesquelles vivent 90 % des habitants, ce qui marginalise les cinq autres îles dites *menores* ou secondaires. Cette dualité au sommet de la hiérarchie insulaire est née de la volonté et/ou de l'incapacité de Madrid à choisir une capitale car, dès les premières années de la colonisation, les pouvoirs civils, religieux et militaires ont toujours été partagés entres les deux îles et si temporairement l'une d'elle bénéficiait d'un avantage, l'autre n'avait de cesse que fut rétabli l'équilibre en sa faveur. Par exemple, l'université longtemps restée l'affaire de Tenerife se développe depuis peu à Las Palmas, et c'est l'inverse pour les organismes supérieurs de la justice, *Audiencia de Canarias*. Cette querelle entre deux îles et surtout entre leur ville principale porte le nom de *pleito insular* ou l'affaire de la capitale. Faute de solution, en 1927 deux provinces ont été créées, institutionnalisant la bicéphalie politique de l'archipel. De plus, dans ce cadre, chaque île dispose d'un organisme politique et

1. Pour de plus amples développements, on peut se reporter à l'ouvrage du même auteur, *Les îles Canaries, terre d'Europe au large de l'Afrique*, 510 pages, Bordeaux 1995, n° 20 de la collection *"Iles et archipels"*, ainsi qu'à *Geografia de Canarias*, Editorial Interinsular, Santa Cruz de Tenerife, 1985, tome 2, page 243.

administratif, le *cabildo*, qui organise une partie non négligeable de la vie économique, sociale et culturelle, celle qui dépasse le simple cadre communal. Chaque *cabildo* dispose de ressources fiscales, d'une assemblée, d'un président et de multiples délégués. La personnalité de chaque île peut ainsi s'afficher légalement, ce qui ne facilite pas toujours la gestion politique de l'archipel aussi bien par la communauté que par l'Etat toujours représenté et actif dans chaque île. Dès qu'un équipement, un service ou une activité sont mis en place dans une île, toutes les autres à terme et sous une forme plus ou moins adaptée, les réclament et finissent par les obtenir.

Jamais les Canaries n'avaient été dotées de structures administratives et politiques aussi nombreuses, concurrentes et/ou complémentaires, offrant des équilibres fragiles et très variables au gré des élections et des majorités de circonstances. A la faveur de cet imbroglio de compétences, les communes touristiques, en particulier celles du Sud des deux grandes îles, tentent des rapprochements pour promouvoir leur spécificité et demander des traitements économiques et fiscaux particuliers. Au total, il y a un jeu complexe de forces centrifuges en action qui tend à faire éclater l'archipel en autant de mini-états qu'il y a d'îles.

Vis à vis de l'extérieur, au contraire, les Canariens trouvent plus facilement un terrain d'entente pour redéfinir leur situation sur l'échiquier international. Madrid a toujours géré l'archipel directement et de manière au moins aussi autoritaire que le reste de l'Espagne. Cette dépendance directe a suscité progressivement un courant de pensée autonomiste voire une volonté indépendantiste. L'aspiration autonomiste a été satisfaite par l'octroi en 1982 d'une communauté autonome que l'archipel s'efforce d'élargir en s'appuyant sur le modèle catalan. Par contre, les indépendantistes, radicaux et très minoritaires proches d'A. Cubillo, et les partisans d'une autonomie renforcée ou insularisation de l'économie et de la société regroupés au sein des *agrupaciones independientes de Canarias*, et très actifs dans toutes les îles, ont favorisé la redéfinition de l'horizon international canarien. Le cordon ombilical avec l'Espagne autrefois omniprésent est maintenant juxtaposé à un triptyque s'appuyant sur :

1- L'Amérique latine, le Venezuela, les Antilles et Cuba où se situent d'importantes colonies d'émigrés canariens,

2- L' Afrique noire et le Sahara tout proche en jouant la carte des Sahraouis qui revendiquent l'ancien Sahara espagnol où vivaient de nombreux Canariens,

3- Bruxelles, c'est-à-dire l'Union Européenne, qui aide considérablement les îles périphériques et sert de contrepoids à l'influence madrilène.

Cette politique étrangère a été un des enjeux électoraux, elle rencontre maintenant une large adhésion et donne une dimension très internationale à cet espace régional espagnol, à la différence des Baléares qui doivent se contenter des horizons étrangers de sa clientèle touristique que possèdent d'ailleurs aussi les Canaries.

La situation des îles et de l'archipel fournit un premier élément de réponse (fig. n° 1)

La situation des îles permet déjà de s'initier à la réalité canarienne. L'archipel s'inscrit dans un rectangle étiré sur 500 km d'Est en Ouest mais qui ne compte guère plus de 200 km du nord au sud. Les 7 îles sont donc éloignées les unes des autres sauf la Gomera de Tenerife et Lanzarote de Fuerteventura. Les populations autochtones colonisées par l'Espagne n'avaient guère de relations d'une île à l'autre. Les voyages en bateau ont été lents et longs jusqu'au XXème siècle et chaque île a eu la nécessité et le temps de cultiver ses particularités économiques et sociales. L'avion aujourd'hui rapproche tout le monde mais il faut encore une demi-heure entre Tenerife et Grande Canarie et plus d'une heure entre Tenerife et Lanzarote. Toutefois cet éloignement n'est que relatif par rapport à celui qui existe entre l'archipel et les autres terres. L'Afrique certes n'est qu'à cent kilomètres des îles orientales mais il s'agit d'un désert, l'ex-Sahara espagnol dont les rares oasis ont été sous la tutelle de la Grande Canarie jusqu'en 1975. Les côtes sud de la Péninsule ibérique sont à 1400 km comme les autres archipels des Açores et du Cap Vert. Les Canaries tirent leur unité de cet isolement. Chaque île souhaite et recherche des liaisons aériennes et maritimes directes avec l'Espagne ou le reste du monde mais l'éclatement politique n'a jamais vraiment été envisagé ou alors de l'extérieur : la France avait manifesté l'intention, sous la Révolution, d'acheter la Palma !...

Par contre, cet isolement combiné à la situation océanique des Canaries sur les routes de l'Europe en Amérique, inaugurées par Christophe Colomb, et de l'Europe au Cap de Bonne Espérance a conféré à l'archipel un rôle d'escale longtemps obligatoire pour les voiliers comme pour les vapeurs qui venaient y charbonner. Aussi les plus grands ports et au moins celui de Las Palmas ont toujours été en contact avec l'économie mondiale, celle de l'océan Atlantique et de l'Amérique latine, celle de l'Afrique et de l'Asie, qui convergeaient vers l'Europe et surtout l'Angleterre. Par ce biais, les marchés européens ont toujours été à la portée de l'archipel et chaque fois qu'un pays et/ou des commerçants l'ont compris les Canariens ont travaillé pour l'exportation.

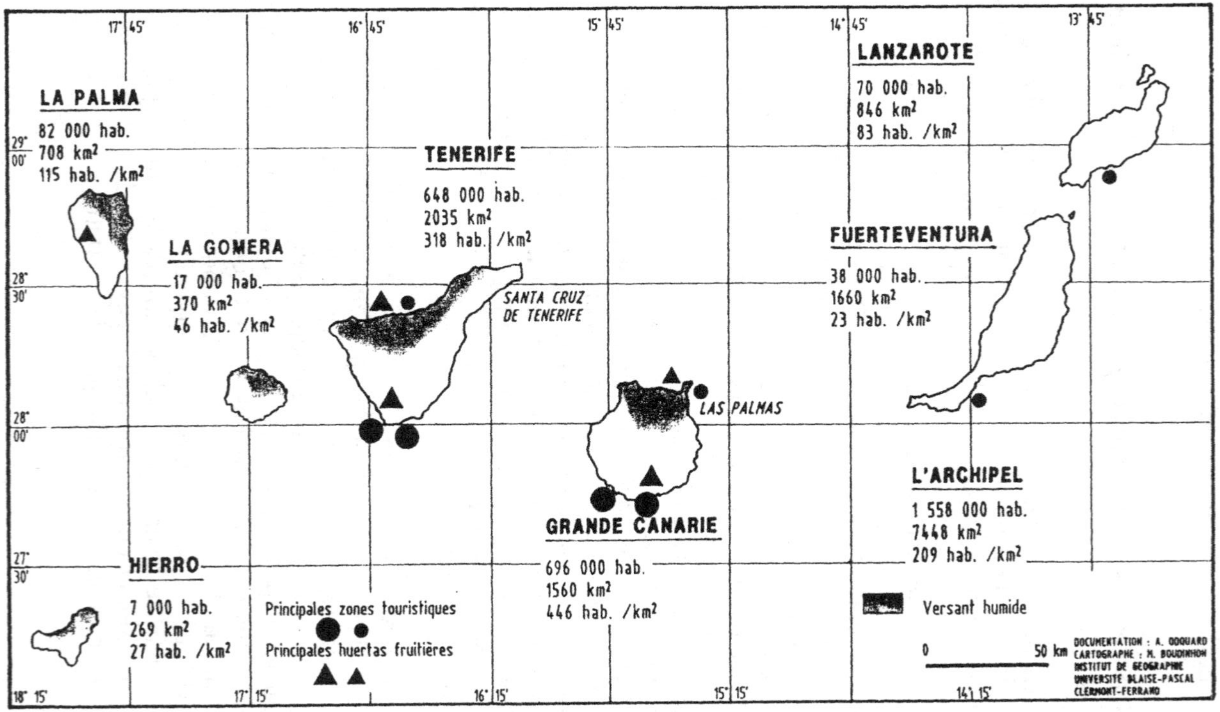

Figure 1. L'archipel canarier

Les Canaries possèdent des milieux physiques très variés qui ont été mis en valeur tour à tour, utilisés, abandonnés, parfois redécouverts. Les deux îles orientales, sans relief important, ne sont que des fragments de désert en tous points comparables au Sahara voisin. Toutes les autres îles sont montagneuses et marquées, à ces latitudes tropicales, par l'opposition très nette des versants humides face au Nord, et des versants secs et chauds face aux autres orientations. Les plus petites, Hierro et la Gomera, ont des reliefs escarpés laissant peu de place aux activités humaines. La Palma, Tenerife et Grande Canarie, les plus grandes et les plus élevées, comportent les terroirs les plus variés et les plus étendus aussi bien humides que chauds et secs. L'étagement dans ces îles montagneuses nuance la variété des versants liée à l'exposition. Les basses terres littorales sont les plus sèches et les plus chaudes. Elles conviennent aussi bien aux cultures tempérées et tropicales qu'aux touristes. Les pluies augmentent avec l'altitude au moins jusqu'à 1000-1200 m mais les températures baissent, l'irrigation ne devient plus indispensable mais la gamme des cultures se restreint et l'attrait touristique disparaît. Face au nord, les milieux littoraux secs et chauds ont une extension limitée à la différence de ce qui se passe sur les autres expositions et c'est l'inverse pour l'étage pluvieux.

Une succession d'activités agricoles et tertiaires liées à l'étranger

Face à ces données naturelles, les sollicitations extérieures se sont succédées depuis le XVème siècle, s'ajoutant bien sûr aux besoins autochtones. On peut distinguer deux demandes successives et donc deux types de mise en valeur concernant deux milieux naturels différents. Jusqu'à la deuxième moitié du XIXème siècle on a surtout utilisé les versants humides pour produire de la canne à sucre, du vin et du maïs. La canne a été introduite dès le XVème siècle pour permettre, par l'exportation du sucre, l'amortissement des dépenses liées à la conquête. La vigne a pris le relais sous l'égide des négociants anglais au XVIIème et XVIIIème siècles. Le maïs n'a été qu'un pis aller en attendant mieux. Cette succession de productions agricoles a favorisé les versants nord des îles occidentales et surtout Tenerife et La Palma. Mais depuis 1850 l'élevage des cochenilles, la production des fruits et des légumes et l'accueil des touristes se sont succédés et pour toutes ces activités, les Canariens ont eu à mettre en valeur leurs îles et leurs versants chauds et secs à condition de pouvoir y disposer de l'eau pour irriguer et/ou pour développer le tourisme. C'est la grande revanche des îles orientales et des versants sud dans deux des grandes îles. C'est le recul au contraire de La Palma et des petites îles occidentales.

Finalement les îles importantes sont celles qui ont pu répondre en permanence aux sollicitations humaines, à savoir Tenerife et Grande Canarie car elles disposaient et des versants humides capables de porter autrefois les spéculations agricoles et des versant secs et chauds tournés plutôt au sud, susceptibles d'être alimentés en eau à partir du nord. Les îles occidentales, trop montagneuses, trop petites, n'ont jamais pu répondre de manière significative aux demandes extérieures et fournir abondamment les produits exportés. Seule La Palma avec la canne, la vigne et les bananes a profité partiellement des cultures d'exportation mais le tourisme ne la concerne pas vraiment. Ses heures de gloire sont derrière elle. Quant aux îles orientales, elles ont attendu la deuxième moitié du XXème siècle pour connaître avec le tourisme un essor sans précèdent. Ces cycles économiques qui se sont succédés favorisant tour à tour un type de versant ou un type d'île n'ont pas toujours réussi à fournir du travail à l'ensemble de la population. Les migrations ont souvent été nécessaires : l'immigration lors de la mise en place d'un cycle nouveau, celui de la canne à sucre au XVème siècle, et celui du tourisme après 1980 mais le plus souvent l'émigration a entraîné les Canariens au Venezuela et à Cuba jusqu'au XIXème siècle, en Europe et dans le reste du monde actuellement. Ceux qui ne sont pas partis s'entassent simplement dans les deux villes principales entraînant la multiplication des problèmes sociaux. Les deux capitales ne vivent que de services rendus aux zones touristiques, à leur île respective et aux autres îles secondaires de leur province d'où l'acuité de la concurrence entre elles et de la résistance des petites îles jalouses de leur autonomie légitimée par leur passé, La Palma ou par leur essor contemporain, Lanzarote.

Ainsi, une situation maritime et des milieux bioclimatiques très variés ont été valorisés successivement par des productions agricoles exportées et utilisés par le tourisme international. Les densités très élevées de population, le niveau de vie tout proche de la moyenne espagnole doivent beaucoup à ces activités comme d'ailleurs les tensions sociales et politiques internes à l'archipel.

L'INSULARITE, FACTEUR D'AUTONOMIE POLITIQUE ET ADMINISTRATIVE ? LES ILES ALAND (FINLANDE)

Michel CABOURET
Université de Metz

L'archipel d'Aland (*Ahvenanmaa*) constitue dans la République de Finlande une province (*landskap*) administrative de statut particulier. Elle dispose d'une souveraineté interne avec une autonomie linguistique qui garantit l'usage du suédois et jouit d'un privilège de démilitarisation du territoire qui est la conséquence d'une évolution historique et politique complète. L'archipel situé au Sud-Ouest de la Finlande couvre une surface terrestre totale de 1 527 km^2. Il se compose, d'une part, de l'île principale qui renferme la seule agglomération véritable et qui est reliée par des ponts à d'autres îles voisines (au total 977 km^2), d'autre part, les commune insulaires de le "ceinture d'écueils" (*skärgard*) orientale (550 km^2) extraordinairement morcelée. L'île principale dite Terre d'Aland couvre 70 % de la surface totale qui se décompose en plus de 6 500 îles et îlots. L'archipel très découpé s'étend sur 50 km Nord-Sud par 45 km Est-Ouest.

La population résidente actuelle de l'archipel qui constitue la Province d'Aland s'élevait en 1994 à 25 100 personnes dont 22 655 dans l'île principale et ses annexes et 2 406 dans les communes de la "ceinture d'écueils" orientale. La population rurale de la "Terre d'Aland" (au sens large) comprend 12 250 habitants et l'unique ville de l'archipel Mariehamn (créée en 1861) qui porte le nom de l'impératrice, femme d'Alexandre II, fondateur de la ville, renferme 10 400 habitants, soit plus de 40 % de la population des îles. En 1905, quand la population comprenait environ 22 000 personnes, 150 îles étaient habitées; mais le dépeuplement a fait son oeuvre dans les secteurs ruraux, notamment dans les petites îles de la "ceinture d'écueils" orientale et il n'y a plus actuellement qu'une cinquantaine d'îles occupées en permanence.

Les activités économiques sont variées pour une population active de 12 227 personnes en 1991. L'agriculture, à cause des conditions climatiques assez favorables dues à la situation maritime et des petites surfaces de terres arables disponibles sur le socle cristallin s'est spécialisée dans les cultures délicates surtout légumières (11,5 % de la population active). D'autre part, une proportion importante de la flotte de pêche finlandaise est originaire d'Aland, soit 34 navires de pêche en 1992. La navigation maritime est proportionnellement très développée avec de grandes traditions à Aland où Mariehamn qui a été, après la Seconde

Guerre mondiale, le second port d'attache de la flotte finlandaise mais, à cause de la dure concurrence internationale sur le marché du fret maritime et des salaires élevés, une bonne partie de la flotte marchande d'Aland navigue aujourd'hui sous pavillon étranger (une vingtaine de navires jaugeant au total un peu plus de 700 000 Tjb); le reste de la flotte demeuré sous pavillon finlandais comprend 26 unités soit 286 000 Tjb dont 8 navires "car-ferries" cumulant à eux seuls 214 435 Tjb. Le transport des passagers et des véhicules particuliers ou collectifs (sur des *ferries* sur les itinéraires maritimes depuis des embarcadères de la région de Stockholm vers quelques ports du Sud-Ouest de la Finlande, surtout Turku/Abo en passant par Aland) a commencé en 1959 et l'escale d'Aland est devenue l'occasion d'un considérable trafic touristique grâce à des bateaux de passages-véhicules qui sont probablement les plus modernes du monde.

Le nombre de visiteurs d'Aland est ainsi passé de 100 000 environ par an au début des années 1960 à un peu plus de 1 600 000 en 1992. Le tourisme est donc devenu en liaison avec les transports maritimes une activité essentielle de l'archipel créant des emplois relativement nombreux dans les transports, le commerce, les services et le secteur banque-crédit employant respectivement 14,6 %, 18,2 %, 27 % et 8 % de la population active. En revanche, l'industrie est assez peu développée (10 % des actifs) et le bâtiment-travaux publics en emploie 6,3 %. Le chômage est faible car les habitants d'Aland, suécophones, ont la possibilité d'émigrer dans la région de Stockholm aux salaires élevés et où le marché du travail est large. Inversement, en été, à cause de l'importance des activités touristiques pour une population peu nombreuse, il faut faire appel à une main d'œuvre venue de l'extérieur. Il faut rappeler que l'archipel fait partie des régions littorales de la Finlande de l'Ouest et du Sud-Ouest peuplées par une minorité linguistique suécophone qui jouit d'un statut particulier protègeant le bilinguisme mais seules les îles d'Aland où la proportion de suécophones est la plus forte de Finlande ont obtenu une large souveraineté interne et même des privilèges d'ordre international après une évolution complexe vers l'autonomie.

Les attributs de l'autonomie des îles Aland

L'archipel dispose donc d'un statut d'autonomie. Celui-ci donne aux habitants d'Aland une large compétence pour régler par des lois leurs affaires internes. Ce droit, exceptionnel au sein de la République de Finlande, est fondé sur une loi d'autonomie, d'ordre constitutionnel, adoptée par le Parlement de Finlande (le *Riksdag*) mais qui doit être confirmée par la représentation élue des habitants de l'île, le Parlement d'Aland (*Alands Landsting*) qui élit un conseil provincial (*Landskapsstyrelse*), véritable gouvernement de l'archipel. L'autonomie de l'archipel est donc solidement garantie sur le plan constitutionnel car la constitution régionale d'Aland ne peut être unilatéralement modifiée par le Parlement de Finlande qui l'a promulguée. Une révision nécessite le consentement du Parlement d'Aland.

Contrairement à ce qui se passe sur le reste du territoire de la République de Finlande qui admet partout ailleurs un statut de bilinguisme (finnois et suédois), la Loi d'Autonomie fixe expressément que l'archipel d'Aland est unilingue, suécophone. Dans les services administratifs provinciaux, d'Etat et communaux, la langue officielle est le suédois. L'État central doit veiller à ce que les informations sur les produits et les services soient toujours accessibles en suédois. La langue d'enseignement dans les établissements scolaires de l'archipel est le suédois. Des changements dans ce domaine ne peuvent pas venir par une autre voie que législative, la loi devant être votée par le Parlement d'Aland.

La compétence législative et budgétaire du parlement d'Aland

Le principe fondamental de la loi d'autonomie est que les habitants d'Aland bénéficient du droit de décider eux-mêmes de leurs "affaires internes", selon leur propre administration, dans des limites aussi larges que possible, en tenant compte de "l'unité de l'Etat" (finlandais). Il s'agit donc des "affaires internes" mais de plus en plus élargies, à telle enseigne que l'archipel fait presque figure d'Etat indépendant en droit international avec sa propre législation et sa propre administration centrale. La séparation des pouvoirs entre l'Etat finlandais et la Province d'Aland a été poussée à un point tel que les traités que la République de Finlande conclut avec des puissances étrangères ne sont valables en ce qui concerne l'archipel d'Aland que si le Parlement d'Aland les ratifie.

Les "affaires internes"

La loi d'autonomie de l'archipel d'Aland, véritable constitution régionale qui était en vigueur depuis le 28 décembre 1951 a été remplacée récemment par une nouvelle loi comportant un degré d'autonomie accrue et entrée en fonction le 1er janvier 1993. L'ancienne loi, datant du début des années 1950, est apparue désuète mais il a fallu une vingtaine d'années pour mettre au point la nouvelle.

Comme antérieurement, la loi d'autonomie ne peut être adoptée, révisée ou suspendue par le parlement finlandais (*Riksdag*) qu'avec le consentement du parlement d'Aland (*Landsting*). Dans les votes décisifs sur la loi d'autonomie, la majorité qualifiée est requise dans les deux parlements de Finlande et d'Aland. Cette procédure complexe explique que la loi soit rarement révisée. Les changements les plus importants inscrits dans le texte de la nouvelle loi d'autonomie concernent la compétence législative du Parlement d'Aland et l'autonomie économique. Les règles sur les droits législatifs des habitants d'Aland ont été modernisées et la compétence législative du Landsting (le parlement de l'archipel) a été élargie dans une certaine mesure. Les règlements pour la péréquation économique ont été révisés de façon à ce que l'archipel dispose de cadres plus larges pour sa politique budgétaire. La loi renferme aussi des règles concernant le "droit de cité" alandais, les règles concernant la propriété du sol et la compétence administrative des pouvoirs locaux.

La "Province d'Aland" a donc reçu des compétences législatives nouvelles ou élargies dans le domaine des postes, de la législation sur la radiotélévision, des loyers et des locations, des règlements sur la protection des invalides, des allocations familiales et des primes de maternité, de la responsabilité de donner en location des terres agricoles et des pêcheries, du droit de vendre des boissons alcooliques, des limites communales, de l'utilisation du drapeau d'Aland (l'archipel a son propre drapeau depuis 1954 et, par la loi de 1993, ce pavillon peut être arboré par les navires marchands et les bateaux de pêche et de plaisance ayant leur port d'attache dans l'archipel), du contrôle de la production agricole, des règles du droit pénal du ressort de la juridiction de la Province d'Aland.

La nouveauté est que dans la loi d'autonomie sont mentionnés un certain nombre de domaines dans lesquels l'Etat finlandais conserve jusqu'à nouvel ordre la compétence législative mais celle-ci pourra plus tard être transférée au Parlement alandais sans changer la loi fondamentale d'autonomie. Ces domaines sont : l'enregistrement des firmes commerciales, des sociétés et des navires, l'état civil, les assurances sociales, les banques et les organismes de crédit, la législation sur les alcools, les contrats de travail et les questions concernant la collaboration dans les entreprises.

Le transfert de compétence s'opère après négociation avec les pouvoirs publics de la République Finlandaise quand le moment est considéré propice et selon une décision du Riksdag (le parlement de Finlande). Dans la limite des domaines qui sont de la compétence législative du Parlement d'Aland, l'archipel a à peu près tous les attributs d'un Etat souverain puisque le Parlement peut promulguer ses propres lois grâce à sa propre administration. Dans les domaines exclus de la compétence législative du Parlement d'Aland, les lois de la Finlande sont appliquées comme dans toute la République : il s'agit, entre autres, des douanes et de la monnaie, d'une bonne partie du code civil et des affaires étrangères. Pour défendre les intérêts de l'archipel dans ces domaines, la population d'Aland est représentée au Parlement de Finlande par un député élu selon les mêmes principes que les autres représentants du peuple finlandais.

Le Parlement d'Aland, instrument de la compétence législative et de l'autonomie budgétaire

La population de la province autonome d'Aland décide elle-même de ses "affaires internes" par sa représentation au Alands Landsting (le parlement d'Aland) devenu Lagting selon la loi de 1993. Le mot suédois *Landsting* est impropre pour un véritable parlement car, en Suède, ce mot est utilisé pour désigner les conseils régionaux qui n'ont pas de véritable pouvoir législatif. Le mot *Lagting* est beaucoup plus approprié pour une assemblée de type parlementaire élu par le peuple. Ce parlement constitue l'organe suprême de la Province disposant du pouvoir législatif indépendant dans les domaines concernant les affaires internes de l'archipel et le droit de décider des questions économiques y compris les taxes et les impôts. Le Parlement d'Aland composé d'une seule chambre comme le Riksdag de Finlande, et avec les mêmes méthodes de travail que celui-ci, est formé de 30 membres élus au suffrage universel par scrutin secret tous les quatre ans par les citoyens de 18 ans et plus. Le droit de suffrage et celui d'être candidat sont réservés aux gens possédant le "droit de cité alandais" (qui sera mentionné plus loin). Les six groupes politiques représentés à l'Assemblée d'Aland, depuis les élections de 1991, sont tous indépendants des partis finlandais même si leurs doctrines et leurs programmes respectifs sont proches de leurs homologues nordiques.

Aux lois provinciales adoptées par le Parlement d'Aland, le Président de la République de Finlande peut, dans deux cas seulement, opposer son véto dans un certain délai; d'abord, si le Parlement a outrepassé la compétence législative qui lui est reconnue par la loi d'autonomie et, ensuite, dans le cas très rare, où le Président jugerait son véto indispensable pour défendre la sûreté intérieure et extérieure de l'Etat finlandais. En dehors de ces deux cas, le pouvoir législatif du Parlement est totalement indépendant et en principe illimité car, à Aland, le Président de la République de Finlande n'a aucun droit de sanction et, par conséquent, ne dispose d'aucun droit de véto suspensif analogue à celui qu'il peut exercer vis-à-vis des lois adoptées par le Riksdag de Finlande.

L'autonomie économique

A côté de la compétence législative, une fonction essentielle du Parlement d'Aland est le vote du budget. Selon la nouvelle loi d'autonomie entrée en vigueur le 1er janvier 1993, l'Etat finlandais continuera, à l'avenir, de lever les impôts d'Etat dans la Province. Les rentrées dans le budget provincial proviendront donc aussi par la suite des crédits qui sont alloués à la Province sur les ressources de l'Etat central selon un système de péréquation interrégional.

La grande nouveauté concerne, cependant, les dépenses du budget provincial. Le Parlement d'Aland, en effet, va pouvoir librement décider de l'utilisation des moyens financiers qui lui sont alloués par l'Etat finlandais. La liaison étroite qui, en pratique, était opérée avec le budget de l'Etat et le contrôle a posteriori prévu par la loi de 1951 ont ainsi disparu. La subvention qui, de cette façon, est allouée à la Province doit constituer 0,45 % des revenus de l'Etat finlandais (compte tenu de la faiblesse de la population de l'archipel). En outre, des allocations extraordinaires pourront aussi être, dans l'avenir, accordées par l'Etat pour des dépenses inhabituellement élevées de caractère unique.

Un statut international particulier

L'archipel d'Aland fait figure de petit Etat presque indépendant avec sa propre législation et sa propre administration centrale et aussi son statut linguistique particulier déjà évoqué. La séparation des compétences entre la République de Finlande, l'Etat central, et la Province d'Aland est telle que les traités que la Finlande passe avec des tierces puissances ne sont valables, en ce qui concerne l'archipel, que si le Parlement d'Aland les ratifie.

La citoyenneté alandaise et ses conséquences

En droit international, le peuple alandais jouit d'une citoyenneté nationale et régionale, le "droit de cité alandais" (*Alandskhembydgsrätt*). C'est une citoyenneté locale acquise à la naissance si le père ou la mère du citoyen possède ce droit. Les personnes qui ne sont pas alandaises de naissance doivent être domiciliées à Aland sans interruption pendant au moins cinq ans, après quoi elles peuvent poser une requête à l'administration provinciale pour obtenir ce droit (sous réserve, d'après la nouvelle loi de 1993, de connaissances convenables en langue suédoise). Le droit de cité alandais est une condition nécessaire pour voter et être éligible au Parlement d'Aland et aux conseils municipaux locaux. Il constitue ainsi une garantie pour les citoyens d'Aland de gérer leurs affaires internes sans intervention étrangère. Cependant, la nouvelle loi de 1993 prévoit que les citoyens des pays nordiques doivent, pour pouvoir voter lors des élections locales, soit détenir et acquérir des propriétés immobilières à Aland, soit exploiter une entreprise industrielle ou commerciale à Aland, ce qui revient à protéger le caractère national de l'archipel.

Pour la détention des terres, des arrêtés extrêmement restrictifs sont en vigueur depuis 1975 pour garder les biens immobiliers aux mains des Alandais. Le Parlement d'Aland peut décider dans certains cas particuliers de faire des exceptions aux règles concernant les entreprises et l'immobilier en faveur de personnes ne jouissant pas du droit de cité alandais ainsi que de toutes les sociétés qui doivent obtenir l'autorisation de l'administration provinciale pour gérer une entreprise ou acquérir ou louer des biens immobiliers à Aland. Selon la nouvelle loi (1993), les héritiers d'un bien immobilier situé à Aland, mais qui sont dénués du droit de cité alandais, ne pourront pas dans l'avenir obtenir le droit de pleine propriété sans en avoir au préalable demandé l'autorisation auprès de l'administration provinciale. Cependant, les héritiers directs, enfants et petits-enfants et le (la) veuf (ve), sont exemptés de l'obligation de solliciter une autorisation auprès des autorités compétentes.

Dans l'avenir, l'autorisation de l'administration provinciale sera exigée pour celui qui n'a pas le droit de cité alandais et veut acquérir une part d'une succession indivise dans laquelle sont inclus des biens immobiliers. Les terres domaniales, biens de l'Etat central à Aland, doivent être transférées en toute propriété à la Province, exception faite de ce qui est nécessaire aux besoins de l'administration de l'Etat d'après les nouvelles dispositions de la loi de 1993. Les biens immobiliers à Aland qui ont appartenu à une personne décédée sans héritiers reviennent à la Province et non à l'Etat central selon la nouvelle loi d'autonomie (1993). Le "droit de cité alandais" était perdu pour ceux qui étaient domiciliés hors des îles pendant cinq ans selon la loi d'autonomie de 1951 mais, selon la nouvelle loi, aucun délai n'est fixé désormais pour la perte du droit de cité de ceux qui quittent l'archipel pour une longue durée. Une loi provinciale doit préciser ce point à l'avenir. Sur les passeports qui sont délivrés aux personnes ayant le droit de cité alandais, le mot "Aland" doit figurer. Ce droit de cité est réservé aux seuls citoyens finlandais.

Les conventions internationales

Selon la loi nouvelle (1993), les possibilités de la Province d'Aland d'intervenir dans les différentes conventions internationales qui concernent Aland ont été élargies. Le Gouvernement-Conseil Provincial d'Aland reçoit le droit expressément reconnu de proposer des thèmes de négociation sur un traité. Dans certains cas, des représentants de l'archipel peuvent aussi participer à celle-ci. L'influence du Parlement d'Aland, en ce qui concerne le ratification des traités et conventions internationales, est aussi renforcée. Ainsi, Aland (comme les îles Foer-Öe et le Groenland) participe, depuis 1970, au Conseil Nordique, la Province étant représentée par deux membres désignés par le Parlement d'Aland et deux autres nommés par le Gouvernement ou Conseil Exécutif d'Aland. Le Gouvernement Provincial est aussi représenté au Conseil des Ministres Nordiques où ses délégués ont le droit d'assister aux séances pour exprimer leur opinion, toutefois sans droit de vote.

Une autre série de conventions internationales de grande actualité et d'importance majeure pour la République de Finlande concerne les îles Aland et requiert le consentement du Parlement d'Aland, à savoir les traités concernant l'intégration européenne. Lors des négociations avec l'Union Européenne, les Finlandais firent accepter des dérogations spéciales concernant l'archipel pour ce qui regarde le droit de propriété et d'exploitation des terres et le droit de gestion d'entreprises à Aland. L'obtention de ces règles dérogatoires fut rendue possible grâce au statut international de l'archipel. En tout cas, l'inclusion des îles dans l'Union Européenne requiert la décision positive du Parlement d'Aland puisque la Finlande a adhéré à l'Union à l'automne 1994.

Neutralité et démilitarisation

L'archipel d'Aland est démilitarisé, ce qui signifie qu'il est interdit à l'Etat finlandais d'y stationner des troupes et que les fortifications y sont exclues. Par voie de conséquence, le "droit de cité alandais" confère à celui qui en bénéficie l'exemption de tout service militaire, à moins que la personne ne se soit fixée à Aland après l'âge de 12 ans révolus. Cette libération de toute obligation militaire doit être replacée non seulement par rapport au statut national particulier de la "Province d'Aland", la seule autonome en Finlande, mais aussi par rapport à son statut international spécial du point de vue politique et militaire, issu de traités qui ont visé à la démilitarisation et à la neutralité des îles d'Aland depuis 1856. L'archipel ayant été rattaché à l'Empire de Russie en 1809, le gouvernement du Tsar fit entreprendre à Bomarsund, à l'Est de la Terre d'Aland, la construction d'une grande forteresse qui fut prise par les Alliés franco-britanniques pendant la Guerre de Crimée. Dans le Traité de Paris qui termina ce conflit en 1856, la Russie prit l'engagement unilatéral de démilitariser l'archipel pour toujours. C'est la "servitude d'Aland".

Quand, en 1921, la Société des Nations, a rendu son arbitrage sur le contentieux entre République de Finlande et Royaume de Suède à propos de l'appartenance nationale de l'archipel en faveur de la première, celle-ci dut confirmer, par une nouvelle convention, l'interdiction des fortifications proclamée par le gouvernement des Tsars en 1856. Par un avenant important, les îles ont aussi été proclamées neutres. Dans les deux traités de paix entre la Finlande et l'ex-URSS à Moscou en 1940 et à Paris en 1947, la démilitarisation d'Aland a été entérinée. Aland est interdite aux armes nucléaires par les traités internationaux, ce qui donne un exemple de secteur "dénucléarisé" en Europe du Nord par convention internationale.

Les origines historiques de l'autonomie d'Aland

Dérive de l'archipel d'Aland de la Suède vers la Finlande jusqu'en 1809

Sur le plan des origines linguistiques, c'est vers le milieu du Ier millénaire que les champs funéraires commencent à être installés par des paysans venus de la péninsule scandinave. Les coutumes funéraires durant l'Age du Fer récent (environ 570 après J.C.) jusque vers 1030-1050 de notre ère, début de la période médiévale en Europe du Nord) sont purement suédoises ainsi que la toponymie. Donc, aussi loin qu'il soit possible de remonter dans la protohistoire, les habitants d'Aland ont parlé le suédois et l'archipel a fait partie du Royaume de Suède, au moins durant les premiers "raids" des Vikings suédois christianisés vers l'Est, en direction de la Finlande païenne qu'ils veulent convertir à la foi nouvelle (Première Croisade en 1155 ou 1157 puis Seconde Croisade en 1249 au cours de laquelle Birger Jarl, régent de Suède, soumet la Finlande du

Sud-Ouest). L'archipel d'Aland, situé sur le seuil entre la Mer de Botnie et la Mer Baltique (au sens propre) va, tout en étant incorporé politiquement au Royaume de Suède, être paradoxalement détaché du territoire suédois au sens étroit, partie de la péninsule scandinave, sur le triple plan ecclésiastique, judiciaire et administratif pour être inclus dans la partie finlandaise du Royaume. En effet, en 1309 d'abord, le doyenné d'Aland est transféré par l'archevêque d'Uppsala du ressort de Linköping à celui de l'évêché de Turku/Abo nouvellement créé en Finlande du Sud-Ouest et dont le doyen d'Aland est élu primat. Ensuite, en 1435, la juridiction (*lagsaga*) d'Aland est rattachée à celle de Norrfinne (*domsaga*) qui venait d'être créée dans la partie septentrionale de la Finlande, contrôlée par les Suédois. Enfin, en 1634, le "gouvernement" d'Aland est supprimé et l'archipel est incorporé au "département" (*lan*) d'Abo et Björneborg/Turku et Pori en Finlande sur le plan de l'administration civile. Ce rattachement peut avoir été préparé par le fait que le deuxième fils de Gustave Ier Vasa, créateur de la Suède moderne, avait reçu les fiefs d'Aboland/Finlande du Sud-Ouest et d'Aland constitués en duché en 1556 en même temps que la fonction de gouverneur de toute la Finlande. Sans ces précisions, il serait difficile de comprendre pourquoi les îles suécophones sont restées attachées à la Finlande quand celle-ci fut cédée à l'Empire de Russie en 1809 par la Paix de Fredrikshamn.

1856-1917 : démilitarisation des îles Aland

Par la suite, pendant les négociations du traité de paix concluant la guerre de Crimée (1854-1856), la Suède réclama la restitution d'Aland à l'Empire de Russie vaincu par les alliés franco-britanniques mais la Russie put conserver une souveraineté limitée sur les îles à condition d'accepter une démilitarisation d'Aland par la "servitude d'Aland" grâce à laquelle l'archipel acquit un statut international (Traité de Paris, 1856). Cependant, la neutralité d'Aland ne sera pas respectée ni pendant la Première, ni pendant la Seconde Guerre mondiale au cours desquelles des troupes seront stationnées dans les îles et des fortifications construites du fait de sa position stratégique de grande valeur en Baltique pour les militaires du premier XXème siècle.

Les étapes de l'autonomie

Cependant, en 1917 après la Révolution Russe et l'abdication du Tsar, au moment de l'effondrement de l'Empire russe, l'idée se répandit parmi les notables d'Aland que l'archipel, ancienne partie intégrante du Royaume de Suède jusqu'en 1809 comme la Finlande, et peuplé d'habitants entièrement suécophones, devrait être rattaché à la Suède dont la culture est très proche de celle de la population des îles. Le 20 août 1917, les représentants des communes rurales d'Aland et de la ville de Mariehamn lors d'une réunion à l'Ecole Primaire Supérieure, proclamèrent la volonté du peuple alandais de retourner à la souveraineté suédoise sur les îles et décidèrent de présenter au roi et au gouvernement de Suède un *mémorandum* concernant le rattachement d'Aland à la Suède. La Finlande, qui avait proclamé son indépendance le 6 décembre 1917 et avait été reconnue comme Etat souverain par le nouveau gouvernement de la Russie le 31 décembre, s'opposa au rattachement de l'archipel d'Aland à la Suède sous le prétexte que les îles faisaient partie intégrante de la Finlande devenue indépendante. Le différend entre les habitants d'Aland partisans d'une réunion à la Suède (et soutenus par la Suède) et la Finlande proprement dite, hostile à cette solution, va se poursuivre plusieurs années. En 1918, au milieu des avatars de la guerre civile en Finlande qui voit s'affronter les Blancs et les Rouges jusque dans l'archipel, une assemblée constituée par la population insulaire ne fut pas reconnue par les Finlandais. En 1919, une délégation de trois représentants d'Aland vient présenter la cause des insulaires à la Conférence de la Paix réunie à Paris pour répondre aux questions posées par le règlement de la Première Guerre mondiale. Après une déclaration à la Chambre des Députés du Président du Conseil Georges Clémenceau, ayant alors une grande autorité internationale, on put supposer que la Conférence de la Paix restituerait Aland à la Suède. Le gouvernement finlandais confia à un Comité d'Etat le soin d'établir une proposition d'autonomie pour les îles Aland. De ce fait, les habitants d'Aland pourraient renoncer au rattachement à la Suède qu'ils soutenaient en invoquant le principe du droit des peuples à disposer d'eux-mêmes ou principe d'auto-détermination que les Finlandais avaient eux-mêmes utilisé pour proclamer la République indépendante. Toutefois, les Finlandais n'étaient pas disposés à satisfaire aux revendications des Alandais en acceptant un rattachement pur et simple à la Suède. Ils proposèrent donc en compensation un certain degré d'autonomie intérieure à l'archipel. Le Parlement finlandais a donc adopté en 1920 une loi d'autonomie pour Aland que les habitants n'ont pas accepté. Les Alandais ont estimé alors que seule la réunion à la Suède pourrait sauver leur identité nationale. Leurs exigences furent vigoureusement appuyées par le gouvernement et par l'opinion publique en Suède car l'Assemblée d'Aland, formée en 1918, s'est adressée au gouvernement suèdois en assurant qu'elle ne céderait pas sur le programme de réunion politique avec la Suède. La situation s'aggrava quand le gouvernement finlandais fit arrêter deux dirigeants alandais, Julius Sundblom (un publiciste) et Carl Björkman (un magistrat), accusés de haute trahison et transférés en Finlande. Sur proposition de la Grande-Bretagne, et alors qu'elle avait clairement un caractère international, la question d'Aland fut soumise au Conseil de la Société des Nations, récemment créée.

Le règlement de la question (1921-1922) et les suites jusqu'en 1995

En 1921, le Conseil de la SDN se déclara compétent pour décider de la question de l'appartenance politique de l'archipel d'Aland puisque les habitants d'Aland avaient exprimé leur volonté d'une réunion à la

Suède avant que la Finlande ne fut constituée en Etat libre et indépendant. Cependant, selon l'arrêt rendu le 24 juin 1921 par le Conseil de la SDN, la Finlande conserva sa souveraineté sur les îles d'Aland. Toutefois, les habitants de celle-ci reçurent des garanties internationales protégeant leur nationalité, notamment l'usage de la langue suédoise, la culture et les traditions locales. De plus, l'archipel fut neutralisé. A l'automne, 10 Etats dont la France signèrent une convention accordant à l'archipel le statut de zone démilitarisée et neutre. La Suède protesta d'abord contre cette décision puis, plus tard, celle-ci fut acceptée et un traité fut signé entre la Suède et la Finlande concernant l'application des garanties internationales importantes introduites dans le régime d'autonomie proposé par la Finlande. Les habitants d'Aland utilisèrent rapidement leur droit à l'autonomie. Des élections eurent lieu selon la nouvelle "loi d'autonomie" et, le 9 juin 1922, le Conseil Régional (*Landsting*) tint sa première réunion à Mariehamn. Le 9 juin est devenu depuis jour de fête de l'autonomie d'Aland. Julius Sundblom fut le premier président du Conseil Régional. En 1945, le Landsting d'Aland adresse une requête au gouvernement de la Finlande et réclame de nouvelles garanties pour la "nationalité suédoise" des îles puisque la SDN avait été dissoute. Le Premier Ministre finlandais J.K. Paasakivi reçut une délégation alandaise et un comité mixte fut institué pour préparer une nouvelle loi d'autonomie (qui était d'ailleurs en gestation depuis les années 1930). Elle ne sera mise au point et votée qu'en 1951 et entrera en vigueur le 28 décembre 1951. Aujourd'hui, une nouvelle révision a été opérée et le texte actuel a force de loi depuis le 1er janvier 1993.

Entre-temps, en 1947, selon le traité de paix signé à Paris entre la Finlande et l'ex-Union Soviétique, les fortifications construites par les Finlandais à Aland pendant la Seconde Guerre mondiale devaient être démolies et l'archipel demeurer démilitarisé à l'avenir. L'archipel d'Aland est admis au Conseil Nordique en 1970, ce qui est une expression de souveraineté (au moins partielle) comme pour l'autre archipel autonome dépendant des pays nordiques les Foer-Öe et le Groenland, autonome lui aussi, les deux derniers territoires relevant du Royaume de Danemark. Quant à l'archipel arctique du Spitsberg (*Svalbard*) sur lequel la souveraineté norvégienne est assurée par un accord international de 1920, il a un statut particulier de démilitarisation.

Conclusion

Il faut revenir à la question qui fait le titre de cette communication : "le fait insulaire est-il un facteur d'autonomie administrative et même politique déterminant ?" La réponse doit être bien nuancée car les pays nordiques, ceux de la péninsule scandinave, Norvège à l'Ouest, Suède à l'Est, le Danemark, la Finlande ont des territoires où les îles nombreuses et de dimensions très variées jouent un rôle plus ou moins considérable. Or, toutes ces îles ne sont pas autonomes, loin s'en faut. Tout dépend d'une évolution historique particulière à chaque ensemble insulaire de quelque ampleur. Ainsi, dans la partie "continentale" du Danemark composée, en fait, de la péninsule du Jutland et d'un archipel très peuplé et très actif essentiellement développé à l'Est de la presqu'île, aucune île, même pas Bornholm, n'a jamais revendiqué l'autonomie. Il en va de même pour la Suède où, à côté de nombreuses petites îles, les deux terres insulaires importantes de Gotland et d'Öland, malgré d'anciens avatars complexes surtout pour Gotland, constituent des régions (*län*) de statut ordinaire. C'est le cas aussi des nombreuses îles qui bordent le long littoral de la Norvège. Les Lofoten par exemple n'ont jamais demandé un statut d'autonomie.

En fait, il n'y a que cinq cas particuliers sur le plan du statut politique et administratif de territoires insulaires dépendants des Etats Nordiques dont quatre concernent des archipels éloignés du continent européen : l'Islande d'abord peuplée à partir de 850 environ par des Vikings norvégiens. L'Islande, grande île, assez isolée dans l'Atlantique du Nord-Est, demeura en 1814 sous la coupe du Royaume du Danemark lors de la dissolution de l'Union entre Danemark et Norvège. Le Danemark conserva aussi les îles Foer-Öe et le Groenland. L'Islande devint peu à peu indépendante par étapes durant un siècle et proclama sa souveraineté complète en 1944. Celle-ci s'appuie notamment sur la pratique d'une langue germanique du groupe scandinave, restée très archaïque, et qui fut l'instrument d'une très remarquable littérature médiévale qui fit la renommée de l'Islande avec aussi de glorieux souvenirs historiques. Ensuite, sur les traces de l'Islande, les îles Foer-Öe, découvertes et peuplées par les Norvégiens autour de l'an 800, ont été moins loin vers la souveraineté mais ont obtenu, après la Seconde Guerre mondiale, l'autonomie sur la base de la langue féringienne, à mi-chemin de l'islandais et du norvégien. Le Groenland, quant à lui, bénéficie aussi d'un statut spécial sur le plan administratif dans le Royaume du Danemark. Enfin, le Spitsberg (*Svalbard*) est un cas tout à fait particulier de territoire à souveraineté norvégienne (limitée) mais démilitarisé par son statut international (Traité de Paris, 1920) qui protège aussi des intérêts russes spécifiques (notamment pour l'exploitation minière). Dans ces trois exemples, il s'agit de domaines insulaires éloignés des territoires métropolitains (Danemark) qui se sont totalement, dans le cas de l'Islande, ou partiellement seulement (Foer-Öe, Groenland), détachés de la souveraineté de l'Etat central, le Danemark; le cas du Spitsberg étant tout à fait spécial au vu de la souveraineté norvégienne. Si la plus grande île du monde, le Groenland, renferme une "minorité non danoise", les Inuit (Esquimaux) dont la présence ancienne peut justifier un statut d'autonomie, l'archipel du Spitsberg (*Svalbard*) était totalement dépourvu de population lors de sa découverte à la fin du XVIème siècle et demeura *res nullius* en droit international jusqu'après la Première Guerre mondiale.

Restent les îles Aland dont la population est entièrement de langue suédoise et qui sont placées à faible distance de la Suède centrale et de la Finlande du Sud-Ouest. C'est une "dérive" historique qui les a rattachées tant sur le plan des circonscriptions ecclésiastiques que judiciaires et d'administration civile à la Finlande (alors partie intégrante du Royaume de Suède). Ainsi incorporées à la Finlande par les hasards d'une évolution assez arbitraire, elles subirent son destin politique : en 1809, elles sont transférées à l'Empire de Russie dans le cadre du Grand-Duché de Finlande. La suite a été exposée plus haut au moins dans les grands traits de l'évolution et il a été montré qu'elle a mené à une très large autonomie. Mais à supposer que les îles Aland soient restées de souveraineté suédoise en 1809 ou aient été restituées en 1856 ou entre 1917 et 1921 par l'arbitrage du Conseil de la SDN, il est fort peu probable qu'elles seraient devenues largement autonomes comme dans le cadre de la République de Finlande où les populations de langue suédoise sont très minoritaires par rapport aux finnophones parlant une langue ougrienne. L'insularité n'apparaît donc comme un atout qu'aux termes d'un long développement historique qui a laissé des germes favorables à une souveraineté interne plus ou moins grande. Ces germes peuvent s'identifier comme suit : pratique d'une langue ou de dialectes minoritaires, éloignement géographique absolu ou relatif par rapport à la "métropole", culture et traditions insulaires profondément originales par rapport à celle de l'Etat central, importance et direction des mouvements migratoires externes, etc.

Bibliographie

CABOURET, Michel, 1984, "L'archipel d'Aland, un curieux cas de géographie politique et administrative", *Hommes et Terres du Nord*, n° 1, p. 58-61.

INSTITUT FINLANDAIS, *La destinée des cultures minoritaires à l'heure de l'intégration européenne - L'exemple finlandais : les îles Aland (Ahvenanmaa)*, Paris, Actes du colloque organisé par l'Institut Finlandais, 29-30 novembre 1991.

MEAD, W.R. et S.H. JAATINEN, 1975, *The Aland Islands*, Vancouver, David & Charles.

MAYOTTE, L'ILE AUX MULTIPLES DEFIS

Guy FONTAINE
Université de la Réunion

S'il est incontournable que, dans le monde contemporain, les îles constituent un phénomène géopolitique de première importance, il est aussi incontournable que la situation est fort différente d'une île à l'autre. Mayotte, Collectivité territoriale de la République française, réunit sous la même bannière, celle d'un défi permanent, une succession d'éléments-contraintes qui manifestent à la fois du passage d'une situation traditionnelle à une époque contemporaine et de tous ses avatars. Défi démographique, défi de politique interne à la France, défi de géopolitique mondiale, défi de société, défi de développement, défi de l'insularité sont les éléments incontournables qui pèsent sur le développement économique et social d'une population qui a du mal à comprendre qu'un territoire français depuis plus d'un siècle et demi soit autant en retard.

Les défis de l'espace

Isolement, exiguïté, relief accidenté, variantes climatiques : autant d'éléments qui contribuent à faire que cette île, partie d'un archipel aux noms évocateurs "îles de la lune" des géographes arabes, "archipel aux parfums" voire "aux sultans batailleurs", souffre de nombreux handicaps.

Ile isolée

80 km la séparent d'Anjouan, 190 de la Grande Comore, 320 de Nossi-Bé, 1 700 de La Réunion, 1 500 des Seychelles, situation qui peut expliquer qu'elle n'apparaît qu'au XVIème siècle sur les cartes (carte de Duarte Lopes : Mayottu 1557). L'histoire des échanges la condamnait déjà. Alors que située sur la route dorsale des Indes, notamment à l'aller, elle aurait pu séduire trafiquants arabes et européens, et servir d'aiguade grâce à la fertilité de ses sols, Mayotte n'a que rarement connu cette situation. Aujourd'hui encore elle fait figure d'île enclavée et rencontre des problèmes similaires à nombre de pays mal développés : distances considérables jusqu'aux marchés étrangers et dépendance à l'égard des ports des régions voisines. En retrait des grands courants de circulation mondiale, ses relations sont faibles avec l'extérieur. Faisant partie depuis 150 ans de la Nation française, son économie est à des milliers de kilomètres de l'espace dans lequel elle est censée s'insérer et dont elle est

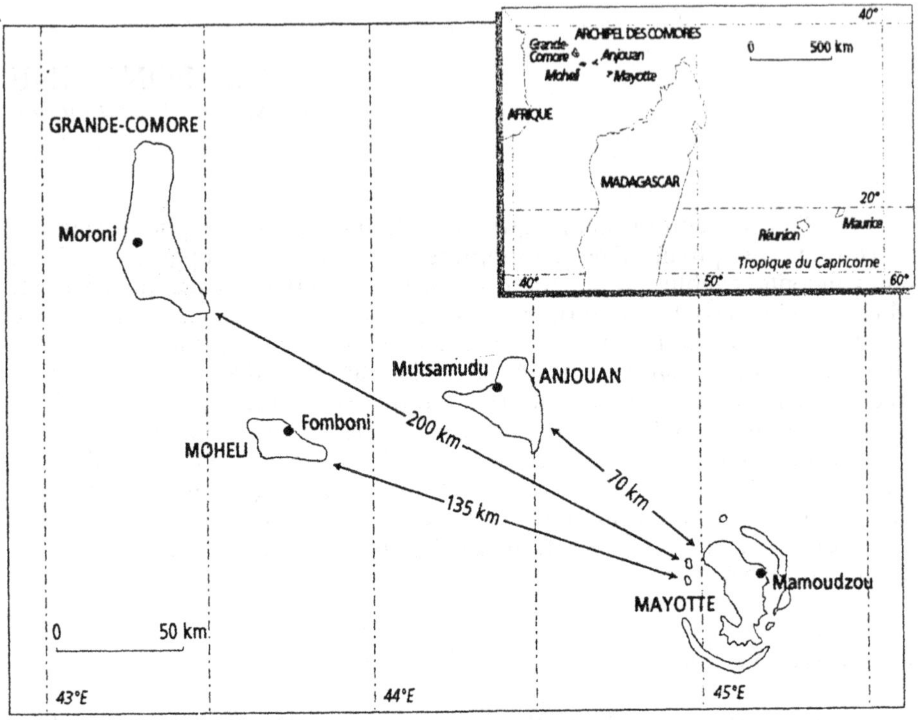

Figure 1. L'archipel des Comores

dépendante - la part de la France métropolitaine dans la structure des importations est ainsi passée de 56 % en 1985 à 74 % en 1992.

La desserte maritime est toujours un épineux problème. Jusqu'en 1992, Mayotte a dû se contenter d'un port de chalandage avec deux jetées, l'une "port Ballou" à Dzaoudzi, l'autre à Mamoudzou. Tous les navires hormis les pétroliers étaient opérés par chalands remorqués et boutres à voile, ce qui occasionnait de lourdes pertes et des temps de déchargement longs et qui ne généraient guère l'intérêt d'un tel trafic - prés de 40 % de jours sans navire en rade - et cela malgré une appréciable augmentation du tonnage - passé de 15 000 tonnes en 79 à plus de 1 000 000 en 91. La réalisation du quai en eau profonde de Longoni (Nord-Ouest de Mamoudzou) qu'accompagnent un quai de service et l'aménagement de 25 000 m^2 de terre-pleins porte tous les espoirs de désenclavement, d'essor des activités portuaires et constitue un

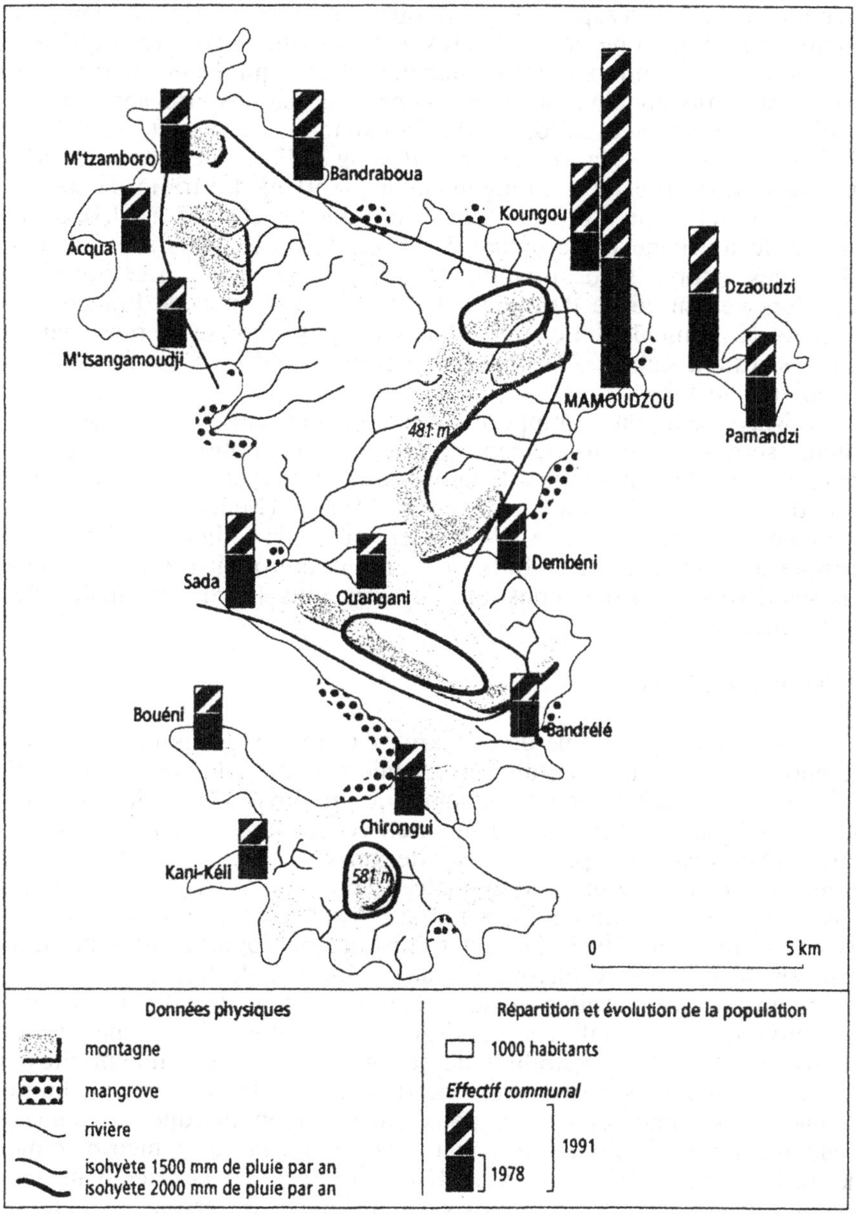

Figure 2. Mayotte : population et espace

enjeu important en matière de développement économique et de créations d'emplois. Mais déjà nombreux sont ceux qui restent forts prudents en terme d'espoir arguant qu'on doit travailler sur deux sites distants d'une vingtaine de kilomètres avec une infrastructure routière qui devra gérer des camions porte-conteneurs et un équipement portuaire qui risque d'être mis en place à longue échéance. La desserte aérienne n'est assurée que par le seul aéroport de Pamandzi avec sa piste roulable de 1 455 m qui permet la venue d'un Boeing 737 d'une capacité de 85 personnes, 120 après son allongement à 1 850 m. Le trafic passagers a, de ce fait, connu une forte croissance passant de 26 000 à 49 000 entre 85 et 92, le tourisme représentant 50 % de ce trafic, mais il est clair que malgré ces efforts la destination Mayotte reste peu prisée hormis les vacanciers venant de La Réunion (51 % des touristes), et de France (visite familiale ou amicale). Le fret commercial progresse certes mais les tonnages restent faibles 227 tonnes en commercial, 435 en fret militaire, 177 en fret postal.

Mayotte a peu de rapports avec les économies voisines de l'océan Indien, semble être totalement ignorée - la politique n'y est pas étrangère - par les approches de coopération régionale, aussi bien par les pays de la Commission de l'océan Indien (Madagascar, Comores, Seychelles, Réunion-France, Maurice) que par l'Indian Ocean Rim (Afrique du Sud, Maurice , Inde...). Ainsi la non-maîtrise de la distance, sous ses diverses formes, constitue l'un des plus lourds handicaps de la jeune collectivité.

Ile exiguë, enclavée

Archipel elle-même de 375 km², d'origine volcanique, Mayotte est une entité à deux têtes : Petite Terre reliée par tombolo double au Rocher choisi comme résidence des fondateurs de l'Etablissement, chef lieu il y a encore quelques années, encore poumon économique, séparée de Grande Terre "l'hippocampe" par 2,8 km de bras de mer qu'empruntent, les barges selon un rythme immuable, de 6 h à 22 h (retardataires s'abstenir !). Si les altitudes sont faibles (Mont Benara 653 m), l'exiguité (40 km de long sur 20 de large) et l'histoire géologique divisent Grande Terre en de nombreux bassins versants. Nombre de lignes de crêtes qui s'avancent en promontoires jusqu'au lagon, ferment de nombreuses baies, les alluvions y créant les conditions favorables à la mangrove à palétuviers. Ainsi les possibilités de communications se limitent-elles aux côtes et à quelques rares axes intérieurs. Le climat tropical humide, atténué sur les hauteurs, a ses deux saisons bien marquées : pluies de queue de mousson d'octobre à mars - 70 % de la pluviométrie totale et une forte concentration au Nord-Est - freinant les déplacements à un moment où l'activité des hommes est toute tournée vers la préparation et la mise en place de l'activité agricole; période plus sèche d'avril à septembre où l'alizé domine, période où les liens sociaux se resserrent. Pluviométrie et humidité relative - en étroite relation avec l'importance

des 1100 km^2 de lagon, merveilleux plan d'eaux chaudes - sont favorables à bon nombre d'espèces. Mais pluviométrie intense, fortes pentes, sols épais, auxquels s'ajoutent les facteurs liés à la pression démographique et au modèle de développement de l'île, sont responsables de la dégradation rapide, de l'état avancé de l'érosion. Mayotte qui possède 14 500 hectares de potentiel agricole sur les 37 500 de surface totale voit avec inquiétude son potentiel se réduire, déjà quelques 2 000 hectares sont dénudés ou à faible couvert herbacé.

Le schéma régional du réseau routier est longtemps resté celui dessiné par l'époque coloniale où l'on visait plus à faciliter les transports de produits vers les côtes et la pénétration des marchandises à partir des ports - un phénomène qui, de plus, n'a guère joué ici - qu'à relier entre eux les villages et marchés intérieurs. Objectifs qui expliquent que la priorité a longtemps été donnée aux routes côtières et à celles qui renforçaient les relations des centres. L'importante politique de désenclavement, fruit de la détermination des élus mahorais qui en ont fait l'une de leurs priorités, a abouti à l'aménagement de 233 km de routes aux 3/4 revêtues contre 45 km revêtues et 72 en piste en 1979. Actuellement tous les villages sont accessibles par la route et M'Tsagamoudji au Nord Ouest, Kani Kéli au sud n'ont plus à subir l'isolement qu'ils connaissaient il y a seulement une quinzaine d'années. Mais ces objectifs coûtent chers à la collectivité souvent obligée de se suffire d'un maintien en état circulable - déjà lourd et dispendieux -. L'un des premiers défis de Mayotte est dans sa nature même. *A contrario* de l'idée, caricaturale, qui laisse à penser que les conditions existant dans les milieux tropicaux sont idylliques, le Mahorais doit engager un combat permanent avec son milieu. Parce que la société s'appuie sur des liens familiaux étendus, les mouvements internes sont primordiaux aussi tout élément qui les freine constitue un lourd handicap pour le développement économique de l'île et pour le développement socio-culturel des hommes.

Défi démographique

Mayotte connut un riche passé pré-colonial notamment une période IXème-XVIIIème siècle que les chercheurs présentent comme la période charnière avec les arrivées de Shiraziens introduisant l'Islam. La société traditionnelle et l'économie de subsistance, africaines et malgaches, sortent fort diminuées des razzias malgaches des dernières années du XVIIIème (1 500 personnes). A la prise de possession en 1841, Mayotte comptait 3 000 habitants. Grande Terre était à peu prés déserte et la plupart des gens habitaient le "refuge" de Petite-Terre et son "Rocher" Dzaoudzi. L'acquisition de l'île avait certes fait rêver ceux qui pensaient compenser la perte de "l'Ile de France" passée à "l'ennemi anglais" mais Mayotte ne fut qu'une modeste colonie qui sombra rapidement dans une grande médiocrité. En 1904 l'île avait 8 000 habitants, Mahorais, planteurs, engagés et cinquante ans plus tard la situation n'avait guère évolué.

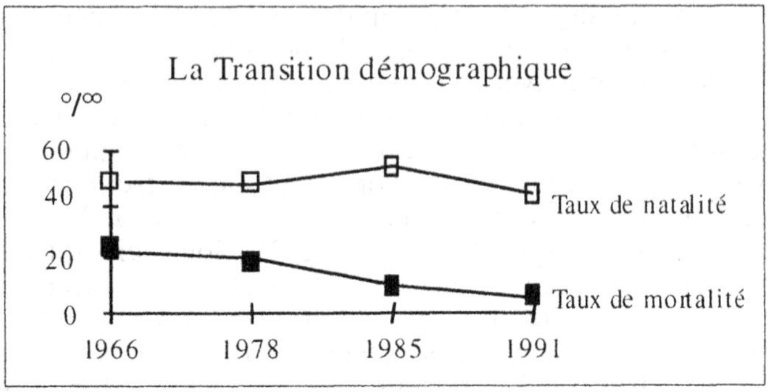

Depuis la situation a totalement changé. De 1900 à 1966 la population a tout d'abord triplé, puis doublé de 1966 à 1885 passant de 32 700 à 75 000 pour atteindre 95 000 en 1991, ce qui correspond à un taux de croissance de 40,5 % entre les deux derniers recensements soit 5,8 % par an. Cette situation est particulièrement inquiétante, pour comparaison on rappellera que le rythme d'accroissement de la population de l'outre-mer français est de 2 % par an, que ce taux est l'un des plus importants de l'ensemble de la planète (taux moyen de l'ensemble des pays les moins avancés : 3 %).

Alors que les Comores se voient projeter dans une transition démographique lente mais, où du fait de l'inertie des phénomènes, les conséquences sont explosives, Mayotte, engagée dans une rapide décélération de la mortalité - passée de 25 à 6 °/°° - ne perçoit pas une chute rapide de la natalité (plus de 40°/°°). Ainsi l'accroissement démographique est-il imputable pour plus des 2/3 à l'excédent des naissances - estimées à 20 000 entre 85 et 91 - sur les décès - 1500 pour la même période. Cette situation est le résultat de l'amélioration des conditions de santé et de la jeunesse de la population. Près de 60 % de la population a moins de 20 ans, seule 15 % a plus de 40 ans, 50 % moins de 15 ans, alors que la France métropolitaine est à moins de 20 %, que le département d'outre-mer voisin, La Réunion est à 37 %. Un tiers de la poussée démographique s'explique par le fait que Mayotte constitue, malgré sa situation de pays en difficulté, un pôle d'attraction important pour les populations des autres îles Comores; îles, il est vrai, confrontées à une situation économique et politique qui, à bien des égards, paraît moins favorable et moins stable. Situation sensible - on avance des estimations de 12 à 15 000 immigrés clandestins dont l'intégration est facilitée par les réseaux d'accueil existant dans les villages à population majoritairement grand comorienne ou anjouannaise ou par ceux constitués par leurs implantations dans les centres urbains - qui s'est traduite par une pression constante des élus mahorais sur le gouvernement de la République Française et qui a abouti au rétablissement du visa pour les étrangers.

Ce poids de la jeunesse, le fort taux d'accroissement naturel, la poussée migratoire pèsent de plus en plus lourd dans la mise en place des projets de développement. A l'aube du XXIème siècle Mayotte aura plus de 150 000 habitants, verra sa population doubler dans les quinze ans à venir. Il apparaît évident qu'à moyen et long terme ces éléments obligeront de nouvelles orientations en matière d'environnement. La progression des zones d'habitation, des zones de cultures accélèrent la déforestation. L'érosion des sols, l'envasement du lagon menacent donc les ressources naturelles. Le rapport des hommes à l'espace ne cesse de se dégrader : moins de 100 habitants/km^2 en 58,252 en 91, plus de 400 en 2 000, il témoigne des dangers qui menacent l'île. Peu à peu en terme de ressources naturelles on voit Mayotte s'enfoncer dans le "surpeuplement" et cela même si la tendance la conduit à entamer sa transition. Le défi démographique pose toute une série de situations alarmantes auxquelles la jeune Collectivité Territoriale est confrontée.

L'enseignement et la formation restent, malgré les efforts, dans "l'impasse" et la situation actuelle aboutit à un constat paradoxal. Il y a lieu, en effet, de parler, à la fois, de sous-scolarisation et de "surscolarisation". Si 95 % des enfants sont scolarisés en primaire, seuls 35 % des 4 000 du CM2 atteignent la sixième - en 86 ils n'étaient que 7 % - et le secondaire, malgré quelques améliorations, ne représente qu'1/7 de l'effectif du premier degré. Mais en même temps, si l'on prend en considération les coûts de l'ensemble du système scolaire et la faible capacité d'absorption des sortants du système par le secteur moderne de l'économie on prend la vraie mesure de cet angoissant avenir. La "surscolarisation" a prélevé, et prélève encore, de façon croissante, une part importante du budget général - il faut savoir que l'Etat ne prendra à sa charge l'intégralité des rémunérations des instituteurs qu'à partir de 1996 soit 30 ans après la naissance de cette Collectivité Territoriale de la République Française. Il est donc évident que cette situation est un puissant frein à l'investissement dans les secteurs productifs créateurs potentiels d'emplois. Et quand on ajoutera que le système éducatif produit et produira de plus en plus de diplômés qui, après avoir "coûté cher" à la Collectivité, risqueront de se trouver sans emploi (le taux de chômage est déjà passé de 5,8 % en 78 à 37,8 % en 91, la moitié des sans emploi a moins de 20 ans), on aura ajouté une page supplémentaire à un tableau déjà bien noir.

Défi de société

Le Canal de Mozambique a vu trois races, cinq familles de langues, d'innombrables ethnies s'y rencontrer, s'opposer, se métisser. Mayotte peut ainsi être présentée comme un "microcosme de l'océan

Indien occidental". Depuis mille ans, l'évolution du milieu mahorais a été fortement influencée par les contacts extérieurs. L'île a connu deux grandes phases d'acculturation : la première liée à l'arrivée des Shiraziens à partir du XIIème siècle mettant en place l'Islam sunnite chafféite dans un univers matrilinéaire et matrilocal qui s'imposera au monde shirazi. Se crée ainsi un véritable système de classes (nobles et non nobles), une association villages-hameaux allant de pair avec la mise en place de l'économie de subsistance qui a conduit à une société centralisée. La deuxième phase liée à la colonisation du XIXème siècle introduisit un effet égalisateur : les strates sociales reposant sur l'hérédité disparaissent au profit d'une différenciation sociale basée sur la situation, l'accès à la propriété. Ainsi le "peuple mahorais" est-il le fruit de différents processus d'acculturation et d'assimilation qui intègrent plusieurs groupes successifs et exclusifs - Arabes, Bantous, Malgaches - dans une manière de "vivre et penser mahoraises". Ce qui les unit est la communauté de vie (Maore), de religion (l'Islam), de mode de vie et de culture. Ainsi la société se divise-t-elle en deux entités. Le groupe dirigeant européen, les "mzoungous", autour du millier, est à la tête de la hiérarchie car il dirige des activités de grande envergure touchant au développement de l'île. Les "groupes subordonnés" réunissent les Mahorais (90 % de la population), les Créoles (200 environ) qui, par le biais des élus, sont des décideurs, quelques 300 Indiens dominant la sphère commerciale, une minorité malgache installée récemment, chrétienne, citadine et parlant le Français mais ne présentant aucun front contre le groupe dominant. La distance sociale est surtout forte entre Européens et Mahorais surtout qu'*à contrario* de ce que l'on voit ailleurs ces derniers n'ont jamais essayé de devenir "européens" même si leur façon de vivre commence à être copiée et que la recherche de certains avantages matériels fait, aujourd'hui, partie des objectifs d'une certaine partie de la jeunesse. "haya iyo nguo ndjeou, tsi kulumatru uyipindra" (le savoir vivre est un habit blanc, tout le monde ne peut le porter).

Tout concourt à démontrer qu'à Mayotte se prolonge l'histoire de peuples différents qui se heurtèrent à divers moments mais aussi s'influencèrent, s'infléchirent par le combat et par l'alliance ce qui tend à démontrer que le Mahorais a un sens inné de la stratégie. L'alliance avec la France est bien plus une alternative pratique qu'un arrangement symbiotique.

Le trait caractéristique de cette société est l'omniprésence d'un Islam qui se manifeste aussi bien dans le quotidien que dans le fonctionnement des collectivités villageoises, dans la famille et dans l'organisation de l'unité de production. Si d'aucuns le rendent responsable du mal développement, il est plus juste de voir en lui le ciment d'une société riche en clivages, en contradictions, une sorte de contre-pouvoir, actif ou passif selon les circonstances. La mosaïque linguistique limite les interactions - et notamment la franco-mahoraise - entre les populations. Malgré les efforts du système scolaire 60 % de la population de plus de 15 ans ne parle pas le français langue officielle, langue du discours politique, langue administrative. Les structures traditionnelles sont, certes, influencées par l'impact de l'économie moderne mais elles continuent d'exercer une influence déterminante sur la vie des populations. C'est ainsi que la société, société paysanne, qui voit des liens étroits associer la famille, l'entreprise économique, le régime foncier, les modes d'héritage, les rapports de voisinage, et la structure de la communauté continue de reposer sur les groupes familiaux. Ce qui règle la vie c'est l'ensemble des droits, privilèges et devoirs que les membres de la communauté ont les uns envers les autres. Même si, ces dernières années, on assiste à un gonflement des centres urbanisés - Mamoudzou regroupe, en effet, plus de 20 % de la population mahoraise - l'axe Dembéni-Mamoudzou, Kongou constitue un pôle d'urbanisation important. Mayotte reste, et pour longtemps encore, un monde de villages. Prés de 75 % des gens vivent dans les zones rurales, *liju*, les familles s'organisant autour de l'unité de base qu'est le *nyumba-shanza* - cour-enclos. Le village, parce qu'il est, à la fois, communauté morale, unité de possession foncière et unité de décision, occupe une place prioritaire dans la société et la culture mahoraises.

Le défi de Mayotte est donc, de plus en plus, la percussion, par le progrès occidental, avec tout ce que cela signifie, d'une société traditionnelle. La société occidentale a apporté, à "dose homéopathique" mais combien efficace en persuasion, des équipements nouveaux, l'amélioration des conditions de santé, d'enseignement, de nouvelles techniques agricoles, la société de consommation et surtout tend à orienter une société, où le groupe est la loi, vers la seule valeur individuelle. Cette situation suscite déjà de profonds déséquilibres sur la démographie, sur l'environnement, sur l'économie avec une forte progression des importations de produits consommables et surtout de déséquilibres socioculturels. Les solidarités se font moindres, menaçant les fondements mêmes d'une organisation mais n'ayant aucune certitude d'en créer de nouveaux et de plus sûrs.

Défi politique

Depuis le 6 Juillet 1975 il existe une "Affaire Mayotte". Promise en 73, la décolonisation des Comores est mise en œuvre l'année suivante. Si globalement 95 % des Comoriens la choisissent, le décompte par île montre que Mayotte, en conflit avec Moroni depuis plus de vingt ans, la refuse à 65 %. La loi française proclame bien le détachement de la Grande Comore, Anjouan, Mohéli de la République Française mais garde Mayotte dans son giron jusqu'à nouvelle consultation. Depuis cette date la situation est restée fort complexe, "impasse juridique" par le fait que deux concepts s'opposent ici : celui de la Constitution française qui s'appuie sur le fait qu'aucune cession de territoire ne peut se faire sans le consentement des populations concernées; celle du principe de l'indivisibilité des entités territoriales consacré par les Nations Unies.

La France, quoique condamnée par les instances internationales, a érigé l'île, depuis 1976, en Collectivité Territoriale. Statut hybride puisque ni Territoire d'Outre-Mer, ni Département d'Outre-Mer, qui laisse la porte ouverte à des solutions d'avenir y compris une réintégration dans l'ensemble comorien. En fait, confronté à deux principes : intangibilité des frontières coloniales et principe du droit des peuples à disposer d'eux-mêmes, la France a préféré la temporisation espérant que l'un des deux protagonistes, la République Islamique des Comores et Mayotte, change d'avis. Le fait est que le temps joue d'avantage pour Mayotte. A de nombreuses reprises sont intervenues des ordonnances étendant les normes métropolitaines que ce soit en terme de code électoral, de code des communes, de régime fiscal et douanier, des aides financières, des prises en charges de fonctionnement montrant bien que l'île s'installe progressivement dans une départementalisation de fait.

Sa situation géographique, la méconnaissance des réalités mahoraises par la Métropole, les visées de certains pays exposent Mayotte à être séparée de la France. Or, il ne peut y avoir de politique de développement tant que le statut ne sera pas garanti. Départementalisation, autonomie, indépendance sont des mots imposés par la proximité des échéances électorales aussi bien françaises qu'internationales. Que l'on pose une fois pour toute la question aux Mahorais, en leur précisant bien les choix et leurs conséquences, ce n'est qu'à cette condition que l'on pourra passer à l'enjeu essentiel qui est le développement économique et social de l'île.

Défi du développement

Quelques indicateurs :

	1977	1992
parc automobile	227	5000
réseau routier	140 km	233 km
constructions publiques	1 collège, 40 classes	5 collèges, 2 lycées, 534 classes
exportations(valeur)	9 MF	14 MF
importations	25 MF	463 MF
masse monétaire	14 MF	1080MF

En une quinzaine d'années, Mayotte est entrée dans une phase de développement accéléré avec la volonté de maîtriser l'ensemble des mutations liées à ce dynamisme. L'engagement financier de l'Etat Français, qui a connu une accélération à compter de 1987, a déclenché un "dynamisme économique" qui propulse l'île dans le monde économique du XXIème siècle. Si la machine semble être en marche, il lui faut concilier efficacité économique et justice sociale, culture traditionnelle et modernité, c'est là un pari et un défi redoutables. Comme dans la plupart des pays non industrialisés les Mahorais sont concernés par deux types d'économie que les théoriciens du mal développement opposent : un régime traditionnel d'économie de subsistance où l'agriculture associée à l'élevage et à la pêche est pratiquée selon des méthodes ancestrales et, depuis peu, et lentement, un processus de monétarisation dont l'époque coloniale a été l'instigatrice. La priorité est encore ici, la satisfaction des besoins fondamentaux notamment la nourriture. Aussi l'agriculture reste-t-elle le pivot de l'économie traditionnelle, basée sur une immuable trilogie : autoconsommation (céréales notamment riz sur 3300 ha, le plus souvent sur essart forestier, pour 2 000 tonnes de production soit 30 % des besoins annuels, cultures vivrières bananiers, racines, fruits, légumes secs...); cultures de rente (ylang-ylang : 23 tonnes pour 10 M F, vanille 16 tonnes pour 5 M F, coprah) et pâturages. La production agricole, est certes variée mais elle se révèle de faible importance. La multiplicité des espèces, le manque de terres, les procédés culturaux archaïques, les modiques rendements obligent l'île à faire appel, de plus en plus, aux importations. Forêt, élevage, pêche et artisanat sont encore, bien souvent, des activités de complément. Ainsi, malgré la baisse des actifs dans le secteur primaire, l'économie mahoraise demeure-t-elle essentiellement agricole, permettant de subvenir aux besoins alimentaires de 80 % des Mahorais.

Cet état des choses, Mayotte le doit à des blocages autant politiques qu'économiques. Le système colonial a engendré un pouvoir politique et économique au seul profit d'une minorité de propriétaires terriens dans un premier temps puis d'importateurs dans un second temps. Ni transferts sociaux importants, ni aides soutenues, ni politique vigoureuse n'ont établi les conditions nécessaires à un décollage économique dans une île où les freins sont légion : absence de matières premières, éloignement des sources d'approvisionnement, manque de productivité de la main d'œuvre, problèmes fonciers, où la sécurité prime sur l'accroissement du revenu. Le Mahorais est peu perméable à la notion d'augmentation "moyenne". La monétarisation, même si elle s'accélère, reste encore faible. L'évolution du SMIG - passé de 1F de l'heure en 77 à 12,34 F en 93 - et des rémunérations, supérieure à la variation des prix, traduit certes une volonté d'améliorer le pouvoir d'achat des ménages mais a fait le choix (!!!) de construire l'économie mahoraise, comme ses "sœurs" de l'outre-mer français, sur la seule base de la consommation, elle -même résultat de la seule progression des transferts publics.

Mayotte se trouve, donc, toujours en position délicate. Nombre de plans de développement ont évoqué et tenté de construire son développement économique mais le paysage mahorais, malgré les efforts faits, progresse peu. La formule lapidaire tirée du XIème plan, Contrat de plan Etat-Mayotte 1994-1998, "compte tenu de l'indigence de Mayotte dans de nombreux domaines vitaux et de la nécessité de mise à niveau économique, social et culturel..." résume bien la situation. Marqué, comme bon nombre de pays en mal développement, par des handicaps qui ont trait à une démographie galopante, à un monde rural en crise, une faible industrialisation, des échanges limités, Mayotte ne peut assurer sa survie de façon isolée. L'accroissement de la solidarité nationale française est une nécessité absolue mais cela suppose que l'on crée un lieu de cohérence où les différentes logiques de développement peuvent s'affronter. Les plans de développement, malgré leur grande qualité, ne sont, malheureusement, qu'une pratique de gestion économique qui risque d'avoir peu de prises sur un monde rural. Comment construire une société plus juste dans le partage des richesses nationales et régionales, comment travailler à dépasser les cloisonnements hérités du passé et affronter les contradictions présentes ? La réponse à ces questions ne peut venir que des Mahorais eux-mêmes. Il est donc vital que tout projet de développement s'enracine dans le dynamisme du peuple : "vuenza duja, vuenza mologo", "là où il y a la houle, il y a la passe". Le Mahorais connaît les difficultés, il saura y faire face à condition qu'on lui donne la parole.

Conclusion

Mayotte a le rare privilège de pouvoir réunir des concepts aussi contradictoires que ceux "d'île oubliée" et "d'île authentique". C'est dire combien l'insularité n'a pas une image égalitaire, qu'elle dépend des lieux et des hommes. Mais il est aussi vrai que l'île n'est pas un espace fermé et spécifique face à des continents car la situation de Mayotte montre bien que ses handicaps elle les doit d'avantage à des faits historico-économiques qu'à des seuls faits de positionnement même s'il est aussi vrai que dans ce cas la situation géographique amplifie le phénomène.

Bibliographie

ALLIBERT, C., 1984, *Mayotte, plaque tournante et microcosme de l'Océan Indien Occidental; son histoire avant 1841*, Paris, Anthropos.

BATTISTINI, R. et P., VERIN, 1984, *Géographie des Comores*, Paris, Nathan.

CHAGNOU, H. et H., ALI, 1980, *Les Comores*, Paris, PUF, QSJ.

FONTAINE, G., 1987, *Economie et Société de Mayotte*, Thèse de Doctorat 3ème cycle, Université de Nice.

FONTAINE, G., 1995, *Mayotte*, Paris, Karthala.

MARTIN, J., 1983, *Comores : quatre îles entre pirates et planteurs*, Tomes 1 et 2, Paris, L'Harmattan.

SALESSE, Y., 1995, *Mayotte, l'illusion de la France*, Paris, L'Harmattan.

Université de La Réunion, CEA, CERIGOI, 1992, *Mayotte*, Actes du Colloque Universitaire d'avril 91, Publication de l'Université de La Réunion.

VERIN, P., 1994, *Les Comores*, Paris, Karthala.

L'ISOLEMENT DE WALLIS ET FUTUNA

Alain HUETZ DE LEMPS
Université Michel de Montaigne, Bordeaux

Terres minuscules situées en plein cœur de l'immense océan Pacifique, les îles Wallis et Futuna sont remarquables par leur isolement géographique et géopolitique. A quelque 16 000 kilomètres de la France, l'archipel constitue le Territoire d'Outre-Mer français le plus éloigné de la Métropole; quant à la proximité des deux autres Territoires français du Pacifique, la Nouvelle-Calédonie et la Polynésie française, elle est toute relative puisque Nouméa est à plus de 2 000 km et Papeete à 3 000. Les îles les plus proches sont les Fidji, les Tonga et les Samoa occidentales mais les relations avec ces archipels, qui ont connu une forte empreinte protestante et anglo-saxonne, sont restées jusqu'à présent assez épisodiques, ce qui a aggravé l'isolement de Wallis et Futuna dans le Pacifique central. De plus, ces îles ont une faible superficie : Wallis a seulement 96 km^2 pour l'île principale, Uvea, à laquelle s'ajoutent 22 îlots dispersés dans un lagon de deux à quatre km de large ou sur la barrière de corail qui l'enserre; l'ensemble, lagon compris, ne dépasse pas 159 km^2. Uvea est un gros pâté de basalte, peu élevé (151 mètres au mont Lulu), parsemé de petits cônes de scories et troué de lacs de cratère. Futuna est encore plus petite (64 km^2), beaucoup plus montagneuse (524 m. au mont Puke); elle n'a pas de véritable lagon et le rivage est bordé d'un récif frangeant qui en rend l'accès difficile; ce récif a été soulevé de près de 50 centimètres lors du dernier tremblement de terre, le 13 mars 1993; à côté de Futuna, la petite île d'Alofi (20 km^2) n'est pas habitée de façon permanente. Le groupe Futuna-Alofi est séparé de Wallis par 230 km de mer, ce qui explique que ces îles n'aient pas été découvertes par les Européens en même temps : dès 1616, les Hollandais Le Maire et Schouten relâchent à Futuna et Alofi qu'ils appellent "îles de Horn". Mais il fallut attendre 1767 pour que l'Anglais Wallis aperçoive Uvea mais il n'y débarque pas et c'est seulement après 1825 que les îles commencent à être fréquentées par des baleiniers et les premiers missionnaires arrivent en 1837.

Malgré leur isolement, ces îles avaient été peuplées depuis longtemps par les Océaniens : des fragments de poterie Lapita, datés d'environ 1400 avant JC, ont été identifiés à Wallis; à Futuna, le premier peuplement remonterait à au moins 700 avant JC. Mais la population actuelle des îles proviendrait surtout de l'arrivée, aux XIIIème et XIVème

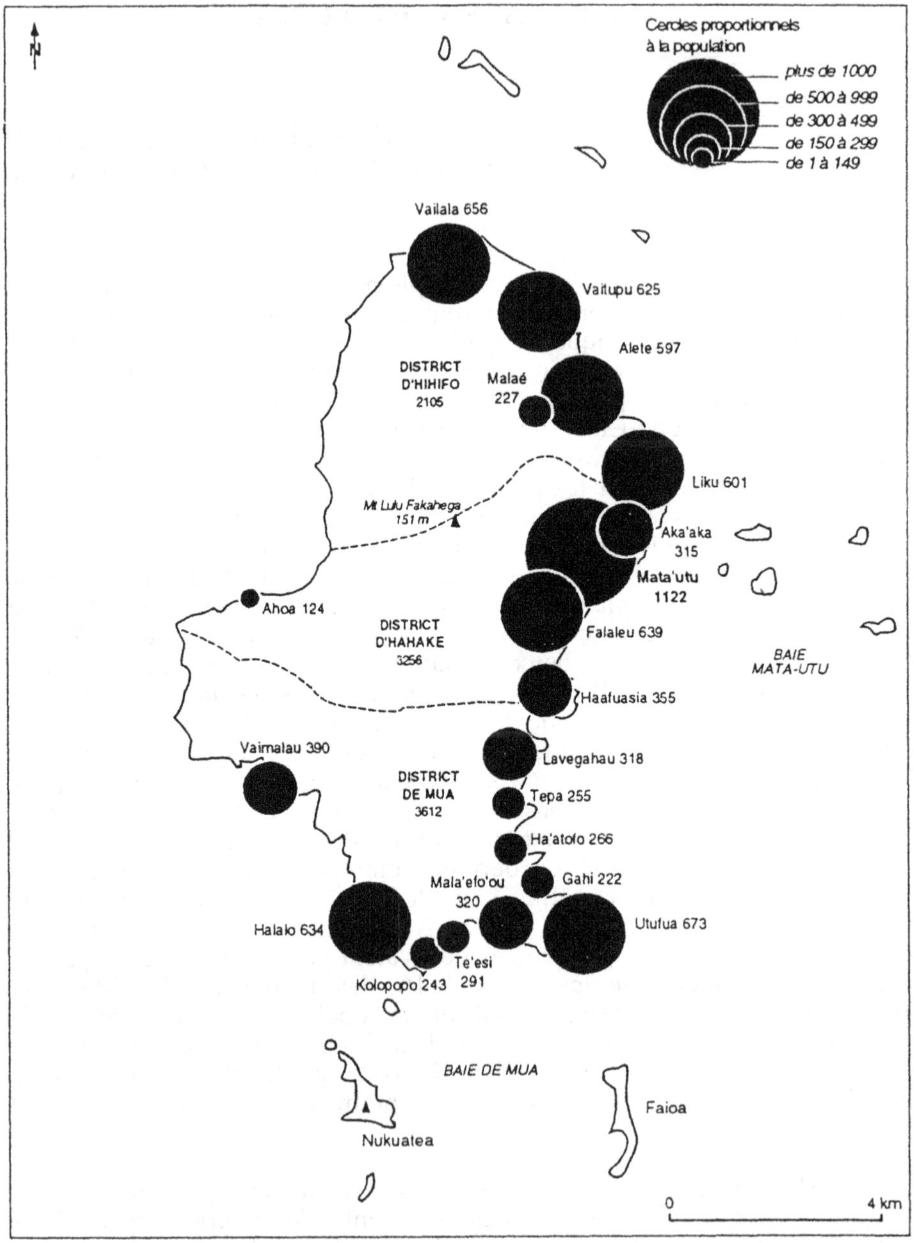

Figure 1. Iles Wallis (Uvea) : la population en 1990

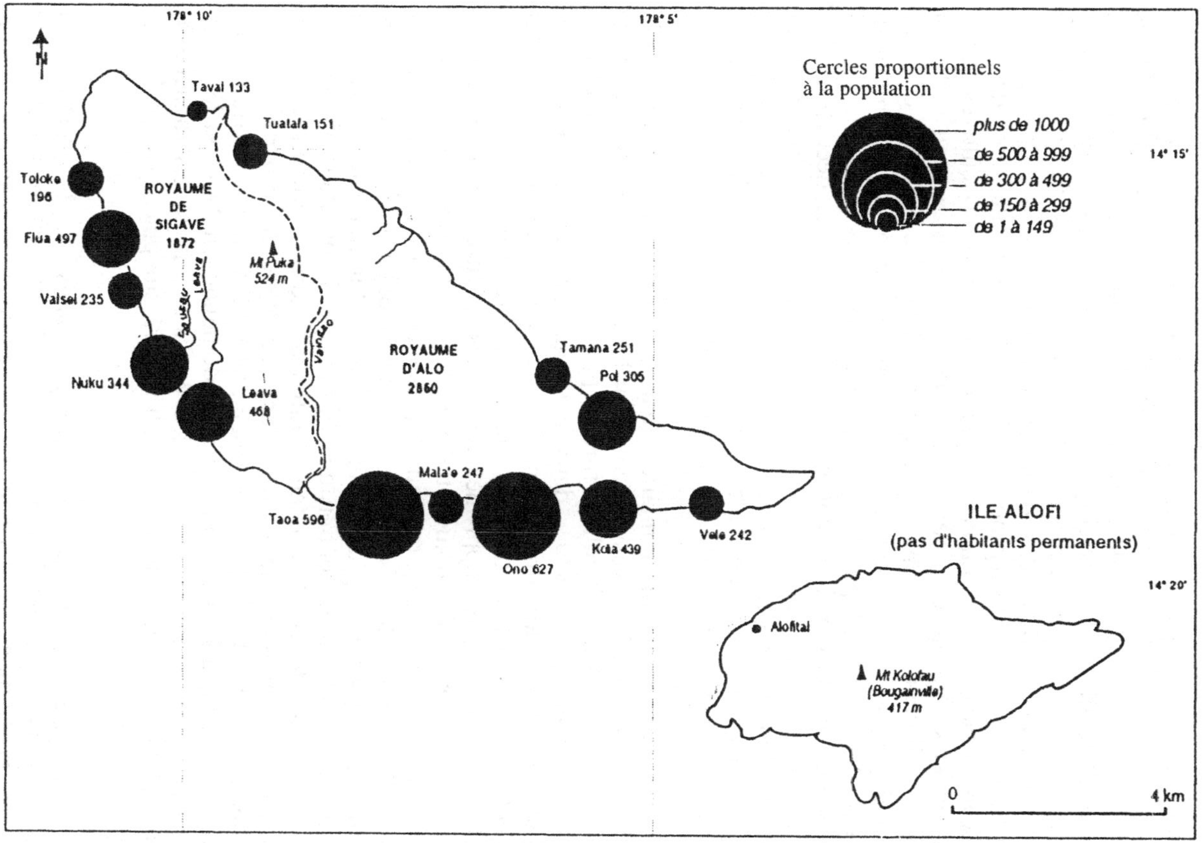

Figure 2. Iles Futuna-Alofi : la por·

siècles après JC, de Polynésiens provenant de Tonga pour Wallis et des Samoa pour Futuna; ces excellents navigateurs maintinrent des relations épisodiques avec les îles-mères. Au milieu du XIXème siècle, la population des deux îles n'était pas très nombreuse, entre 2 000 et 3 600 personnes selon les premières évaluations des Missionnaires. De petits roitelets rivaux se partageaient les îles : Futuna par exemple était divisé en deux royaumes hostiles, Alo et Sigave. Comme tous les Polynésiens, les habitants vivaient de leurs récoltes de tubercules, taros d'eau *(Colocasia esculenta)* cultivés dans des dépressions marécageuses aménagées en casiers au niveau des résurgences de la bordure littorale, taros de terrain sec *(Xanthosoma sagittifolium)* et ignames *(Dioscorea)* cultivés sur des brûlis ouverts dans la forêt dense, noix de coco utilisées pour la boisson et comme aliment des hommes et des porcs. Dans les premiers dépôts de la période Lapita, on a trouvé des ossements de cochon qui prouvent que l'animal a été introduit par les plus anciens arrivants; son rôle dans les cérémonies rituelles était essentiel. De même le Kava, décoction de la racine d'un arbuste de la famille des poivriers *(Piper methysticum)* constituait la boisson des fêtes et de la convivialité. Les maisons, les *fale,* étaient entièrement végétales, avec poteaux en arbre à pain, charpente en cocotier et couverture en feuilles de pandanus.

Les premiers missionnaires maristes ont débarqué en 1837 à Wallis; le Père Bataillon réussit à convertir les chefs et dès 1842 toute l'île était catholique; les difficultés furent plus grandes à Futuna où les Maristes arrivèrent en 1839 : deux ans plus tard, le Père Chanel était massacré et il fallut attendre quelques années pour que la conversion soit complète. Les Maristes établirent une véritable théocratie mais eurent l'intelligence de ne pas supprimer toutes les traditions polynésiennes et d'intégrer certaines cérémonies telles que le kava royal dans les fêtes chrétiennes. Les missionnaires catholiques étaient français alors que dans d'autres îles comme les Tonga ou les Samoa débarquaient des pasteurs protestants d'origine anglo-saxonne. Tout naturellement, les Maristes cherchèrent à obtenir le soutien de la France et la première demande de protectorat date de 1842. En fait, il fallut attendre le milieu des années 1880 pour que les puissances européennes achèvent de se partager les îles les plus isolées. En 1886, la reine Amelia de Wallis sollicite officiellement le protectorat de la France, qui ratifie la demande en 1887 et les rois de Futuna suivent : le Protectorat des îles Wallis et Futuna est rattaché à la colonie de la Nouvelle Calédonie et administré sur place par un Résident français.

La présence du pavillon français dans ce Pacifique central britannique va accentuer l'isolement de l'archipel : les relations avec les Fidji, Tonga, Samoa... sont à peu près nulles et les liaisons avec Noumea restent très espacées. Les missionnaires peuvent gouverner en toute tranquillité. Ils protègent les insulaires des exactions des baleiniers et des trafiquants qui cherchaient à compléter leurs équipages en enlevant des

Polynésiens; la rareté des contacts avec les Européens évite à la population d'être décimée par des maladies comme la rougeole, la variole... Il n'y a pas d'effondrement démographique comme dans beaucoup d'autres archipels et la population dépasse 5 000 habitants en 1900. Dans la première moitié du XXème siècle, l'isolement reste très grand : quelques bêches de mer (holothuries) sont exportées vers la Chine mais il ne se constitue pas de groupe chinois dans ces îles sans grand intérêt commercial. L'extension des cocoteraies permet le développement de la vente de coprah : dans les années 1880, celles-ci ne dépassent pas 200 à 250 tonnes; vers 1930-35, elles atteignent 1400 tonnes. Ce coprah provient entièrement des exploitations polynésiennes car il n'y a pas de plantations européennes. La Seconde Guerre mondiale bouleverse les habitudes des insulaires : les Américains installent à Wallis une base aérienne. Entre 1942 et 1945, des milliers de soldats séjournent dans l'île, de nombreux Wallisiens sont employés dans la base, l'île est inondée de dollars. Cependant, malgré les stocks de dynamite qui, jusqu'au début des années 1950, permettent de pêcher sans effort en dévastant le lagon et en dépit de la présence de quelques petits blonds à la peau dorée, vite intégrés dans la masse polynésienne, l'archipel retombe dans l'oubli et l'isolement.

Il faut attendre la fin des années 1950 pour que s'amorce une évolution qui va atténuer cet isolement sans le faire disparaître. Le statut politique des îles est modifié en même temps que celui des autres îles du Pacifique. En 1959, les insulaires choisissent par référendum, à la place du protectorat, le statut de "Territoire d'Outre-Mer", ratifié par la France le 29 juillet 1961. Un député et un sénateur représentent le Territoire à l'Assemblée Nationale et au Sénat de la Métropole. Une Assemblée Territoriale de 20 membres (13 sièges pour Wallis, 7 pour Futuna) est élue au suffrage universel. Le Résident de France, installé à Mata-Utu (Wallis) est depuis 1988 un Préfet. Certains Résidents, venus directement de préfectures de la Métropole, doivent faire effort pour comprendre la spécificité de ces îles océaniennes... Ces représentants de la République sont d'abord amenés à composer avec les autorités coutumières : ces îles comptent trois rois : un seul règne sur Wallis, avec rotation du pouvoir entre 4 familles nobles; deux se partagent Futuna, les rois de Alo et de Sigave; ces chefs, qui sont assistés de ministres choisis parmi les familles nobles *(aliki)*, gardent un pouvoir moral certain et exercent même une justice coutumière : ils peuvent condamner leurs sujets à des amendes en nature, cochon, igname, taro... ou en journées de travail. Dans la vie sociale traditionnelle, le chef de village organise les travaux collectifs, répartit les parcelles à cultiver selon les besoins de chaque famille et décide parfois encore du moment de la récolte. Mais l'administrateur doit également tenir compte du poids toujours très important de la Mission. La Cathédrale de Mata-Utu est à côté du Palais Royal. L'influence des religieux s'exerce particulièrement dans le domaine de l'enseignement qui reste privé mais qui est subventionné par l'Etat. Un lycée d'Etat a été récemment ouvert à Wallis. Les jeunes qui veulent poursuivre des études supérieures doivent s'expatrier soit en Métropole, soit à Nouméa ou Papeete, les deux pôles de l'Université du Pacifique.

La population du Territoire connaît une progression très rapide après la fin de la guerre. La mortalité baisse rapidement car l'état sanitaire est bon, il n'y a pas de paludisme comme au Vanuatu, l'antenne médicale créée en 1925 est sans cesse perfectionnée et les soins sont gratuits pour tous. Comme la population est très jeune (54 % de moins de 20 ans à Wallis au début des années 1960), la mortalité n'est plus que de 5 pour mille. Comme, dans ces îles catholiques, la natalité est forte (environ 40 pour mille), le croît annuel est très élevé, 3,5 % par an. Dans ces îles exiguës, où la population se concentre sur d'étroites franges littorales, un tel accroissement serait rapidement devenu intolérable, sans l'émigration d'une partie de la population. Les départs vers d'autres îles ne constituaient pas un phénomène nouveau : ainsi, au XVIIIème siècle, 200 Wallisiens avaient quitté leur île sur de grandes pirogues à balancier pour aller s'installer, à 2 000 km de là, dans les îles Loyauté, dont un des atolls a pris le nom polynésien de l'île d'origine, Uvea. De même, des habitants de Futuna ont peuplé une petite île de l'archipel des Nouvelles Hébrides à laquelle ils ont donné le nom de Futuna. Mais, à partir du XIXème siècle, les missionnaires interdirent ces départs, jusqu'au moment où, dans les années 1950, ils durent se résoudre à les favoriser.

Or, à cette époque, deux archipels avaient besoin de main-d'œuvre, les Nouvelles Hébrides et la Nouvelle Calédonie. Vers l'archipel néo-hébridais, les premiers départs eurent lieu en 1951; un millier de Wallisiens et de Futuniens allèrent travailler dans les plantations de cocotiers et dans les mines de manganèse de Forari. L'indépendance des Nouvelles-Hébrides, qui devint le Vanuatu, provoqua le départ de la plupart des immigrés, soit vers Nouméa, soit vers leurs îles d'origine. Dès 1985, il restait moins de 100 Wallisiens au Vanuatu. Vers la Nouvelle Calédonie, le mouvement migratoire a été beaucoup plus important. Dès 1947, une centaine de Wallisiens et Futuniens travaillaient dans les mines ou pour la Société Ballande. Ensuite, à partir de 1951, l'appel de main d'œuvre devient considérable, pour les mines de nickel (Thio), pour la construction du barrage de Yaté et pour le bâtiment à Nouméa. Les Wallisiens et Futuniens installés en Nouvelle Calédonie, qui étaient 200 en 1954, sont 5 400 en 1969 et 9 000 en 1975 : ils sont désormais plus nombreux que ceux qui sont restés dans leurs îles (8 500 en 1969), et la population du Territoire diminue même au début des années 1970 à cause de ces départs.

La crise économique puis politique qui secoue ensuite la Grande Terre provoque un arrêt de l'immigration et même des retours vers Wallis et Futuna, ce qui s'accompagne d'ailleurs de quelques difficultés de réinsertion parmi ceux qui n'ont jamais quitté leur île. Ces retours diminuent après 1985 et au contraire les départs reprennent mais de façon plus modeste. Aujourd'hui, les Wallisiens et Futuniens installés en Nouvelle Calédonie constituent une communauté importante de plus de 15 000 personnes, enracinée à Nouméa et dans la Région Sud; ils sont nés pour la majorité d'entre eux en Nouvelle Calédonie et à peine plus d'un tiers à Wallis et Futuna. En cas de prise du pouvoir par les indépendantistes kanak, qui supportent difficilement la présence des Polynésiens sur la "Grande Terre", un retour vers les deux îles d'origine, de plus en plus peuplées, ne peut être raisonnablement envisagé.

Une émigration plus modeste a eu lieu vers la Métropole et elle est souvent temporaire : en 1990, 1 200 Wallisiens et Futuniens étaient en France pour faire des études, accomplir leur service militaire ou travailler dans des emplois peu spécialisés; certains, grâce à leur gabarit impressionnant, réussissent fort bien comme "videurs" à l'entrée des discothèques et boites de nuit. Malheureusement, l'émigration n'a pas résolu les problèmes démographiques du Territoire dont la population augmente inexorablement : après la pause des années 1960, liée à la forte émigration (8 867 habitants en 1950, 8 546 en 1969), la croissance a repris : 9 192 en 1976, 12 408 en 1983 et au dernier recensement de 1990, 13 705 dont les deux tiers à Wallis (8 973) et un tiers à Futuna (4 732). Alors que l'intérieur des deux îles est à peu près désert, les habitations, les *fale*, se multiplient dans la zone côtière; les centres des 34 villages étant surtout marqués par la présence d'une vaste église et les bâtiments de la Mission. La "capitale" du Territoire, Mata-Utu, sur la côte Est de Wallis, n'est guère différente des autres villages : elle regroupait seulement 1222 habitants en 1990. Les Européens sont peu nombreux, 410 au total, soit 3 % de la population, dont une soixantaine à peine à Futuna; la plupart sont des Français de la Métropole, des fonctionnaires surtout, qui séjournent au maximum trois ou quatre ans.

L'évolution de l'habitat traduit une certaine modernisation, surtout à Wallis où les *fale* traditionnels entièrement végétaux sont devenus rares (3,6 % des habitations). Dans les *fale* modernisés, le toit de tôle a remplacé les feuilles de pandanus, le sol est cimenté, des murs en parpaings crépis et blanchis à la chaux ont été construits. Les maisons en dur avec toit en terrasse deviennent de plus en plus fréquentes. A Futuna, l'habitat reste beaucoup plus traditionnel : les cases au sol de terre battue représentait encore plus de la moitié des *fale* en 1990; le béton a souvent remplacé le bois sur le pourtour des cases ovales traditionnelles, largement ouvertes et au toit végétal soutenu par quelques poteaux. L'eau courante et l'électricité sont en train de se généraliser, surtout à Wallis; les scooters se multiplient mais les voitures appartiennent en majorité aux Européens.

La transformation de la vie des insulaires se marque également par les progrès de la scolarisation et l'enseignement généralisé de la langue française que les trois-quarts des habitants sont capables de comprendre. L'isolement de l'archipel est fortement atténué par les transistors et plus encore par la télévision, installée à Wallis en 1986 et à Futuna en 1994. Cependant, jusqu'à présent, peu de jeunes ont entrepris des études supérieures et ceux qui obtiennent des diplômes en Métropole ne reviennent pas toujours dans leur île où il ne leur est guère possible de valoriser leur formation. C'est là un handicap insurmontable pour les trop petits territoires, qui ont, en fait, bien peu de possibilités de développement. Il n'est donc pas étonnant que la grande majorité des Wallisiens et des Futuniens continue à vivre de l'agriculture. La population reste très attachée à son alimentation traditionnelle, d'autant plus qu'une partie appréciable de la production vivrière est réservée aux cadeaux, célébrations coutumières et fêtes religieuses. La base de la nourriture est constituée par les tubercules, le taro, l'igname, le *Kape (Alocasia macrorhiza)* qui progresse, mais le manioc américain sert à nourrir les porcs plus que les hommes; s'y ajoutent la banane et le fruit de l'arbre à pain *(Artocarpus)*. Une évaluation des cultures vivrières de Wallis a été faite en mai 1994 par les Services de l'économie rurale (mais les chiffres sont nettement inférieurs à ceux d'une enquête du même service effectuée en 1978 et citée par Roux, p. 349) :

	Surfaces (hectares)	**Production** (tonnes)
Taro d'eau	6,12	122
Taro en sec, kape	15,90	282
Igname	8,82	365
Manioc	13,74	275
Bananier	45,81	764
Arbre à pain	83,93	2 333
	174,32	4 141

A Futuna, les tarodières humides fournissent l'essentiel de la production (800 à 1000 tonnes de taro, 80 à 100 tonnes d'igname, 50 à 60 tonnes de fruits de l'arbre à pain). Le cocotier est partout présent mais l'exportation de coprah a disparu. A Wallis, les cocoteraies ont subi des dégâts au moment du passage des cyclones et elles ont été abîmées par les rats et surtout par un parasite apparu dans les années 1930, le "rhinoceros du cocotier" *(Oryctes rhinoceros)*. A Futuna, les cocoteraies n'ont pas été atteintes par l'Oryctes et la production de coprah s'est maintenue jusqu'en 1974. Etant donnés les bas prix du coprah sur le marché mondial et les faibles quantités fournies par l'île, qui ne permettaient pas d'installer une huilerie sur place, l'exportation a été abandonnée. Mais, dans les deux îles, le cocotier joue toujours un rôle important dans la vie quotidienne grâce à ses multiples utilisations. La production de kava est devenue insignifiante; comme, dans la plupart des villages, les hommes conservent la tradition de se réunir le soir pour boire le kava, il est nécessaire d'importer les racines destinées à la préparation de la boisson, plus de 5 tonnes par an. L'élevage des porcs est une activité prospère car le porc est un élément essentiel des cérémonies coutumières encore très vivaces. Les bêtes sont nourries avec la chair des noix de coco et du manioc; le parcage, obligatoire aujourd'hui, confine en principe les bêtes sur des espaces restreints mais le "vagabondage" reste courant. Le cheptel est sain; il n'y a pas de maladies graves. Les Services de l'économie rurale évaluent le nombre des porcs entre 10 000 et 15 000.

La pêche reste familiale et les poissons sont rarement commercialisés : ainsi, en 1992, on recensait 56 bateaux de pêche à Futuna, dont 32 seulement ont réellement pêché; ils auraient ramené environ 42 tonnes de poisson mais une faible partie a été commercialisée. Le ramassage en bordure du rivage, sur le platier, effectué généralement par les femmes, ou sur les récifs est encore très actif. A Wallis, la pêche dans le lagon est menacée à la fois par la surexploitation et par la pollution qui augmentent en même temps que la population. La motorisation des pirogues permet de sortir en haute mer et de pratiquer la pêche à la palangrote qui représente à Wallis la moitié des prises : l'île produirait au total près de 250 tonnes de poisson, dont les deux tiers commercialisés. Le développement de la pêche artisanale est aidé par le Service de l'Economie Rurale et de la Pêche. Les coopératives de pêche sont subventionnées. La plupart des bateaux sont construits dans les îles, dans deux petits chantiers subventionnés eux-aussi par les pouvoirs publics.

Au total, les ressources agricoles du Territoire deviennent de plus en plus insuffisantes pour une population croissante et les importations de denrées alimentaires augmentent progressivement : elles sont passées de 79 millions de Francs Pacifique (un franc CFP vaut 5,5 centimes métropolitains) en 1977 à 309 en 1983 et 707 en 1992. Certes, une partie des achats sont destinés aux expatriés, consommateurs exigeants, mais le riz, la farine, le lait, le sucre, les boîtes de conserve, les bouteilles de bière... ne leur sont pas toujours destinés... Il faut aussi acheter des poulets (800 tonnes), des oeufs (la ferme de Lulu produisant à peine le cinquième de ce qui est nécessaire) et même du poisson... Les importations de produits alimentaires, monopolisées par la Société Transpac installée à Wallis depuis 1975, représentent le quart des importations totales. Il faudrait donc augmenter les rendements des productions locales et trouver de nouvelles ressources qui tiennent compte des conditions climatiques et pédologiques des îles. Certes les cyclones ne sont pas très fréquents à cette latitude (13-14° latitude Sud), mais ils peuvent faire de gros dégâts comme la dépression tropicale Fran des 5-6 mars 1992 et le cyclone Nina de février 1993. Les précipitations sont toujours abondantes (en moyenne, 2 742 mm à Wallis et 3 174 à Futuna), il n'y a pas de véritable saison sèche, les températures sont constamment élevées (27-28°) et le "lessivage" des sols est intense; de plus, les roches volcaniques étant très perméables, il n'y a pas de rivières pérennes (sauf sur quelques kilomètres à Futuna).

Les Services de l'économie rurale s'emploient à accroître les rendements et à diversifier la production, en proposant la culture de légumes verts, tomates, choux, oignons, celles du caféier et du poivrier mais leurs efforts ne trouvent guère d'écho et se heurtent à la routine des insulaires. Or, l'accroissement du nombre des cultivateurs provoque un raccourcissement de la durée des jachères entre les brûlis, donc l'appauvrissement de la couverture végétale et la dégradation des sols, en particulier à Futuna, où les fortes pentes favorisent l'érosion. Dans l'intérieur des îles, sur les sols appauvris par les feux et le lessivage, s'étendent des landes *(toafa)* de fougères *(Gleichenia)* parsemées de bouquets de pandanus *(Pandanus tectorius)* et de filaos *(Casuarina)*. A Wallis, la forêt dense n'occupe plus que 15 % de la superficie de l'île; elle est un peu mieux conservée à Futuna (30 %) et surtout à Alofi (70 %). Pour éviter la destruction des derniers restes de la forêt et limiter de coûteuses importations de bois, des reboisements ont été effectués par l'administration en pins des Caraïbes, avec quelque succès, mais les insulaires restent méfiants. Des améliorations ont été obtenues dans l'élevage des porcs; par contre, les efforts pour introduire un cheptel bovin n'ont guère été couronnés de succès. Une quarantaine de bêtes sélectionnées avaient été importées des îles Fidji en 1968 mais les Polynésiens ne se sont pas intéressés à cet élevage délicat et exigeant; quelques bêtes subsistent dans les Missions. Quant aux chevaux, jadis utilisés pour les transports, ils sont en voie de disparition.

Les îles Wallis et Futuna sont certainement parmi les plus belles du Pacifique et pourraient devenir un haut-lieu touristique, avec les avantages et les inconvénients qui pourraient en résulter. Cependant, jusqu'à présent, elles sont restées à l'abri de l'invasion touristique grâce à leur isolement. Avant la Seconde Guerre mondiale, les Européens qui avaient séjourné dans ces îles se limitaient à quelques missionnaires et fonctionnaires. La première liaison régulière par bateau avec la Nouvelle Calédonie date seulement de 1931. Le trafic maritime s'est ensuite peu à peu amélioré et, en 1969, on comptait 8 liaisons annuelles par mer; il y en a une douzaine aujourd'hui, vers Nouméa mais aussi vers la Nouvelle Zélande : plus de la moitié du fret passe désormais par ce dernier pays. Mais les traversées sont longues et les paquebots de croisière ignorent l'archipel. Les liaisons aériennes, réalisées dans l'Après-guerre par l'Armée de l'Air, sont restées précaires pendant longtemps. En 1969, il n'y avait encore qu'un vol mensuel vers Nouméa. En 1989, a été ouverte la ligne régulière Nouméa-Wallis-Papeete; elle a permis en particulier des relations avec la Polynésie française qui jusqu'alors ignorait totalement son "voisin français". Certains vols entre la Nouvelle Calédonie et Wallis passent par Auckland. Futuna reste marginalisée : son petit terrain reçoit plusieurs fois par semaine le *Twin Otter* et le *Ville de Paris* avec correspondance pour Nouméa deux fois par semaine et pour Papeete une seule fois. Mais il n'est pas rare que le mauvais temps ou des pannes de l'unique appareil provoquent des annulations.

A la précarité des liaisons aériennes s'ajoute l'insuffisance de l'équipement hôtelier. A Futuna, il n'y a rien; les rares visiteurs doivent "loger chez l'habitant". A Wallis, on compte 5 petits hôtels et pensions de famille, avec quelques chambres chacun. Le tourisme ne pourrait donc se développer que grâce à la construction de quelques grands établissements hôteliers. Or, les autorités coutumières sont restées jusqu'à présent très méfiantes à l'égard d'une activité nouvelle qui entraînerait des bouleversements dans la société actuelle. Le Club Méditerranée voulait acheter l'îlot de Faioa, à l'est de Wallis : le site est enchanteur, avec plage, lagon, récif, cocotiers... La Chefferie s'est opposée à une telle intrusion. On comprend parfaitement ses réticences mais Wallis se prive évidemment d'importantes "retombées" économiques.

En effet, la situation devient de plus en plus angoissante : le Territoire n'a rien à vendre. En plus des "timbres de collection", ses exportations se limitent à quelques taros et fruits de l'arbre à pain destinés aux banquets de première communion et autres fêtes des Wallisiens et Futuniens de Nouvelle Calédonie. Il n'y a plus de ventes de coprah et celles de trocas sont épisodiques et insignifiantes. En 1992, les exportations ont représenté 150 tonnes... et les importations, pourtant modestes, 180 000 tonnes ! Les bateaux qui ravitaillent l'île repartent vides. L'émigration avait eu une conséquence faste : les Wallisiens et Futuniens installés en Nouvelle Calédonie envoyaient de l'argent aux membres de leur famille restés dans les îles : les sommes expédiées ont atteint plus de 150 millions de Francs Pacifique au milieu des années 1970 mais elles n'ont cessé de baisser depuis, par suite de la crise, des retours de quelques-uns et d'un certain relâchement des liens avec la terre d'origine chez les jeunes nés à Nouméa.

Le Territoire dépend donc complètement des transferts effectués depuis la Métropole. Comme les ressources fiscales sont limitées aux patentes et aux taxes douanières en l'absence d'impôt sur le revenu, le budget dépend à 78 % de l'aide métropolitaine : la France intervient à la fois par le paiement des traitements, salaires et pensions des fonctionnaires des Services Publics et par les plans du FIDES, qui ont permis d'améliorer les infrastructures, en particulier les routes, les écoles, l'hôpital, le réseau de distribution d'électricité. Cependant, les deux tiers des dépenses sont récupérées par les sociétés métropolitaines chargées des travaux. De plus, les grands équipements sont en voie d'achèvement et les emplois temporaires qu'ils avaient générés disparaissent peu à peu.

Les îles Wallis et Futuna restent très isolées... Certes elles font partie de l'ensemble des Territoires Français du Pacifique mais leur éloignement et la faiblesse de leur développement économique ne permettent pas une intensification rapide de leurs relations avec les deux autres Territoires. L'extension de la Zone Economique Exclusive (ZEE) à 200 milles marins autour de l'archipel lui donne juridiquement le contrôle de 300 000 km^2 d'océan. Mais pour l'instant, cet immense domaine fournit bien peu de richesses aux îles. Il y a probablement des nodules polymétalliques sur les fonds marins mais seront-ils exploitables un jour ? Le Territoire pourrait tirer profit des bancs de poissons pélagiques mais il n'a guère de moyens pour empêcher une exploitation abusive par les flotilles étrangères; toutefois le Japon a versé ces dernières années de modestes redevances en nature, petit matériel de pêche, dispositifs de concentration des poissons...

L'avenir politique de la Nouvelle Calédonie et de la Polynésie française pèse évidemment sur celui de Wallis et Futuna. En cas d'indépendance de la Nouvelle Calédonie, le retour massif des Wallisiens et Futuniens vers leurs îles d'origine est impossible : les deux îles, déjà surpeuplées, seraient incapables de les intégrer. Au contraire, la poursuite du courant d'émigration vers la Grande Terre permettrait de gagner le temps nécessaire à une relative stabilisation de la population du Territoire, car le taux de natalité baisse lentement. Quant à une éventuelle indépendance de Wallis et Futuna, elle ne résoudrait aucun des problèmes que connaît l'archipel. Si la France se retirait, elle ne pourrait abandonner financièrement et économiquement des populations qui dépendent entièrement d'elle et elle perdrait rapidement son rayonnement culturel et linguistique dans un Pacifique central essentiellement anglo-saxon.

Bibliographie

ANGLEVIEL, Frédéric, 1994, *Les Missions à Wallis et Futuna au XIXème siècle*, Université de Bordeaux, CRET, 243 p. (Coll. "Iles et Archipels n° 18). Importante thèse d'Histoire.

ANGLEVIEL, Frédéric, SOULE, Marc, VEHIKA, Nadine, "L'Homme et la Mer à Wallis et Futuna". (article à paraître, ORSTOM).

ANTHEAUME, B. et BONNEMAISON, J., 1988, *Atlas des Iles et Etats du Pacifique Sud*, Montpellier, Publisud, p. 81-84.

BARRAU, Jacques, 1963, "L'agriculture des Iles Wallis et Futuna", *Journal de la Société des Océanistes*, t. XIX, p. 157-171.

DOUMENGE, François, 1966, *L'homme dans le Pacifique Sud*, Paris, Société des Océanistes, 633 p.

DOUMENGE, Jean-Pierre, "Wallis et Futuna", in : 2ème éd. *Encyclopaedia Universalis.*

GANTELET, Pascal, MAESSE, Philippe, 1991, *Image de la population de Wallis et Futuna. Principaux résultats du recensement 1990*, Nouméa, INSEE, 160 p.

HUETZ de LEMPS, Alain, 1975, *L'Océanie française*, Paris PUF, 1ère éd. 1954, 3ème éd. 1975, 128 p. (Coll. "Que sais-je ?" n° 619).

LE BOURDIEC, Paul, JOST, Christian, ANGLEVIEL, Frédéric, coord., 1994, *Géo-Pacifique des Espaces Français. Textes réunis pour les Journées Géographiques*

1994, Nouméa, 228 p. (p. 187-223). Mises au point essentielles de Frédéric Angleviel, Catherine Courvasier et Marc Soulé.
ROSSILLE, Richard, 1990, *Le Kava aux îles Wallis et Futuna,* Université de Bordeaux, CRET, 138 p. (Coll. "Iles et Archipels" n° 6).
ROUX, Jean-Claude, 1995, *Wallis et Futuna. Espaces et Temps recomposés*, Université de Bordeaux, CRET, 412 p. (Coll. "Iles et Archipels" n° 21). Importante Thèse de Géographie.
SAUSSOL, Alain, 1988, "Des limites de l'insularité : le cas de Wallis (Polynésie)", *Bull. Assoc. Géographes Français,* vol. 65, n° 3, p. 271-281.

MICRO-ETATS ET LOCALISME COMME EXPRESSION D'INTERNATIONALITE : LA DEMYTHIFICATION DE L'INSULARITE COMME MODELE D'ISOLEMENT[1]

Lluis MALLART
Societat Antropogeografica, Barcelona

Dans un monde chaque jour plus interdépendant, les besoins d'interrelation s'accentuent et deviennent un indice qualitatif de premier ordre. Cela est essentiel, dirions-nous, pour n'importe quelle collectivité intéressée tout à la fois à participer directement à son propre développement et à s'insérer, d'une manière ou d'une autre, dans une société de caractère interactif. Compte tenu du dynamisme socio-économique régnant aujourd'hui et dominant le prochain siècle, l'adaptation des Etats actuels aux nouveaux et imminents profils géotemporels et spatiaux aidera à supporter les multiples bouleversements géopolitiques.

Nous appuyant sur une thèse doctorale en cours consacrée aux stratégies d'internationalisation des micro-Etats, il est possible d'affirmer que les petites communautés ou entités politiques mineures, y compris les micro-Etats, ont devant eux une nouvelle possibilité de développement et des occasions à saisir. Beaucoup de ces entités, et notamment les micro-Etats, fondent leur existence et leur consolidation politico-économique sur une planification stratégique fixée principalement sur l'interrelation. Placée dans une typologie d'Etats "condamnés à une extrême dépendance", ces petites entités politiques ont su l'utiliser comme stratégie et ont su la reconvertir en une alliée précieuse. Pour beaucoup d'Etats, la perte de privilèges et de souverainetés ainsi que la réadaptation au nouveau système signifieront un effort géopolitiquement difficile à prévoir. En revanche, pour les micro-Etats, cela ne représente aucun problème. Leurs idéaux politico-spatiaux et leurs structures économiques les ont beaucoup mieux armé pour affronter les défis du siècle prochain.

Beaucoup de villes, de régions et de communes se sont érigées en nouvelles locomotives sur les nouvelles voies de l'espace culturel, économique ou financier. Elles ont su également capter les nouveaux besoins (particularisme/globalisme) et elles ont su s'adapter aux nouvelles réalités (localisme/internationalisme). Ainsi, elles se sont lancées vers de nouveaux défis. L'internationalisation des ressources, l'offre et la saisie de possibilités internationales ouvrent de larges perspectives de développement et de stabilisation aux entités sub-étatiques. Toutefois, le

1. Texte traduit de l'espagnol par André-Louis Sanguin

principal problème auquel ces entités sont confrontées est d'ordre géopolitique. Il les gêne dans leur réussite et leur devenir. De la part de leur Etat d'appartenance, les entités "mineures" réclament davantage de compétences, une plus grande autonomie locale, un maximum de marge de manœuvre. Là réside une bonne part du succès ou de l'échec du réveil de l'échelle locale. Arracher ou non à l'Etat certaines compétences peut signifier une plus ou moins grande capacité de réponse, mais aussi des gammes plus ou moins grandes d'efficacité, de flexibilité et d'opérationnalité. Jusqu'à maintenant, ces ingrédients ont identifié les petites communautés à leur capacité de gestion.

La géographie insulaire constitue également une des principales questions qu'il convient d'aborder dès que l'on traite de l'espace maritime. La plupart des micro-Etats actuels sont des îles et des archipels. Bien plus, il est permis d'affirmer que 100 % des micro-Etats sont des îles et que les micro-Etats européens situés sur le continent agissent comme de véritables îles. Pour Bartomeu Barcelo, adepte du concept de "nissonologie" (la science des îles) fondé par Abraham Moles, les îles forment intrinséquement partie du monde du local. Selon lui, l'Etat est un concept continental, l'île un concept local. L'Etat est société, l'île est communauté. Le micro-Etat réunit la totalité de ces concepts mais il se caractérise aussi par le fait qu'il donne priorité à l'un ou l'autre en fonction des nécessités, des circonstances et de la conjoncture. Cet exercice fait partie de la planification stratégique du micro-Etat. Il dispose d'une autonomie pour pouvoir développer l'une ou l'autre de ces stratégies, l'une ou l'autre de ces actions orientées en vue de favoriser ses intérêts locaux. Cela ne veut absolument pas dire que les micro-Etats n'avaient pas de problèmes et ne souffrent pas de discriminations. Il serait parfaitement ridicule de s'interroger sur leur viabilité puisque le seul fait d'exister annule leur non-viabilité ! Ce sont d'autres questions et d'autres facteurs qui rendent opérationnelles ou non ces minuscules entités géopolitiques. Sans aucun doute, démontrer l'opérationnalité des entités étatiques de ce type aidera encore plus à encourager le développement de l'échelle locale. Jamais nous n'avons à juger ces communautés à cause de leur taille. Les îles, à l'égal des villes, des régions et des municipalités, ont besoin d'une plus grande autonomie. Les Etats, comme l'a très bien dit David Lowenthal, sont souvent avares avec leurs îles et, d'une manière ou d'une autre, ils mettent des bâtons dans les roues à leur développement. L'autonomie permet aux insulaires de lutter contre les injustices du continent par des protestations officielles et ainsi de mobiliser la population contre tout abandon.

Les nécessités socio-économiques actuelles et futures exigent déjà des structures d'organisation dynamiques et vitales sur le territoire. Contrairement à l'Etat continental, l'essence même des entités insulaires n'est pas liée à l'expansionnisme territorio-militariste mais elle s'intéresse davantage à la gestion et au développement interne à travers des coordonnées d'interrelation et d'internationalisation. C'est cela qui dominera dans le nouveau système de relations. La légitimité politique réunit avec force tous ces concepts. Elle est intimement liée à l'échelle locale et à la gestion administrative directement attachée au citoyen et à la personne humaine.

Bref, les îles peuvent engendrer le processus de reconversion. Certes, elles sont conceptuellement locales mais, pour améliorer leurs niveaux de développement et de qualité de vie, elles doivent réclamer davantage de pouvoir afin de faire partie des nouvelles tendances socio-économiques. Comme le souligne fort bien Bartomeu Barcelo, les îles ont besoin de pouvoir; l'autonomie administrative est leur forme de gestion la plus utile afin de contrôler les relations avec l'extérieur. Comme n'importe quelle autre entité politique mineure, l'île peut être largement mise en relation avec l'extérieur mais, en même temps, elle peut atteindre le stade du mythe, de la non-communication, du retard et de l'inviolabilité. Néanmoins, pour que tout cela puisse arriver, il faut la croyance, l'attitude et surtout la capacité d'engendrer des synergies suffisamment puissantes afin de développer la connectivité et la relation.

D'aucuns disent que la ligne de la côte est la barrière authentique, la frontière visible. Pour beaucoup, toutefois, l'île est l'un des paradigmes du concept de frontière. Pour nous, l'île est l'un des paradigmes exprimant le mieux le concept du transfrontalier.

Quels sont les principaux agents mythificateurs de la trilogie "île/insularité/ isolement" ?

Personne n'échappe aux diverses suggestions voulant que l'île, comme élément géophysique, ait beaucoup à nous apporter et à nous offrir. Nous croyons que personne n'est capable de dire que l'île, abstraitement parlant, ne l'incite à aucun type de pensée, à aucun type d'idée, à rien... Au contraire, toute personne est capable d'associer l'île à une infinité de pensées intimes. L'île, nous osons la considérer comme un élément psychologique de toute première importance. Personne ne peut dire que l'île, en elle-même, ne contribue pas et ne fournit pas à l'imagination une grande quantité de possibilités mentales. De même, les vallées et les montagnes produisent en nous des pensées et des sensations. Elles nous prédisposent à certaines ambiances. Mais rien n'est comparable à la force d'attraction qu'induit l'île. Cette force donne le sentiment que la puissance d'attraction de l'île est le plus universel qui soit. C'est tout un symbole. Le pourquoi de ce pressentiment, il faut aller le chercher dans la philosophie, dans la "nissonologie" (science des îles) et surtout dans la psychologie.

Mais le concept d'île charrie avec lui d'autres vocabulaires, d'autres paramètres qui sont en train de s'associer chaque jour plus étroitement à lui. Ainsi, des termes comme insularité, isolement, vulnérabilité, fragilité, viabilité, loisir, périphérie, ségrégation, endémisme, relaxation... apparaissent en donnant une forme et un contenu à nos réflexions et à nos conduites, qu'elles soient conceptuelles, méthodologiques ou techniques. Mais qui sont les responsables, directs ou indirects, de cette libre association constante d'idées et de sensations ? D'une façon synthétique et au mieux de nos connaissances, nous pouvons détecter trois grands acteurs, trois grandes scènes de rôles sur lesquels rejaillit la paternité de nos sensations, de nos idées, de nos stéréotypes et de nos symboliques insulaires.

La littérature a été et est l'un de ces principaux acteurs. Avec elle et à travers ses multiples styles littéraires (fiction, essai, nouvelle...), nous avons pu accéder à une pensée libre et créatrice. Une infinité de textes a eu l'île comme point de départ, comme objet ou comme objectif de narrations. Elle a été utilisée comme prétexte, comme scénario ou comme utopie. La littérature a su articuler les multiples nécessités humaines avec ce phénomène naturel qu'est l'île par elle-même. Ainsi, la littérature a élevé au plus haut niveau de mythification l'île et ses multiples et extrêmes variantes. L'île suggère, la littérature distrait. En tant qu'art créateur, il faut appuyer et encourager la littérature en général et la littérature insulaire en particulier. Jules Verne, Thomas More ou R.L. Stevenson ont fait beaucoup pour l'île à travers leurs œuvres. Comme le souligne fort bien Mario Tomé dans son étude sur l'île et la littérature, les circonstances spéciales qui entourent cet espace géographique l'ont transformé en un symbole aux possibilités illimitées. Tout est possible dans une île et plus encore dans l'imagination d'un créateur. Peut-être à cause de sa facette de microcosme, l'île contient un grand pouvoir évocateur et suggestif ainsi que la clef du succès dont elle jouit depuis des siècles. Dans la contemplation d'un "monde en petit", l'homme a pu, dans l'île, concrétiser et en même temps projeter un ensemble de désirs, de songes et d'idéaux. Actuellement, à une époque dominée par des impératifs scientifiques et technologiques, le symbole de l'île s'offre, une fois de plus, à ceux et celles qui recherchent l'évasion, l'inconnu et l'aventure... sans oublier qu'il y a toujours une autre île !

Le tourisme est un autre grand acteur mythificateur du concept d'île. Appuyé par une conjoncture extrêmement favorable, ce moteur économique a su exploiter l'île et l'insularité au maximum en utilisant habilement ses connotations et ses vocabulaires. Les congés payés sont une conséquence des rythmes et dynamiques, des styles et modes de vie des Occidentaux caractérisés par des comportements sociaux universalisés. Ces congés payés se sont transformés en un puissant catalyseur économique. S'appuyant sur le loisir, l'industrie touristique a réussi à introduire et populariser le voyage, la résidence secondaire, l'alternance d'environnement. Le fait de "pratiquer le tourisme" s'est généralisé de telle manière qu'il s'est converti en une habitude, en une coutume, en une obligation sociale. Pour beaucoup de personnes, le tourisme est devenu une nécessité sociale. La machinerie et les intérêts touristiques ont été capables d'engendrer un dynamisme local tant dans les lieux émetteurs que dans les lieux récepteurs du tourisme. Considérée dans une optique globale, l'industrie touristique nous a rapproché du monde, nous l'a fait plus petit et plus accessible. Considérée dans une optique locale, elle nous permet d'observer l'évolution et la transformation (positive ou négative) des aires, zones et points déprimés, marginaux ou inatteignables, des lieux de rencontre ainsi que du développement économique.

Comme nous l'avons déjà souligné, les îles n'échappent pas au tourisme. Tout au contraire ! Elles ont été et sont l'une des principales vitrines et le principal vaisseau amiral de l'industrie touristique. Avec ses messages publicitaires directs et indirects, avec ses techniques de marketing, le secteur touristique offre des images qui nous font découvrir des sensations et qui nous facilitent l'accès à des lieux et à des recoins insulaires. Ce bombardement d'images, ce style publicitaire constant et incessant ont contribué à la formation d'idées fortement stéréotypées sur l'environnement insulaire, sur les îles et sur les insulaires eux-mêmes. Mais surtout, car c'est l'objectif de la propagande touristique, cela a un impact très clair sur les personnes qui n'ont jamais mis les pieds sur une île ! En même temps, la planification urbano-touristique implantée dans les lieux récepteurs a favorisé la création de complexes touristiques de type fermé, ce qui, par le fait même, permet au visiteur, au touriste d'accéder à tous les services nécessaires sans être obligé de sortir de l'enceinte physique du complexe. Du coup, cela donne lieu à l'un de ces paradoxes ridicules dont les îles sont maintenant le théatre : beaucoup de touristes quittent, à la fin de leurs vacances, le complexe touristique dans lequel ils ont séjourné sans avoir rien vu d'autre de l'île et sans avoir été confronté avec sa réalité socio-économique et culturelle ! Ils se sont limités à consommer leurs journées à l'intérieur du complexe touristique. C'est là le processus désormais classique de ghettoïsation touristique. Le touriste se convertit ainsi en l'un des principaux mythificateurs insulaires. De retour dans son espace de vie habituel, il fait connaître à ses proches son "expérience insulaire vécue" totalement conditionnée et absolument éloignée de la réalité locale. A la limite, il généralise et extrapole son expérience en impliquant directement l'île et ses insulaires !

Nous disions précédemment que la conjoncture est, pour le moment, extrêmement favorable au secteur touristique. Mais qu'arrivera-t-il le jour où nos corps ne pourront être exposés aux radiations solaires qu'à certaines heures déterminées dans l'année ? Qu'arrivera-t-il lorsque les eaux cristallines actuelles ne le seront plus autant ? A coup sûr, le secteur touristique trouvera des alternatives. Mais... et les îles ?

Quant au troisième des grands acteurs mythificateurs, il faut le chercher en nous-mêmes. Oui, c'est, d'un côté, le monde académico-technico-scientifique spécialisé et intéressé par le phénomène insulaire et sa complexité et c'est, de l'autre, le monde politico-administrativo-insulaire. Selon notre point de vue, ces deux mondes se partagent le troisième secteur contribuant à la mythification insulaire. Nous en sommes les complices directs. L'essentiel des apports, études et recherches développés par le monde académique, technique, scientifique et politico-administratif n'atteint pas directement la société. Sa portée et sa connaissance, son analyse et sa valorisation ont une propagation restreinte dont nous parlerons ultérieurement. Cependant, toutes les études et recherches menées par ce monde académico-scientifique se sont popularisées. Sous forme de documentaires télévisés, d'articles pour grand public ou de bibliographies, elles constituent les canaux de transmission les plus utilisés et les plus efficaces pour se rapprocher du fait insulaire. Généralement, le message, l'information que le lecteur ou l'auditeur reçoit est alarmant et pessimiste. L'incertitude s'empare du citoyen engendrant chez lui des sentiments, liés au fait insulaire, connotant des valeurs et des concepts négatifs comme, par exemple, fragilité, non-viabilité, non-communication, sous-emploi, migration, sous-développement... Ces travaux d'information ne reflètent-ils pas par hasard les directives et les conclusions d'études, d'articles, de rapports techniques élaborés par notre propre communauté scientifico-technique ? Je crois que oui.

Une bonne part des études, articles et recherches présentés dans des conférences, colloques et congrès internationaux maintiennent et accentuent parfois le caractère négatif des îles et de l'insularité. Nous autres, avec nos études, nous avons apporté mais surtout nous nous sommes emparés d'un vocabulaire intrinséquement lié à l'insularité et au monde des îles : vulnérabilité, isolement, périphérie, non-viabilité, endémisme, microcosme. C'est avec ce vocabulaire que nous distinguons et que nous classifions les îles. A travers lui, nous asseyons et nous argumentons nos travaux. Par voie de conséquence, nous n'apportons que du catastrophisme et de la problèmatique. Les apports positifs centrent leurs efforts sur la recherche de solutions soustrayant ou, à tout le moins, diminuant les effets négatifs de l'insularité. Mais j'insiste : nous devons nous enlever de la tête l'idée que l'île, les milieux insulaires en général, par le simple fait géographique d'exister, ne produisent et n'engendrent que des coûts. Comme le laisse entrevoir Hernandez Luis à travers ses multiples études et recherches, le coût et la rentabilité, l'opérationnalité et la fonctionnalité des transports et communications entre les milieux insulaires et le continent se voient grevés par des motifs extra-insulaires. Que ce soit à propos de l'exploitation des voies de communications, que ce soit à propos des modalités de transport, les solutions adoptées par les politiciens "continentaux" aboutissent le plus souvent à une mauvaise gestion.

Bref, avec tous ces apports, nous contribuons aussi à la mythification de l'île et de l'insularité. Nous allons dire que le fait insulaire contient certains conditionnements. Nous allons sous-apprécier ou disqualifier les travaux des collègues experts en géographie insulaire. Nous allons nous laisser influencer par les modèles, les illustrations et les raisonnements des spécialistes en sciences sociales. Nous devons affronter avec rigueur les nécessités et analyser les réalités qui s'offrent à nous avec toutes leurs variantes, toutes leurs possibilités et toutes leurs alternatives.

Nous croyons que l'intérêt que nous manifestons pour le développement socio-économique des îles doit être re-cadré et canalisé vers des coordonnées davantage en phase avec les phénomènes actuels de mondialisation, mais d'une façon telle que le local puisse se revitaliser sans souffrir d'une déshumanisation et sans perdre sa légitimité socio-politique. Mais il faut changer d'optique, il faut renverser quelques schémas. L'insularisme ne doit pas être brouillé avec le continentalisme. On ne doit pas les percevoir comme antagonistes. On ne doit pas les mettre en concurrence. Sur le continent, les écosystèmes se dégradent aussi. Sur le continent, l'exode rural existe aussi. Sur le continent aussi, les communautés de haute montagne se sentent mal protégées, désemparées et cloîtrées. Sur le continent aussi, on souffre de dépopulation et de désertification. Mais surgissent toujours des sensibilisations et des réponses. Des tas de communautés, de cités, de villages, de cantons et de régions se réorganisent pour sortir de l'isolement, pour se connecter avec le futur, pour rayonner de leur lumière propre.

L'isolement n'est pas synonyme d'insularité. L'isolement est le produit de l'inactivité, de l'inefficacité, du désintérêt local par manque d'initiatives liant la communauté qui l'habite. Les îles, ce sont les cités de la mer. Les îles, ce sont les noyaux urbains de référence où s'engendrent, avec plus ou moins d'intensité, l'activité et le développement. Les îles, ce sont les entités qui doivent charpenter les océans et les mers de la même manière que le sont, pour le continent, les villes, les villages et les régions.

Bibliographie

BARCELO, Bartomeu, 1985, *Introduccio a la Nissologia*, Barcelone, communication présentée à la Ière Conférence Economique de la Méditerranée Nord-Occidentale.

BARDOLET, Jane, E., 1989, *El coste de la insularidad*, Palma de Mallorca, Editorial Cocin.

HERNANDEZ, Luis, J.A., 1994, *Transporte aereo, integracion territorial y desarollo socioeconomico en Canarias*, Las Palmas, Editorial Camara de Comercio.

LOWENTHAL, David, 1987, *A propos du développement insulaire : besoins, incertitudes, résistances*, Bordeaux, Editions du CEGET.

MALLART, Lluis, *Estrategies locals per la internacionalitzacio : els cas dels microstats*, Université de Barcelone, thèse doctorale en cours.

MOLES, Abraham, 1982, "Nissonologie ou science des îles", *L'Espace Géographique*, vol. 11, n° 4, p. 281-289.

ROSECRANCE, R., 1987, *La expansion del Estado comercial*, Madrid, Editorial Alianza.

TOME, Mario, 1987, *La isla : utopia, inconsciente y aventura*, Léon, Prensas de la Universidad de Léon.

Deuxième partie

LES ILES ET LES ENJEUX POLITIQUES

11- Paul CLAVAL, *Insularité et politique, le cas de Taïwan.*
12- Joël BONNEMAISON, *La sagesse des îles.*
13- Philippe PELLETIER, *Aspects géopolitiques de la surinsularité japonaise.*
14- André LOUCHET, *Géostratégie de Ceylan et des Maldives.*
15- Jean-Pierre CHARDON, *Les départements français d'Amérique et le nouveau contexte caribéen.*
16- Denise DOUZANT ROSENFELD, *L'archipel cubain dans le nouvel "ordre" mondial.*
17- François TAGLIONI, *Géopolitique et insularité, l'exemple des Petites Antilles.*

INSULARITE ET POLITIQUE
LE CAS DE TAIWAN

Paul CLAVAL
Université de Paris-Sorbonne

La croissance économique a transformé en quarante-cinq ans une petite île à peine sortie d'une dure phase d'exploitation coloniale par le Japon en une puissance économique importante du nouvel Extrême-Orient : on oublie l'exiguïté de l'île - 36 000 km^2 à peine, dont moins de 12 000 réellement cultivables et exploitables, mais 21 millions d'habitants, c'est-à-dire des densités réelles avoisinant les 2 000 habitants au km^2. Au cours des vingt-cinq dernières années, le taux de croissance annuel de l'économie a constamment été supérieur ou égal à 7 %. L'élévation du niveau de vie se lit à la motorisation de l'île, 12 millions de véhicules à moteur, dont 10 de scooters et plus de 2 de voitures : plus de 1 000 véhicules par km^2 habitable, c'est le taux de motorisation ramené à la surface le plus élevé du monde. L'essor économique est lié à l'ouverture maritime de l'île, et à ses deux grands ports, Keelung, à l'étroit dans un site si accidenté, autour de sa ria, que les dépôts de conteneurs couronnent en partie les collines voisines, et Kaohsiung, le grand port du Sud, où transitent près de 100 millions tonnes de marchandises (c'est l'un des 5 plus grands organismes portuaires du monde). La pêche maritime est active et contribue de manière importante à l'équilibre de l'alimentation insulaire.

Taiwan, où le triomphe d'une économie insulaire extravertie ? Bien des éléments donnent aujourd'hui à le penser, mais une analyse plus fouillée incite à la prudence. L'ouverture commerciale demeure limitée, malgré la pression des instances internationales pour limiter le protectionnisme d'un pays dont les excédents de la balance commerciale compromettaient l'équilibre des relations avec leurs principaux clients, les Etats-Unis. Le corridor urbain septentrional, allongé sur plus de 100 km de Keelung à Hsinchu, fait figure d'aire métropolitaine majeure, près de 8 millions d'habitants, dont 2,5 pour son noyau central, Taipei. Il doit davantage sa réussite contemporaine à l'explosion des industries nouvelles, des fabrications électroniques en particulier, dans les villes qui ont crû de manière exponentielle dans un rayon de 30 km autour de l'aéroport international Tchang Kai-chek, qu'aux usines installées souvent dès l'époque japonaise autour de son port de Keelung, et dont beaucoup sont frappées d'obsolescence.

Une mise en valeur tardive et essentiellement paysanne

L'embouchure de la rivière Tamshui, dans la banlieue de Taipei, réserve deux surprises de taille au visiteur : sur la rive sud, les fouilles ont récemment dégagé les restes de ce qui est resté, jusque fort avant dans le XVIIème siècle, l'un des seuls foyers de présence chinoise dans l'île, un comptoir modeste où s'effectuaient les échanges avec les populations aborigènes (il y avait aussi une présence chinoise à Tainan et à Peikang, sur la côte occidentale). De l'autre côté de l'estuaire, Tamshui s'enorgueillit du plus vieux monument historique classé de l'île, le fort Saint-Christophe, édifié par les Espagnols en 1628, et du premier établissement d'enseignement supérieur de l'île, le collège presbytérien canadien fondé en 1891, et bâti en splendide faux Tudor. C'est de lui qu'est sortie l'Université de Tamshui.

Malgré sa situation maritime qui permet de contrôler la navigation en mer de Chine, Taiwan est resté longtemps isolé. Les Chinois avaient une conception continentale de leur pays et avaient mis fin, au milieu du XVème siècle, aux essais d'expansion maritime qui avaient caractérisé les débuts de la dynastie Ming. Les pirates japonais, les missionnaires et marins espagnols et les négociants néerlandais avaient compris, dès le milieu du XVIème siècle, la valeur stratégique de l'île. C'est pour fuir la nouvelle dynastie mandchoue que Koxinga (c'est ainsi que les Européens ont nommé le général Ming Cheng Cheng-ku) prend possession de l'île en 1661 et met un terme aux épisodes successifs d'occupation étrangère. Le peuplement chinois ne se développe vraiment qu'à partir de 1683, lorsque la dynastie mandchoue s'empare de l'île. Taiwan est un pays neuf, dont la création est postérieure à celle du Québec ou des futurs Etats-Unis.

Pour les Chinois, l'île est annexée pour des raisons purement stratégiques : se débarrasser d'un refuge qui attiraient les nostalgiques de la dynastie Ming, et éviter la montée de menaces extérieures. Elle n'offre pas de ressources intéressantes pour le commerce intérieur. Le peuplement demeure donc une affaire locale : migration de populations venues des zones les plus voisines du continent, c'est-à-dire du Fu-kien. Les plaines irrigables sont mises en valeur par les agriculteurs des plaines basses de cette province. Ce sont ceux qui aujourd'hui parlent Taiwanais, le dialecte de la région d'Amoy. Les zones qui ne se prêtent guère qu'à la culture sèche attirent les Hakas, venus aussi du Fu-kien, mais qui parlent une langue différente : ce groupe de descendants de Chinois du Nord installés depuis le XIIIème siècle au moins en Chine du Sud ne s'est jamais fondu avec les populations locales et s'est installé dans les terroirs difficiles jusqu'alors négligés. A Taiwan, la proportion est d'à peu-près un Haka pour cinq Taiwanais. Les deux communautés restent fidèles à leur traditions et à leurs langues. Entre elles, les relations sont aussi difficiles que sur le continent - avec parfois des conflits ouverts.

Le Taiwan chinois n'est au fait pas une île, mais un archipel. Cela résulte de la composition de sa population, mosaïque où se juxtaposent les 9 tribus aborigènes parlant 9 langues différentes, et Taiwanais et Hakas, qui en pratiquent 2 de plus. Cela tient tout autant à la difficulté des relations intérieures, gênées par la chaîne de montagne qui constitue l'épine dorsale de l'île et en couvre les deux tiers. On ne communique que par mer entre la vallée tectonique parallèle à la côte orientale de l'île, et les plaines basses de l'ouest. Celles-ci donnent sur la carte une impression de continuité, mais qui est fallacieuse : le régime des fleuves est si torrentiel que les relations ont longtemps été difficiles durant les pluies de la mousson. L'île s'est structurée autour de foyers urbains qui communiquaient plus facilement avec le continent qu'entre eux.

L'épisode japonais

La présence japonaise a duré un demi-siècle, de 1895 à 1945. Le colonisateur a pratiqué une politique de mise en valeur systématique en fonction de ses intérêts : il a tiré parti des ressources qui, dans l'île, apparaissaient comme complémentaires des siennes : bois d'œuvre de montagnes où les forêts n'avaient parfois jamais été défrichées, camphre, mais surtout canne à sucre. La mise en valeur va de pair avec la création d'un réseau de voies de communication modernes : les routes et surtout le chemin de fer assurent, grâce aux grands ponts lancés sur les lits démesurément larges des fleuves de l'Ouest, la cohésion de la moitié occidentale de l'île. La plaine orientale est également desservie par une ligne ferrée et débloquée par le port de Hualien. Pour une puissance maritime comme le Japon, l'absence de voies de communication terrestres entre les deux versants de l'île n'offre pas de difficulté majeure. Le contrôle des montagnes (de peuplement aborigène) devient effectif.

Le Japon facilite les relations extérieures de l'île en s'appuyant sur le port de Keelung. Il confirme la vocation maritime du Sud en ouvrant une passe qui fait de la lagune de Kaohsiung un des plus beaux sites maritimes de l'Asie du Sud-Est. Le réseau urbain se moule sur celui mis en place précédemment, mais avec des retouches significatives - le vieux Kaohsiung, implanté quelques kilomètres à l'intérieur, est supplanté par une nouvelle ville autour du port. Les Japonais, qui peuvent plus facilement que dans leur pays exproprier et planifier le sol à leur guise, imposent un urbanisme moderne et monumental qui marque encore le paysage de la plupart des villes. Une hiérarchie globale s'impose : elle fait de Taipei la capitale de l'île, au détriment des villes de la côte Ouest, Tainan ou Taichung, dont le rôle était traditionnellement plus important.

A l'organisation matérielle de l'espace s'ajoute un effort de formation de la population. Celle-ci est scolarisée - en japonais - au niveau primaire. L'occidentalisation de l'élite commence. Une faculté de médecine est ouverte précocement à l'Université de Tamshui. L'essentiel des institutions secondaires et supérieures créées à l'époque est réservé au colonisateur.

Le Japon a appliqué à Formose une politique d'exploitation sans tendresse, et les réquisitions effectuées durant la Seconde Guerre mondiale ont provoqué une épouvantable famine. Le souvenir de cette époque n'est pourtant pas aussi négatif que ne l'est celui de la période coloniale japonaise en Corée. Cela vient peut-être de ce que l'administration de l'île était affaire de civils, et non de militaires. Cela tient aussi à la comparaison avec ce qui se passait dans le même temps dans le reste de la Chine : Taiwan a échappé à la révolution de 1911 et aux politiques qui l'ont suivie, aux seigneurs de guerre, à la lutte anti-japonaise et à la guerre civile. Une part non-négligeable de l'identité taiwanaise est liée à cet épisode, qui fait que la modernisation et l'occidentalisation - même indirecte - ont eu un impact beaucoup plus profond et général dans l'île que dans le reste du pays.

Le Kuomintang et les bases d'une économie nouvelle

La construction de l'unité du territoire

La défaite du Kuomintang en Chine continentale, et la décision de Tchang-Kai-chek de s'installer avec son armée à Taiwan, transforment le destin de l'île. Les nouveaux arrivés, qui représentent un cinquième de la population totale de l'île, sont originaires de toute la Chine, puisqu'ils proviennent surtout de l'armée et de l'administration; la proportion de ceux qui sont issus des provinces et des villes du littoral, Shanghaï et Canton, est cependant forte. Les nouveaux venus imposent l'enseignement en mandarin et se concentrent spécialement dans les agglomérations urbaines, celle de Taipei en particulier.

Le nouveau gouvernement crée les bases d'un Etat moderne. Le réseau de voies de transport mis en place par les Japonais est complété, et les liaisons routières et ferroviaires assurées pour la première fois entre Hualien, qui est le débouché sur l'Océan de l'étroite plaine de l'Est, les bassins de la région de Taipei et la grande plaine de l'Ouest : la première route qui traverse l'île coupe la chaîne centrale et suit les gorges de Taroko entre Taichung et Hualien. Elle est ouverte en 1955. C'est également le moment où le rail atteint Hualien, au prix d'un parcours en large partie taillée en tunnels le long des grands escarpements côtiers qui se succèdent de Hualien au bassin d'Ilan, au Nord-Est de l'Île.

La modernisation de l'économie et ses trois composantes

La société taïwanaise traditionnelle avait, comme celle de toute la Chine, une structure duale : moyens et grands propriétaires d'une part, et paysannerie misérable de l'autre. L'occupation japonaise n'avait pas modifié en profondeur cette structure. Elle s'était contentée d'ajouter aux propriétaires fonciers chinois les sociétés japonaises responsables du développement de grands casiers dans les parties des plaines occidentales dont les eaux n'étaient pas encore maîtrisées, ou sur la côte orientale. Tchang Kai-chek réussit à Taiwan la réforme agraire que le Kuomintang n'avait pas su ou pas pu mener à bien sur le continent. Le partage des moyennes et grandes propriétés crée une paysannerie indépendante, même si les lots sont petits. Il pousse à l'innovation dans le domaine agricole. Les propriétaires sont payés en bons qu'ils utilisent pour se lancer dans des activités industrielles : la croissance économique démarre. D'abord timide dans les années 1950, elle s'accélère dans les années 1960 pour atteindre, à partir de 1970, une rapidité et une continuité extraordinaires. Le succès est d'autant mieux assuré que le protectionnisme demeure fort tout au long de la période, et que l'Etat soutient les initiatives des entrepreneurs. La petite et la moyenne entreprises dominent, à la différence de ce qui s'observe au Japon ou en Corée, mais de grandes sociétés sont créées dans les secteurs où la technologie l'impose, sidérurgie ou pétrochimie. Une nouvelle structure industrielle se dessine, avec deux fortes concentrations productives aux extrémités de l'île, autour de Kaohsiung et de Taipei. L'industrialisation réussit aussi dans les grandes villes des plaines de l'Ouest, Tainan, Taichung, Chiayi. La région de Kaohsiung se tourne vers l'industrie lourde, et fait plus de place à la grande entreprise. La région industrielle du Nord est plus ouverte aux technologies de pointe. Malgré la vigueur du port de Kaohsiung, les grandes firmes qui dominent le commerce international sont installées dans le Nord, à proximité de l'aéroport Tchang Kai-chek, indispensable pour assurer les contacts internationaux. Evergreen, la grande firme de navigation, de logistique, mais aussi de transport aérien, s'est implantée à Chungli, entre Taipei et l'aéroport international.

L'économie que la révolution économique initiée par le Kuomintang a fait naître a très vite cessé d'être à base agricole - le tournant est déjà pris dans les années 1950. Elle dispose des bases lourdes (sidérurge et pétrochimie) qui fondaient la puissance des nations développées dans les années de l'Entre-deux-guerres ou de l'immédiat Après-guerre. La place de Taiwan dans l'économie mondiale actuelle provient cependant bien davantage des entreprises dont elle a su se doter dans des domaines plus récemment développés, ceux de l'électronique par exemple. Dans ces domaines, les connexions par voie de mer ne jouent pas un rôle aussi décisif. C'est par avion que les micro-processeurs sont exportés - d'où la place de Taipei et de la nébuleuse urbaine développée depuis une vingtaine d'années autour de l'aéroport international de Tchang Kai-chek dans l'essor d'une économie tournée vers les secteurs porteurs de la fin du XXème siècle.

1- La mise en place des industries lourdes de base, indispensables depuis le XIXème siècle pour asseoir un essor industriel, doit beaucoup à une insularité enfin exploitée à fond. Les Chinois de Taiwan sont tournés vers la mer. Ils en tirent, grâce à l'industrialisation de la pêche, une part appréciable de leur alimentation. Ils disposent d'armements puissants, et d'un port au trafic complexe et où relâchent les porte-conteneurs qui assurent une part substantielle des exportations de l'île.

2- L'industrie légère, très diversifiée a longtemps assuré l'essentiel des exportations. Installée dans tous les foyers urbains de l'île, elle est dans la ligne des développements industriels des années 1920, le long de la vallée du Yang-Tsé Kiang. Elle repose sur de petites et moyennes entreprises à capitaux familiaux et s'appuie souvent, pour les exportations, sur les réseaux de la diaspora.

3- Les orientations les plus modernes de l'économie de l'île ne doivent pas grand-chose à la mer. C'est vrai des industries de haute technologie, pour lesquelles les relations aériennes sont devenues très significatives. C'est vrai surtout de la part désormais forte, dans la balance des relations extérieures, de la recherche, du développement et des activités de commandement et de contrôle. L'échéance de 1997 a favorisé l'essor de ces secteurs au cours des dix dernières années : un certain nombre de firmes de Hong-Kong ont développé là des établissements d'où elles pourront gérer leurs réseaux internationaux si la Chine continentale n'est pas assez sensible aux problèmes des milieux d'affaires.

La croissance économique a permis à Taiwan de supprimer le sous-emploi. Depuis le début des années 1990, la main-d'œuvre manque. Cela a amené la révision de la politique démographique : le contrôle des naissances n'est plus considéré comme prioritaire ; une expansion démographique modérée serait la bienvenue.

Dans beaucoup de secteurs économiques, la croissance est freinée par l'impossibilité de recruter de nouveaux travailleurs. La question se pose de les faire venir de l'extérieur. Un débat s'est instauré. A qui doit-on faire appel de manière prioritaire ? Aux Chinois du continent, dont beaucoup seraient prêts à venir pour jouir de revenus substantiels et de services et prestations sociales auxquels ils n'ont pas accès ? Les journaux parlent fréquemment d'arrivées illégales de gens du Fu-kien transportés par les bateaux de pêche. Parlant le taiwanais ou le haka, ils se fondent immédiatement dans la population de l'île. Le gouvernement taiwanais freine cependant par tous les moyens ces migrations : sachant que le gouvernement de Pékin n'a nullement renoncé à reprendre le contrôle de Taiwan, il craint l'entrée d'éléments subversifs. L'idée est donc souvent défendue de recourir à des travailleurs d'autres nationalités, Viêt-namiens ou Philippins. En cas de retournement de la conjoncture, il serait plus facile de les renvoyer dans leur pays d'origine. Les risques de les voir agir en sous-main en faveur du trop puissant voisin seraient réduits au minimum.

Le succès économique et la hausse des rémunérations rendent déjà bon nombre de fabrications non-rentables à Taiwan. Le processus de délocalisation a commencé : les entreprises taiwanaises doivent s'installer dans les pays où le travail revient bien moins cher - Chine évidemment, mais également Viêt-nam - si elles veulent garder leurs marchés à l'exportation. Au cours des premières phases de sa croissance, Taiwan a pu tourner le dos économiquement à l'Asie continentale proche, et fonder son dynamisme sur les liens tissés par ses entrepreneurs avec le Japon et surtout les Etats-Unis. Les conditions sont aujourd'hui différentes. Le maintien de la compétitivité internationale passe par le développement des investissements dans les pays socialistes voisins qui manquent de capitaux et cherchent à passer à l'économie de marché.

Insularité et valeur stratégique de Taiwan

La position de Taiwan permet de contrôler les courants maritimes qui longent les côtes de la Chine méridionale et d'opérer des échanges avec ses ports sans tomber sous la coupe du gouvernement de Pékin. Au cours des quarante premières années du régime Kuomintang dans l'île, c'est le premier rôle qui a dominé. Le second prend aujourd'hui de plus en plus de signification.

Taiwan et le contrôle de la mer de Chine

Formose devient, à partir du XVIème siècle, une place d'où contrôler l'activité maritime sur la façade sud-orientale de la Chine, un relais et une escale pour toute puissance désireuse de fréquenter ces mers sans tomber sous le contrôle direct de la Chine. Les pirates japonais s'en servent comme repaire d'où piller les trafics côtiers. Les Espagnols et les Néerlandais s'assurent successivement le contrôle de l'île pour se débarrasser des Japonais importuns et disposer d'une base proche des grands ports chinois. Pour les Hollandais, l'île sert également d'escale sur la route du Japon. C'est pour se libérer de la menace qui pèse de la sorte sur les relations par mer entre Canton et l'estuaire du Yang-Tsé-Kiang que les Chinois finissent par investir l'île.

Dans le contexte de la guerre froide, la valeur stratégique de l'île se trouve singulièrement renforcée. L'armée et la marine de Tchang Kai-chek ont réussi à conserver l'archipel des Pescadores (P'enghu Ch'untao), au milieu du détroit de Formose, et deux ensembles collés au littoral du Fu-kien, l'île de Kinmen en face du port de Xiamen (Amoy), et l'archipel de Matsu Tao, en face de la ria sur laquelle a été bâtie Futchéou. Les relations maritimes entre Chine du Nord et Chine du Sud peuvent être de la sorte surveillées, contrôlées, et au besoin interrompues à partir de Taiwan. Dans le contexte de la guerre froide, Taiwan devient donc un allié stratégique essentiel pour les Etats-Unis. Ce pays s'appuie, pour contrôler l'expansion du bloc socialiste, sur des bases disposées sur les marges de l'Eurasie : Taiwan évite que la Chine ne devienne trop facilement une grande puissance maritime, ouverte vers l'Océan. L'île est une base navale, un porte-avion et un poste d'observation fondamental pour le renseignement américain.

Le régime de Tchang Kai-chek est parfaitement conscient de ce que lui assure son dévouement aux intérêts américains. Il en retire une aide qui fait de son armée, de sa marine et de son aviation un adversaire assez redoutable pour que la Chine communiste ne se lance pas à la légère dans la conquête de l'île : elle se contente généralement de bombarder Kinmen. L'aide militaire s'accompagne des moyens nécessaires pour la mise en œuvre d'une politique de sécurité nationale, au sens américain du terme, dans les années 1950 : création d'un réseau de voies assez performantes pour souder toutes les parties du territoire national et permettre aux forces armées d'y manœuvrer aisément en cas de conflit. L'aide américaine joue également un rôle essentiel dans le démarrage économique de l'île. Il ne s'agit pas seulement des fonds publics investis dans les infrastructures et des prises de participation ou créations réalisées par les entreprises américaines. L'avantage économique fondamental qui explique la vigueur de la croissance vient de l'admission sans restriction des produits taiwanais sur le marché américain, alors même qu'un protectionnisme tatillon ferme aux entreprises américaines le marché intérieur du pays. C'est la raison fondamentale du miracle économique taiwanais.

La Chine continentale n'a pas renoncé au communisme, mais le climat de guerre froide qui dominait depuis la fin des années 1940 est progressivement retombé. A partir du début des années 1980, la Chine est trop absorbée par son propre développement économique pour apparaître comme une puissante menaçante sur le plan international. L'effondrement des régimes socialistes en URSS et en Europe orientale rend impossible la formation d'une grande coalition des pays socialistes; elle était improbable depuis le début des années 1960, mais sa menace ne paraissait pas totalement écartée. La Chine continentale est toujours vigilante à l'égard de Taipei, mais un climat de détente s'installe. Les duels d'artillerie s'arrêtent entre l'île de Kinmen et le continent. A l'automne 1992, cette base avancée du dispositif taiwanais cesse d'être fermée aux étrangers. On envisage pour elle un avenir touristique.

Taiwan comme plate-forme de relations économiques avec la Chine

Le rôle stratégique de Taiwan vient tout autant du relais que l'île peut constituer pour qui veut commercer en Chine, que des possibilités de contrôle que nous venons d'évoquer. Pour les Japonais venus du Nord le long de l'archipel des Ryou-Kyou jusqu'à Okinawa, Formose constituait l'ultime étape vers les côtes de Chine. Pour les marins espagnols partis de Manille, il était commode de franchir le canal de Bachi qui sépare Luçon de Formose, et de partir de là vers les ports chinois. Pour les Néerlandais, l'île pouvait servir tout aussi bien de relais sur la route du Japon que de plate-forme pour les relations avec la Chine. L'île ne présente, pour la Chine des XVIIIème et XIXème siècles, qu'une valeur stratégique : éviter l'installation à proximité de ses côtes de puissances qui seraient dangereuses, ce qui explique le peu d'attention accordée à son peuplement et à son essor économique. Le Japon conçoit Formose comme une annexe tropicale, et n'a pas besoin de relais pour développer son influence en Chine : il peut agir à travers les concessions internationales qui existent dans nombre de ports. Après la Première Guerre mondiale, il reçoit pour prix de sa collaboration avec les Alliés les ex-concessions allemandes. La Corée lui offre enfin une base pour pénétrer en Chine du Nord-Est - on parle alors de Mandchourie. Durant la Seconde Guerre mondiale, l'île compte tout autant par les vivres qu'elle fournit au Japon et aux armées japonaises que comme relais pour les relations maritimes vers l'Asie du Sud-Est, les Philippines et l'Indonésie.

La haute conjoncture présente refait de Taiwan une base de relations commerciales et économiques avec le continent. La puissance de la Chine continentale est telle, et sa volonté de contrôler son commerce extérieur et de l'utiliser, le cas échéant, pour asseoir son rayonnement, est si marquée, que les pays qui commercent avec elle ont toujours tenu à disposer, sur les côtes chinoises ou à proximité, de bases ou de relais où ils échapperaient aux tracasseries et à l'arbitraire de l'administration chinoise. La cession de Macao aux Portugais, pour les remercier d'avoir défait les pirates japonais qui opéraient dans le delta de la Rivière des Perles, marque le départ de ces politiques. Formose est conçu, par les Espagnols puis par les Hollandais, comme un relais utile. Au XIXème siècle, l'ouverture de la Chine se fait grâce aux multiples concessions et ports francs que la diplomatie de la canonnière oblige le gouvernement de Pékin à céder. Le signal est donné à Honk-Kong en 1841. Le mouvement s'accélère à la fin du siècle, comme conséquence de la révolte des Boxers.

Cette phase de l'histoire économique de la Chine sera close en 1998. Pour attirer des hommes d'affaires et des capitaux qui sont plus nécessaires que jamais à la modernisation et à l'essor économique du pays, Pékin a imaginé les zones économiques spéciales, dont le succès est évident. Elles offrent des avantages nombreux aux étrangers, mais pas la sécurité que leur a assuré depuis un siècle et demi Hong-Kong.

Taiwan constitue la seule plate-forme sûre pour appuyer une action économique en profondeur en Chine. Le gouvernement de Taipei en est conscient, comme l'ensemble de la population de l'île. Le mot d'ordre n'est plus à la reconquête, mais au développement de partenariats aussi nombreux que possibles avec le continent. Trois aires sont particulièrement intéressantes pour les capitaux taiwanais : le littoral proche du Fu-kien, où les échanges sont facilités par la communauté des langues parlées et des traditions culturelles, le delta de la Rivière des Perles, où la concurrence des hommes d'affaires de Hong-Kong n'a pas empêché les entreprises de Taiwan de prendre pied, et la région de Shanghai, plus lointaine, mais dont le dynamisme est aujourd'hui presque aussi considérable que celui du Guandong. Les hommes d'affaires taiwanais ont parfaitement compris la chance que leur offrait la Chine d'aujourd'hui : ils trouvent, sans dépaysement marqué, un pays aux ressources humaines immenses et où la perspective d'améliorer ses revenus donne une immense motivation à la main-d'œuvre. La volonté de croissance rend les autorités locales peu regardantes en matière de protection de l'environnement, alors que la réglementation est devenue, en ce domaine, réellement contraignante à Taiwan. Les Taiwanais peuvent fournir les savoir-faire techniques et les capitaux qui manquent aux entreprises chinoises. Ils servent volontiers d'intermédiaires entre des opérateurs étrangers et les Chinois du continent : ils connaissent les règles du jeu en vigueur dans des mondes qui se sont longtemps ignorés ; ceux qui maîtrisent correctement l'anglais sont infiniment plus nombreux qu'en Chine continentale - même s'ils le sont proportionnellement moins qu'à Hong-Kong ou qu'à Singapour.

Taiwan comme relais dans le système international de la diaspora chinoise

Taiwan s'est donnée, au cours des quarante dernières années, une économie nationale exportatrice, sur le modèle des pays industrialisés occidentaux. Elle participe aussi à la nouvelle économie internationale des hautes technologies. L'île enfin dispose d'une troisième base de développement économique : celle qu'elle doit à sa participation aux réseaux de la diaspora chinoise. Dans les années 1950 et 1960, cet aspect des affaires économiques taiwanaises est demeuré discret, mais son impact était déjà important. L'industrialisation de l'île s'est faite en partie par le relais de Hong-Kong. Lorsqu'on entend les Taiwanais raconter leurs vies, nombreuses sont les familles qui ont séjourné à Hong-Kong une ou plusieurs années après 1949, et qui y ont laissé des membres. Une partie des capitaux nécessaires à l'essor de l'île est venue de la colonie britannique. Les continentaux arrivés après 1949 appartenaient, pour une large part, aux classes riches et cultivées du pays. La proportion de ceux qui avaient effectué leurs études en anglais, aux Etats-Unis souvent, n'était pas négligeable. Certains des membres des familles qui s'installaient à Taiwan ont émigré parallèlement aux Etats-Unis. Les transferts de technologie entre les Etats-Unis et Taiwan en ont été facilités. Ces liens sont renouvelés, de génération en génération, par les départs toujours nombreux vers les Etats-Unis et vers le Canada - où les Chinois de Hong-Kong ne sont pas les seuls à tirer parti des conditions qui permettent "d'acheter" la nationalité canadienne.

Les liens avec les autres éléments de la diaspora chinoise prennent une signification accrue dans la conjoncture actuelle. Pour une économie qui a besoin de multiplier ses échanges avec l'Asie du Sud-Est en vue de maintenir sa compétitivité mondiale, il est important de disposer de l'efficace relais de Singapour, de l'influence des milieux chinois en Thaïlande, Malaisie, aux Philippines, dans l'île Maurice, mais aussi de leur présence, malgré les persécutions et les départs, en Indonésie ou au Viêt-nam.

Le tourisme international est un bon indicateur de ces relations. Les visiteurs japonais constituent certainement le contingent le plus important et le plus visible, mais ils sont suivis de près par les Chinois de la diaspora, Sino-Américains, Chinois de Hong-Kong et Chinois de toute l'Asie du Sud-Est. L'économie fondée sur les réseaux de la diaspora chinoise double, dans certains domaines, celle qui résulte du mouvement contemporain d'internationalisation des affaires, et lui assure un support régional important. Elle concerne aussi des secteurs plus traditionnels de la production, celui des denrées alimentaires par exemple, et le domaine des services.

Insularité et politique à Taiwan

La réussite contemporaine de Taiwan est liée de toute évidence à son insularité. C'est elle qui a permis à ses populations de participer à des réseaux internationaux, gage d'une intégration efficace au système mondial de l'échange; l'occupation japonaise a laissé des traces; les gens de plus de 60 ans ont appris le japonais à l'école ; nombreux sont les hommes d'affaires qui gardent des liens étroits avec le pays du Soleil Levant. Dans les familles d'importateurs, on sait l'importance qu'il y a à avoir quelques parents qui connaissent parfaitement le japonais, si bien qu'on n'hésite pas à envoyer des enfants au Japon pour une partie de leurs études. Les liens se sont toutefois distendus depuis trente ans.

Le peuplement ancien de l'île est issu du Fu-kien, l'une des provinces qui ont le plus participé à l'essaimage chinois. Cela favorise les contacts avec les gens qui en sont issus, parlent les dialectes du Fu-kien ou le haka, et sont installés dans le monde entier. L'île est également intimement associée à la seconde grande vague de la diaspora chinoise, celle de 1949. Elle lui doit les contacts privilégiés qu'elle a avec Hong-Kong d'une part, l'Amérique du Nord, de l'autre. Le maintien même de l'indépendance, après 1949, aurait été inconcevable sans le fossé du détroit de Formose et la présence dissuasive de la flotte américaine. Taiwan a dû à son engagement total aux côtés des Etats-Unis dans la guerre froide une large part de sa sécurité, et les appuis sans lesquels l'essor économique n'aurait pas eu lieu. Quelle part tient donc, dans une telle situation, l'insularité sur la scène politique locale ?

La politique du Kuomintang, ou la négation de l'insularité

La politique du Kuomintang nie l'insularité : Taiwan est la Chine. Tous les discours le répètent : le gouvernement de Taipei est celui de la République de Chine, Republic of China, ROC. Le régime de Pékin est né d'une révolution appuyée sur des armes venues de l'extérieur. Il est illégitime. Le Kuomintang ne gouverne que Taiwan, mais sa vocation est de reconquérir le pays entier. Une telle position a des effets très réels sur la vie de la population taiwanaise. La pluralité des cultures et des langues de l'île est niée. L'enseignement est conduit en totalité en mandarin. Il faut attendre les années 1990 pour voir donner des cours de taiwanais à la police de Taipei, dont beaucoup de membres sont gênés lorsqu'ils ont affaire à des adultes ou à des personnes âgées qui ignorent le mandarin. La politique culturelle vise à la préservation de l'héritage artistique de l'ensemble de la Chine, et pas de celui des populations locales. Le musée national, dont les collections sont issues de celui de Pékin, est d'une telle richesse que les tableaux et les pièces, exposées par roulement, ne le sont trois mois que tous les trente ans ! Face à une Chine continentale qui jouait la rupture avec la civilisation et les valeurs traditionnelles, Taiwan est restée confucianiste. La religion populaire n'a jamais été aussi prospère. Au contact des églises occidentales, le bouddhisme a subi une mutation profonde. Il s'est mis à jouer, dans la vie sociale et politique de l'île, un rôle un peu semblable à celui des confessions chrétiennes dans les pays occidentaux. Cette modernisation explique son succès : les temples bouddhiques sont d'une richesse étonnante. Nombreux sont les jeunes diplômés, parmi ceux qui sortent des institutions les plus prestigieuses de l'île, Université Nationale de Taiwan ou Université Nationale Normale, à choisir, au moins pour un temps, la vie monacale. Symboliquement, le nouveau cœur monumental de Taipei est structuré par trois monuments, qui rappellent la vocation culturelle pan-chinoise de l'île : le mausolée de Tchang Kai-chek, le Théâtre national et l'Opéra national.

La Chine communiste exécre le régime du Kuomintang et n'a pas ménagé les efforts de subversion - ce qui justifiait, pour les maîtres de Taipei, le refus de démocratiser les institutions, l'omniprésence de la police et la rigueur de la répression anti-communiste. Mais dans l'optique chinoise traditionnelle - et elle demeure prégnante même à Pékin - le régime de Taiwan ne commet pas le péché suprême, celui d'envisager une sécession définitive. L'histoire de Chine est pleine de rébellions. Les pouvoirs en place sont sans pitié pour ceux qui en sont responsables s'ils peuvent les réduire, mais ils savent attendre leur heure : le temps fera son œuvre et lors d'une crise ou d'une succession chez ceux qui se sont révoltés, l'occasion se présentera tôt ou tard de tout faire rentrer dans l'ordre. Au-delà de la rhétorique de la propagande communiste, la politique réelle de Pékin est bien celle-là. On bombarde l'île de Kinmen, mais on se garde bien de lancer des opérations navales d'envergure et de préparer un débarquement à Taiwan : les risques d'une intervention américaine seraient trop considérables, le coût trop élevé pour une économie qui n'a pas encore démarré. La patience permettra d'obtenir à moindre coût ce résultat.

Les dirigeants du Kuomintang sont parfaitement conscients de cette situation. S'ils restent fidèles au discours sur la reconquête, c'est en un sens pour rassurer Pékin et éviter que la Chine communiste ne fasse monter la tension dans le détroit de Formose.

Insularité et nationalisme taiwanais

Il est difficile de maintenir une dictature lorsque la situation économique d'un pays s'améliore, que le niveau d'instruction de ses populations augmente et que leurs relations avec le reste du monde se multiplient. Le mouvement de libéralisation et de démocratisation du régime du Kuomintang, sensible depuis le début des années 1970, s'est accentué à la fin des années 1980. Les élections qui prennent place à l'heure actuelle sont libres. Elles sont marquées par la montée des partis d'opposition. Le Kuomintang gardait, aux élections de décembre 1992, la majorité, mais sa suprématie était menacée. Les opposants au régime ne se font pas faute de dénoncer la corruption et le clientélisme qui permettent au parti de Chang Kai-Chek de se survivre. Le parti gouvernemental peut compter, par exemple, sur les représentants des minorités aborigènes, qui verraient d'un mauvais œil le triomphe de partis taiwanais moins respectueux de leurs spécificités. Mais les mœurs politiques chinoises sont telles que la corruption n'est pas le monopole de la majorité. Les hommes d'affaires ont compris l'intérêt qu'ils avaient à disposer d'un soutien parlementaire. Cela explique le peu d'enthousiasme avec lequel les associations féministes taiwanaises voient monter le nombre de femmes-députés : trop d'entre elles sont les épouses d'hommes d'affaires ; elles sont là pour soutenir les entreprises familales et non pour défendre la cause des femmes !

La démocratisation bouleverse les données politiques fondamentales de l'île. 60 % à peu près de la population parlent normalement le taiwanais à la maison ou dans la vie courante, et 17 % haka : les descendants des colons des XVIIème, XVIIIème et XIXème siècles constituent un peu plus des trois quarts de la population totale, alors que les aborigènes et ceux qui sont arrivés après 1949 ne comptent que pour un peu plus d'un cinquième. L'usage du mandarin à l'école n'est pas sérieusement combattu - il est de l'intérêt de tous, au moment où la Chine s'ouvre aux intérêts taiwanais, de pouvoir s'exprimer dans la langue universellement pratiquée sur le continent. Mais beaucoup aimeraient que le taiwanais soit également enseigné et qu'une place plus grande lui soit faite dans les médias. Les partis d'opposition cherchent à s'appuyer sur les populations chinoises d'implantation ancienne, puisque ce sont les plus nombreuses. Celles-ci ont une forte conscience de leur spécificité. Elles l'attribuent à leur origine dans le Fu-kien proche, mais ne cherchent pas pour autant à s'intégrer un jour dans une unité linguistique à cheval sur le détroit de Formose. Ce que soulignent les Taiwanais, c'est leur modernité. Cela fait maintenant un siècle que leur histoire n'est plus celle du continent, un siècle qu'ils font l'apprentissage des disciplines du travail et de la vie sociale des pays modernisés. La scolarisation est ancienne et les illettrés ont disparu. Les Taiwanais se sentent chinois, mais d'une variété qui est devenue avec le temps différente de celle du continent.

La facilité avec laquelle il est désormais possible de visiter la Chine continentale contribue au renforcement de ce sentiment. Les visiteurs taiwanais sont frappés du retard de la plupart des équipements, de la médiocrité des services et de l'absence de système vraiment efficace de santé. Ils découvrent les effets de la déculturation résultant d'un demi-siècle de communisme : ils ont de la peine à trouver des interlocuteurs qui soient sur la même longueur d'onde. La réunification de l'Allemagne a servi de leçon : il faudra vingt ans aux 64 millions d'Allemands de l'Ouest pour remettre à niveau les 17 millions d'Allemands de l'Est. Que pourraient faire les 21 millions de Taiwanais face aux 1 200 ou 1 300 millions de Chinois du continent ?

Les mouvements d'opposition sont donc de plus en plus volontiers indépendantistes. Ils le seraient bien plus encore s'ils n'étaient conscients de la vigilance de la Chine continentale en ce domaine. Les prochaines consultations électorales seront serrées. Le Kuomintang est obligé, pour conforter sa position, de faire siens certains des objectifs de l'opposition. Le Président Lee fait des gestes qui soulignent combien il est attaché aux spécificités et à l'indépendance de l'île. C'est le sens de son récent voyage aux Etats-Unis. Pékin a réagi en expérimentant des missiles dont le point de chute était assez proche de Taiwan pour que la leçon soit claire.

Conclusion

Le destin de Taiwan a beaucoup de traits communs avec celui d'autres îles - à commencer par la succession de longues périodes durant laquelle elle a vécu dans l'isolement, en dehors des courants de l'histoire, et de phases dans lesquelles elle se trouve au cœur de l'actualité, et en phase avec les courants qui portent l'économie mondiale. La création et la survie de l'Etat taiwanais n'auraient pas été possibles sans le fossé du détroit de Formose, que l'armée communiste n'était pas capable de traverser en force en 1949, et sans la nécessité, pour les Etats-Unis, d'appuyer leur politique de *containment* sur un réseau de bases et d'alliances dans le *rimland* du continent eurasiatique.

L'essor de l'île a été fulgurant. Le succès de son économie vient de trois éléments : la constitution d'une base industrielle lourde et semi-lourde, l'intégration au réseau international des producteurs de haute technologie, la participation au réseau international d'économie commerciale et de production de biens de consommation bon marché que contrôle la diaspora chinoise. De ces trois composantes, seules la première et la dernière sont expressément liées à la mer : la première, pour s'assurer l'importation facile de l'énergie et des matières premières qui manquent dans l'île, la seconde, parce que le monde chinois d'outre-mer est tourné vers le négoce et assure l'articulation d'îles et de pays continentaux, petits et grands, à l'espace international. L'orientation vers les hautes technologies a été favorisée aussi par une partie de la diaspora, celle qui est installée aux Etats-Unis, mais elle aurait pu se développer tout aussi bien sur des sites continentaux, car les liaisons qu'elle implique ne portent pas sur des trafics lourds. L'aéroport Tchang Kai-chek a plus pesé que le port de Kaohsiung sur cet aspect du développement.

On pourrait s'attendre à ce que l'insularité, qui a joué un rôle stratégique si décisif dans le passé récent, tienne une place de choix dans les débats politiques. Il n'en est rien : le Kuomintang, qui est le grand artisan de la transformation de l'île et de sa modernisation accélérée, a toujours refusé de penser l'avenir du pays autrement qu'en terme d'intégration au grand espace chinois. C'est certainement cette option qui explique la relative modération du régime communiste à l'égard d'une terre rebelle.

Le thème de l'insularité n'est devenu important qu'au cours des dernières années. Le pays s'est doté d'une économie pacifique et ne se conçoit plus comme arsenal et base de départ pour la reconquête de la Chine. Celle-ci a finalement reconnu les vertus de l'économie de marché, qui constitue une des bases chères aux théoriciens de Taipei. Tout semble donc favoriser une entente de plus en plus profonde entre Taiwan et la Chine continentale. Les perspectives de développement économique de cette dernière y invitent : les hommes d'affaires de Taiwan savent qu'il y a désormais plus à gagner à équiper la Chine profonde qu'à créer de nouvelles installations dans une île surpeuplée, qui manque de main-d'œuvre et la paie trop cher pour que la compétitivité internationale des productions soit assurée dans beaucoup de secteurs.

Taiwan est un pays développé. Sa population connaît les problèmes et les doutes des nations qui ont économiquement réussi. Elle traverse une crise d'identité. Rien ne le montre mieux que l'insatisfaction de la jeunesse instruite vis-à-vis d'un milieu jugé trop étroit : plus de la moitié des diplômés qui sortent des Universités rêve de s'installer à l'étranger - pas en Chine, mais aux Etats-Unis, au Canada, en Australie ou en Europe ! C'est sans doute pour cela que les partis d'opposition insistent sur le particularisme taiwanais, et revendiquent une identité taiwanaise. Cela fait de l'insularité une question brûlante dans le débat politique actuel. Ce qui est en jeu, ce n'est pas seulement la primauté du Kuomintang. C'est le maintien de relations pacifiques avec la Chine continentale.

Bibliographie

DUMONT, R., 1987, *Taiwan, le prix de la réussite,* Paris, La Découverte, 175 p.

GAMBLIN, A., 1992, *Taiwan, République de Chine. La victoire du dragon,* Paris, Sedes, 272 p.

PASEYRO, R., 1986, *Taiwan, clé du Pacifique,* Coll. "Perspectives internationales", Paris, PUF, 235 p.

SHIH, Tsai-tien et WU, Mark Hsin-cheng, 1992, *Administrative Atlas of Taiwan Province,* Taipei, Deh-chi Tu, 168 p.

LA SAGESSE DES ILES

Joël BONNEMAISON
Université de Paris-Sorbonne

Les deux modèles géopolitiques de l'insularité

L'Océanie, ou le cinquième continent, est un univers purement insulaire, longtemps isolé, bout du monde ou *down under*, comme on dit en Australie. C'est le dessous du monde. Mais cet univers d'îles caractérisé par un isolement et par un étirement extrême est aujourd'hui vu comme le centre géographique de ce que certains analystes appellent, mais peut-être rapidement, le "nouveau centre du monde", c'est-à-dire le centre du centre de ce qui serait en train de devenir l'Océan Majeur du XXIème siècle, caractérisé par l'échange entre les deux façades économiquement et politiquement les plus puissantes du monde d'aujourd'hui, la façade Pacifique de l'Asie, d'une part, celle de l'Amérique, de l'autre. On pourrait beaucoup discuter de la justesse du verdict et de cette notion de "centre du Monde", à mon sens plus proche de la métaphore et de l'effet de discours journalistique que d'une réalité géographique proprement dite. Mais ce qui m'intéresse ici est, non pas de discuter du centre du Monde, mais de la meilleure grille d'interprétation géopolitique des îles du Pacifique Sud. Il s'agit de montrer comment les îles "échappent" aux grilles de certaines interprétations politiques classiques, et par là de montrer ce qui fonde leur intérêt dans l'analyse géopolitique elle-même.

Il existe deux façons d'interpréter les recompositions géopolitiques du monde d'aujourd'hui. Le modèle des centres et des périphéries; il vise à identifier des centres de puissance puis des anneaux de pays à intégration plus ou moins forte et enfin, ailleurs, des pays marginaux, plus ou moins périphériques, des "Anti-monde". Cette vision jacobine et centralisée sous-tend celle du "Système Monde"; elle repose sur l'idée qu'il y a une logique dans l'organisation du monde et des lois cohérentes qui l'expliquent.

Le second modèle, d'essence libertaire, vise à reconstituer des espaces non pas centrés, mais réticulaires, c'est-à-dire à centres multiples réunis par des réseaux ou par des processus de circulation et d'échanges formant comme autant de cheminements en étoile, apparemment sans direction fixe, et dessinant plus des entrelacs que des axes. Cette seconde vision fait appel à des facteurs d'explication, d'ordre surtout culturel ou politique. Elle entraîne le recours à l'idée de réseau. Lequel de ces deux modèles est-il le plus approprié pour expliquer la réalité géopolitique des mondes insulaires du Pacifique Sud ? L'espace centralisé ou l'espace réticulé ?

Une vision de l'espace hiérarchisée vu comme un système global s'impose-t-elle nécessairement par rapport à une vision de l'espace anarchique, voire libertaire ? On veut montrer ici que les îles et archipels d'Océanie ressortent de l'espace libertaire plutôt que de l'espace hiérarchique, c'est-à-dire de l'Anti-Monde plutôt que du système Monde.

Insularité, iléité, autochtonie

L'île en soi, c'est la rupture, l'isolement. Plus la rupture est grande, plus l'insularité sera forte. François Doumenge, dans un article remarquable, a défini ce qu'il appelle l'indice d'isolement océanique, c'est-à-dire le "rapport entre la surface émergée de l'ensemble insulaire et la surface de la zone océanique d'exploitation exclusive qui l'entoure"; plus ce rapport sera élevé et plus grand sera l'isolement océanique. Les territoires insulaires les plus isolés et les plus nombreux de la planète se trouvent dans le Pacifique.

Mais au-delà de l'insularité, il y a ce qu'on peut appeler l'iléité, qui est la conscience de l'insularité, ou si l'on préfère les mythes et les représentations qui entourent le sentiment insulaire. L'iléité, qui est impalpable, ne se mesure pas, mais elle peut s'approcher par l'analyse géoculturelle. Elle est une donnée fondamentale de la compréhension des mondes insulaires. Elle ne croît pas avec l'insularité, du moins pas nécessairement, mais elle peut la diminuer, comme elle peut au contraire l'amplifier. Au double regard de l'insularité et de l'iléité, la palme revient à l'Océanie. C'est dans cet océan en effet que l'on trouve les îles les plus nombreuses, elles sont même innombrables, des dizaines de milliers si l'on inclût îlots et micro-îles. Leur diversité géographique est prodigieuse : continent insulaire (Australie), îles continentales (Nouvelle-Zélande, Nouvelle-Guinée), grandes terres insulaires (Nouvelle-Calédonie, Hawaï, Fidji, Bougainville, Guadalcanal), îles hautes (îles et archipels d'arcs volcaniques), îles basses, atolls, etc... Les formes géographiques de ces îles sont infiniment diverses.

On compte au total 27 millions d'habitants, si l'on inclut l'Australie et la Nouvelle-Zélande, sinon 6 millions d'insulaires proprement dits, réunis par la triple dimension de l'insularité, de l'iléité et de l'autochtonie. Ils habitent une superficie terrestre cumulée inférieure à la France, mais grande de 31 ou 35 millions de km^2, si l'on compte les ZEE, soit une superficie maritime contrôlée plus grande que l'ensemble de l'Afrique.

La densité humaine est globalement faible : 3 habitants/km^2, mais on passe d'un extrême à l'autre. Curieusement, les petites îles ont des densités humaines bien supérieures aux grandes îles. L'éclairage culturel révèle des différences encore plus remarquables : chaque île a sa personnalité, ses propres combinaisons et ses syncrétismes politiques ou religieux, qui vont apporter des différences, comme à plaisir. Elle pourra même se scinder en plusieurs régions culturelles parlant des langues complètement différentes au sein non seulement d'un même archipel, mais d'une même terre, pourvu qu'elle ait une certaine dimension. A cet égard, la Mélanésie est particulièrement bien pourvue : 700 langues en Nouvelle-Guinée (pour 3 millions d'habitants), 100 au Vanuatu (pour 120 000 habitants), 30 encore en Nouvelle-Calédonie (pour 60 000 Kanak)... Les systèmes de pouvoir traditionnel sont également multiples. En Mélanésie, les "chefs" qui n'en sont pas vraiment, sont des *big men*, des grands hommes, des hommes de rang; en Polynésie, ce sont des rois et des prêtres organisés selon un système hiérarchique qui rappelle celui de notre moyen âge européen. Souvent, dans chaque île, les modèles mélanésiens et polynésiens se recomposent les uns par rapport aux autres, ce qui témoigne de l'intensité de leurs échanges respectifs.

Politiquement, l'Océanie reste encore un monde désuni. Après le temps des partages coloniaux, les grandes crises mondiales et la montée des indépendances, la carte politique du Pacifique Sud s'est recomposée. Elle n'a pas pour autant fait disparaître les interdépendance. Certains Etats insulaires n'ont que quelques milliers d'habitants, beaucoup moins de 100 000. La viabilité des Etats dans ces conditions ne peut être atteinte et l'indépendance reste purement formelle. Dans ce monde de petites îles et d'archipels, où sont les centres et les périphéries ?

L'application du modèle centre-périphérie aux îles

Le Pacifique Sud est composé à l'heure actuelle de 23 entités politiques, si l'on ne tient pas compte du "géant" australien et des grandes îles de Nouvelle-Zélande :

- 9 d'entre elles sont des états indépendants : Papouasie Nouvelle-Guinée, Salomon, Vanuatu, Fidji, Samoa Occidental, Tonga, Tuvalu, Kiribati, Nauru.

- 5 sont des états librement associés : Cook, Niue, Marshall, Fédération Micronésienne, Palau.

- 6 sont des territoires, à degré d'autonomie variable, chacun ayant son statut : Polynésie Française, Nouvelle-Calédonie, Wallis et Futuna, Mariannes, Guam, Samoa Américaines.

- 4 sont des "possessions" pures et simples, confettis oubliés des anciennes colonies : Tokelau (Nouvelle-Zélande), Pitcairn (Grande Bretagne), Clipperton (France), Norfolk (Australie).

- 3 dernières enfin sont les provinces extérieures d'une métropole périphérique : Hawaï (USA), Galapagos (Equateur), Ile de Pâques (Chili).

Dans un univers si diversifié, peut-on trouver une cohérence d'ensemble, un ou plusieurs centres ? Les îles et les archipels semblent s'y refuser. Aucune de ces entités ne joue le rôle de capitale ou de carrefour pour les autres. Les centres réels du Pacifique insulaire, ce sont Paris, Washington, Sydney ou Auckland. La plupart des entités océaniennes en dépendent, directement ou de façon informelle. Le seul Etat pouvant revendiquer un rôle régional est peut-être Fidji où se tient le siège du Forum du Pacifique Sud (organe politique) et le SPEC (organe économique) qui regroupe les Etats indépendants de la zone, dont l'Australie et la Nouvelle-Zélande qui y exercent d'ailleurs un rôle prépondérant. A Fidji se tient également le siège de l'Université du Sud Pacifique qui rayonne sur l'ensemble de l'Océanie en y entretenant des succursales. Mais Suva, capitale des Fidji est assez controversée par les autres archipels qui supportent mal son "hégémonisme" ou ce qui est vu comme tel. Fidji, inventeur du *Pacific Way*, a par ailleurs connu un coup d'état militaire en 1987 qui l'a depuis mis en froid avec l'Australie et la Nouvelle-Zélande, ce qui en contrepartie l'a rapproché des TOM français.

Il n'apparaît donc pas de centre géopolitique cohérent dans le Pacifique insulaire. Cette idée revient-elle à accréditer l'idée que l'Océanie insulaire n'est qu'une périphérie éclatée, dépendant de centres extérieurs et qu'elle se trouve par conséquent dénuée de dynamique politique interne, puisque sans point d'appui central pouvant l'impulser ? En d'autres termes, ces îles et ces archipels seraient-ils condamnés à n'être que des fins ou des chutes de réseau dépendant de centres politiques extérieurs, des bases militaires ou des sites pour touristes fortunés ?

Les réseaux océaniques

Quoiqu'elles en disent, cette vision est un peu celle des puissances externes ou périphériques, qui considèrent effectivement l'Océanie comme leur "jardin", leur *backyard* éloigné. Dans un atlas, réalisé avec B. Antheaume nous avions distingué 4 réseaux hiérarchisés à partir de centres métropolitains périphériques (cf. figure 1) :

- Le réseau-ligne américano-micronésien : Hawaï et l'ensemble de la Micronésie, Samoa américaine,
- Le réseau-ligne franco-océanien : Polynésie Française, Nouvelle-Calédonie, Wallis et Futuna,
- Le réseau-toile australien qui englobe dans son espace d'influence essentiellement la Mélanésie,
- Le réseau-toile néo-zélandais qui englobe essentiellement la Polynésie.

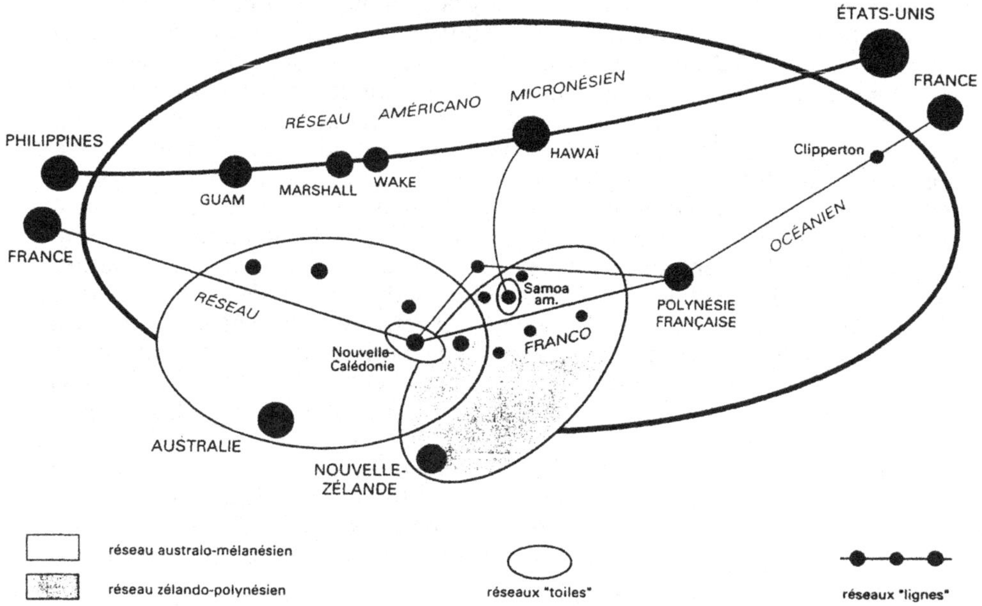

Figure 1. Réseaux insulaires dans le Pacifique

Chacune de ces têtes de réseau extérieur - Paris, New York, Sydney, Auckland -, s'estime "chez elle" tout au long de la chaîne des Etats ou des îles qui leur sont associés ou qui dépendent d'elle; l'ensemble du Pacifique se révèle ainsi partagé entre plusieurs "centres" extérieurs, qui sont compétitifs et dont certains ne songent qu'à s'exclure ou se supportent mal. La crise ouverte par la reprise, même momentanée des essais nucléaires à Mururoa trouve là son explication profonde, mais non sa solution; la France s'affirmant chez elle dans l'atoll que la Nouvelle-Zélande et l'Australie revendiquent comme étant leur *backyard*.

L'espace réticulaire

Penser la réalité géopolitique en termes de centres et de périphéries sous-tend qu'en dehors d'un centre, autour duquel tout graviterait, il n'y a point de salut, c'est-à-dire point de réalité essentielle, ni de vie politique propre possible. Or peut-on vivre sans centre ? Les Océaniens ont prouvé qu'on pouvait vivre dans une île. La question que nous poserons est donc : peut-on vivre hors d'un centre ?

Les modes d'organisation de l'espace insulaire révèlent qu'il existe d'autres modèles, sur lesquels les géographes ne se sont peut-être pas assez penchés. Le réseau océanique traditionnel a ceci de particulier qu'il est en effet sans tête, sans centre, qu'il diverge en rayonnements multiples et n'obéit à aucune loi de gravitation. Les mondes insulaires océaniens ont développé une civilisation fondée sur l'échange et sur la circulation. L'alliance est à ce prix, ce qu'on peut comprendre facilement si l'on considère que lorsqu'on vit dans des îles, le lien avec les autres îles est pratiquement une question de survie. Mais pour être viable, cette alliance doit reposer sur l'échange égalitaire. Elle induit non pas une accumulation de biens dans un centre mais au contraire une circulation incessante des biens entre tous les membres du réseau, de telle sorte que chacun ayant reçu autant qu'il a donné, se retrouve être l'égal de chacun, ce qui efface l'idée même de centre ou de périphérie. Travaillant sur le monde océanien traditionnel, c'est peut-être cette idée qui m'a le plus frappé, qu'il n'y a pas de centre et par là pas de finistère, à la limite qu'il n'y a pas d'îles ou qu'elles sont très rares et, si c'est le cas, qu'elles sont alors pratiquement invivables. Le monde insulaire est par essence un monde géographiquement excentré, il veille à ce qu'en contrepartie, aucun rivage de son univers ne soit lui-même excentré. On pourrait dire que c'est sa sagesse géographique : il s'agit de reconstituer un lien très fort dans un monde qui n'en a plus.

Des exemples multiples illustrant le réseau culturel océanique pourraient être pris. Le cycle de la *Kula* décrit par Bronislaw Malinowski en représente un modèle quasi parfait. On connaît le principe. L'archipel des Trobriand au sud-est de la grande île de la Nouvelle-Guinée est en effet célèbre par la circulation des objets traditionnels que les groupes locaux ne cessent de s'échanger. Ils décrivent, de lieu en lieu, d'île en île, une large boucle jusqu'à revenir à leur point de départ, trente ou quarante années après. Deux types d'objets circulent en sens inverses, des colliers de coquillage rouge dans un sens, des bracelets et brassards de l'autre; on les échange l'un contre l'autre. Ces objets ont d'autant plus de valeur qu'ils ont déjà "vécu" et ont été échangés de multiples fois (cf. figure 2).

Dans la *Kula*, trois principes peuvent être relevés :

1 - Economiquement, il n'y a pas de vainqueur dans la transaction. Le but n'est pas de procurer un surplus, mais de fonder une alliance en honorant son partenaire. Ce faisant, par le processus même de la circulation des objets, il n'y a que des nœuds d'échange égaux les uns les autres.

2 - Politiquement, le réseau circulaire océanien n'a pas de centre; il trouve son sens par le lieu d'origine qui est au départ de la boucle. Il tourne jusqu'à revenir au point de départ, effectuant ainsi un cercle parfait, ce qui est le symbole même de la vie.

3 - On peut en conclure que l'espace océanien organisé de la sorte est égalitaire ou, si l'on préfère, réticulaire. L'économique est ici second par rapport au politique. Les biens qui tournent dans le *Kula* sont l'unique production "non-agricole" de ces îles, leur surplus si l'on peut dire. Mais ils n'ont d'autre but que d'honorer et de conforter l'alliance politique. Le géopolitique des îles de la *Kula* en découle : l'espace "hors-centre" est polarisé par un ensemble de pôles égaux. C'est très exactement un espace égalitaire, une succession de territoires liés les uns aux autres par un processus de circulation. En bref, un espace politique non-hiérarchisé.

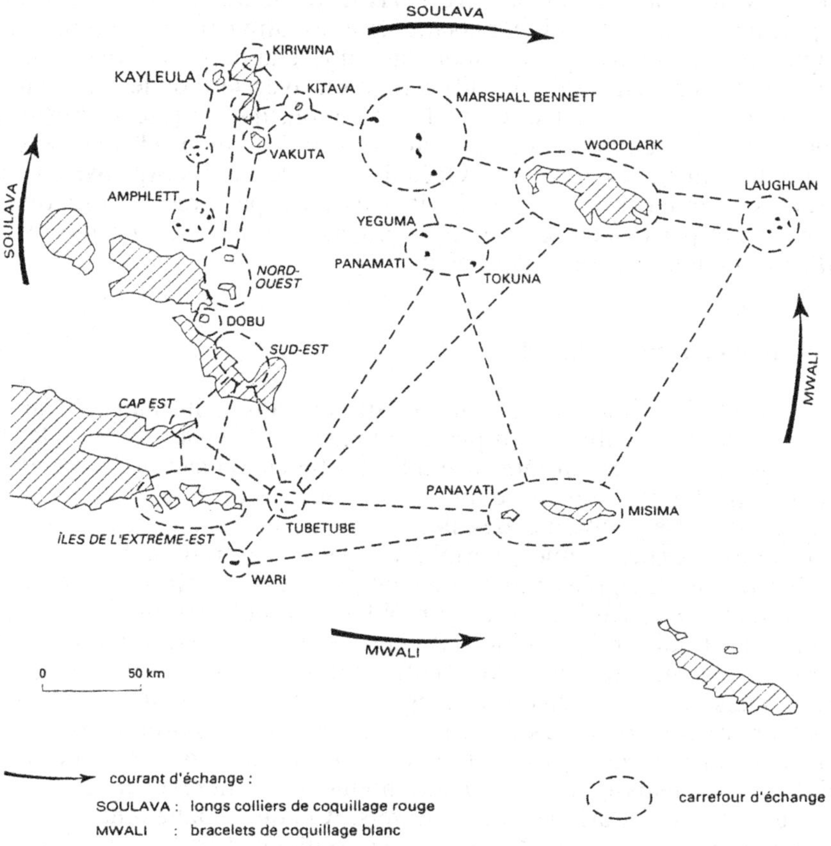

Figure 2. Le réseau d'échange de la Kula
(Iles Trobriand en Papouasie Nouvelle-Guinée)
(d'après B. Malinoswski, 1922)

Un autre exemple pourrait être pris à Tanna, où le rituel du *toka* induit sur toute la surface de l'île un processus d'échange égalitaire qui jette sur l'île une série d'enchaînements politiques et culturels qui n'ont littéralement pas de fin, et décrivent dans l'espace de l'île des cercles et des entrelacs complexes (Bonnemaison, 1986)

Si les Européens voient des centres, c'est parce que c'est leur représentation du monde et parce que c'est peut-être aussi une vision "continentale", en revanche les Océaniens voient "dans la mer", ils voient des ensembles de relations en chaînes qui tournent sur eux-mêmes. Ils ne sont donc pas heurtés par l'existence de micro-Etats multiples, économiquement peu viables, aux statuts hétérogènes et politiquement peu puissants, car leur souhait n'est pas d'être inclus dans des ensembles géopolitiques massifs, qui nécessairement induiraient des centres et des périphéries, mais de se positionner dans une chaîne de relations qui leur permette de s'ouvrir dans une libre relation avec le monde extérieur. Ce qu'ils souhaitent, ce n'est pas tant l'Etat-nation, que le réseau, c'est-à-dire la possibilité de circuler hors de leur île par des routes d'alliance et d'y revenir librement. Le rêve de l'Océanien traditionnel s'exprime en terme de routes et en terme d'alliance; il vit dans un espace-réseau structuré par des routes et par des carrefours. Son projet, au fond, c'est de retrouver la *Kula* ou quelque chose d'approchant.

Le monde comme archipel

Ce trait culturel océanien n'est-il pas surtout insulaire ? Car vivre dans une île, c'est habiter non pas un monde clos, séparé du monde, mais un rivage, c'est-à-dire un interface qui appelle au contact, à l'échange, à la circulation. L'île a besoin d'un espace de "sortie"; le vis-à-vis lui est fondamental. Le problème des îles, ce n'est pas l'alliance avec un centre dont elles seraient une périphérie, un "centre-monde", où elles s'intégreraient. Intégrées uniformément à un centre, elles se révoltent ou dépérissent. C'est d'ailleurs tout le problème de la Corse intégrée dans une France de tradition jacobine et centralisatrice. C'est pratiquement le problème de bien des îles du Pacifique Sud; elles veulent un accès au centre, elles ne veulent pas être intégrées à ce centre. Leur souhait est de se situer au sein d'un réseau circulaire qui leur apporte l'ouverture au monde extérieur (notamment la liberté de migrer), mais en contrepartie qui leur reconnaisse une large autonomie et le libre exercice de leurs particularismes historiques ou culturels. Ce que souhaitent les îles du Pacifique, mais sans doute aussi pas seulement celles-là, c'est d'être "connectées" dans un réseau ou à plusieurs réseaux à partir desquels elles puissent déployer librement leurs chaînes de relation.

Cette revendication n'est pas seulement d'ordre matériel. Elle ne porte pas sur une revendication d'ordre économique qui consisterait à réclamer une aide sans contrepartie politique, en d'autres termes à vouloir le beurre et l'argent du beurre. Le problème est plus profondément d'ordre culturel; l'île a besoin d'alliance avec l'extérieur, tout en restant pour elle-même un centre du monde; le réseau circulaire océanien lui assure cette double dimension : recentrement et alliances. C'est ce qu'exprime la métaphore mélanésienne de "l'arbre et de la pirogue"; il faut une souche qui soit un cœur, et des pirogues pour circuler sur des routes libres. Si l'un des éléments manque, vivre dans l'île est quasiment impossible et l'île tombe dans la folie, la folie de l'enfermement ou celle du déracinement. Vivre dans l'île implique un regard propre, mais qui ne soit pas confiné à son seul horizon; en bref, "vivre en vis-à-vis" des rivages qui font face. Etre d'une île, c'est aussi être ailleurs. L'identité insulaire est une identité double. L'Océanien par exemple se définit autant par son lieu d'origine que par sa route d'alliance et les lieux qui y sont situés.

Il résulte de cette approche l'affirmation d'une certaine inadéquation des modèles politiques "centres et périphéries" lorsqu'on cherche à les appliquer dans les univers insulaires. Les îles relèvent d'autres modèles d'organisation de l'espace qui peuvent offrir de nouvelles grilles d'explication du monde. Le monde peut en effet être lu tout autant en termes d'espaces en réseaux qu'en termes d'espaces centraux, il peut être regardé non pas comme un seul espace, mais comme un archipel. Il obéit alors à une logique de circulation, plus qu'à une logique de centralité, à une logique de relation politique plus qu'à une logique de concentration économique.

Bibliographie

ANTHEAUME, B. et J., BONNEMAISON, 1988, *Atlas des Iles et des Etats du Pacifique*, Montpellier, Publisud et GIP Reclus.

BONNEMAISON, J., 1986, 1987, "Les fondements d'une identité : Territoire, société, histoire dans l'Archipel du Vanuatu". Tome I : *L'arbre et la pirogue*; Tome II : *Les hommes-lieux*, ORSTOM, (réédition en 1996).

BONNEMAISON, J., 1991, "Vivre dans l'île : une approche de l'îléité océanienne", *L'Espace Géographique*, n° 2, p. 119-125.

DOUMENGE, F., 1985, "Les îles et les micro-Etats insulaires", *Hérodote*, n° 37-38, p. 297-327.

ASPECTS GEOPOLITIQUES DE LA SURINSULARITE JAPONAISE

Philippe PELLETIER
Université Lyon II et Institut d'Asie Orientale

Le Japon offre l'image d'une homogénéité sociale et culturelle si grande, d'une force économique et politique si unie, qu'il semble difficile de concevoir que son espace puisse être topographiquement émietté, morcelé, dispersé en plusieurs centaines d'îles. D'ailleurs, si l'on parle en français "des îles britanniques" ou "des Antilles", on ne dit pratiquement jamais "les îles japonaises", et d'aucuns évoquent même "l'île absolue". Certes le pluriel convient bien à ces ensembles insulaires du Monde qui connaissent une certaine diversité politique, mais le singulier systématiquement utilisé pour le Japon laisse sous-entendre que celui-ci ne forme territorialement qu'un seul ensemble, dans le présent comme dans le passé. De fait, un grand nombre d'intellectuels japonais aiment à souligner que l'insularité est directement, et précocement, à l'origine de l'unité nationale japonaise. Cette thèse, qui reçoit le nom de *shimaguni-ron* ("théorie du pays insulaire"), n'est pourtant guère étayée de façon générale : elle se contente souvent de s'en référer, sans véritables précisions, au fameux "sentiment insulaire" (*shimaguni konjô*) qu'auraient tous les Japonais, sorte de complexe psychologique intériorisé, ou de s'en tenir à une évocation du découpage topographique de l'archipel décrit comme étanche et donné une fois pour toute. Les implications nationalistes de ce type d'argumentation sont claires, et elle corroborent généralement toutes les tentatives historiographiques ou idéologiques visant à affirmer que le Japon s'est fait tout seul, sans véritables influences étrangères, et que, de toutes façons, celles-ci ont rapidement été japonisées. Les analystes étrangers, quant à eux, se contentent bien souvent de reprendre telle quelle la "théorie du pays insulaire", et sans recul critique.

Pourtant les processus en jeu furent plus complexes et plus diversifiés. Dans leur réexamen, il importe de redonner son authenticité géographique entière à l'espace insulaire, notamment pour savoir quelle véritable part il a tenu dans l'évolution historique du pays, sa modernisation et sa géopolitique. Il ne s'agit pas de renverser les choses fortuitement et d'affirmer que l'insularité n'a joué aucun rôle, ou un rôle minime, dans la constitution du Japon. Bien au contraire. Mais de quoi s'agit-il ? De quelle insularité parle-t-on ? Doit-on se contenter de n'évoquer que les quatre grandes îles et de les globaliser en une seule grande île ? Bien sûr, de par leur éloignement moyen du continent et leur disposition rapprochée en quart de cercle, les quatre grandes îles forment indéniablement un ensemble cohérent sur une carte muette mais, à partir de ce constat d'évidence vérifiée non sans difficultés par l'histoire, jusqu'où faut-il aller ? A quoi rattacher Sakhaline, les Kouriles, les Ryûkyû ? Question topographique qui se transforme en dynamique géopolitique : à qui les rattacher ? Question d'histoire encore d'actualité, pour tout ou partie.

Iles et île : la multiplicité insulaire japonaise

Les "îles éloignées", ou *ritô*, qui entourent le bloc central sont au nombre de 430 habitées, l'habitat étant le critère le plus pertinent pour les recenser. Elles semblent être peu de chose : seulement 5 % de la surface du pays et 1 % de la population totale, sans compter le département d'Okinawa. Mais elles couvrent un quart des côtes, agrandissent considérablement le territoire national et fournissent un dixième de la production halieutique japonaise. Leur poids stratégique, économique et culturel va en fait bien au-delà de leur simple taille spécifique. La vision d'un "Japon petit" oublie le fait que, grâce à son insularité, le pays dispose d'un espace maritime à la fois vaste et riche. Rien que sur le plan alimentaire, il faudrait, d'après certains calculs, multiplier les surfaces cultivées par deux pour obtenir l'équivalent des protéines animales qui sont fournies par la mer, tout en sachant que la moitié de la pêche japonaise provient de la ZEE. L'halieutique qui contribue encore beaucoup à l'alimentation des Japonais procure donc une économie d'espace considérable, d'autant que la surface agricole utile est réduite (même si celle-ci est loin d'être complètement exploitée : 5,124 millions d'hectares cultivés en 1993, pour 7 millions de disponibles). Le plateau continental (la surface maritime inférieure à 200 m de profondeur, soit 440 000 km^2) équivaut à plus d'une fois la surface terrestre du pays (377 737 km^2) et la délimitation en ZEE (zone des 200 milles) multiplie celle-ci par douze, soit plus de 4,5 millions de km^2. Du 50ème rang mondial en surface terrestre, le Japon arrive donc au 6ème rang mondial en surface totale. Autrement dit, il s'agit d'un grand pays, et ce n'est pas une surprise si c'est aussi une grande puissance. La reconnaissance par l'Etat japonais de la limite des 200 milles en 1977-1983, alors qu'il s'y était pendant longtemps opposé pour garder son accessibilité halieutique dans les eaux étrangères, a finalement entériné cette situation géographique et géopolitique.

Bien entendu, les conditions géographiques ne sont pas les mêmes pour toutes les îles. La question de la surface est relativement secondaire puisqu'en deçà des quatre grandes îles les dimensions tombent immédiatement dans des catégories très inférieures et que les rapports sont élevés : de 1 à 16 entre la quatrième île et la cinquième, Shikoku et Okinawa-Hontô - territoires du Nord exclus. C'est pourquoi la langue japonaise attribue habituellement au terme d'île (*tôsho*) le sens de "morceau de terre étroit et petit" (*kyôshô na rikkai*). La question de la distance tient une place plus importante. En effet, si l'éloignement d'une île par rapport à un ensemble plus vaste, bloc japonais ou continent, constitue un facteur primordial pour la vie insulaire, la distance topographique n'est pas la distance géographique. Celle-ci varie largement dans l'espace et dans le temps, en fonction des conditions naturelles (présence ou non de courants marins, de vents favorables ou contraires, d'obstacles ou de facilités) et des conditions humaines (choix politiques et économiques, progrès technologiques bouleversant les moyens de communications et par conséquent les types de relations, les fonctions). A distance égale, l'histoire et la géographie de deux petites îles éloignées japonaises ne seront pas les mêmes, sans parler de leur situation en latitude et en longitude. Cette distance est bien entendu celle qui sépare l'île éloignée de la "terre", ou Hondo. *Hondo*, qui signifie mot à mot "la terre principale", peut être rendu en français par le mot *Terre* avec majuscule. Il est d'ailleurs traduit en anglais par *Mainland*. Dans certaines acceptions, ce terme générique regroupe aussi bien le bloc insulaire japonais central, composé des quatre grandes îles - Kyûshû, Shikoku, Hokkaidô et, la plus grande, Honshû ("le pays principal") - que le continent (*tairiku*). Compte tenu de cette relativité géographique, la distance par rapport à Hondo n'est donc pas, en définitive, déterminante pour qualifier une île d'"éloignée" (*ritô*). La loi de 1953 en faveur du développement des îles éloignées, dite *Ritô-hô*, le reconnaît elle-même puisqu'elle ne fixe sur cette base aucun critère d'identification (et donc d'attribution des aides publiques). Situation quelque peu paradoxale qu'une loi sans objet déterminé, et guère opérante... Les services gestionnaires pallieront cet inconvénient en fixant des règles variables et plus étoffées : île située à plus de 5 km de Hondo, 10 km dans la mer Intérieure, ou mal desservie en moyens de communication. C'est en définitive le conseil *adhoc*, qui dépend du Bureau du Premier Ministre, qui dresse la liste des *ritô* ("îles éloignées"), avec ses rectifications et ses actualisations régulières.

La profondeur marine joue un rôle dans la territorialité insulaire, en guidant le trajet des courants marins et en modifiant éventuellement leur intensité. Ce facteur fut déterminant aux époques géologiques, lorsque les successions de transgression et de régression marines joignirent ou disjoignirent les îles entre elles, les reliant ou non au continent eurasiatique. Les détroits actuels formaient alors des voies de passage cruciales pour toutes les espèces vivantes, hommes y compris. Les îles qui s'émergeront sur ces axes vont jouer depuis la préhistoire un rôle-clef dans cette fonction de passage, mais aussi de fixation. Elles sont les témoignages précieux de toutes ces époques, lieux de relictes ou de reliques où subsistent des formes végétales ou des traditions ethnologiques particulières (civilisation laurisylvaine et civilisation du Kuro-Shio).

Pourtant, la formation du territoire étatico-national au Japon est fatalement plus complexe et plus subtile que ne le laissent entendre la plupart des interprétations dominantes. Les *ritô* renvoient donc à une dialectique particulièrement riche entre plusieurs facteurs : distance-temps, profondeur-surface, praticabilité-difficulté, éloignement-accessibilité, internalité-externalité. Sa dynamique est faite de dosages subtils, ce qui fait toute la richesse de la géographie, ici comme ailleurs.

L'archipel japonais peut donc être considéré comme un espace intermédiaire entre continent et grande île éloignée, comme étant une "île continentalisée" si l'on reprend la terminologie de François Doumenge. Les petites îles qui se trouvent en périphérie du bloc central japonais, les *ritô*, sont caractérisées par ce que j'appelle la "surinsularité". Le rapport entre Japon et continent s'y dédouble par un rapport entre île(s) éloignée(s) et île(s) centrale(s) (Hondo). La relation géographique s'articule ainsi : continent (*tairiku*)-Japon central (*nairiku*/Hondo)-*ritô*; dans certains cas où les îles éloignées se situent entre Hondo et le continent, comme Tsushima, la relation peut être *tairiku-ritô-nairiku*. Dans la surinsularité, toutes les problématiques insulaires d'éloignement, d'étroitesse, d'auto-subsistance, de dépendance, d'aménagement ou d'accessibilité sont dédoublées. Comme la problématique insulaire repose en elle-même sur une dialectique entre termes opposés (mer-terre, littoral-arrière-pays, intérieur-extérieur, ouverture-fermeture, endogénie-exogénie, autonomie-dépendance, etc.), il est facile de deviner la force identitaire d'une démultiplication de ces oppositions-jonctions pour les îles éloignées et, par conséquent, pour le Japon lui-même. Pour transcender la relativité de cet éloignement, l'historien contemporain Matsumoto Ken'ichi préfère alors utiliser le terme peu usité de *kotô*, plutôt que celui de *ritô*, où *ko*, adjoint au *tô* de "l'île", signifie "isolé" mais davantage dans le sens "d'esseulé", voire d'"abandonné". Ce choix de vocabulaire correspond au postulat de l'auteur qui cherche, non sans intuitions mais de façon trop tranchée, à opposer les îles périphériques, lieux marginalisés, rejetés, centrifuges et de "fuite impossible" (*tôbô fukano*), au Japon de Hondo, "lieu de pouvoir centripète", coercitif et dominateur.

Territorialisation et transitions surinsulaires du Japon : intégrations, marginalisations et litiges

De par son allongement en latitude et sa configuration topographique (morcellement, détroits, îles éloignées), l'espace surinsulaire a simultanément joué un rôle de frontière, plus ou moins floue et mobile, de front pionnier et d'espace marginal-marginalisant, variable suivant les endroits et les époques. Les frontières politiques, économiques, culturelles et mentales se sont lentement élaborées au cours des siècles autour du bloc insulaire central, et de surcroît à partir de quelques régions centrales internes à Honshû, à tel point que la définition du "Japon" et des "Japonais" au sens strict des termes est historiquement et géographiquement relative, sinon contingente. La *finis* du Nord restera pendant longtemps la plus floue tandis que Tsushima et Ryûkyû joueront à fond leur rôle de transition surinsulaire vis-à-vis du continent eurasiatique (Chine, Corée, Europe). On peut donc distinguer géopolitiquement deux types de périphérie surinsulaire au tournant du XIXème siècle : l'une intégrée (Sado, Oki, Izu), l'autre semi-autonome (Ezo-Hokkaidô, Tsushima, Ryûkyû), marginalisée ou "dispensée", dans le sens de dispense vis-à-vis des normes en vigueur pour et dans le Japon central. Ainsi certains seigneurs des îles éloignées échappent-ils en partie aux contraintes du *sankin kôtai*, système où le seigneur vassal et sa famille résident alternativement à Edo comme otage auprès du shôgun. D'autres disposent de privilèges ou de fonctions particulières pour le commerce et la diplomatie à l'échelle internationale (Sô à Tsushima avec la Corée, Shimazu dans les Ryûkyû avec la Chine). Ils bénéficient d'une certaine tolérance de la part du gouvernement central pour la contrebande et l'administration interne. Les mêmes disposent enfin d'avantages pour les impôts : certaines exemptions, des sous-évaluations de la richesse fiscale, des versements qui ne se font pas toujours en riz comme dans le reste du Japon (fief des Matsumae pour Ezo, fief d'Izu).

On retrouve la double distinction d'intégration/marginalisation pour les fonctions économiques, mais sur un registre légèrement différent. L'intégration est forte, sinon systématique, au niveau des havres et des routes maritimes, chaque île et chaque port faisant partie d'un réseau soigneusement dessiné, rattaché aux deux centres, Edo et Osaka. A l'intérieur de ce schéma maritime, les îles se voyaient attribuer certaines spécialisations économiques, maritimes et terrestres, en vertu des avantages ou des inconvénients du lieu. Ainsi les chantiers navals étaient-ils concentrés dans les îles de la mer Intérieure, plus abritées que dans les mers ouvertes, stratégiquement mieux défendables, placées au cœur d'une ancienne région économique déjà ancienne avec sa main d'œuvre, son marché et ses savoir-faires. De même, les salines seront plus nombreuses dans les îles de cette région, mieux abritée et plus proche des marchés de consommation. Les spécialisations halieutiques variaient quant à elles suivant la qualité des eaux qui entourent les îles.

De par sa position et sa fonction, la périphérie surinsulaire a servi de sas, de transition, pour les courants de civilisation entre le Japon et le reste du monde. C'est dans les îles éloignées que sont arrivées plusieurs innovations technologiques venant de l'extérieur : les "armes à feu" (*teppô denrai*), sous forme d'arquebuses et mousquets, la canne à sucre qui fera la richesse du fief des Shimazu dans les Ryûkyû qui en monopolisèrent longtemps la culture et le commerce, ou encore la "patate douce" (*satsuma imo*), *via* les Philippines, implantées par les Espagnols en provenance de l'Europe et, antérieurement, de l'Amérique du Sud, sa région d'origine, le Fukien, puis Okinawa en 1606, Nagasaki en 1615, la mer Intérieure un siècle plus tard, plante et culture particulièrement bien adaptées aux conditions climatiques et pédologiques souvent difficiles des îles éloignées, caractérisées par une certaine sécheresse, des sols en pentes et relativement ingrats, et qui de surcroît possèdent une tradition de cultures sur champs, assurant l'auto-insuffisance des populations insulaires éloignées des marchés agricoles du littoral, tandis que les famines se déclenchent dans le Japon central, comme c'est le cas au début du XVIIIème siècle.

Au seuil de la période contemporaine, la périphérie surinsulaire traverse donc une phase d'ambivalence très forte au sein de l'espace et de la société japonaises. Des contraintes de dépendance cruciale vis-à-vis de Hondo, sur tous les plans (lieux d'exil, appartenance au "domaine direct", écoulement des ressources halieutiques ou autres, routes maritimes, nécessité de l'exogamie) se mêlent à des tendances non moins importantes à l'autonomie (auto-suffisance alimentaire, éloignement des pressions politiques centrales, diversité socio-culturelle interne, gestion locale, rôle des fiefs en veine de liberté). La tentative avortée d'établir une république en Hokkaidô à la chute du shôgunat et plusieurs insurrections communalistes (Oki, Iki, Sado, tendances autonomistes ou indépendantistes en Amami et à Okinawa), avec la première assemblée démocratique à Oki en 1868, poussent le gouvernement central à assurer fermement son contrôle sur les îles éloignées. Des législations particulières qui limitent le pouvoir des communes vont s'appliquer aux îles éloignées jusqu'au milieu du XXème siècle. Simultanément, l'entrée dans le concert international des Etats provoque une précision dans les frontières, un développement des moyens de défense et entraîne même vers un expansionnisme qui sera largement insulaire de 1895 à 1945 (Taiwan, Sakhaline, Kouriles, Pacifique Sud).

De ces situations en évolution spatio-temporelle constante résultent les litiges surinsulaires actuels, les plus connus comme les "territoires du Nord" (*hoppô ryôdo*) - version japonaise - ou les Kouriles - version russe, ou comme les Senkaku (en japonais) ou Diaoyu-tai (en chinois), et les moins connus comme Takeshima (en japonais) -Tokto (en coréen) ou comme les Danjô-guntô. Ces litiges sont plus complexes qu'il n'y paraît parfois. S'y mêlent moult enjeux et maintes références, aussi bien historiques que géographiques, juridiques que diplomatiques, économiques que politiques. Tout est sujet à discussion et à contestation. Même la toponymie (pas moins de cinq toponymes pour l'archipel Pinnacle, Cécille, Linschoten, Senkaku ou Diaoyu), d'apparence si neutre pour le commun des mortels, revêt des implications cruciales, puisqu'elle renvoie à des prises de connaissances historiques, des découvertes, et à des prises de possession territoriale. Certes, ce n'est pas un phénomène unique au monde. La complication qui s'ajoute ici tient à l'usage de l'écriture idéographique chinoise qui, comme on peut le voir dans le cas des Diaoyu-tai, ne préjuge pas la prononciation. Elle ne détermine donc pas son appartenance linguistique, en quelque sorte, ni, par conséquent, son appartenance ethno-politique.

De même que la géographie au sens strict est sujette à des différences d'interprétation, l'histoire l'est tout autant, sinon plus encore puisque les sources peuvent varier, manquer, diverger. Tout dépend de l'époque que l'on prend comme référence. Mais l'antériorité habituellement reconnue comme principe fondateur et immarcescible est loin d'être facile à déterminer précisément quand les écrits sont épars, les références confuses, les périodes antiques obscures et que les recherches archéologiques pataugent. Le droit lui-même, qui tente de s'appuyer sur cette géographie et cette histoire bien modulables, n'est pas dénué de variations puisqu'il prévoit toujours des exceptions, ou des solutions de retranchement elles-mêmes discutables en cas de litige. Comme toujours, il y a la règle et la pratique, les règles et les pratiques devrait-on dire plus exactement.

La conjoncture complique les choses. L'appât des richesses excite les convoitises et les tensions. Les ressources halieutiques sont toujours en ligne, mais les mutations internationales et la propre évolution des pêcheries japonaises peuvent atténuer des querelles qui paraissaient insurmontables. Les gisements de pétrole sous-marins qui semblaient mirifiques s'avèrent moins prometteurs que prévu, et les tensions internationales retombent petit à petit, les litiges sont laissés en suspens. L'halieutique, si précieuse pour tous les riverains, transcende des conflits idéologiques ou historiques entre le Japon, la Russie et la Corée. Les concertations diplomatiques partielles, et les accords sur la pêche, reprennent plus tôt et plus vigoureusement que ne le laissent entendre les animosités qui occupent le devant de la scène politico-médiatique. La recherche, inéluctable et désirable, d'un climat de paix entre Etats japonais et coréen pousse en 1965 l'Etat japonais à reconnaître pour les zones de pêche respectives la limite exclusive des 12 miles, alors qu'il était jusque là contre celle-ci... Cet accord conjoncturel et partiel l'entraîne dans une voie qui l'aménera finalement à ratifier des conventions maritimes internationales avec lesquelles il était en désaccord.

Il apparaît donc que c'est le politique, au sens le plus fort et le plus global du terme, qui l'emporte sur tous les facteurs en jeu, sachant que eux-aussi contribuent largement, et bien entendu, à asseoir ses positions. Oui, mais quelle politique ? Celle de la force, bien souvent masquée sous celle du droit ? Celle d'un idéal supérieur aux intérêts contingents d'un Etat-nation ? La question se retrouve posée dans toute son ampleur à une époque où se démultiplient globalisation et internationalisation des problèmes les plus cruciaux.

Ouverture et fermeture, petitesse et grandeur : l'insularisation géopolitique

Outre le fait que l'halieutique se soit merveilleusement combinée avec l'utilisation d'une riziculture irriguée particulièrement intensive, donnant la priorité à une maximisation sur place du travail et du capital au lieu d'une extension dans l'espace, la couronne maritime du Japon a donc permis au Japon d'évoluer comme un monde en soi. Au centre, un bloc de trois grandes îles, puis de quatre après la colonisation récente de Hokkaidô, constitue le cœur du pays, le pivot du binôme plaine rizicole irriguée/montagne boisée, et la clef de voûte socio-politique d'un Etat de plus en plus centralisé avec ses normes socio-culturelles dominantes. Autour, une pléiade d'îles, plutôt petites, plus ou moins éloignées, qui furent tantôt intégrées, tantôt marginalisées par le système socio-spatial du bloc insulaire central dominant. Que ce soit la grande et la nordique, comme Ezo devenu Hokkaidô et en passe d'être intégrée dans l'espace mental japonais à l'ensemble Hondô, avec les Ainus et les Russes, que ce soit l'archipel méridional et subtropical des Ryûkyû, avec son ancien royaume à double allégeance sino-japonaise et la colonisation progressive par l'Etat japonais, que ce soit encore Tsushima, au contact étroit et crucial avec la péninsule coréenne, ou, enfin, que ce soient les centaines d'îles plus ou moins petites qui gravitent autour de l'archipel, anciens bagnes, pâturages pour chevaux ou refuges pour chrétiens au cours de la féodalité, toutes ces îles ont considérablement agrandi l'espace japonais. Cet espace fut la périphérie semi-externe du Japon, et le dynamisme de l'occupation japonaise de l'espace, connue pour son "introversion" (intensification sur place plutôt qu'extension dans l'espace), est donc plutôt semi-interne, sachant que l'étroitesse de la plupart de ces îles a également encouragé la propension à l'intensification localisée.

Les militaires japonais ont parfaitement intégré cette donnée spatiale. Ceux d'hier comme ceux d'aujourd'hui, et l'on enseigne la géopolitique de l'amiral Alfred Thayer Mahan (1840-1914) dans les écoles navales japonaises depuis 1897. On peut rappeler la puissance détenue par l'ancienne marine impériale, au demeurant financée par des fonds provenant directement de la famille impériale, même si le mystère est encore savamment entretenu à ce sujet, et la rivalité qui l'opposa à l'armée de terre et qui, finalement, lui donna le *leadership* fatal au cours de la guerre du Pacifique (1941-1945), ou encore son lien avec une politique industrielle précoce en faveur de la construction navale. La fascination des hommes politiques, des publicistes de l'époque, de certains géographes, comme l'influent Shiga Shigetaka (1863-1927) ou des géopoliticiens en faveur des "Mers du Sud" et de la "doctrine d'expansion vers le sud" (*nanshinron*) ainsi que le succès de l'immigration japonaise, même interrompue, vers Hawaii ont confirmé ce tropisme insulaire au détriment d'une véritable colonisation terrestre du continent (exemple symptomatique de la colonisation ambiguë de la Mandchourie). La question est réactualisée par les récents propos officiels des dirigeants d'un Etat, qui est, en principe, constitutionnellement, dépourvu d'armée, quant à sa défense insularo-maritime. Le choc pétrolier de 1973 a vivement remis ce point à l'ordre du jour. De la simple protection des voies maritimes, et notamment pétrolières, si précieuses pour le Japon, le propos s'est en effet élargi à la défense globale des *sea lanes*, les axes de communications et les axes logistiques dans le jargon des militaires. Ces *sea lanes* n'avaient guère été définies depuis la défaite de 1945.

Les îles éloignées constituent donc clairement le point d'ancrage de ces routes stratégiques. Si les "territoires du Nord" échappent à la description, pour cause d'antagonisme latent et non résolu avec la Russie, les grands chaînons insulaires forment l'armature logique de l'ensemble. Et les îles elles-mêmes seront amenées à être plus nettement dans les dispositifs militaires, à moins de mutations technologiques radicales, puisque la politique de défense des *sea lanes* va se durcir, conformément à la doctrine dite de Suzuki, du nom de l'ancien premier ministre Suzuki Zenkô qui l'exposa en mai 1981. Fort d'une puissance navale considérable, comparable à la marine militaire française (à l'exception des missions de dissuasion nucléaire), le Japon vient de renouer avec sa géopolitique maritime. Les "îles éloignées" (*ritô*) qui entourent Hondo, Hokkaidô, Shikoku et Kyûshû ont élargi dans l'histoire le territoire, la terre proprement dite. Leurs relations avec l'archipel central suivent le schéma de l'équilibre relatif, sur le modèle centre-périphérie. Elles forment une enveloppe intermédiaire entre l'espace national et l'espace étranger. Elles jouent aussi le rôle de soupape sociale, lieux de bagnes ou lieux de fuites. Les îles du Nord ont fait office de front pionnier, les îles du Sud et de l'Ouest de marches-tampons. Le Japon n'avait pas besoin du monde, il avait déjà son monde à lui, l'espace insulaire et surinsulaire, un monde en soi, vaste, plus ou moins docile. Il faut insister sur la dialectique de cet espace qui fonctionne non seulement vis-à-vis du Japon central mais aussi vis-à-vis de l'Eurasie continentale : c'est une périphérie à la fois pour la Chine, plus la Corée, et pour le Japon. On se souvient que la politique isolationniste fut menée en cascade ou parallèlement dans les trois pays, avec ses fenêtres, ses exceptions ou ses isolats. Parler de "réclusion" japonaise seulement n'a pas de sens dans la mesure où c'est par rapport à un espace zonal (= "régional" = l'Asie orientale) et par rapport au Monde que cette géopolitique se situe.

Contrairement à l'archipel britannique qui fut envahi par les Romains puis par les Barbares, le Japon échappa, au moins dans son histoire connue, à des conquêtes étrangères, si l'on excepte le cas récente et particulier de l'occupation américaine après 1945. On peut bien entendu évoquer l'éloignement de l'archipel japonais vis-à-vis du continent, supérieur au Channel, la hardiesse des courants marins, ou - version nationaliste des choses - la force des Japonais à résister aux tentatives d'invasion, grâce aux *kamikaze* si besoin. Mais on doit aussi incriminer les propres tendances géopolitiques de la Chine qui, pour diverses raisons, ont toujours été marquées par l'obsession de garantir les frontières terrestres intérieures - que l'on songe seulement à la Grande Muraille. Et c'est seulement quand les puissances continentales non chinoises l'emportent, comme les Mongols contre lesquels fut précisément bâti la Muraille, et quand le minerai d'argent du Cipango commence à devenir célèbre, que le danger d'invasion du Japon se fait sentir, ce qui fut le cas avec Khubilai au XIIème siècle. Le développement japonais n'est donc pas exclusivement interne, mais plutôt semi-interne, d'où son dynamisme global, sa souplesse, sa force. La relativisation de la "fermeture géographique" au cours de la *pax Tokugawa* pose bien entendu des problèmes d'interprétations et modifie considérablement la sociodicée entretenue à ce sujet au Japon depuis longtemps. Malgré les nouveaux travaux de nombreux historiens, l'opinion résumée par la célèbre sociologue Nakane Chie sur cette période reste la plus répandue : où, selon Oishi Shinzaburô, le commerce et les relations diplomatiques étaient fermement monopolisés par le pouvoir central.

La puissance économique japonaise contemporaine ne relève pas du miracle, comme le croient les nouveaux croyants de la religion économique, mais dépend largement de ce substrat. Ce n'est qu'en période de crise, par exemple dans les années 1920 où la transition démographique n'est pas achevée et que le monde rural est paralysé par la grande propriété foncière absentéiste, que la sensation d'étroitesse se fait sentir. C'est à ce moment que fleurissent les discours géopoliticiens sur le "manque d'espace vital", la "surpopulation" et "le légitime expansionnisme". Mais, tandis que les politiques d'émigration n'ont guère marché, les îles encore plus éloignées du Sud ont exercé une attraction psychologique, géopolitique, fantasmatique presque. Les scientifiques japonais ont pourtant largement négligé d'étudier le rôle de cet espace surinsulaire. Cette situation est paradoxale dans le même temps où hérauts nationalistes de l'Avant-guerre ou nihonjinronistes contemporains se plaisent à louer le caractère unique, insulaire et maritime, d'un Japon situé à la fois en bordure et au cœur du monde. Mais elle est parfaitement explicable dans la mesure où le caractère ambivalent de la surinsularité épouse parfaitement le registre socio-spatial de la norme dominante japonaise du "dedans" et du "dehors" : l'espace surinsulaire est un peu en dehors, il est en quelque sorte "minoritaire", et la société japonaise peut y attacher toutes les valeurs négatives que la langue française adjoint par exemple aux mots de "périphérie" ou de "marge". En parler un peu, revendiquer son appartenance aussi, en louer toutes les implications, jamais ! La "minorité" socio-spatiale de la surinsularité, avec ses minorités réelles (*ryûjin*, *burakumin*, républicains, communalistes, etc.), devient donc plus ou moins exclue, même si le "Centre des Iles éloignées" (*Ritô Center*), chargé de l'application de la loi de 1953 sur les *ritô*, fait de nombreux efforts pour renverser la tendance.

On note cependant de nouvelles tentatives pour apporter un autre regard, *via* l'étude des civilisations d'Okinawa et des Aïnu, bien que les représentations traditionnelles de l'histoire de l'archipel japonais, qui concevaient cette histoire comme insulaire donc "fermée", isolée du reste du monde, ont été complètement bouleversées. Amino ajoute à juste raison que les recherches régionales portant sur chacune des grandes îles et leurs espaces internes relèvent d'une problématique semblable. C'est en tout cas une orientation absolument fondamentale de la recherche sur le Japon et, partant, pour l'évolution possible des mentalités-idendités japonaises.

Conclusion

La question insulaire, surinsulaire, jointe à celle de l'ouverture et de la fermeture *via* les débats sur le protectionnisme économico-commercial ou *via* les ambitions géopolitico-militaires, demeure toujours d'actualité. L'espace surinsulaire tient encore son rôle-clef. Mais en pleine conjoncture d'internationalisation accélérée ne va-t-on pas assister à une déstructuration de cette donnée géopolitique fondamentale ? La politique de la fermeture du pays, ou *sakoku*, qui fut appliquée par le shôgunat Tokugawa grâce aux conditions mêmes de cette surinsularité, est-elle possible aujourd'hui ? Quel peut être le crédit ou l'appui objectif de ceux qui, au sein de l'élite japonaise, en appellent à une nouvelle fermeture de l'archipel, à un nouveau *sakoku*, qui se traduirait par un renforcement du protectionnisme et un frein de l'immigration asiatique ? De même que certains parlent de la "fin de l'histoire", d'autres ont évoqué la "fin de la géographie", avec la révolution des communications à distance, l'abstraction planétaire des marchés financiers, la disparition des déterminations spatiales et l'affaiblissement des territorialisations. Pourtant, la constitution de zones économiques centrées sur la mer du Japon ou sur la mer de Chine orientale, la littoralisation du développement économique chinois, ou encore l'ouverture promise de la façade Pacifique de la Sibérie montrent que pour la deuxième puissance économique mondiale, le Japon, il y a encore des places à prendre dans la couronne maritime de l'Extrême-Orient.

Bibliographie

BERQUE, Augustin, 1982, *Vivre l'espace au Japon*, Paris, P.U.F., 226 p.

PELLETIER, Philippe, 1991, "L'éloignement insulaire dans la Mer Intérieure", *Territoires et sociétés insulaires*, Brest, actes du Colloque international (15-16-17/11/1989), 458 p., p. 323-328.

PELLETIER, Philippe, 1993, *L'insularité dans la Mer Intérieure japonaise*, Bordeaux, CEGET, (collection "Iles et archipels"), n° 16, 284 p.

GEOSTRATEGIE DE CEYLAN ET DES MALDIVES

André LOUCHET
Université de Paris Sorbonne

Avec 66 000 km^2 et 12 millions d'habitants (181 habitants/km^2), Ceylan (Sri Lanka) et surtout les Maldives (298 km^2, 222 000 habitants) ne sont que des petites îles par leur surface et leur population en Asie du Sud. Leur position insulaire leur vaut cependant un intérêt qui n'est pas proportionnel à leurs dimensions. L'analyse géographique de leur situation montre de graves déchirements internes et externes.

L'insularité vue du dedans

Différents milieux progressivement colonisés

Les différents stades d'expansion humaine dans l'île de Ceylan ont intéressé successivement trois milieux : à la grande civilisation des Lowlands (Sigiriya, Polonnaruwa, Mihintale) détruite au XIIIème siècle à la suite (?) des opérations militaires tamoules, succèdent les royaumes de Kotte (SW), de Jaffna (N) et le Royaume de Kandy, le seul resté indépendant des puissances européennes (jusqu'en 1815), en situation refuge dans les Midlands. Après 1815 et la chute du Royaume, les Britanniques ont ouvert à la colonisation les Highlands, en créant des noyaux de population dense sur les plus hauts sommets pour les plantations de café puis de thé. Cette situation de zones successives de peuplement s'emboîtant l'une dans l'autre crée une première césure interne en raison notamment des différences raciales et religieuses qui s'y juxtaposent.

La vulnérabilité au Nord et à l'Est

Deuxième opposition encore plus brutale : un quart de la surface, au Sud Ouest, connaît un climat de type équatorial équinoxial, à la courbe pluviométrique en "M", englobant aussi bien les montagnes que la zone côtière du Sud Ouest; les trois quarts restants ne sont pas "secs" par leurs totaux (plus de 1000 mm par an) mais connaissent à tel point ce grand contraste entre les deux saisons "des pluies" et "sèche" que la réponse végétale est caricaturale : changement complet de flore, la forêt dense laissant la place à la savane arborée ou à la forêt sèche, changement

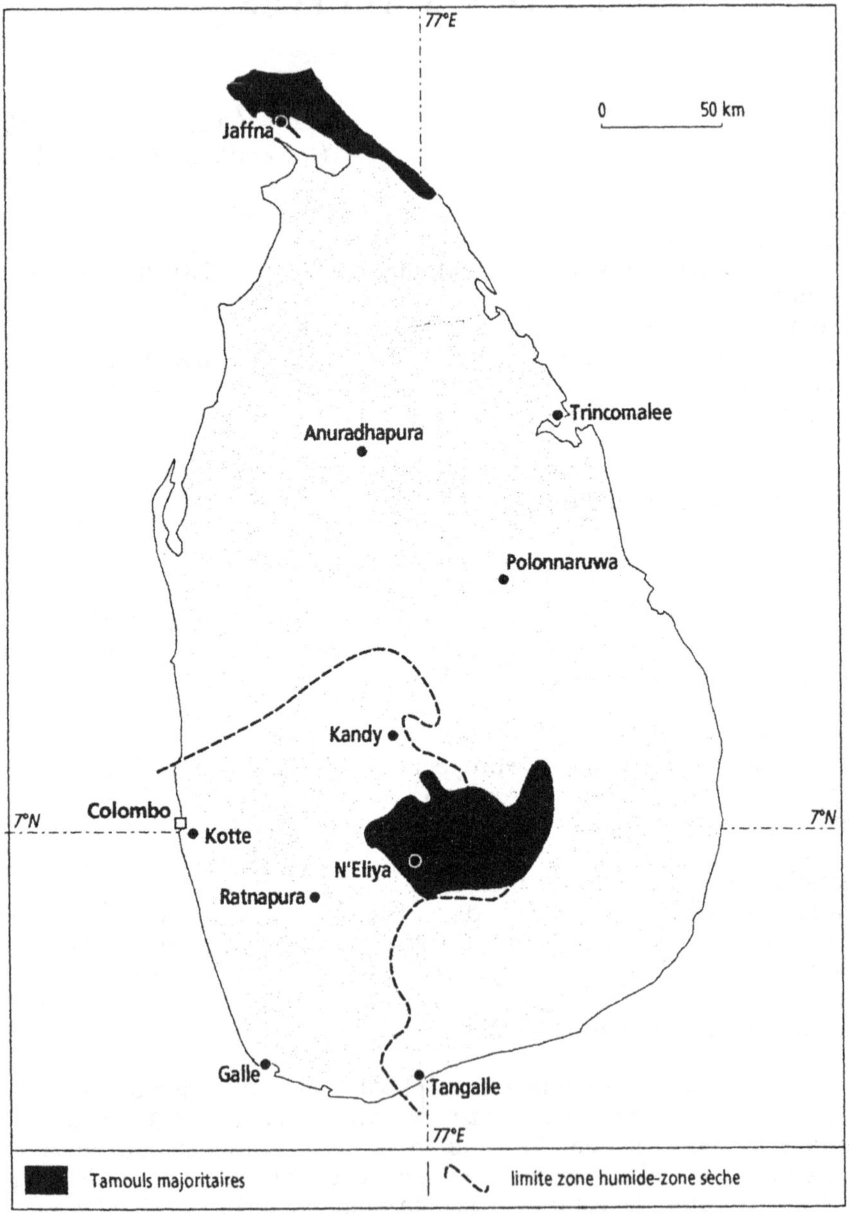

Figure 1. Répartition des communautés tamoules à Sri Lanka

complet de technique agricole (de la rizière à la culture sur brûlis), et parallèlement chute des densités humaines de près de 1000 habitants au km^2 à moins de 10... Par sa faiblesse de peuplement, par la faiblesse de l'économie de la Dry Zone, l'île est vulnérable sur ses flancs Nord, Est et Sud Est. On comprend les tentatives de rééquilibrage de population pratiquées depuis une cinquantaine d'années. Encore que l'on pourrait considérer ces régions comme des "Marches", sorte de glacis protecteur où le manque d'eau, l'impossibilité de se dissimuler, la très faible infrastructure de transport et de ravitaillement seraient des défenses naturelles contre des voisins potentiellement hostiles. Mais cette opposition de paysages, de climat et de densités n'est pas en rapport direct avec la troisième opposition qui est ethnique et politique .

L'opposition humaine

1- Du point de vue sociologique les idéologies nationalistes aussi bien tamoules que cinghalaises présentent les relations ethniques en termes d'exploitation de classes et de domination. Les doléances "officielles" ou tout au moins largement médiatisées, existent de part et d'autre :

- les Tamouls se plaignent d'être économiquement exploités et politiquement dominés
- les Cinghalais se plaignent du fait que les Tamouls sont un peuple majoritaire en Asie du sud, et forment une classe de commerçants et de fonctionnaires à Ceylan, alors que le stéréotype du Cinghalais est le paysan marginalisé. Mais, "il y a de bonnes raisons de mettre en doute la validité de ces descriptions de la stratification sociale à Sri Lanka".

Il est vrai que l'opposition radicale entre Cinghalais et Tamouls n'est ni nouvelle ni superficielle. Les premiers, majoritaires, aryens, cohabitent avec les seconds, minoritaires et dravidiens. Contraste racial, les premiers étant de teint plus clair, les seconds de peau noire. Encore faut-il nuancer ces antagonismes : les métissages semblent avoir été importants par le passé à tel point qu'un Aryen de Ceylan n'a plus grand rapport avec un Aryen de l'Inde du Nord du point de vue de la seule pigmentation. Et les métissages avec des Européens ont encore compliqué le kaléidoscope racial. L'opposition est aussi religieuse : Ceylan est le poste le plus avancé du Bouddhisme à l'Ouest, protégé des destructions mogoles par l'insularité. Mais ici encore les nuances s'imposent : le Bouddhisme (ici du Petit Véhicule) n'est qu'une philosophie issue, très largement inspirée, et fortement imprégnée de la religion hindoue et dans laquelle les manifestations de syncrétisme sont plus qu'évidentes. Il faut reconnaître cependant que les niveaux et les modes de vie sont très proches : masses essentiellement paysannes, civilisation du riz, peuples végétariens. On pourrait donc s'accorder sur le fait que ce grand antagonisme qui s'est dilué sur le plan ethnico-matériel s'est maintenant transposé sur le plan culturel : l'hostilité raciale officielle est une hostilité de cultures, symbolisée par les différences de langue et d'alphabet.

2- Or il est intéressant d'analyser cette opposition, non plus en termes sociologiques mais en termes géographiques : elle n'est pas en rapport avec les contrastes géographiques de terrain présentés plus haut, ce qui est la conséquence d'un facteur historique dans la distribution inégale des deux communautés. Au Nord de l'île, la péninsule de Jaffna (karst tropical surbaissé, taraudé de dolines et couvert d'une savane à épineux et à *Borassus Flabellifer*) est le domaine des "Ceylanese Tamils", installés depuis le XIIIème siècle, d'où leur statut de citoyenneté ceylanaise. Dans ce domaine fermé , on pourrait parler "d'insularité dans l'insularité" : bordée d'atolls et d'îlots mi-sableux mi-coralliens, la péninsule de Jaffna est séparée de Ceylan elle-même par d'immenses lagunes impraticables et n'est reliée au reste du territoire que par l'isthme d'Elephant Pass, lieu d'un violent combat pour le contrôle de la Province du Nord en 1990. Au centre de Ceylan, les Highlands de Nuwara Eliya, dans un contexte de montagne équatoriale hyper-humide, renferment la majorité de la population des "Indian Tamils", installés depuis le XIXème siècle seulement, parfois de nationalité indienne (mais les Indiens ne veulent pas les rapatrier estimant leur surcharge démographique plus que suffisante) et le plus souvent apatrides, donc sans protection. Ces deux kystes dravidiens dans le monde aryen sont le siège d'une intense blessure d'amour-propre chez les Cinghalais. Vis à vis des Tamouls du Nord, ils ressentent une frustration territoriale, le sentiment d'avoir *de facto* perdu le contrôle des parages maritimes de Point Pedro et du Pont d'Adam, et ceci bien avant même les événements récents. L'Histoire officielle de Ceylan fait en effet remonter le différend au XIIIème siècle, époque à laquelle les invasions militaires indiennes auraient détruit les Royaumes des Trois cités d'Anuradhapura, Pollonaruwa et Mihintale.

On sait ce que les recherches contemporaines ont retenu de cette histoire officielle : les grands destructeurs furent en fait les moustiques et non les Tamouls, car les ruines cinghalaises anciennes parsèment aussi des espaces actuellement vierges au Sud Est où l'on sait que les Tamouls n'y sont jamais allés. Alors, dépassement de l'optimum de population dans une agriculture sur brûlis qui ne peut excéder le seuil fatidique de 10 hab/km^2 ? Epidémies ? Déclic militaire favorisant l'abandon des réseaux d'irrigation et l'explosion du paludisme ? Toutes ces hypothèses diluent certainement la responsabilité des Tamouls dans la ruine des royaumes du Nord, remplacés par le royaume de Kandy en situation de défense dans les Midlands.

Vis à vis des Tamouls "Indiens" le sentiment est plus nuancé. Ici encore le désaccord entre l'Histoire officielle et l'Histoire réelle est intéressant à analyser :

- La version officielle veut que ces populations indiennes aient été installées par les Britanniques sur des terres vides pour fournir de la main d'œuvre aux plantations de café puis de thé créées en montagne, au fur et à mesure de la construction du chemin de fer. La réalité est un peu plus complexe : les terres n'étaient pas toujours "vides", mais en longue jachère de *chena* c'est à dire de culture sur brûlis. Problème d'ailleurs classique en Asie Tropicale.

- La situation stratégique du Royaume de Kandy qui lui permit de résister victorieusement aux poussées militaires extérieures durant six siècles est affaiblie par un phénomène de "poupées russes" : à l'intérieur de cette montagne-refuge pour les Cinghalais se trouve une population artificiellement importée, en situation refuge elle-aussi, mais topographiquement supérieure (N'Eliya est à 2 400 m alors que Kandy est à 800 m seulement), et de la race même que la situation obsidionale de Kandy était censée pouvoir repousser à jamais. Ce colonialisme interne ou ce contexte "d'obsidionalité dans l'obsidionalité" est ressenti de façon pénible par les Cinghalais, qui sont partagés entre la reconnaissance vis à vis des Britanniques d'avoir joué le rôle de pionniers pour avoir transformé une montagne inaccessible et redoutable en un paradis terrestre, et une certaine rancœur de voir ce paradis leur échapper par leur faute ou leur maladresse...

La situation est donc paradoxale : d'un côté la majorité est menacée par une minorité en révolte, dans un conflit qui semble a priori confortable pour les Cinghalais : 85 % de la population soit 11 millions d'habitants, contre 12 % soit 1,56 million - Population cinghalaise d'autant plus majoritaire dans le pays que la rébellion des Tigres de l'Eelam Tamoul ne concerne que le Nord, alors que les populations dravidiennes des Highlands restent totalement en dehors du conflit -. Mais d'un autre côté, cette majorité se retrouve en très mauvaise posture si l'on considère l'environnement à l'échelle non plus nationale mais à celle du sous-continent : la minorité tamoule devient une immense majorité si l'on inclut les 72 millions de Tamouls indiens du Tamilnad (plus les quelques millions dispersés de l'Afrique orientale à l'Australie, au Canada et aux Etats Unis qui peuvent être des pourvoyeurs de fonds).

Car la deuxième puissance démographique du monde est toute proche. Proche d'abord géographiquement : Adam's Bridge est une série d'îles et d'îlots (Mannar, Mallaitivu) joignant les deux pays à travers le Détroit de Palk et la baie de Mannar et sur lesquels un terminal ferroviaire avec embarquement sur ferries a été construit à l'époque britannique, dans des conditions techniques idéales. Les eaux très calmes, les très faibles fonds font de ce secteur un point sensible où le passage d'un pays à l'autre est très facile, le trafic d'armes incontrôlable et la surveillance délicate.

Proche politiquement et militairement ensuite : la très grande puissance diplomatique et militaire indienne rend les républiques de Sri Lanka et des Maldives fort vulnérables. Et on se rend compte que la géostratégie intérieure dépend ici profondément de la géostratégie extérieure : la comparaison avec Chypre, évoquée auparavant, ne peut être qu'un parallèle commode : chaque moitié de Chypre est appuyée par une patrie extérieure, la Grèce pour les uns, la Turquie pour les autres : Grèce et Turquie sont ainsi les tuteurs des deux populations chypriotes. Alors que les Tamouls ceylanais pensent avoir l'Inde pour appui, les Cinghalais n'ont pas de "Grèce" pour les soutenir. L'Inde serait (?) le tuteur des Tamouls alors qu'il n'y a pas d'équivalent de "Grèce" pour appuyer les Cinghalais. La situation est peut être plus comparable à celle de l'Ulster et de l'Irlande.

L'insularité vue de dehors

Les désordres intérieurs à Sri Lanka sont évidemment - si on considère l'origine de l'hostilité raciale qui remonte au XIIIème siècle - totalement indépendants de la géostratégie mondiale contemporaine. Mais cette opposition peut être attisée ou mise à profit par des intérêts étrangers au territoire lui même.

Un pôle central pour l'océan Indien

Trois portes maritimes - Suez, Sonde, Ormuz - , deux caps - Bonne Espérance et Dondra Head - constituent les points d'ancrage du faisceau de transport le plus stratégique du monde. On sait le souci que le Royaume-Uni a eu de contrôler en tous temps l'accès aux portes de cet océan. Le contrôle des caps est plus délicat et ne peut être effectué que par une puissance stable. Or actuellement Ceylan et a fortiori les Maldives ne sont ni puissantes ni stables. Leur besoin de "protection" en fera le jouet de thalassocraties externes.

La période prébritannique

Le fait que Ceylan (Taprobane ou Serendib des Anciens) soit sur le trajet le plus court entre les deux plus grands foyers de civilisation de l'Antiquité, la Méditerranée et l'Extrême Orient, n'avait échappé à personne. Le faisceau de relations entre l'Orient et l'Occident se resserre en un nœud majeur qui passe entre Ceylan et les Maldives pour diverger ensuite : Ceylan est le carrefour essentiel de l'océan Indien central. Les navigateurs arabes, aidés par la mousson, avaient fait du triangle Alexandrie-Zanzibar-Colombo le lieu privilégié de leurs trafics et de leur commerce, échangeant esclaves et épices, tapis, soieries et pierres précieuses, et étendant - grâce au vent - l'Islam sur le Nord et l'Ouest de l'océan Indien, jusqu'aux Maldives (les Maldiviens sont de race cinghalaise mais islamisés à 100 %); relayés plus tard par les Portugais puis par les Hollandais qui ont établi des comptoirs dont certains restent des joyaux architecturaux : Jaffna, Galle. On ne doit pas s'étonner d'y trouver à la fois l'une des plus occidentales civilisations de l'océan Indien par l'importance des Burghers, métis de Hollandais et de Cinghalais, élite occidentalisée, très christianisée, essentiellement hors caste et une influence extrême-orientale assez sensible (populations d'origine malaise ou chinoise) : les patronymes hollandais ou surtout portugais, l'architecture coloniale typiquement lusitanienne ou batave ancrent Ceylan dans l'orbite des thalassocraties occidentales. En même temps l'omniprésence de la philosophie du Bouddha Cakyamuni en fait le pays bouddhiste le plus occidental du monde.

La période britannique

Elle débute en 1802 par le traité d'Amiens. Ceylan devient Colonie de la Couronne, escale de la route du thé, de la route des épices et des perles et en même temps le centre de la thalassocratie britannique à l'Est de Suez. Chaque événement politico-militaire en accroît l'importance : chute du Royaume de Kandy (1815), percement du canal de Suez (1869), Seconde Guerre mondiale. Le port de Galle est remplacée par celui de Colombo, plus proche des crus de thé (Kandy, Dimbula, Nuwara Eliya, Uva); Kandy est choisie comme siège du Haut Commandement Britannique pour l'océan Indien (Amiral Lord Louis Mountbatten); Trincomalee à la rade immense, et sans égale dans la région Asie Sud, est défendue par les Alliés qui y perdront le porte-avions Hermes coulé par la Marine Japonaise. Curieusement, les Japonais qui ne maîtrisent pas vraiment la mer, commettent ici la deuxième plus lourde faute de la Seconde Guerre mondiale en n'exploitant pas leur succès naval et en "oubliant" d'envahir Ceylan. La période de la décolonisation (1947-48) s'annonce donc fertile en surprises. Les Cinghalais ne manifestent que très peu d'empressement à accepter l'indépendance en 1948. Cette réticence persistera longtemps : en 1955 le Premier Ministre de Ceylan déclarait encore : "le jour où Ceylan se dispensera totalement des Anglais, l'île sera sous contrôle indien" On comprend le peu d'empressement...

La période post-britannique

Le début de cette période ne coïncide pas avec l'Indépendance mais s'étale sur une vingtaine d'années, de la signature de la déclaration d'indépendance à Kandy en 1948, au retrait des forces Britanniques "à l'Est de Suez" en 1966 (doctrine Wilson). On peut considérer qu'à partir de 1971, date à laquelle Ceylan change de statut pour devenir République de Sri Lanka, et ne reconnaît plus la suzeraineté de la Reine, débute véritablement la période "post-britannique". Le déséquilibre créé par le départ du Royaume-Uni est rapidement comblé par l'Inde, d'abord par Soviétiques interposés, puis par la puissance indienne elle même. Les portes d'accès et le nœud de voies maritimes que la Grande Bretagne délaisse petit à petit, sont convoités par l'Inde qui élargit son contrôle territorial à chaque occasion favorable. Ses intérêts terrestre et maritime grandissants lui font adopter une politique typiquement impérialiste. On peut dire qu'elle est passée du pacifisme officiel à une sorte d'"impérialisme gondwanien".

La recherche du périmètre de sécurité

Il est nécessaire pour comprendre, de se replacer dans la situation au lendemain de l'indépendance. L'Inde britannique est éclatée en sept Etats avec lesquels elle a une frontière commune : Inde, Pakistan (Est et Ouest), Népal, Bhoutan, Sikkim, Sri Lanka, Maldives. Les six Etats *circum*-indiens sont isolés les uns des autres, et incapables de lui résister (sauf le Pakistan). D'où la triple préoccupation de l'Inde :

- Éliminer le seul voisin dangereux en le divisant, opération réussie en 1971 avec la scission du Pakistan (Bangla-Desh et Pakistan *stricto sensu*).
- Absorber les micro-Etats voisins, ce qu'elle obtient, soit par la négociation (Comptoirs français) soit par la force (Goa, Sikkim).
- Elaborer une "doctrine Monroe" de l'océan Indien : faire reconnaître la prééminence de l'Inde dans son environnement géographique et notamment maritime.

Ce triple objectif n'est que partiellement réalisé car l'Inde a les moyens terrestres de sa puissance, mais pas encore les moyens navals.

La puissance terrestre indienne

On peut rappeler les faits extérieurs au thème traité mais qui éclairent son contexte : l'Inde s'arroge un droit de regard sur ses voisins continentaux. Les conflits avec le Pakistan aboutissent à des déracinements de millions de réfugiés qui se trouvent en situation très précaire de part et d'autre de la frontière. Goa la portugaise est envahie et la résistance massacrée sans réaction de la communauté internationale. Enfin, parmi les trois royaumes himalayens en tension constante avec l'Inde, le Sikkim est finalement annexé par l'Inde en 1975.

La faiblesse maritime : le contrôle de Ceylan et des Maldives

Les réussites géostratégiques de l'Inde sur le plan terrestre, n'ont pas leur exacte correspondance sur le plan naval faute de maîtrise de la mer. Or cette maîtrise des mers était une préoccupation ancienne : dès 1944 par exemple Nehru montrait la nécessité pour son pays de contrôler Ceylan et les Maldives. Le contrôle des Maldives s'exerçait notamment par la possession du port "T" britannique, refuge de la Royal Navy lors de l'offensive japonaise de 1942. Lorsqu'en 1977 les Maldiviens manifestèrent l'intention de céder la base aérienne de Gan (évacuée par la Grande Bretagne en 1976) aux Soviétiques moyennant la somme ridicule de 1 M$/an (!) .Les Indiens firent comprendre que "ce n'était pas souhaitable". Langage diplomatique pour qualifier l'inacceptable. La base de Gan est alors transformée en complexe touristique qui rapporte notablement plus que la cession prévue aux Soviétiques. Car l'enjeu est de taille : la Route Suez-Maldives-Malacca est la plus puissante route océanique de marchandises générales du monde. Si l'Inde obtenait la possession territoriale de ces îles, elle disposerait par le biais de leur ZEE d'un droit de regard et d'un contrôle exclusif sur cette voie fondamentale. La preuve de cet intérêt pour la zone et du peu de cas que font les gouvernements indiens des gouvernements maldivien et cinghalais est illustré par les événements de 1988 : prétextant un coup d'Etat manqué aux Maldives, les commandos indiens sont parachutés, les frégates arrivent sur place et rattrapent les mercenaires au bout de deux jours alors qu'ils étaient déjà dans les eaux de Sri Lanka. On n'a plus jamais eu de leurs nouvelles...

Nous avons évoqué plus haut les enjeux géographiques, démographiques et raciaux de l'île de Ceylan. Comment pouvait subsister une République de petite taille (66 000 km^2, 9 millions d'habitants à l'époque) une fois la Grande-Bretagne écartée de la scène ? Curieusement, alors que les menaces semblaient essentiellement extérieures, c'est de l'intérieur que vint la catastrophe. Fait encore plus curieux, le déclic générateur du désordre espéré par l'Inde viendra des Cinghalais eux mêmes et non des Tamouls. Le tiersmondisme exacerbé du gouvernement Bandaranaike met le feu aux poudres (1971) par une série de mesures ultra-nationalistes qui ont consommé la rupture entre les communautés : déjà l'abandon du nom ancien et universellement reconnu de "Ceylon" pour le nom cinghalais de "Sri Lanka" (la resplendissante) fut une maladresse insigne vis-à-vis des Tamouls. Le pire était à venir : l'abandon de l'anglais dans l'enseignement, ciment de l'unité nationale, au seul profit du cinghalais, ferment de la césure, ne provoqua guère de troubles dans les universités de Colombo et de Kandy, à majorités cinghalaises, mais fut le signal de la guerre à l'université de Jaffna (99 % de Tamouls). D'où la naissance de la guérilla par "l'Armée de Libération des Tigres de l'"Eelam Tamul" ("Tamul Homeland") qui a d'abord recruté ses leaders à l'Université.

La démission du gouvernement de Mme Bandaranaike battue aux élections, son remplacement par le Cabinet conservateur Jayawardena, décidé à calmer le jeu, semblait pouvoir résoudre le problème. Mais le mal était fait. L'Inde commence par aider les groupes séparatistes tamils par de l'armement et de l'entraînement. Un accord de paix fut signé par les deux gouvernements en 1987. Dans l'impossibilité de régler le conflit militairement, le gouvernement demande l'appui de l'Inde qui serait une sorte de médiatrice. En 1987, la première intervention indienne au Sri Lanka contre la guérilla tamoule se solde par des pertes importantes de part et d'autre. On assiste à une annexion déguisée du Nord de Ceylan par l'*Indian Peace Keeping Force* (!). Paradoxe : les Tamouls (d'origine indienne) révoltés contre le gouvernement cinghalais se voient massacrer aussi bien par les Cinghalais que par leurs frères de race. La péninsule de Jaffna est coupée du reste du territoire et l'accès au nord du 8ème parallèle impossible. Les mines, qui ne sont pas répertoriées, mutilent et tuent les villageois qui rentrent chez eux après chaque cessation (temporaire) des hostilités. En 1989, devant l'enlisement de la situation, Le nouveau gouvernement de Sri Lanka demande le départ du contingent indien. Or, ce qui est significatif, la réponse de New Delhi est négative :

- New Delhi refuse le retrait de son contingent et fait croiser son porte-avions "Viraat "devant Trincomalee.
- New Delhi impose même le retour de Ceylan au "non-alignement" !
- le gouvernement de Ceylan ne disposera pas de Trincomalee sans l'accord de New Delhi.

Cette déclaration de force indienne mérite exégèse :

- la suprématie navale indienne est maintenant assurée; disposant d'un porte-avions, New Delhi peut faire régner l'ordre dans l'océan Indien proche.
- En ce qui concerne le "non-alignement", la traduction s'impose. La doctrine officielle est que l'Inde est non-alignée (tout en cédant des facilités navales aux Soviétiques, en achetant de sous-marins russes, en construisant des Mig sous licence et en passant des accords d'amitié et de coopération avec l'URSS...) et anticolonialiste; elle est même le leader mondial du non-alignement et de l'anticolonialisme. Donc s'aligner sur l'Inde c'est ne pas s'aligner; et de même, être colonisé par l'Inde représente la meilleure forme de libération du colonialisme. Le "non-alignement" version indienne, signifie devenir colonie indienne. Le sophisme est superbe.
- L'Inde ne possède que le port militaire de Vishakapatnam, loué aux Soviétiques en leur temps, et dont les très médiocres capacités (envasement, pas de protection contre les cyclones) ne peuvent en aucun cas rivaliser avec les extraordinaires possibilités de Trincomalee. Le but ultime de l'Inde est de posséder Trincomalee et non de venir en aide aux Tamouls dont le sort ne la préoccupe guère. L'Etat a ses raisons...

L'échec de la politique ceylanaise est donc patent. Mais les Indiens n'ont pu venir à bout de l'insurrection et se décident malgré tout à rapatrier leur contingent en 1990, tout en gardant un strict contrôle naval comme vu plus haut.

Ainsi la Patrie du non-alignement qui pourfendait encore volontiers les résidus du colonialisme a entrepris à son tour de mettre en œuvre une diplomatie navale que l'on croyait réservée aux puissances impérialistes. Le contrôle de l'Inde est une tutelle, un protectorat ou une colonisation pure et simple. Face au vide laissé par l'effondrement de la puissance soviétique, face à l'attentisme des Américains (La base *US Navy* de Diego Garcia est le verrou essentiel de l'océan Indien central avec Ceylan. Elle a l'avantage de ne - presque - pas créer de problèmes politiques avec l'Etat d'accueil puisqu'avant l'indépendance, les Britanniques avaient pris soin de détacher administrativement l'île de l'archipel des Chagos et de reloger les habitants de Diego Garcia ailleurs... Les Américains restent ici en observateurs attentifs du conflit ceylanais.), des puissances régionales tentent de s'immiscer dans ce conflit qui devient de plus en plus incontrôlable : les Israéliens aident les Tamouls (puisque les Arabes aident les Pakistanais) en leur fournissant armes de petit calibre, mines et assistance technique. Le financement est assuré par les trafics de drogue. La situation est donc à peu près incontrôlable par les grandes puissances.

Ici se vérifie la loi de l'arme : le contrôle de la géopolitique d'une zone consiste à y disséminer des armes puissantes et compliquées et non des armes de petit calibre qui par essence sont incontrôlables. Ceylan glisse peu à peu dans le second cas. On est en droit de craindre une future Somalie. "La féerie cinghalaise" est pour le moment un souvenir et seulement un souvenir.

LES DEPARTEMENTS FRANCAIS D'AMERIQUE ET LE NOUVEAU CONTEXTE CARIBEEN

Jean-Pierre CHARDON
Université de La Rochelle

Par leur statut, les départements français d'Amérique (DFA) se trouvent en marge de la Caraïbe. Territoires que l'histoire a fait européens, ils demeurent caribéens par la géographie. Ils cherchent à s'intégrer dans leur environnement régional par le biais d'une coopération régionale. Mais depuis peu, la Caraïbe évolue dans un double contexte géopolitique et économique profondément modifié. Dans le cadre de cet article, nous rappellerons d'abord les grand traits de la situation à la fin des années 80, avant d'aborder les changements de la présente décennie pour essayer d'examiner quelles perspectives s'offrent aux territoires français en matière de coopération avec leur voisinage.

La fin d'une époque

Une région au cœur d'un double enjeu

Après la Seconde Guerre mondiale, l'archipel antillais s'est trouvé engagé dans le processus de décolonisation. Les différentes métropoles ont appliqué leurs méthodes spécifiques. Il en résulta un kaléidoscope de situations politiques allant de l'indépendance totale aux départements d'outre-mer, en passant par des formules d'association, d'autonomie. Les Antilles allaient quitter, dans leur majorité, le domaine colonial pour entrer dans la famille sans cesse élargie du Tiers monde. Entre les Etats-Unis si proches et l'archipel antillais allait désormais s'établir un front de contact Nord-Sud. Les modalités de l'écart entre ces deux mondes sont modulées par la nature des liens qu'entretiennent les îles avec leurs tuteurs américains et européens. A cette problématique Nord-Sud s'est ajouté dans les années soixante, un enjeu Est-Ouest focalisé autour de Cuba. Peu ou prou, les autres îles ont dû se déterminer vis-à-vis des rapports entre les Etats-Unis et Cuba. La superposition de ces deux problématiques a souvent placé l'archipel antillais au centre d'une actualité brûlante et l'a conduit vers une forte dépendance à partir de trois faisceaux privilégiés de relations avec le monde extérieur.

Le faisceau Cuba-COMECON

Le premier de ces faisceaux, le plus original et exclusif des deux autres, concernait Cuba. Devenue membre du COMECON depuis 1972, Cuba s'est intégrée dans le système économique dominée par l'ex-URSS. Au sein de ce marché commun, avec qui elle effectuait plus de 80 % de ses échanges, Cuba était spécialisée dans la fourniture de sucre roux, d'agrumes, de conserves de poisson, de tabac, de chrome et de nickel. En compensation, elle recevait d'URSS matières premières (céréales, hydrocarbures), demi-produits et biens de consommation, ces derniers surtout fournis par l'Europe de l'Est. Les aspects de ces échanges étaient fort avantageux pour Cuba qui vendait son sucre à un prix rémunérateur et obtenait de l'énergie moins chère qu'au prix mondial, les transactions s'effectuant dans la zone monétaire protégée du rouble.

La Caraïbe et les accords de Lomé

Le second faisceau était aussi transatlantique mais concernait la CEE. Au fil des différents accords, la plupart des Antilles étaient devenues membres de l'ensemble ACP (Haïti et la République Dominicaine y adhèrent en 1989). Les divers accords de Lomé (I,II,III,IV) offrent à ses partenaires antillais (regroupés dans *Cariforum*) : l'ouverture des marchés de la CEE pour leurs produits sans exigence de réciprocité; l'obtention de protocoles sur le sucre, le rhum, les bananes et le riz garantissant des quotas et un niveau de prix liés aux prix agricoles européens; un système d'aides aux exportations agricoles et minières par l'intermédiaire de fonds de stabilisation (*stabex* et *sysmin*); un volume d'aides par le canal du FED (Fonds Européen de Développement). Cet ensemble de dispositions permettait aux Antilles de pérenniser des flux d'échanges qui n'étaient souvent que la continuation d'anciens flux coloniaux avec les métropoles de naguère.

La Caraïbe et le plan Reagan

Réponse économique à une préoccupation géopolitique, le plan Reagan (CBI : Initiative du Bassin Caribéen) étendait à la presque totalité des Antilles et de l'Amérique Centrale, un régime de libre accès des produits antillais au marché des Etats-Unis. Il incitait les capitaux américains à s'investir dans les îles afin d'y fabriquer dans les zones franches, une large gamme de produits manufacturés exportés ensuite vers les Etats-Unis. Il s'agissait, par ces exportations nouvelles, de compenser l'effondrement des ventes antillaises d'hydrocarbures raffinés, de sucres, de bauxite et d'alumine vers l'Amérique du nord. A la fin de la décennie 80, le bilan global de ces échanges est assez différent de l'objectif avoué lors de la création du dispositif. Si les ventes américaines dans les îles ont doublé en valeur, les ventes antillaises n'ont pu atteindre leur niveau de 1984, malgré leur diversification; seule Haïti jusqu'en

1986 et surtout la République Dominicaine ont profité de cette reconversion économique.

La nouvelle donne : la remise en cause des trois faisceaux

Le nouveau contexte géopolitique

L'effondrement du camp soviétique a bouleversé et fait disparaître l'équilibre bipolaire mondial. Au niveau de la Caraïbe, l'enjeu Est-Ouest disparaît. La région retombe sous la tutelle des Etats-Unis. Mais l'hégémonie de ces derniers semble changer de contenu. Désormais, Washington va mettre en avant la lutte contre la drogue, le respect de l'environnement, le problème des migrations, la défense des droits de l'homme et de la démocratie élective pluraliste. Avec la disparition de l'enjeu Est-Ouest, la Caraïbe a perdu un moyen de pression dans ses discussions avec les Etats-Unis. Pour ces derniers, les rapports avec l'ensemble du continent américain s'inscrivent désormais dans une perspective régionale où les préoccupations géostratégiques cèdent le pas aux enjeux géoéconomiques.

Le nouveau contexte économique

Des changements économiques structuraux profonds sont à l'œuvre dans l'économie mondiale. La globalisation de celle-ci, la libéralisation des échanges, la déréglementation d'un nombre croissant de secteurs d'activités en sont les marques les plus connues.

Tout concourt à une mobilité accrue des facteurs de production (capital, travail, ressources). La fluidité des échanges, l'instabilité des situations acquises, le décalage croissant entre des mécanismes œuvrant à l'échelle mondiale et des politiques à cadre national, font évoluer l'économie mondiale vers de vastes regroupements de configuration tripolaire. Un de ces pôles est européen, l'autre est pacifique, asiatique, sous direction japonaise et le troisième est américain. Cette double évolution géopolitique et géoéconomique va à l'encontre de ce qui avait permis la mise en place de l'économie antillaise. Celle-ci avait su faire jouer ses spécificités au sein de chacun des trois faisceaux de liens avec ses tuteurs. Dans un monde où devraient diminuer puis disparaître les entraves aux échanges de personnes, de biens, de capitaux, d'informations, l'archipel antillais risque de perdre toute protection. Les trois faisceaux majeurs de relations avec l'extérieur sont désormais remis en cause selon des modalités différentes mais qui, toutes, inquiètent la Caraïbe.

La dissolution du faisceau Cuba-COMECON

A partir de 1990, l'Europe de l'Est a brutalement interrompu ses échanges avec Cuba; la suppression ultérieure du COMECON n'a fait qu'officialiser cette situation et altérer gravement les liens avec l'ex-URSS devenue la CEI. Parmi les membres de celle-ci, la Russie reste de loin le principal partenaire des Cubains. Mais l'ampleur des échanges est sans commune mesure avec ce qu'elle était avant 1990. En "dollarisant" son commerce extérieur, la Russie exige des devises que Cuba ne possède pas. Désormais, l'île essaie de reconstruire de nouveaux liens extérieurs, à l'écart de ce qui était hier le cœur de ses relations, mais aussi hors d'atteinte d'un embargo américain qui a tendance à se renforcer (cf. la Loi Torricelli). Cuba se tourne ainsi vers l'Amérique latine et les Antilles. Depuis juillet 1993, la détention de dollars par des Cubains n'étant plus interdite, la "dollarisation" de l'économie insulaire est en marche; au-delà de ses conséquences socio-politiques considérables, ce phénomène ne peut que faciliter la recherche d'intégration dans l'économie mondiale, la possibilité d'avoir de nouveaux partenaires économiques.

Marché unique. Union européenne et révision des accords de Lomé IV

La création du Marché unique le 1er janvier 1993 par la CEE n'a pas eu de conséquence directe sur le contenu des accords de Lomé IV. Mais l'unification des marchés a profondément modifié la situation du marché bananier européen et menace l'existence du protocole qui garantit annuellement l'écoulement en Europe de 350 000 tonnes de bananes des Antilles anglophones. Une violente guerre des prix déclenchée en 1992 par les producteurs d'Amérique centrale (bananes dites de la zone dollar), les discordes au sein de la CEE entre les partisans d'un marché libéralisé (Allemagne, Benelux) et ceux qui défendent les bananes des pays ACP et des régions européennes d'outre-mer (France, Espagne, Royaume-Uni, Portugal) ont montré la fragilité des protocoles agricoles. La révision prévue en 1995 des accords de Lomé IV dans un contexte mondial dominé par les affrontements commerciaux CEE-Etats-Unis, à propos des échanges de produits agricoles, inquiète les membres du *Cariforum*. La politique générale de libéralisation des échanges a permis d'accorder à l'Amérique centrale des facilités par le système de préférence généralisée, qui équivalent presque à ceux consentis dans le cadre des accords de Lomé. De même, l'aide octroyée par la CEE à l'Amérique centrale dépasse, par habitant, celle qui a été accordée aux pays du *Cariforum*.

Les inquiétudes antillaises face à l'ALENA

La signature du traité de l'ALENA en décembre 1993, entre les Etats-Unis et le Mexique inquiète les bénéficiaires du CBI. Ces derniers ont le sentiment d'avoir perdu tout bénéfice et de voir surgir avec le Mexique un concurrent de trop grande envergure pour eux. La signature de ce traité n'est que la première pierre d'un édifice fondamental dont l'idée a été lancée par l'initiative Bush durant l'été 1990. Il s'agit de bâtir une zone de libre-échange qui englobe tout le continent américain. Si l'administration Clinton apparaît moins enthousiaste que celle de son prédécesseur, cette initiative reste fondamentale pour les relations entre les Etats-Unis et le reste du continent. Nous savons que désormais les préoccupations géoéconomiques l'emportent sur les enjeux géostratégiques. Dans la compétition économique mondiale, les Etats-Unis cherchent à se renforcer face à ses deux rivaux de la triade : l'Union Européenne à géométrie variable et la nébuleuse organisée autour du Japon sur la façade asiatique du Pacifique.

Autant le conflit Est-Ouest inscrit dans les évènements caribéens avait pesé sur la mise en place du CBI, autant l'initiative Bush ne laisse à la Caraïbe qu'une place restreinte dans un édifice beaucoup plus vaste. Pour l'archipel antillais, les dangers de l'ALENA sont multiples. Son existence réduit à néant ou presque les avantages accordés aux bénéficiaires du CBI en faveur des produits mexicains. De plus, les produits non-éligibles au CBI auront tout avantage à être produits au Mexique puisque le régime auquel ils seront soumis, dépendra d'un traité négocié et ratifié par les parlements de deux Etats, alors que le CBI résulte d'une politique unilatérale qui peut être remise en cause par le Congrès américain. La première parade pour les Antilles consiste à engager dès maintenant leurs économies dans de profondes réformes afin de libéraliser les échanges; mais la fragilité de nombreuses économies insulaires rend cette adaptation trés difficile. La seconde parade vise à se rapprocher de l'Amérique centrale où se trouvent les autres bénéficiaires du CBI afin d'élaborer des politiques communes de manière à proposer des solutions concrètes pour contrecarrer les influences de l'ALENA sur leurs économies. Enfin, sur initiative du *Caricom*, un nouveau cadre régional est proposé : l'Association des Etats caribéens qui comprendrait toutes les îles, quel que soit leur statut, les pays d'Amérique centrale et les Guyanes. Ce nouvel espace pourrait être un partenaire de choix dans le puzzle complexe d'espaces économiques qui se construit en Amérique avec parfois de doubles appartenances.

Les DFA, observateurs ou acteurs ?

Les plus européens des pays caribéens

Les trois DFA font partie intégrante de l'Europe par statut. Peuvent-ils se contenter d'être des appendices éloignés de cette Europe et faire fi des changements survenus en Amérique ? En Europe, ils ont eu du mal à faire reconnaître leurs spécificités. Réunis dans les provinces maritimes périphériques avec les Canaries, Madère et les Açores, ils ont obtenu un POSEIDOM (Programme d'Options Spécifiques à l'Eloignement et l'Insularité des DOM) qui leur fournit une possibilité de s'adapter à la nouvelle donne économique européenne : le libéralisme économique. L'organisation du marché européen de la banane (cf. ci-dessus) a montré les limites de cette politique. Sous protection, les productions des DFA ne trouvent plus de débouchés sur un marché français qui leur était réservé par la réglementation nationale.

Les DFA et la coopération régionale

La reconnaissance de la spécificité des rapports DFA pays ACP

Au sein de la République française, les trois DFA ont une singularité marquée. L'histoire en a fait des morceaux de la nation française, la géographie affirme leur nature caribéenne. Les rapports entre les DFA et leurs voisins caribéens, membres ACP, sont fort différents de ceux du reste de l'Union Européenne avec ces mêmes pays. Les DFA, reconnues comme régions en retard au sein de l'Europe, risquent de pâtir de la dissymétrie des concessions qui ont présidé à ces accords. Si les marchés des DFA sont ouverts sans restriction aux produits de leurs voisins, la réciprocité est impossible. Or les DFA ont l'intention affirmée de mieux s'intégrer dans leurs environnement régional. Comment le faire sans véritable coopération régionale ?

Les difficultés de la coopération régionale

Les difficultés de cette coopération tiennent d'abord à des facteurs internes aux DFA. Elles tiennent à la multiplicité des acteurs dont les actions sont coordonnées par un Délégué interministériel afin que la convergence l'emporte sur le parallélisme. La coopération entre les DFA et leurs voisins a un double visage : elle est une coopération entre la France et la Caraïbe par l'intermédiaire des DFA; mais elle est aussi une coopération propre des DFA; la première est du ressort des ministères parisiens, la seconde est ardemment souhaitée et moins souvent conduite par les collectivités territoriales. La situation actuelle des échanges entre les DFA et les pays du voisinage peut apparaître décevante. Les échanges commerciaux sont restreints, tant en volume qu'en poids, et ne touchent que quelques secteurs, quelques partenaires; ils sont déséquilibrés au détriment des territoires français. L'économie de ces derniers exporte des produits semblables à ceux de ses voisins (sucre, rhum, banane). S'y ajoute un coût du travail nettement plus élevé et des réseaux de transport encore inadaptés aux besoins, malgré de récentes et significatives améliorations en matière maritime. Les pays caribéens défendent leur marché par le tarif extérieur commun du CARICOM et la pratique des *negative lists*. Ils ont souvent les Etats-Unis comme principal partenaire, sont souvent éligibles au CBI, ce qui rend d'autant plus difficile pour eux toute substitution de fournisseurs. Mais nombreux demeurent les autres obstacles; les barrières culturelles, linguistiques, administratives sont pesantes et l'espace francophone, même élargi à l'aire créolophone reste minoritaire dans un arc antillais anglophone.

Les ambitions des DFA : se positionner entre l'Europe et la Caraïbe

Les DFA veulent tirer parti de leur position entre Europe et Caraïbe. D'un handicap, ils veulent en faire un atout. Il leur faut donc choisir avec leurs futurs partenaires les domaines les plus propices à des échanges fructueux pour tous. Au plan commercial, les perspectives apparaissent réduites mais elles peuvent s'élargir au-delà des pays du CARICOM. Ainsi Cuba cherche actuellement des marchés dans la Caraïbe et apparaît intéressée par la plate-forme logistique de Pointe-à-Pitre. Le haut niveau d'équipement en infrastructures des DFA peut privilégier la coopération technologique et scientifique. Plusieurs domaines peuvent être clairement identifiés. Le premier touche au secteur maritime. Le centre *Trainmar*, basé en Guadeloupe, est un lieu de formation à destination des professionnels des communautés portuaires et maritimes de la Caraïbe. Il possède des correspondants en Jamaïque, à Trinidad, à Cuba, en République Dominicaine. Il a été installé à la fin de 1988, sous les auspices de la CNUCED, aprés accord avec le gouvernement français et avec le support du Conseil régional, du Port autonome et de la Chambre de Commerce de Guadeloupe, ainsi que de la *Caribbean Shipping Association*.

Les centres de télécommunications des deux Antilles françaises reçoivent aussi de nombreux stagiaires d'Amérique latine. Les deux centres hospitaliers universitaires ont également un rôle à jouer dans un domaine où les petites Antilles souffrent d'un sous-équipement notoire. Dans le domaine de l'environnement, de la prévention des risques naturels, les DFA disposent du savoir-faire et de l'ingéniérie française et peuvent coopérer efficacement avec leurs voisins sous l'égide de l'Union Européenne et avec l'aide de ses crédits structurels. L'image du tourisme antillais a besoin d'être renouvelée, enrichie, face à la forte concurrence d'autres pays tropicaux. Il est nécessaire que les différentes îles coopèrent entre elles, au lieu de vendre leur propre et unique destination. Ceci implique la mise en vente de voyages forfaitaires à multi-destinations associant un DFA et une île voisine (Martinique-Sainte-Lucie, Guadeloupe-Dominique); cela permettrait de diversifier le produit touristique offert, d'élargir la clientèle et de partager les profits d'une des seules activités dynamiques dans la région. Le domaine de la sécurité, lui-même, ne saurait être négligé dans un espace insulaire soumis au trafic des narcotiques. Fortement impliqués dans ce domaine, les Etats-Unis voient d'un œil favorable toute coopération qui, par les DFA, engagerait la France mais aussi l'Europe. Saint-Martin apparaît comme un des foyers de cette véritable guerre à livrer à une hydre aux mille têtes.

La Caraïbe s'inquiète des bouleversements du double contexte géopolitique et économique mondial. Elle craint de perdre ses préférences commerciales vis-à-vis de ses deux tuteurs européen et américain. Ces derniers évoluent vers des blocs commerciaux qui sont engagés dans une compétition de longue haleine pour la suprématie mondiale du siècle à venir. De par leur statut, les DFA sont à la marge institutionnelle de la Caraïbe, mais la géographie les périphérise vis-à-vis de l'Europe; elle les place au cœur d'une Caraïbe dans laquelle ils doivent chercher et trouver une place originale de relais, d'interface qui s'appuierait sur le partenariat, la négociation, la réciprocité, le risque partagé, se substituant ainsi aux préférences octroyées au gré des conjonctures, des humeurs et des priorités des tuteurs habituels.

L'ARCHIPEL CUBAIN DANS LE NOUVEL "ORDRE" MONDIAL

Denise DOUZANT-ROSENFELD
IUFM de Versailles-Université Paris X

L'archipel cubain regroupe la plus grande île des Antilles au sein du bassin caraïbe. Cette Méditerranée américaine, selon l'expression d'Elisée Reclus, est devenue un espace-frontière durablement fragmenté par les processus de colonisation-décolonisation et les rivalités entre puissances d'Europe et d'Amérique, une interface majeure entre le Nord anglo-saxon, développé et attractif, et le Sud latino-américain, cherchant à sortir de la périphérie et du sous-développement. Ce petit territoire accessible, largement cultivable et sans vide démographique depuis la reconstitution de son peuplement par migrations successives, cette île à sucre tropicale ayant l'ambition nouvelle de devenir un paradis touristique, cette société carrefour de cultures et concentré d'Amérique latine, a tenu une place étonnamment disproportionnée dans les relations internationales entre les années 60 et la fin de la Guerre froide. Forte de l'aide soviétique, le petit David révolutionnaire a pu défier le Goliath *yankee*, en dépit d'un embargo ininterrompu. La situation insulaire a joué un certain rôle dans le maintien et la consolidation du régime castriste, tandis que l'implantation d'une forte communauté de l'exil à Miami favorisait le maintien de l'embargo américain. La situation insulaire est aussi un obstacle supplémentaire, voire mortel, à l'émigration illégale, lorsque l'île apparaît comme une prison que l'on veut quitter. Beaucoup de *balseros*, ces Cubains téméraires qui se lancent à la mer sur des radeaux de fortune pour rejoindre les côtes de Floride, en ont fait l'amère expérience.

Avec la fin de la bipolarisation stratégique et idéologique, la rente de situation de Cuba à 90 miles des côtes de Floride a perdu de sa valeur stratégique. L'effondrement de l'URSS et l'éclatement de l'ensemble fortement intégré des pays du COMECON auxquels Cuba avait lié son développement, s'accompagne de l'effondrement des économies et des sociétés comme des courants d'échanges. L'économie cubaine cherche un second souffle et le régime castriste sa survie dans un environnement particulièrement hostile : tension persistante avec les Etats-Unis, marché mondial unique en devises fortes, fin de l'économie de rente protégée, retour à la dure condition de pays sous-développé et dépendant...

Si la révolution cubaine puis le rôle du régime castriste dans la guerre froide et les enjeux du Tiers monde sont bien connus, l'évolution de l'île dans les années 90 appelle une remise en perspectives. C'est l'ambition de cette contribution qui vise à faire comprendre, après avoir rappelé les contextes successifs qui ont présidé au développement du pays, à la fois la complexité d'une situation locale trop souvent caricaturée et les défis et perspectives auxquels est confrontée la société cubaine.

Position et enjeux géopolitiques

La conjonction de l'insularité et de diverses formes de domination depuis cinq siècles ont façonné à Cuba, comme dans les autres îles à sucre antillaises, un développement déformé et dépendant, que la construction d'un Etat socialiste n'a pas foncièrement modifié. En revanche, la rente de situation de l'archipel cubain à proximité du continent américain (180 km des côtes de Floride et 210 de celles du Yucatàn) a été successivement mise à profit.

Rotation des métropoles et dépendance

Tremplin pour la constitution des expéditions des conquérants espagnols vers l'Amérique continentale, le port de La Havane, établi au fond d'une rade profonde et bien protégée, a su user très tôt de sa position stratégique à la frontière maritime de l'empire espagnol. Escale obligée des flottes qui naviguaient entre la Floride, Veracruz et Carthagène, l'arrière-pays puis le reste de l'île se sont développés grâce aux revenus liés à l'entretien des navires, au ravitaillement des équipages et des garnisons espagnoles, puis aux cultures d'exportation comme le tabac et plus tard le sucre. Repeuplement et extension des plantations, cabotage entre les différents ports provinciaux (avant le développement d'un vaste réseau ferré au XIXème siècle pour écouler la canne), commerce extérieur assuraient la richesse. Le port de La Havane, enjeu pour le contrôle de la région entre colonisateurs espagnols et corsaires anglais, forces avancées de l'empire britannique, fut temporairement pris par ces derniers en 1762. Cet épisode consacra la fin du monopole commercial espagnol, mais non celui de la colonisation. Alors que Cuba restait la dernière colonie espagnole avec Porto Rico en Amérique jusqu'à la défaite de 1898, les planteurs cubains avaient accès au marché mondial, accumulant richesses et revendications vis-à-vis de l'exploitation fiscale et douanière de la métropole.

L'indépendance durement acquise marque l'entrée dans une nouvelle dépendance et logique géopolitique. Les Etats-Unis monnayent leur aide en se faisant donner la zone de Guantánamo, à l'extrême sud-est de l'île, pour y installer une base militaire stratégique commandant la route du canal de Panama. Elle reste aujourd'hui le symbole par excellence de l'impérialisme pour les Cubains. Elle constitue paradoxalement une frontière terrestre entre les Etats-Unis et Cuba, lieu d'attirance dûment protégé contre ceux qui seraient tentés de passer chez le grand voisin, lieu de relégation depuis la crise des *balseros* de l'été 1994 pour les *boat people* désormais indésirables aux Etats-Unis. La mainmise étatsunienne, tant politique qu'économique (en 1958 les sociétés américaines contrôlaient 90 % des mines, 50 % des terres et l'essentiel des grandes industries) alimentera les diverses manifestations du nationalisme cubain jusqu'à la chute de la dictature de Batista.

La révolution, qui parachève la nation cubaine, représente alors un immense espoir pour les peuples latino-américains et pauvres : c'est le début d'une expérience que les Etats-Unis ne pourront pas arrêter et qui met radicalement en cause la domination *yankee* sur l'Amérique latine. Sa radicalisation et l'invasion manquée de la Baie des Cochons en 1961 coupe définitivement l'île de toutes relations autres que conflictuelles avec son grand voisin, alors que son économie en était devenue complètement dépendante tant pour son commerce extérieur (exportations de sucre, importations de produits alimentaires et industriels) que son développement (énergie, transport, technologie, tourisme, etc.). En se tournant vers l'Union soviétique pour assurer sa survie et sa défense, le régime castriste entre dans un mécanisme complexe où ses initiatives propres doivent trouver place dans un contexte de guerre froide dominé par les deux Grands, de tension sino-soviétique et d'affirmation politique du Tiers monde. Sa position est son meilleur atout. Les Soviétiques sont intéressés à y implanter non seulement des bases militaires classiques, mais des armements nucléaires sur le flanc Sud américain encore vulnérable, afin de contrer l'implantation de fusées américaines en Turquie. Le retrait des fusées soviétiques en 1962 marque un épisode majeur dans la guerre froide. La conséquence pour Cuba, c'est surtout l'engagement américain de fait de ne pas débarquer dans l'île et donc la possibilité de poursuivre l'expérience ; ce qui n'empêchera pas les Américains d'aider militairement les maquis anti-castristes et de maintenir toutes les pressions possibles pour faire échouer le nouveau régime qui s'est proclamé socialiste. Cette hostilité continue des Etats-Unis fera de Cuba un pays en état de défense permanent et explique la persistance du caractère militaire du régime castriste, avec à sa tête son commandant en chef. Une bonne part des ressources et une aide soviétique spécifique ira à l'armée qui a compté jusqu'à 300 000 membres, sans compter les milices. Cette force militaire sera un élément important de la politique extérieure cubaine (interventions en Angola et en Ethiopie).

La "plus petite des grandes puissances" occupe ainsi une place à part, au carrefour du Tiers monde et des pays socialistes. Vis-à-vis des premiers, Cuba s'en considérera comme le porte-parole, apportant une politique d'aide technique et de coopération à plus de trente pays (surtout Nicaragua, Salvador et Afrique). Vis-à-vis des seconds, Cuba adhérera au COMECON en 1972 et participera de la division socialiste du travail. La relative homogénéité du territoire et l'élan révolutionnaire favoriseront l'intégration et la diffusion d'un modèle unique de développement, largement influencé par le mode de gestion soviétique. Mais les modalités de l'aide soviétique n'ont pas permis à Cuba d'échapper aux contraintes d'une économie dépendante de ses échanges extérieurs. La vulnérabilité qu'implique la dépendance d'un seul produit agricole, le sucre, et de relations privilégiées avec le marché commun des pays de l'Est va produire ses désastreux effets dans la deuxième partie de la décennie 80. Pour la première fois depuis la prise du pouvoir révolutionnaire l'île ne peut plus monnayer sa position géostratégique.

La fin de la guerre froide

Dans les années soixante, Cuba avait déjà dû convertir entièrement ses échanges extérieurs et ses partenaires commerciaux après la fermeture du marché américain. Le pétrole et les autres marchandises, les machines, intrants et pièces détachées, franchissaient 12 000 kilomètres pour arriver au port de La Havane, entièrement rééquipé pour recevoir ces nombreux cargos, en provenance des pays de l'Est. Les produits bruts, essentiellement le sucre, le nickel, le tabac, le café puis les agrumes, faisaient le trajet en sens inverse, comme "troc" d'échange en fonction d'accords à long terme (sucre contre pétrole). Les excédents de pétrole soviétique, revendus sur le marché mondial, procuraient les devises indispensables, mais en quantité insuffisante pour lever la forte dépendance de l'île vis-à-vis du COMECON : division socialiste du travail assignant à l'île tropicale le rôle de pourvoyeur de matières premières agricoles ou minières, achat en retour de technologies et machines souvent obsolètes, contreparties idéologiques et politiques, etc. Après un essai de diversification dans les premières années, l'économie cubaine avait tout misé sur les exportations de sucre pour s'industrialiser. A côté de réussites flatteuses (santé, éducation, culture...), qui continuent d'être des éléments forts de la légitimité de la "dictature" castriste, Cuba restait un petit pays du Tiers monde, mal industrialisé et dépendant, soumis à l'embargo américain, même si celui-ci était en partie contourné par les filiales des compagnies américaines installées au Panama ou dans d'autres paradis fiscaux.

Dès le milieu des années quatre-vingt, les difficultés économiques et financières devenaient aiguës. Les rentrées de devises se raréfiaient avec la baisse des cours du pétrole et du sucre, alors qu'il fallait payer les remboursements de la dette et que le modèle de développement s'épuisait : faible productivité, faible accumulation, choix techniques contestables, etc. Les divergences avec la *perestroïka* et la *glasnost* de M. Gorbatchev entraînaient une révision défavorable des termes de l'échange Cuba-URSS. La projection internationale de Cuba dans le Tiers monde, qui lui avait donné une aura diplomatique non négligeable, est à réviser : intervention étatsunienne au Panama, rapatriement des 50 000 soldats d'Angola qu'il faut réinsérer, échec de la révolution nicaraguayenne et des mouvements révolutionnaires au Salvador, etc. L'effondrement du COMECON et surtout la disparition de l'URSS portent le coup de grâce.

La restriction brutale des importations en provenance des pays de l'Est, puis de l'URSS, en particulier les livraisons de pétrole et de produits alimentaires, arrête des pans entiers de la production et restreint considérablement la consommation. Il n'y a plus de guerre froide où Cuba puisse jouer sa carte. La Russie s'est dégagée des obligations de l'URSS, l'économie cubaine doit se reconvertir dans les pires conditions, alors que l'embargo américain ferme toujours le marché de proximité.

A la recherche d'un second souffle

Désormais le marché mondial est le seul horizon : le droit d'entrée s'y acquitte en devises fortes d'autant plus exigées que le dossier de la dette empoisonne les relations avec les pays créditeurs, en particulier européens, et que le régime politique ne donne pas de signes tangibles de démocratisation, au-delà de quelques gestes symboliques. Or l'économie cubaine, comme celle des autres îles de la région, dépend du commerce extérieur : plus de la moitié des terres cultivées est destinée aux cultures d'exportation, 57 % des protéines et plus de 50 % des calories consommées sont d'origine importée, comme 80 % des matières premières et équipements industriels.

Du communisme de guerre à la "dollarisation"

Alors que les premières restrictions aux importations commençaient, la politique dite de "rectification des erreurs" adoptée au IIIème congrès du PCC en 1986 avait recentralisé les décisions économiques autour de Fidel Castro et du petit groupe de dirigeants : arrêt des marchés libres paysans coupables d'enrichissement pour les intermédiaires et certains paysans, accent mis sur le tout collectif, retour aux stimulants moraux, lutte contre les "privilèges" de la bureaucratie (sans résultats), rationnement étendu à la plupart des consommations, appel au travail volontaire dans le bâtiment et l'agriculture, etc. Cette politique était à rebours des mesures de *perestroika* et *glasnost* mises en route par Gorbatchev.

La période spéciale

Cette centralisation facilitera la mise en place d'une véritable économie de guerre, la "période spéciale en temps de paix" à partir de l'automne 1990, lorsque les effets de la chute du mur de Berlin seront patents. A ce moment-là Fidel Castro compte encore sur l'URSS et n'a pas préparé la population à sa disparition. Il s'agit d'une draconienne politique d'auto-ajustement (sans intervention du FMI) qui vise à économiser et affecter les ressources à des secteurs prioritaires susceptibles de produire des devises (en gardant le monopole étatique du commerce extérieur et intérieur), rechercher l'autosuffisance alimentaire et la répartition égalitaire des pénuries par le rationnement; le tout alors que les échanges extérieurs s'effondrent : en relation avec 1989, la dernière année "normale", en trois-quatre ans les importations diminuent de 70 %, les exportations de 50 % et les investissements de 30 %. La population et la jeunesse sont mobilisées pour produire davantage dans les entreprises d'Etat ou les coopératives et patienter. Les activités privées sont prohibées ou restreintes. Malgré la pression sociale, les marchés libres sont refusés lors du IVème congrès du PCC en 1991. Affectée par les pénuries d'intrants importés (énergie, matières premières, pièces détachées, problèmes de transport, etc.) et la faible productivité, la production locale s'effondre.

La distribution des produits alimentaires est la plus gravement affectée. La situation est particulièrement critique en 1993 où la disette affecte les villes et où les maladies de carence font leur apparition. La ration annuelle de pain et produits à base de blé importés est passée de 104 à 69 kg *per capita* entre 1989 et 1993; la diminution est du même ordre pour les produits d'origine animale, sans que ces déficits soient compensés par les productions végétales et fruitières locales. C'est l'échec du "Plan alimentaire" lancé de façon volontariste à l'automne 89 et du modèle d'approvisionnement (centralisation commerciale et rationnement). Tous les efforts mis sur les productions vivrières, en favorisant en particulier le secteur des fermes d'Etat (80 % de la terre) n'ont pas réussi à enrayer la chute des rendements et des productions, au-delà de quelques succès remarqués. Même le secteur "priorisé" de la canne n'a pas résisté aux pénuries de carburants et machines : la production est passée de 7 millions à la fin des années 80 à 3 millions de tonnes en 1995, alors que c'est la principale source de devises du pays. Il est difficile de renverser le cours des choses, lorsque la main d'œuvre agricole fait défaut, lorsque l'agriculture a été conçue pour rimer avec gigantisme, intrants massivement importés (énergie fossile en particulier) et encore davantage bureaucratisme.

Les ressources diminuent dramatiquement également dans les secteurs sociaux de la santé (manque de médicaments et de moyens matériels), de l'éducation et des services publics en général (coupures d'électricité et de gaz, raréfaction des transports collectifs), comme dans les industries de substitution qui ferment ou tournent au ralenti faute de matières premières. *A contrario*, le secteur sucrier, le secteur énergétique et minier (pétrole et nickel), les biotechnologies et surtout le tourisme international sont favorisés. Les entreprises concernées sont autorisées à commercer directement, à accueillir des capitaux étrangers en *joint-venture*, puis des secteurs entiers (énergie, nickel, agrumes, biotechnologies et pharmacie...) sont ouverts aux investissements étrangers, avec un certain succès auprès de firmes canadiennes (nickel), européennes (Espagne, France, Angleterre), latino-américaines (téléphone avec le Mexique), voire japonaises.

La coexistence de secteurs économiques gérés de façon différente engendre toute une séries de distorsions qui sont autant d'entorses aux principes d'égalité : il y a les secteurs en devises qui rapportent, les secteurs étatiques ordinaires qui vivotent, les entreprises de l'armée qui s'auto-entretiennent (groupe Gaviota dans le tourisme, fermes agricoles), les secteurs de pointe qui bénéficient encore d'investissements coûteux (vaccins), sans parler du secteur informel, véritable économie souterraine qui s'alimente de trafics divers, procure emplois et revenus à de plus en plus de personnes, vu la chute de l'emploi dans le secteur public. Paradoxe pour un pays socialiste si sourcilleux de l'indépendance nationale : sa monnaie, le peso, n'a plus cours lorsqu'il s'agit de produits rares. Le dollar *yankee* règne en maître. La double circulation monétaire dollar-peso est tolérée, faute d'être contrôlée. Les dollars sont devenus indispensables : en provenance des aides familiales de Miami, du secteur touristique, des nouvelles entreprises et de toutes sortes de trafics (en particulier à partir des boutiques en devises pour étrangers), ils irriguent un marché noir florissant alors que les boutiques d'Etat en monnaie nationale restent désespérément vides.

Le choix du tourisme international

Si le tourisme international a de vieilles racines à Cuba, lorsque les premiers touristes nord-américains recherchaient la douceur du climat l'hiver au même moment où les Anglais recherchaient les *rivieras* méditerranéennes (italiennes ou françaises), puis dans les années 50 où se sont construits les grands hôtels de La Havane, les flux s'étaient taris avec la victoire révolutionnaire, faiblement remplacés par un tourisme européen (surtout des pays de l'Est) et le développement d'un tourisme national. La forte suspicion du régime envers les tares véhiculées par cette activité (prostitution, jeux, argent facile, modèle de consommation) incita dans les années 70 à promouvoir quelques pôles balnéaires sous forme d'enclaves facilement contrôlables (Varadero, Cayo largo) : 100 000 touristes en 1981. Avec la crise des pays de l'Est, le tourisme international a été choisi comme la forme la plus rapide et la plus efficace de faire rentrer des devises. Ce fut le premier secteur ouvert aux capitaux étrangers sous forme d'entreprises mixtes. Les transformations liées à l'extension du tourisme international sont spectaculaires. Outre la conversion au privé d'anciens hôtels d'Etat et l'augmentation des capacités d'hébergement grâce aux investissements étrangers, surtout catalans et espagnols, les rentrées en devises (720 millions de dollars en 1993, soit le triple des rentrées de ce secteur en 1990) et l'augmentation des flux (plus de 500 000 touristes en 1993) modifient la donne : non seulement à l'intérieur (enclaves touristiques attisant les décalages de niveau de vie entre nationaux et touristes étrangers, typiques des autres îles touristiques du Tiers monde, retour de la prostitution); mais aussi à l'extérieur, dans l'environnement proche : nouvelles concurrences avec les destinations caraïbes plus anciennes en République Dominicaine, Jamaïque, Bahamas, voire Mexique (Cancun, Yucatàn). Il s'agit d'un tourisme de gamme moyenne, toutes prestations comprises vendues par *tour-operators*, destiné aux salariés d'Europe de l'Ouest, de l'Amérique latine et du Canada, à défaut de capter le clientèle étatsunienne, empêchée par l'embargo.

La nouvelle politique économique

Les réformes d'ouverture économique des deux dernières années commencent à modifier cette situation intérieure et extérieure catastrophique. Il faut du temps et de la pédagogie pour reconvertir une nouvelle fois l'économie d'un petit pays en voie de développement, en cherchant à utiliser "le marché" sans quitter le socialisme et le parti unique (sur le modèle chinois ou vietnamien), tout en essayant de limiter les dégâts sociaux, autant dire la quadrature du cercle... Un pari encore bien incertain.

Signalons les grandes tendances des réformes prises au coup par coup, sous la force des pressions intérieures. Un certain allégement de la pression interne a été obtenu par trois mesures prises à la fin de l'été 1993 : au plan monétaire la possession des dollars a été légalisée pour les nationaux, ce qui a permis l'accès aux boutiques en dollars que l'Etat s'est empressé d'ouvrir sur tout le territoire pour vendre à la population les produits de consommation importés, dans le but de capter les précieuses devises; un certain nombre d'activités privées ont d'autre part été autorisées moyennant patente (artisanat, petites fabrications, services) et un certain nombre d'autres plus ou moins tolérées (petite restauration, location de maisons, de voitures...), ce qui a accru les possibilités d'emploi et de revenus, en particulier en ville, mais en grande majorité informelles et illégales; enfin la gestion des fermes d'Etat dans le secteur agricole a été radicalement modifiée, après l'échec du plan alimentaire. Les terres et les moyens de production ont été cédés aux collectifs d'ouvriers agricoles dans le cadre des nouvelles coopératives UBPC, dans le but de faire disparaître les subventions (les coopératives doivent être rentables si leurs membres veulent pouvoir vivre) et d'accroître les productions, sans pour autant autoriser les marchés libres. Les prix d'Etat sont restés peu incitatifs. Les premiers résultats ont été peu probants. Les pénuries ont fait monter le dollar au marché noir jusqu'au cours vertigineux de 100-120 pesos lors de la crise de l'été 1994 qui a engendré le sauve-qui-peut désespéré des *balseros*, alors que les salaires restaient bloqués (salaire moyen 200 pesos) et que peu de Cubains avaient accès aux indispensables billets verts.

C'est la raison pour laquelle un nouveau pas a été franchi à la fin de l'été 1994 : la réouverture de marchés libres agricoles, dans le but d'inciter tous les types de producteurs (et pas seulement les petits paysans, minoritaires à Cuba) à produire davantage pour vendre leurs surplus sur le marché libre, après avoir rempli leurs obligations vis-à-vis de l'entreprise de collecte d'Etat Acopio. La mesure, préparée avec l'aide de l'armée, a rapidement donné des résultats. Même si les prix restent très élevés, en particulier pour la viande, et que les quantités sont encore relativement modestes (le marché noir n'a pas été détruit), il s'agit bien pour les consommateurs d'une alternative pour acheter des produits alimentaires de base en monnaie nationale, alors que les quantités fournies par le rationnement sont chaque jour plus faibles et que le secteur de l'alimentation publique (hôpitaux, écoles, entreprises) est bien mal approvisionné. Notre enquête au niveau des fermes a montré que les producteurs se tournent vers de nouvelles cultures n'entrant pas dans les plans d'Etat et auparavant seulement destinées à l'autoconsommation comme le maïs, le riz, certains légumes, racines et fruits, afin de profiter des prix du marché agricole. La tutelle de l'entreprise Acopio est souvent remise en cause (paiements retardés, prix très bas qui constituent de fait un impôt à la production).

Si l'expérience est encore trop récente pour en dresser le bilan, on peut remarquer que l'ouverture des marchés a aussi fonctionné comme une réforme monétaire et semble un banc d'essai pour une future économie mixte. En introduisant la loi du marché comme agent économique, ils induisent une production adaptée à la conception d'un "socialisme avec le marché" encore embryonnaire. Très vite également ces marchés (agricoles, mais aussi ceux de produits artisanaux industriels) ont absorbé l'argent circulant en Pesos, tandis que l'Etat captait également des devises dans "l'aire dollar" en extension. (boutiques, bars, restaurants...). Le Peso a été rapidement revalorisé : 35 pesos à la fin de l'année 1994, 25 à la fin de l'été 95 et le mouvement ne semble pas terminé. C'est aussi un ballon d'oxygène pour le régime. Sur le plan extérieur, ce dernier cherche également à vaincre son isolement et à contourner l'embargo américain en s'ouvrant sur l'Europe et l'Amérique latine.

Entre Europe et Amérique

Sous le nez des Etats-Unis : une révolution socialiste qui perdure

Depuis 1961, année de la rupture des relations diplomatiques, le grand voisin n'a pas changé sur le fond son attitude à l'égard de l'île : stricte application de l'embargo commercial, économique, financier et des communications (toujours pas de normalisation de la poste ou des liaisons aériennes); volonté d'isoler le régime cubain à défaut de le détruire. Alors que la guerre froide est finie et que les relations américaines se détendent avec les autres Etats communistes (Chine, Vietnam), l'embargo a même été renforcé restreignant en particulier les envois de devises ou de marchandises, indispensables à la survie de beaucoup de familles dans l'île. Une proposition récente de Jesse Helms, président de la commission des Affaires étrangères au Sénat américain, vise à "renforcer les sanctions internationales contre le gouvernement de Castro". La forte communauté émigrée cubaine, dynamique et aujourd'hui riche, à l'origine de la croissance de Miami, largement aidée jusqu'aux années récentes (le statut de réfugié politique donnait accès à la résidence et aux emplois), forte aujourd'hui d'un million et demi de membres, a également développé un *lobby* actif à Washington pour contrer toute ouverture, en particulier autour de la Fondation nationale cubano-américaine de Jorge Mas Canosa. Jusqu'à présent, les effets sur le régime castriste sont exactement contraires à ceux escomptés, y compris avec le règlement peu glorieux de la récente crise des *balseros* : depuis août 1994, les candidats illégaux à l'exil ne bénéficient plus du droit d'asile et sont renvoyés à Gantánamo. Depuis l'accord de mai 1995, ils sont mêmes rapatriés à Cuba même. Cette "normalisation" des relations migratoires augure-t-elle d'autres changements ? Le régime dont on escomptait la chute tient toujours, les souffrances de la population sont renforcées par l'embargo et les entreprises américano-cubaines sont interdites d'investissement alors que Cuba s'ouvre largement aux capitaux étrangers, en particulier européens. La loi sur les investissements, adoptée le 5 septembre 1995 par l'assemblée cubaine, après de longues tergiversations, autorise même la création d'entreprises à capitaux totalement étrangers et le rapatriement des bénéfices, y compris ceux des Cubains installés aux Etats-Unis. Ce dernier point a provoqué des débats houleux vu que les Cubains, restés dans l'île, ne peuvent se lancer dans ce type d'affaires.

Le contexte change. Le problème de l'exode des Cubains a relancé aux Etats-Unis mêmes le débat sur un réexamen "post-guerre froide" de la politique américaine vis-à-vis de l'île. Des voix s'élèvent dans les milieux universitaires ou politiques, issues aussi de la communauté cubano-américaine, pour demander un "engagement constructif" ou une "normalisation relative" avec les arguments suivants : la levée de l'embargo pourrait accélérer la transition économique et améliorerait les chances pour un changement pacifique; le commerce est plus efficace que la force pour hâter la fin du communisme; un changement violent à Cuba n'est pas dans l'intérêt des Etats-Unis, il faut éviter un exode massif de migrants vers les Etats-Unis; modérer la politique américaine affaiblira le régime de Castro en lui enlevant son principal argument nationaliste; les Etats-Unis devraient adopter une politique plus réaliste, Castro n'est pas au bord du gouffre; la levée des sanctions évitera des pertes aux hommes d'affaires américains, etc. Un rapport élaboré par des experts américains pour le Pentagone et dont des extraits ont été publiés par la presse de Miami en avril 1995, constate que Fidel Castro reste le plus sûr moyen de contrôler la situation politique, réduire le mécontentement populaire et éviter un afflux incontrôlé de Cubains aux Etats-Unis. Fidel Castro utilise lui-aussi l'arme de l'embargo : c'est un argument interne permanent vis-à-vis des difficultés de la vie quotidienne à Cuba, qui renforce une identité nationale depuis un siècle au cœur du conflit cubano-américain; c'est aussi un argument pour opposer l'Union européenne aux Etats-Unis. Le chantage américain contre Cuba vise aussi à éloigner les intérêts économiques européens de la région, traditionnelle chasse gardée américaine.

Desserrer l'étau

Si les résultats internes des réformes économiques sont encore incertains, la politique d'ouverture diplomatique et commerciale mise en place par le régime castriste a porté quelques fruits. Certes, la transition apparaît périlleuse, l'objectif et les rythmes restent encore indéfinis, les droits de l'homme et la démocratie restent une pomme de discorde, mais la nouvelle Cuba offre des perspectives d'investissements et de profits. Le choix du régime est maintenant clair : reconstituer l'activité productive avec des capitaux étrangers, en contrôlant les accords. Faute de crédits internationaux, ce sont les entreprises étrangères qui apporteront intrants et savoir-faire, tandis que Cuba fournira la main d'œuvre à bas prix. C'est déjà le cas dans le secteur touristique, le nickel, le pétrole, le ciment; c'est annoncé pour les industries de consommation : détergents, chaussures. C'est amorcé dans l'agriculture d'exportation : les financements extérieurs à l'achat d'intrants pour relancer la culture du tabac et récemment de la canne sont gagés sur les ventes. Ils permettent de donner quelques stimulants en devises aux travailleurs. Un quart des 200 entreprises étrangères installées dans l'île sont d'origine espagnole, car l'appartenance à la communauté ibérique est un facteur valorisant. Au niveau des échanges extérieurs on constate que, si le niveau reste toujours très bas et la situation financière difficile, les partenaires se sont diversifiés. La Russie reste encore le premier partenaire avec la fourniture de pétrole et l'achat de sucre (600 millions de dollars en 1994), mais le Canada est bien placé (217 millions), de même l'Espagne (307 millions) et la France (206 millions), tandis que la Chine fournit du riz et des vélos et que plus d'une trentaine d'autres pays, en particulier de l'Amérique latine y participent, mais à une moindre échelle. L'Union européenne a reconduit son aide humanitaire tout en faisant pression pour des changements politiques dans l'île. Enfin, cette ouverture économique s'accompagne d'une reconnaissance internationale, en particulier auprès des pays de l'OEA, qui ont pratiquement tous rétabli leurs relations diplomatiques et de relations nouvelles au sein du bassin caraïbe (poste d'observateur auprès du CARICOM, projets de coopération).

Une société en décomposition : la survie ou l'exil

Jusqu'à présent, le castrisme a survécu grâce à deux ressorts essentiels : la satisfaction des besoins sociaux et le sentiment national, l'appel à la dignité anti-impérialiste. Le premier ressort est bien mis à mal par plus de cinq ans de restrictions et les conséquences des réformes économiques : dollarisation, inégalités, ressentiment. La tentation de l'exil gagne aujourd'hui les couches de professionnels (professeurs, ingénieurs, médecins) et des éléments dynamiques de la jeunesse, qui avaient résisté jusque là.

La société cubaine révolutionnaire s'était construite sur une relative égalité dans l'accès aux services et à l'emploi, à l'alimentation et aux produits de consommation rationnés. En dépit des tensions, insatisfactions et frustrations (en regard de la société de consommation nord-américaine toute proche et largement connue par les visites des émigrés de Miami, la radio ou les films), la société, qui aspirait au bien-être, voyait un début d'amélioration et de promotion pour ses enfants : les fils de paysans et d'ouvriers faisaient des études, devenaient ingénieurs ou médecins. La promotion de générations entières de cadres, formées à la hâte pour remplacer ceux qui étaient partis dans les années 60 était un élément fort du soutien de la génération révolutionnaire à la construction du socialisme. Avec ces nouvelles privations dont on ne voit pas la fin, les fortes différenciations sociales et les changements de mentalités liées à la possession ou non de dollars, l'horizon professionnel bouché (les jeunes diplômés, formés en masse, se retrouvent au chômage), la perte progressive des acquis sociaux, la légitimité même du régime castriste est atteinte. Il s'ensuit une profonde crise des valeurs. Au moment où une légère amélioration apparaît à l'horizon économique, c'est la société qui est épuisée et s'interroge. D'où la tentation grandissante de l'exil au moment où les portes des Etats-Unis se referment. Reste la force du sentiment national. : un sentiment national qui s'est grandement confondu avec le "soutien à la révolution". Au moment où les conquêtes de cette dernière se dérobent, c'est probablement à ce niveau-là que se joue le destin de la nation cubaine. La majorité des Cubains de l'île ne veut pas que ceux qui sont partis vivre de l'autre côté, en abandonnant la patrie, les *gusanos* (les vers rampant devant leur maître) comme on les a longtemps appelé, viennent dicter leur loi. Il y a un grand pas entre accepter par force de vivre avec les envois de la communauté en exil et perdre son indépendance. Mais le débat a maintenant lieu des deux côtés du détroit de Floride. C'est peut-être le début du dialogue.

Bibliographie

DOUZANT, D., LINCK, T. et M., ZEQUEIRA, 1995, "Se nourrir à Cuba : les enjeux de l'agriculture dans la région de La Havane", *Cahiers des Amériques Latines*, IHEAL, Paris.

DOUZANT-ROSENFELD, D., 1995, "Approvisionnement de deux métropoles caraïbes : Santo Domingo et La Havane" *in* : *Nourrir les métropoles d'Amérique latine*, Douzant D. et Grandjean P. (Dir.), Paris, L'harmattan.

HABEL, J., 1992, (2ème éd.), *Ruptures à Cuba, le castrisme en crise*, Paris, La Brèche.

ROUX, M., 1995, "Les nouveaux marchés agricoles à Cuba", *L'Ordinaire d'Amérique latine*, n° 157-158, mai-août 1995, IPEALT-Université de Toulouse-le-Mirail, Dossier Cuba.

SULLIVAN, M., 1995, "CRS Report for congress, September 29, 1994", *L'Ordinaire d'Amérique latine*, n° 157-158, mai-août 1995, IPEALT-Université de Toulouse-le-Mirail, Dossier Cuba.

GEOPOLITIQUE ET INSULARITE : L'EXEMPLE DES PETITES ANTILLES

François TAGLIONI
Université de Paris-Sorbonne

La région des Petites Antilles, avec une population de 1,6 millions d'habitants[1] répartis sur plus de 6 500 km^2, ne représente qu'une très faible part de la population de la Caraïbe insulaire et *a fortiori* des pays en développement. Néanmoins, malgré sa population et sa superficie modeste, l'archipel demeura pendant des siècles une zone d'intérêts sans pareille pour les puissances coloniales européennes. Dès la fin du XIXème siècle et tout au long du XXème ce sont les Etats-Unis qui ont marqué de leur impérialisme l'ensemble de la région Caraïbe.

Aujourd'hui, ces micro-Etats ou mini-Etats, selon le cas, forment un ensemble très fragmenté et peu cohérent où s'expriment de manière rare nombre de situations politiques, économiques, sociales et culturelles. Ces situations locales bien contrastées se prêtent à des comparaisons intéressantes et offrent au géographe des enseignements très pertinents sur l'évolution des petites nations dont on se demandait, il y a peu encore, si elles étaient viables. Bien que viables, ces îles se trouvent cependant dans un état de dépendance notoire vis-à-vis des pôles extérieurs que sont l'Europe et l'Amérique du Nord, qui se double d'une fragmentation géographique, due à l'insularité, concourant à la dispersion des forces vives présentes.

A cela s'ajoutent des problèmes économiques structurels liés à leur petite taille, à de fortes densités de population et des ressources naturelles limitées. Ces difficultés se retrouvent dans les taux de chômage élevés, une émigration massive qui reflète le malaise social et des PNB par habitant globalement faibles quoique très inégaux (le contraste est frappant avec les îles françaises, la Barbade et les îles Vierges britanniques qui ont un niveau de vie général beaucoup plus élevé que les autres îles). Ainsi, l'agriculture est en crise endémique, car insuffisamment compétitive depuis des décennies, mais continue cependant à mobiliser une part importante de la main-d'œuvre dans les îles productrices de banane et de canne à sucre. A l'inverse, le tourisme, qui est fortement multiplicateur d'activité, et les services *offshore* représentent un axe majeur de développement bien que les Petites Antilles n'aient pas encore, ou inégalement, exploité toutes les possibilités que leur offrent ces

1. L'ensemble des pays anglophones, avec 818 400 habitants, représentent 51,2 % du total; les Antilles françaises 46,6 % et les trois îles néerlandaises 2,2 %.

secteurs. Le développement des industries, malgré des avantages certains pour les investisseurs, reste encore très hypothétique.

Cependant, ce constat n'est pas sans appel. Il amène au contraire à s'interroger sur l'opportunité que constituent d'une part la situation politique et géopolitique des Petites Antilles dans cette Méditerranée américaine à laquelle l'Europe reste historiquement attachée et l'accélération voire la concrétisation des processus d'intégration régionale d'autre part.

Cette étude se propose d'examiner l'espace est-caribéen à la lumière des principes de la géopolitique contemporaine qui "doivent à la fois expliquer une situation actuelle et permettre d'évaluer les enjeux pour l'avenir"[2]. L'analyse géopolitique sera envisagée à plusieurs niveaux spatiaux et historiques. Pour cela, le parti-pris va être de considérer non pas les territoires en particulier, ce qui aurait conduit à une juxtaposition de monographies, mais un ensemble de territoires.

Les Petites Antilles dans le système-monde

Les Petites Antilles, frontière orientale du nouveau monde, ont été pendant longtemps à la périphérie d'une zone géostratégique exceptionnelle. Le plus souvent génératrice de contraintes, cette position a toutefois permis aux Petites Antilles durant la période contemporaine d'être au centre d'attentions particulières et de bénéficier de nombreuses assistances commerciales, financières et techniques en provenance de divers organismes latéraux et multilatéraux (*cf.* figure 1) qui continuent d'alimenter un courant de développement sans précédent.

Cette multiplicité des partenaires conduit cependant à des équilibres géopolitiques fragiles et renforce la dépendance des îles. Dans ce jeu subtil, les Etats-Unis et l'Europe sont les principaux acteurs pouvant véritablement influer sur le devenir des Petites Antilles. Ces liens de dépendances multiples ne sont pas sans soulever diverses questions.

L'influence des puissances de l'Union Européenne dans les Petites Antilles continuera-t-elle de décliner ou au contraire connaîtra-t-elle un regain d'intérêt ?

L'Union Européenne (UE) est aujourd'hui la seule organisation à entretenir des relations contractualisées et négociées avec la majorité des pays du Sud *via* la Convention de Lomé[3]. A l'exception de la France, qui essaye de promouvoir la francophonie et l'intégration de ses départements antillais dans leur environnement naturel, le rôle des anciennes métropoles européennes est partout déclinant; le Royaume-Uni est contraint à une politique d'austérité et les Pays-Bas ont les yeux plutôt

2. Girault, C.A, 1994.

3. Sur la mise en œuvre de la Convention de Lomé dans les Petites Antilles voir : Taglioni, F. 1995. p. 153-186.

tournés vers l'Asie et l'Afrique. Dans ces conditions le dynamisme de l'Union Européenne revêt une importance toute particulière. D'autant que le renouveau des pays de l'Est ainsi que l'achèvement du marché unique concentreront davantage encore, dans les années à venir, les investisseurs de l'Union à l'intérieur de l'espace européen.

L'intervention de l'UE, et non plus des puissances européennes, est bien l'élément nouveau du tableau géopolitique à la fin des années 80 et au début des années 90. Cela pour plusieurs sortes de raisons : parce que l'Europe est présente dans la région par les DOM français, parce que la réalisation du marché unique européen est perçue par les petits pays et territoires à la fois comme une chance et comme une menace, parce que les financements de développement apportés par le FED et d'autres mécanismes dépassent et de loin les financements nord-américains.

Si la Caraïbe renferme des intérêts et des atouts géostratégiques indéniables pour les Etats-Unis, elle en présente aussi pour l'UE prise en tant que bloc économique.

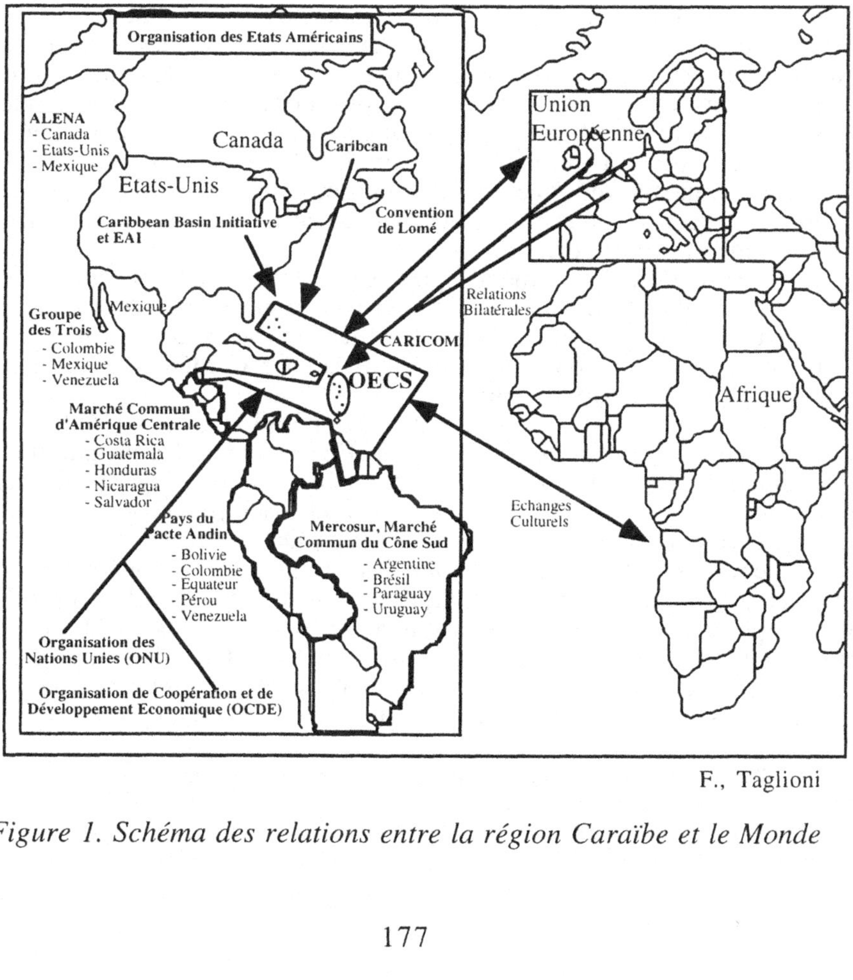

F., Taglioni

Figure 1. Schéma des relations entre la région Caraïbe et le Monde

Voyons, en premier lieu, le caractère stratégique de la Caraïbe pour l'Europe de l'espace. Le prestige associé aux grandes expériences spatiales, le développement croissant des armes militaires destinées à l'espace, l'importance économique des applications des techniques spatiales et la place de l'aérospatiale, en tant que secteur moteur pour de multiples technologies de pointe, font de la base de Kourou en Guyane Française une zone stratégique de premier ordre. En effet, la base de Kourou bénéficie d'une situation géographique optimale "pour l'utilisation de l'espace dans les meilleures conditions et à moindre coût. Son emplacement au niveau de l'équateur permet de placer directement les satellites sur orbite géostationnaire" (de Montbrial, T. 1987) (la mieux adaptée pour les communications commerciales et militaires ainsi que pour le recueil d'informations météorologiques). "L'avenir du programme spatial européen est donc étroitement lié à la disponibilité de Kourou" (Dupas, A. 1987). D'autant plus que la course à l'espace n'est pas un monopole européen : les Américains, la CEI et les Chinois sont de sérieux concurrents.

La Caraïbe présente, en outre, par l'intermédiaire des DOM français, un solide réseau de points d'appui. Fort-de-France, abrite une station-relais pour les transmissions en provenance des satellites. La Guadeloupe est une escale aérienne garante de l'indépendance militaire française. En effet "les composantes des bombes nucléaires testées à Mururoa ne survolent pas le territoire américain mais transitent par l'aéroport de Pointe-à-Pitre" (de Montbrial, T. 1987). La reprise des essais nucléaires français redonne à cette commodité toute son importance. Enfin, les forces navales françaises, anglaises et néerlandaises affirment leur présence militaire dans la zone.

Les nodules polymétalliques exploitables, à des coûts certes encore très élevés, sur les fonds marins représentent peut-être pour l'avenir une richesse non négligeable. Bien que les zones les plus riches en nodules se situent dans le Pacifique, la mer Caraïbe en contient un potentiel sans doute appréciable.

Cependant, la forme de coopération (des aides non remboursables) qu'apporte l'UE aux ACP et aux Antilles britanniques et néerlandaises[4] est, à l'évidence, démocratique et ne revêt en aucun cas les apparences d'un *diktat*. Finalement, peut-être est-il plus juste de dire que la Caraïbe est aujourd'hui une chance pour l'Europe de l'espace et qu'elle constitue un marché potentiel pour les productions européennes; mais qu'inversement, la présence de l'Europe est un atout indispensable de développement économique et social pour ces îles, ainsi qu'un élément modérateur et régulateur de l'hégémonie des Etats-Unis dans la région.

Premier donneur d'aides financières et techniques des Petites Antilles[5], l'Union Européenne s'efforce de maintenir les avantages

---

4. Sur l'action de l'Union Européenne dans les Antilles néerlandaises et britanniques lire : Taglioni, F., 1993. p. 13-31.

5. Sur l'aide financière de l'Union Européenne à destination des DOM antillais lire : Taglioni, F. 1990. p. 459-467.

commerciaux traditionnels concernant la banane et le sucre, tout en soutenant, par des projets multiples, la croissance du tourisme et des services ainsi que le développement social et humain qui sont le fondement de la stabilité politique. Les actions pragmatiques de l'Union Européenne en faveur de la coopération régionale sont remarquables; il est vrai que la pratique du consensus est quotidienne chez les Quinze.

Bien que l'Europe ait définitivement laissé les Petites Antilles dans la mouvance économique, politique et culturelle des Etats-Unis, elle contribue, par ses actions variées, à donner à ces îles une marge de manœuvre, si minime soit-elle, qui constitue une alternative pour leur développement. Néanmoins, bien que l'Union Européenne puisse, dans une certaine mesure, tempérer l'influence de l'Amérique du Nord, elle n'a cependant pas suffisamment d'intérêts dans les Petites Antilles, ou même dans la Caraïbe, pour entrer en rivalité, à quelque niveau que ce soit avec les Etats-Unis. Cela irait à l'encontre de la froide logique du partage des blocs économiques et politiques selon des sphères d'influences inscrites dans le nouvel ordre mondial.

La baisse relative des tensions internationales dans la région, avec la normalisation des rapports Est-Ouest, ne risque t-elle pas d'amoindrir à terme son intérêt géopolitique ?

Au lendemain de la Seconde Guerre mondiale, l'Europe se rapprocha des Etats-Unis par une alliance. L'URSS de l'époque, apparut très vite comme l'ennemi numéro un des Etats-Unis. Sous les présidences de H. Truman (de 1945 à 1953) et de D. Eisenhower (1953 à 1961), les Etats-Unis vivent en guerre froide, nouant des alliances qui enserrent le monde communiste. A ce titre "la zone Caraïbe-Amérique Centrale, si elle ne constitue pas en tant que telle un enjeu économique, devient de plus en plus vitale pour la sécurité des Etats-Unis" (Ramses. 1985). De fait, depuis 1823 (énoncé de la doctrine Monroe) les Etats-Unis ont été conscients de l'enjeu que représentent les Caraïbes et l'Amérique Centrale pour leur sécurité. On ne compte plus leurs interventions militaires directes dans la zone et les opérations de toutes natures qui débutent en 1898 avec Cuba, en passant par l'occupation d'Haïti en 1916, un débarquement en République Dominicaine en 1965, une action éclair à la Grenade en 1983 et les dernières en date qui sont l'intervention des *marines* au Panama en 1990 et en Haïti en 1994.

Entraînés dans une logique de guerre froide, les Etats-Unis ont donc essayé d'affirmer leur présence dans le sous-continent Amérique latine et Caraïbe. En ce qui concerne la région Caraïbe, l'accession de F. Castro en 1959 à la tête de Cuba et les crises de la Baie des Cochons (1961) et des fusées (1962) précipita les choses. La mise en place de l'OEA, Organisation des Etats Américains (*Organisation of American States*) qui fut effective dans l'immédiate après guerre, en 1948, était de nature à renforcer l'hégémonie des Etats-Unis sur le continent américain.

Les origines de l'Organisation remontent à l'Union Internationale des Républiques Américaines *(International Union of American Republics)* créée en 1890 et qui reposait sur les principes de la doctrine Monroe. Tous les membres acceptaient, en particulier, l'idée selon laquelle l'attaque d'un Etat Américain par un tiers équivalait à une attaque contre tous. Il faut dire que les tensions croissantes des Etats-Unis avec l'Espagne, qui se sont traduites en 1898 par la guerre hispano-américaine et la perte en 1901 de Cuba et de Porto Rico par l'Espagne, furent une des motivations importantes de ce regroupement d'Etats. Le rôle des Etats-Unis qui était prépondérant dans l'Union de 1890, l'est resté dans l'organisation instaurée par la Charte de Bogota. A tel point que celle-ci a souvent été ressentie comme l'instrument de la domination américaine en Amérique latine. Avec l'adhésion du Canada en 1989, les 33 Etats indépendants du continent américain font maintenant partie de l'OEA dont le siège est à Washington. Bien que le gouvernement de Cuba ait été expulsé en 1962, Cuba en tant qu'Etat reste membre. Ce n'est qu'à partir de 1967, avec l'adhésion de la Barbade, que les Etats des Petites Antilles commencent, au fur et à mesure de leur indépendance, à rejoindre l'organisation. L'OEA se consacra surtout à ses activités économiques, apportant son assistance financière et technique aux projets de développement que lui soumettaient les gouvernements nationaux. Mais elle comporte aussi des aspects scientifiques, humanitaires et culturels par l'intermédiaire d'organismes spécialisés.

L'aide des Etats-Unis aux Petites Antilles se développa à partir des années 1960 avec la création de la Banque interaméricaine de Développement en 1959 et surtout l'Agence des Etats-Unis pour le Développement International (USAID, 1961) qui travaille dans le monde entier. La zone des Petites Antilles est aujourd'hui de moindre importance stratégique pour les Etats-Unis qui concentrent cependant toujours leur attention sur Cuba et plus récemment sur la République d'Haïti (depuis 1991). Les Etats-Unis ne se désintéressent pas pour autant totalement de la région et participent régulièrement à des manœuvres aéronavales avec leurs partenaires français, hollandais et britanniques qui possèdent des bases dans le secteur. L'Agence des Etats-Unis pour le Développement International, de par l'aide importante qu'elle fournit aux Petites Antilles depuis plus de trente ans, a concouru à asseoir la pénétration américaine dans la région au détriment du Royaume-Uni et à s'assurer de la coopération des Antillais pour servir les desseins géostratégiques des Etats-Unis par l'intermédiaire de l'Organisation des Etats des Caraïbes de l'Est. L'USAID a ainsi accru la dépendance de ces îles vis-à-vis du géant américain qui régit aujourd'hui les flux commerciaux, touristiques, migratoires et culturels. Il ne faut cependant pas minimiser l'impact positif, du point de vue du développement, qu'apportent les aides financières des Etats-Unis dans les Petites Antilles.

L'aide des Etats-Unis est, avec 80 $ EU par habitant/an (moyenne pour la période 1981-1992) la plus importante source de financement extérieur des Petites Antilles[6]. Cependant, elle est fluctuante et accuse une sérieuse tendance à la baisse depuis le milieu des années 80 (103 millions de $ EU en 1984 et 21 en 1991). L'entrée en vigueur de l'Initiative pour le Bassin Caraïbe (CBI), en 1984, marque un maximum (et le début d'un déclin ?) de l'apport financier des Etats-Unis dans la région.

Cet afflux financier massif s'accompagne inévitablement, d'une dépendance accrue des îles à l'égard des Etats-Unis qui s'affirment de plus en plus (notamment depuis l'intervention armée à la Grenade en 1983) comme une puissance qui devient dangereusement prépondérante dans les Petites Antilles. D'autant que les Etats-Unis jouent de l'aide financière comme d'une récompense que l'on donne aux bons élèves. C'est ainsi, que la Dominique, depuis sa prise de position "pour stopper le communisme" (Martin, A. 1989), lors de la crise de Grenade en 1983, a consolidé ses liens avec les Etats-Unis. Ce qui lui a permis d'obtenir une aide accrue de l'USAID et de développer ses infrastructures (réseau routier et électrique).

Mais il est vrai que les préoccupations américaines dans la Caraïbe se sont maintenant déplacées du domaine stratégique et militaire vers des inquiétudes d'ordre sanitaire, météorologique et économique. Les fréquentes épidémies de choléra qui frappent l'Equateur et la Colombie mais surtout la pandémie du SIDA qui se développe en Haïti, à Cuba et dans les îles en général, constituent par le biais du tourisme et de l'émigration une menace pour les Etats-Unis. De même, le flanc sud du bassin Caraïbe est sous surveillance météorologique afin d'anticiper les mouvements des cyclones qui finissent leur course avec plus ou moins de violence sur la côte Est des Etats-Unis. Enfin, le développement des implantations dans les zones franches de la République Dominicaine et des Petites Antilles, d'usines d'assemblage du Sud-Est asiatique constituent un risque de pénétration du marché nord-américain.

On assiste par ailleurs à des revendications géopolitiques concernant les frontières maritimes. Toutes les îles de la Caraïbe ont en effet en commun de pouvoir exploiter les ressources de la mer qui les entoure. La convention (1982) sur le Droit de la Mer leur donne la jouissance des 200 milles marins qui les entourent (cercle de 360 km de rayon). C'est ainsi que le Venezuela, par l'intermédiaire de l'îlot de l'Aves *(Isla de Aves)* ou de la Blanquilla situés tout deux à 200 km de la côte, réclame une zone dans la Caraïbe de l'Est hors de proportion avec la superficie de ces îlots. Le cas de la Colombie est encore plus significatif à cet égard puisque son îlot de San Andrés *(Isla de San Andrés)* est situé à 600 km de la côte. Pour le moment, le litige persiste car il n'y a pas de traité pour la Caraïbe.

6. A titre de comparaison, en 1991, Haïti a reçu 7 $ EU/h et la Jamaïque 10 $ EU/h.

L'Accord de Libre-Échange nord-américain (ALENA) aura t-il un impact négatif sur les îles qui n'en font pas partie ?

L'Accord de Libre-Echange Nord-Américain (ALENA), instituant le plus grand marché économique[7] qui associe plusieurs pays (Etats-Unis, Canada et Mexique), est le premier de ce qui pourrait devenir une série d'accords de libre-échange entre les pays de l'hémisphère ouest. Il génère de grandes inquiétudes dans la Caraïbe car il risque de détourner les investissements traditionnels des Etats-Unis et du Canada pour la Région des Antilles au profit du Mexique qui propose une main-d'œuvre meilleur marché, des coûts de transport moindres et donc une plus grande compétitivité commerciale. A terme, l'ALENA peut favoriser la marginalisation de la Caraïbe insulaire dans son hémisphère car, à n'en pas douter, ces îles "pèseront" peu face aux autres acteurs économiques d'Amérique latine.

Dans ces conditions, les réponses seront sans doute multiples suivant l'angle d'approche et la distinction entre court, moyen et long terme. Mais d'ores et déjà, l'altération des avantages qu'offrent l'Union Européenne et les Etats-Unis aux pays de la Caraïbe, est un argument de poids à leur intégration à l'ALENA qui présente les attraits du libre accès généralisé. On comprend que les pays de la Caraïbe doivent être unis, plus que jamais, car ils devront constituer dans les années à venir un bloc économique cohérent afin de pouvoir participer ensemble, et de manière efficace, aux négociations avec les membres de l'ALENA (Etats-Unis en tête), de l'Union Européenne et du GATT.

Les processus d'intégration régionale dans la Région Caraïbe

Les Petites Antilles sont donc dans l'obligation de s'ouvrir encore davantage aux réalités du monde Caraïbe. Il faut pour cela qu'elles prennent la véritable mesure de leur taille et du peu de poids politique et économique qu'elles représentent sur la scène internationale. Il est vrai que le peu d'envergure du marché Caraïbe, les intérêts nationaux ainsi que la similitude des structures de production et donc l'absence de complémentarité, renforcent la logique de compétitivité entre les îles. De surcroît l'exiguïté du territoire, dans le cas des Petites Antilles, constitue un sévère handicap à l'intégration économique. De fait, les perspectives de coopération commerciale intra-régionale sont vraiment restreintes et ne constituent pas une réelle alternative au développement économique. Les marchés nord-américains et européens restent pour le moment des débouchés vitaux aux exportations des îles de la région. Au niveau commercial, le seul avantage immédiat d'une plus grande concertation régionale est l'établissement de groupes de pression suffisamment

7. Environ 390 millions d'individus et un PNB total de l'ordre de 7 300 milliards de $ EU en 1996.

puissants pour pouvoir maintenir certains privilèges sur les marché étrangers; c'est notamment le cas pour le sucre et surtout la banane.

Par ailleurs, les divers ensembles anglophones, francophones et néerlandophones ont leurs propres structures sociales, politiques, administratives, universitaires et bien sûr linguistiques (anglais, français, hollandais et diverses formes de créole). Ces groupes sont, de plus, inégalement membres des organisations régionales existantes. Ainsi, les îles anglophones participent à la Communauté et Marché Commun des Caraïbes[8] (CARICOM) et à l'Organisation des Etats de la Caraïbe Orientale[9] (OECS) alors que les Antilles françaises et néerlandaises en sont totalement exclues.

C'est finalement la récente Association des Etats des Caraïbes[10] (ACS), et elle seule, qui globalise, sur le papier l'ensemble des pays du bassin Caraïbe. Les ambitions de cette association restent pour le moment bien floues et les perspectives demeurent limitées. On remarquera d'autre part que les organisations régionales, orchestrées en sphères croissantes, se multiplient au risque de perdre de leur efficacité et que les petits Etats n'ont plus les moyens financiers de participer pleinement à toutes ces organisations (*cf.* figure 1).

Les diverses tentatives de regroupements régionaux dans la Caraïbe, au cours des siècles passés, permettent de tirer quelques enseignements pratiques. Il apparaît ainsi, que la solution de l'union politique, comme élément moteur d'un rassemblement, n'est ni pertinente ni réaliste dans le cas des Caraïbes car trop de contraintes physiques et idéologiques s'y opposent. L'enlisement des efforts des membres de l'OECS pour parvenir à une union politique, même partielle[11], en est l'illustration.

C'est l'ensemble anglophone de la Caraïbe, qui présente la meilleure dynamique de groupe dans la région. Et malgré l'insuccès de la coopération politique antérieure menée par les Britanniques, l'idée d'un

---

8. La CARICOM, établie en juillet 1973, comprend 14 membres Antigua-Barbuda, Bahamas, Barbade, Belize, Dominique, Grenade, Guyana, Jamaïque, Montserrat, St. Kitts-Nevis, Ste. Lucie, St. Vincent et les Grenadines, Trinidad et Tobago.
Depuis février 1995, le Surinam en est membre à part entière. C'est le premier Etat de la région non membre du Commonwealth à y adhérer.
L'ensemble de la CARICOM représente un marché de 6,2 millions d'individus.

9. Cette organisation établie en juin 1981 fait suite au Marché Commun de la Caraïbe de l'Est (EECM) et regroupe actuellement six Etats indépendants (Antigua-Barbuda, la Dominique, Grenade, Ste. Lucie, St. Kitts-Nevis, St. Vincent et les Grenadines) et un territoire britannique (Montserrat), soit une population d'environ 535 000 individus.

10. L'ACS (Association of Caribbean States), créée le 25 juillet 1994, regroupe 25 Etats indépendants insulaires et continentaux ainsi que 12 territoires dépendants, soit une population d'environ 230 millions d'individus. Son siège est à Port-of-Spain.

11. Les Iles-au-Vent (La Dominique, Ste. Lucie, St. Vincent et les Grenadines et Grenade; appelées aussi *Windward*) qui représentent quatre des sept Etats de l'OECS essayent toujours de réaliser une union politique bien que les trois îles du nord de l'archipel y aient renoncé pour diverses raisons.
Sur ce sujet voir : Taglioni, F., 1995. p. 91-94.

rapprochement, à composantes cette fois nettement économiques et sociales, sera reprise et dynamisée de l'intérieur par divers leaders antillais. Cependant, après de nombreuses années de fonctionnement, que ce soit à l'échelle de la Caraïbe ou des Petites Antilles, les difficultés actuelles du CARICOM et de l'OECS sont là pour corroborer l'idée qu'il est délicat de rendre cohérent un espace géographiquement et économiquement éclaté. On en est d'ailleurs toujours à se demander dans quelles mesures les décisions politiques du CARICOM et de l'OECS sont applicables et si les mécanismes de coopération économique évoluent vraiment à la vitesse de l'économie mondiale.

Dans ce contexte, l'assimilation des DOM à la métropole française constitue la solution politique la plus radicale voire extrémiste à l'intégration des îles de la Caraïbe dans un système structuré. Le corollaire de cette assimilation sans restriction a eu pour conséquence d'isoler de façon aiguë les îles françaises du reste de l'espace caribéen. L'obstacle statutaire qui pendant longtemps a été mis en avant pour justifier de l'isolement des DOM, apparaît maintenant comme un obstacle majeur à leur insertion. D'ailleurs, les élus locaux et le peuple des DOM manifestent de plus en plus leur désir d'échanges avec leurs voisins Antillais.

Ainsi, depuis quelques années, l'Etat français déploie une politique volontariste afin d'intégrer ses Départements Français d'Amérique (DFA)[12] dans leur environnement régional. L'enjeu de la coopération régionale pour les DFA est important car en se tournant trop résolument vers l'Europe[13], ils risquent de laisser passer les chances de leur insertion dans la Caraïbe qui est, par essence, leur cadre naturel d'épanouissement.

En définitive, c'est dans les domaines du transport, du tourisme, de la culture, de la représentation diplomatique et de la coopération scientifique et technique que les Etats et territoires de la Caraïbe pourront mettre en commun leurs ressources aujourd'hui trop éparpillées et mal utilisées. La concrétisation d'une véritable coopération régionale présenterait un double avantage, car elle donnerait non seulement de la crédibilité politique et économique à la région, lors des négociations sur la scène internationale, mais permettrait aussi de positionner la Caraïbe sur l'échiquier mondial autrement que comme un pion.

Mais force est de reconnaître, après des décennies de tentatives et d'espoirs déçus, que nombre d'obstacles structurels et idéologiques s'opposent encore à un rapprochement, non seulement des grandes îles avec les petites, mais aussi des petites entre elles et que la tentation de l'isolationnisme de certains risque fort de conduire l'ensemble vers une marginalisation accrue qui serait néfaste à leur développement. En dépit

---

12. Guadeloupe, Martinique et Guyane.

13. Leur intégration économique dans l'Union Européenne, les exclut, pour le moment, des autres marchés régionaux existant ou à venir.

de ce qui précède, les progrès effectués dans la coopération régionale sont sensibles et iront sans doute crescendo dans les années à venir.

L'évolution politique des îles des Petites Antilles

Le passé colonial des Petites Antilles est à l'origine d'une concentration de statuts politiques assez unique dans le monde. On identifie ainsi quatre ensembles distincts : des Etats indépendants[14], des territoires dépendants semi-autonomes[15] (Antilles britanniques), des territoires associés bénéficiant de l'autonomie interne[16] (Antilles néerlandaises) et des départements[17] (Antilles françaises). Ils ont tous en commun, quelles que soient leurs options politiques, d'être dirigés par des gouvernements démocratiquement élus. La démocratie et la représentation de plusieurs partis (parfois en surnombre) sont partout présentes et reflètent la maturité politique de la région. De ce point de vue, le legs de l'histoire est positif. Cette activité politicienne intense ne doit cependant pas masquer les interrogations suivantes :

De nouveaux micro-Etats indépendants vont-ils émerger ? ou bien ces territoires chercheront-ils à conserver le lien avec les métropoles européennes ?

Prenons le cas des Antilles britanniques qui sont des colonies de la Couronne aussi appelées territoires britanniques dépendants. Dans les faits, ce sont des territoires dépendants semi-autonomes. Chaque île possède un gouvernement local, seules la politique étrangère et la défense sont l'apanage du gouvernement britannique par l'intermédiaire, depuis 1992, d'un secrétariat d'Etat aux territoires d'outre-mer. Les différentes îles "sont pourvues de Parlements élus et de cabinets ministériels responsables devant les assemblées dont les membres sont nommés par le gouverneur sous mandat de la Reine" (Blérald, P.A. 1986) Cette organisation politique n'est pas figée et s'adapte aux évolutions nationales et internationales.

Pour répondre à la question posée, il semblerait qu'aucune des îles britanniques des Petites Antilles, que ce soit Anguilla, Montserrat ou les Iles Vierges britanniques, n'est prête à s'assumer en tant qu'Etat indépendant[18]. En effet, la faiblesse de leur population, elles comptent toutes trois moins de 16 000 habitants, la fragilité de leur économie et

14. Antigua-Barbuda, la Dominique, Ste. Lucie, St. Vincent et les Grenadines, la Barbade et Grenade.

15. Anguilla et Montserrat et les Iles Vierges britanniques.

16. St. Maarten, Saba, St. Eustache.

17. Guadeloupe et Martinique.

18. Sur ce sujet voir : Constant, F., 1992. p. 51-63. L'auteur précise que l'idée de l'indépendance reste impopulaire dans les territoires britanniques dépendants de la Caraïbe.

leur dépendance financière et psychologique à l'égard du Royaume-Uni et de l'aide internationale ne les autorisent guère à envisager une indépendance digne de ce nom. Elles savent bien que même politiquement souveraines, elles auraient à affronter des obstacles économiques et politiques difficilement surmontables en l'état actuel. Pour ces territoires l'indépendance est un véritable luxe hors de portée, pour le moment. D'autre part, la garantie de la pérennité des organes institutionnels et financiers qu'apportent les Britanniques dans leurs dépendances sont des avantages sans commune mesure avec les inconvénients mineurs que doivent gérer ces îles du fait de leur statut semi-autonome. Il conviendrait par contre que les Antilles britanniques soient davantage associées aux organismes de coopération régionale et internationale afin que leur intégration dans la région soit optimale.

A l'inverse, le gouvernement britannique, qui ne tire aucun avantage de ses territoires, sinon diplomatique, est bien embarrassé par ce qu'il convient aujourd'hui d'appeler des "confettis d'empire". A plusieurs reprises dans le passé, ces îles ont montré leur attachement au Royaume-Uni et nous sommes donc maintenant dans une situation qui pourrait paraître paradoxale au regard de l'histoire : des territoires dépendants d'une ancienne puissance coloniale font des efforts pour rester dans le giron de leur métropole. L'exemple des graves problèmes économiques ou politiques rencontrés par certaines îles de la région depuis leur indépendance (Grenade, Barbuda, Antigua, Nevis) n'est sans doute pas étranger à l'attitude des îles britanniques des Petites Antilles. C'est vrai aussi pour les DOM bien que la question ne pose pas ou plus.

Y aura-t-il des séparations au sein des Etats ou territoires multi-insulaires ?

Une des faiblesses du système colonial était de regrouper différentes îles pour des raisons administratives sans tenir compte des particularismes sociaux, des intérêts politiques propres et des situations géographiques. Les Etats d'Antigua-Barbuda, de St. Kitts-Nevis, de St. Vincent et les Grenadines, des Antilles néerlandaises ou de l'archipel de la Guadeloupe (la Guadeloupe et St. Martin sont distantes de près de 200 kilomètres) sont de nos jours encore confrontés à la complexité de la "multi-insularité" (Burac, M. 1991). La multi-insularité peut donc se définir par un Etat insulaire souverain ayant plusieurs composantes territoriales. Parfois, c'est le cas d'Antigua-Barbuda, la domination de l'île principale est caricaturale. Dans d'autres cas, comme à St. Kitts-Nevis, les choses sont plus nuancées car le type d'association politique est la fédération et les forces économiques et démographiques en présence sont plus équilibrées.

Dans le cas des Antilles néerlandaises la superposition des pouvoirs et la concurrence entre les îles appartenant à la même fédération politique posent de sérieux problèmes. Les Antilles néerlandaises forment, en effet, un Etat associé bénéficiant de l'autonomie interne. Il s'agit d'un mécanisme d'autonomie combinant trois niveaux de pouvoir : la couronne des Pays-Bas (défense et relations extérieures), un pouvoir central - démocratie parlementaire - siégeant à Curaçao (police, communication, fiscalité, sécurité sociale, santé, éducation et finances), enfin, un pouvoir local, propre à chacune des îles, de stricte gestion politique et administrative. Cette superposition d'un pouvoir central (pouvoir national) et de pouvoirs locaux, multiplie les élections et les partis politiques de façon déroutante. D'autre part, le pouvoir central de Curaçao a des prérogatives et un droit de regard sur les affaires locales tels qu'il ne reste aux différentes îles qu'une marge réduite d'action et de décision. La plupart des questions politiques et socio-économiques se règlent donc via la politique impulsée par le gouvernement central. Cette difficulté de vivre à trois niveaux de pouvoir est ressentie par les différentes îles, qui préfèrent perdre le bénéfice d'une mise en commun des moyens techniques et financiers afin d'affirmer leur autonomie vis-à-vis du gouvernement central et de rappeler que chaque île a ses spécificités. C'est pour ces raisons que les Antilles néerlandaises, qui étaient constituées auparavant de six îles, se retrouvent depuis 1986 à cinq car l'une d'entre elles, Aruba a obtenu un statut à part. Les revendications d'Aruba étaient claires : ne plus être subordonnée au gouvernement central de Curaçao et ne plus contribuer de manière excessive à équilibrer le budget déficitaire des îles du nord (Saba, St. Eustache et St. Maarten). Désormais, le processus de séparation de la fédération des six était enclenché. Depuis 1986, le statut d'Aruba est celui "d'Etat associé" au royaume des Pays-Bas, se gouvernant lui-même sauf pour les affaires étrangères et la défense.

De même, sous l'impulsion notable de Curaçao et de St. Maarten, la couronne des Pays-Bas a étudié la possibilité d'une déconcentration des Antilles néerlandaises vis-à-vis du gouvernement central. Plusieurs scénarios étaient à l'étude :

- l'intégration complète au Royaume des Pays-Bas
- l'émergence d'un seul et même statut pour chacune des cinq îles (calqué sur celui d'Aruba) qui formeraient ainsi un Commonwealth (Young, A. 1990)
- l'indépendance pour chacune des îles
- le *statu quo*

Le référendum, organisé en novembre 1993 à Curaçao et octobre 1994 pour les quatre autres îles, en a décidé autrement puisque c'est finalement le *statu quo* avec une large majorité des votants qui l'a emporté[19].

On le voit, malgré les contraintes engendrées par la multi-insularité, ou par la dépendance institutionnelle vis-à-vis des métropoles, les micro-territoires, dans un contexte économique et politique défavorable, préfèrent, pour le moment, conserver les avantages acquis et

19. Les résultats en faveur du *statu quo* s'échelonnent de 59,8 % pour St. Maarten à 90,6 %pour St. Eustache (Curaçao 73,6 %, Saba 86,3 % et Bonaire 88 %).

ne pas se lancer dans l'aventure de l'indépendance ou d'une plus grande autonomie des uns par rapport aux autres.

Il n'en reste pas moins vrai que ces îles, indépendantes ou non, doivent faire face à des difficultés économiques importantes et qu'elles sont généralement "surpeuplées" pour les ressources dont elles disposent. Ceci, ajouté à des taux d'accroissement non négligeables et à un malaise social établi, a amené les habitants des Petites Antilles à émigrer massivement, depuis la fin du XIXème siècle et tout au long du XXème siècle, vers d'autres îles de la Caraïbe d'abord et vers l'Amérique du Nord et l'Europe ensuite.

Conclusion

L'insularité, qui résulte des interactions entre les facteurs géographiques, socio-économiques, écologiques et politiques d'une île, a toujours existé, mais ce n'est qu'avec l'accession à l'indépendance progressive des petites entités insulaires - pour la plupart des colonies britanniques - que la prise en compte de ce phénomène s'accentua.

La situation géopolitique particulière des Etats et territoires des Petites Antilles devrait continuer à assurer, pour un temps, le développement économique et social ainsi que la pérennité des institutions politiques. Pour autant, les Petites Antilles auront à faire front dans les années prochaines à de nombreux défis tant au niveau régional qu'international.

La mosaïque de situations que l'on rencontre dans les Petites Antilles, confère à cet archipel une dimension dont l'importance est sans proportion avec la faiblesse de sa population et la petitesse de son territoire. L'étude de ces entités insulaires est riche d'enseignements et souligne à quel point une situation géographique et géopolitique favorable peut atténuer les éventuels inconvénients liés à l'insularité.

Bibliographie

BLERALD, P A., 1986, "Dépendances étatiques et souverainetés dans la Caraïbe : essai de typologie", *Les Cahiers de l'Administration Outre-Mer,* n° 1, mai, Martinique, p. 122-236.

BURAC, M., 1991, "Approche géographique du problème de l'unité politique dans les Etats et pays multi-insulaires de la Caraïbe, *in : Etudes Caribéennes. Société et Politique,* Sous la direction de Yacou, A et Martin, M., Toulouse, CERC, Presses de l'Institut d'Etudes Politiques de Toulouse, p. 147-158.

CONSTANT, F., 1992, "Alternative forms of decolonisation in the Eastern Caribbean : the comparative politics of the non-sovereign islands", *in : The Political Economy of Small Tropical Islands,* Hintjens, H.; Newitt, M., Exeter, University of Exeter Press, p. 51-63.

DUPAS, A., 1987, "Communication sur l'espace et l'outre-mer", *in : L'Outre-Mer Français : une Europe tropicale ?,* Colloque de l'Association France Outre-Mer, Paris.

MARTIN, A., 1989, "Dominica", *in : Islands of the Commonwealth Caribbean. A regional study,* Meditz, S., et M., Hanratty, Federal Research Division, Washington, Library of Congress, p. 286-287.

de MONTBRIAL, T., 1987, "Les intérêts stratégiques de l'outre-mer français", *in : l'Outre-Mer Français : une Europe tropicale ?,* Colloque de l'Association France Outre-Mer, Paris.

RAMSES, 1985. *Le Monde déchiffré.* Atlas Economica. Paris

TAGLIONI, F., 1995, *Géopolitique des Petites Antilles*, Paris, Karthala, 324 p.

TAGLIONI, F., 1993, "E.E.C action concerning British and Dutch dependent territories in the Lesser Antilles", *Bulletin of Eastern Caribbean Affairs,* Vol. 18, n° 4. December, Barbados, p. 13-31.

TAGLIONI, F., 1990, "La CEE et les DOM-TOM de la Caraïbe : bilan de l'aide et de la coopération", *Revue Juridique et Politique*, n° 3, 44ème année, Octobre, Paris, p. 459-469.

YOUNG, A., 1990, "Decolonization in the Dutch Caribbean : lessons from the Commonwealth Caribbean", *in* : *The Dutch Caribbean. Prospects for Democracy,* USA, Sedoc-Dahlberg, B. Gordon and Breach, p. 253-267.

Troisième partie

ECONOMIE ET AMENAGEMENT INSULAIRES DANS UNE PERSPECTIVE GEOPOLITIQUE

16- Louis BRIGAND, *Les politiques d'acquisition et de gestion des îles et îlots par le Conservatoire de l'Espace du Littoral et des Rivages Lacustres en France.*

17- André-Louis SANGUIN, *Jersey, les avantages économiques d'un territoire insulaire hors Union Européenne.*

18- Sergi MARI, *Coûts et bénéfices de l'insularité d'un point de vue économique, le cas de Minorque.*

19- Lino et Marie BRIGUGLIO, *Le tourisme soutenable dans les petites îles, le cas de Malte.*

20- Bartomeu BARCELO, *Les changements récents dans la société de Majorque : population et territoire.*

21- Theodosia ANTHOPOULOU, *L'enjeu de petites économies en milieu insulaire grec : l'île de Paros (Cyclades).*

22- Ann MARKSOO, *Le développement démographique des îles occidentales de l'Estonie dans le contexte des changements politico-économiques.*

23- Michel DESSE, *Les difficultés de la mise en place de la régionalisation en Guadeloupe, Martinique, Réunion.*

LA POLITIQUE D'ACQUISITION ET DE GESTION DES ILES ET ILOTS PAR LE CONSERVATOIRE DU LITTORAL ET DES RIVAGES LACUSTRES EN FRANCE

Louis BRIGAND
Université de Bretagne Occidentale

Cette réflexion sur les îles et le Conservatoire du Littoral et des Rivages Lacustres ne concerne que les îles bordières du littoral métropolitain ou les îles et îlots périphériques de la Corse et des départements d'outre-mer (les territoires d'outre-mer ne sont pas dans l'aire de compétence du Conservatoire). En effet les îles de la France d'outre-mer et la Corse ont des caractéristiques très spécifiques liées à leur taille, leur important peuplement humain et leurs statuts administratifs.

La France est un pays dont la richesse en île et îlots est significative. Des recherches menées à partir de l'interrogation de la base de données géographique "Basîles", réalisée à partir de la saisie informatique des îles et îlots métropolitain, localisés sur les cartes au 1/25 000 de l'IGN, précisent un certain nombre de caractéristiques importantes. L'état actuel des connaissances sur le sujet permet de recenser sur le littoral métropolitain de la Manche et de l'Atlantique 891 îles et îlots pour simplement 369 en Méditerranée, dont 125 îlots corses recensés par l'Agence. Cette estimation du nombre d'îles a permis de comptabiliser un total de 1 260 îles et îlots représentant une surface de 23 000 hectares et un linéaire côtier (calculé sur la base du 1/25 000) de plus de 1000 kilomètres. Les îles et îlots métropolitains sont caractérisés par leur petite taille, 75 % sont inférieurs à 1 hectare, 20 % ont entre 1 et 20 hectares et 5 % sont supérieurs à cette taille. Ils se distribuent plus nettement en Bretagne et sur le littoral provençal. On en recense près de 70 % en région Bretagne et 15 % pour la région Provence-Côte d'Azur. Le secteur de la côte atlantique, localisé au sud de la Loire, est quasiment vide d'îles. On en trouve moins de 5 % du total. La relative proximité des îles par rapport au continent est une caractéristique majeure liée à leur structure et leur évolution géologique. Ces anciennes terres continentales correspondent à des points hauts restés hors d'atteinte de la mer lors de la remontée progressive du niveau marin.

Etablissement public, le Conservatoire est chargé d'acquérir les sites naturels menacés de dégradation et de disparition et de les conserver, dans toute leur diversité et leur richesse, pour les générations futures. Son aire de compétence s'étend dans les cantons côtiers du territoire métropolitain et des départements d'outre-mer et sur les territoires des communes riveraines des lacs ou plan d'eau de plus de 1 000 hectares. L'ensemble des îles et des îlots des côtes métropolitaines se trouve donc dans son aire de compétence. Si la priorité du Conservatoire est bien de procéder à l'acquisition des sites naturels menacés, il est également le garant de la qualité des sites. Pour mener à bien ses objectifs, il s'associe avec les collectivités locales tant pour son programme d'acquisition que pour les plans de gestion. Mais le Conservatoire ne gère pas lui-même les terrains qu'il possède. Il passe des conventions de gestion avec les collectivités locales ou des associations compétentes. L'action du Conservatoire depuis vingt ans est très significative. Cet organisme est aujourd'hui propriétaire de plus de 40 000 hectares de littoral. Son action est appelée à se développer dans les années à venir. L'objet de cette réflexion est de juger des réalisations du Conservatoire dans les îles métropolitaines. Dans un contexte économique qui privilégie de plus en plus le développement touristique, le Conservatoire en faisant l'acquisition d'un patrimoine foncier dans les îles, peut-il jouer un rôle majeur dans la conservation du patrimoine insulaire français et devenir ainsi le catalyseur de nouvelles pratiques d'aménagement et de gestion ?

Le patrimoine insulaire du Conservatoire du littoral : à terme 80 îles et îlots à gérer.

Le Conservatoire est propriétaire de grandes parcelles sur le littoral. Elles peuvent former de vastes unités géographiques homogènes, comme par exemple dans les Agriates en Corse. En comparaison, ses acquisitions insulaires s'apparentent davantage à des confettis distribués le long des rivages continentaux. Cependant, ces petites entités insulaires, en s'agrégeant les unes aux autres, constituent un ensemble foncier non négligeable. Le Conservatoire du littoral est, en mai 1995, propriétaire de 1 208 hectares de terre "entourée d'eau de tout côté", qui se répartissent sur 41 sites insulaires (pour la Corse et les DOM, seuls les îlots sont pris en compte). Sur ces 41 sites (Belle-Ile-en-Mer est considérée comme un seul site malgré l'acquisition de plusieurs terrains), 32 correspondent à des îles et des îlots dont il possède la propriété en quasi totalité. Sur ces 32 îles, un tiers sont des îlots dont la taille est inférieure à 2 hectares, un tiers correspond à des îles comprises entre 2 et 10 hectares, tandis que dans le dernier tiers, supérieur à 10 ha, trois îles sont supérieures à 50 hectares. Les huit sites, où le Conservatoire n'est pas propriétaire en totalité de l'île, correspondent en grande majorité à quelques grandes îles morbihannaises. Ces acquisitions sur des îles représentent en mai 1995, 2,7 % de l'ensemble des acquisitions du Conservatoire sur le littoral. La prise en compte supplémentaire des nombreux terrains achetés notamment en Corse, mais aussi dans les DOM (îles de la Martinique, de la Guadeloupe et de la Réunion), ramènent la part des acquisitions insulaires du Conservatoire à près de 30 %, la Corse en représentant près d'un quart. Ces quelques chiffres démontrent clairement l'intérêt que le Conservatoire du littoral attache à ces espaces.

C'est naturellement en Bretagne, région particulièrement riche en petites îles, que le Conservatoire possède le plus de terrains insulaires : propriétaire de cinq petites îles, il intervient également sur cinq îles habitées en permanence. A elle seule cette région possède près d'un quart des superficies acquises sur des îles côtières. Elle est devancée de peu par le Languedoc-Roussillon, propriétaire de trois îles dont l'île Sainte-Lucie (227 ha), suivie de près par la région Aquitaine, qui ne possède qu'une île, mais de grande taille (île Nouvelle, 264 ha). En région Provence-Alpes-Côte-d'Azur, le Conservatoire du littoral possède son seul archipel, l'archipel de Riou, qui représente l'essentiel de ses acquisitions dans cette région. Pour les autres régions, les acquisitions sont moins importantes en surface, mais en contrepartie, se caractérisent par l'achat privilégié d'îles ou d'îlots en intégralité. C'est également en Bretagne que le Conservatoire du littoral mène l'action la plus importante sur les îles : 6,5 % des acquisitions dans cette région se font sur des îles. En Aquitaine et en Guadeloupe la proportion est plus significative, mais elle est à relativiser, car liée à l'achat d'îles de grande taille. On retiendra également le caractère relativement récent de ces acquisitions insulaires : près de la moitié des actes d'achat ont été signés à partir de l'année 1990. Les acquisitions les plus anciennes, menées dans les années 1980, concernent plus particulièrement la région Bretagne.

Le Conservatoire envisage d'acheter dans les années à venir une quarantaine d'îles qui représenteront une surface de 600 hectares. Les caractéristiques générales sont du même type que pour les îles actuellement propriétés du Conservatoire. Il s'agit d'îles ou d'îlots côtiers de petite taille, le plus souvent inférieurs à une dizaine d'hectares, non habités par des populations humaines et achetés en totalité. La distribution par région montre encore l'importance de la Bretagne. Une dizaine d'acquisitions y sont envisagées. Elles représenteront dans cette région une surface totale d'environ 170 hectares. L'acquisition probable d'une grande île, l'île endiguée de Malprat (140 ha) dans le bassin d'Arcachon, gonfle sensiblement le volume des acquisitions envisagées. On retiendra l'importance du nombre d'entités insulaires que le Conservatoire du littoral sera appelé à gérer, puisque à terme ce sont plus de 80 îles et îlots qui lui reviendront ! La surface de ce domaine insulaire côtier reste relativement faible, puisque la surface totale est de l'ordre de 1 500 hectares, soit une superficie équivalente à celle de l'île d'Ouessant ou de Groix. Mais, en définitive, la surface à gérer reste une donnée relative. Le plus significatif est ici le nombre de sites concernés. Les acquisitions actuelles du Conservatoire du littoral sont à l'image du monde insulaire. Elles présentent une grande diversité géographique. Le Conservatoire possède en totalité des îles et îlots de toutes les tailles. Entre le plus petit, l'îlot de Saint-Maurice (0,8 ha) sur la rivière de la Laïta, et la plus grande, l'île Nouvelle (264 ha) dans l'estuaire de la Gironde, le rapport de taille s'établit de 1 à 330. Le patrimoine insulaire du Conservatoire est également très varié. La propriété de petites îles isolées, comme l'île Dumet, s'accompagne de la possession d'archipels entiers, comme l'archipel de Riou, ou de petits ensembles insulaires comme les îlots du Toro en Corse (îlot du Toro Grande, Toro Piccolo, îlot du Torello et ses rochers). Ces acquisitions concernent également tous les types d'îles : îles du large (îles d'Ouessant, de Houat, de Dumet, etc.), îles rattachées au continent à marée basse (île Jaouen, île Madame, etc.), île de rivière (île Saint-Maurice), d'estuaire (île Nouvelle) ou d'étang (île de Planasse, île de l'Aute, île Sainte-Lucie). Le Conservatoire est également présent sur les grandes îles habitées. Actuellement il possède des terrains sur près de la moitié de la douzaine d'îles ayant des statuts communaux. Les acquisitions les plus importantes concernent des îles comme celle d'Aix, de l'Ile-aux-Moines ou de Belle-Ile-en-Mer. La répartition géographique de cet "archipel" est remarquable. Au sein de l'hexagone, le Conservatoire possède l'île la plus au nord (Tatihou) et celle la plus au sud (Ile de l'Aute). Il est également propriétaire de parcelles sur la plus occidentale (Ouessant). Enfin il est présent en Corse mais aussi sous les tropiques (îlets de la Petite Terre de la Désirade et des Saintes) et l'équateur (archipel des îles du Salut). Au delà de cette présentation, on retiendra que ces caractères de diversité géographique ont un corollaire important : ils introduisent nécessairement une grande variété de paysages et de milieux. C'est une des caractéristiques majeures du patrimoine insulaire du Conservatoire du littoral.

La politique d'acquisition du Conservatoire : une politique circonstanciée

Les prévisions en matière d'acquisition ne semblent pas porter prioritairement sur les îles de grande taille, mais davantage sur les îlots côtiers non habités ou fréquentés occasionnellement. Ceci est peut-être lié au fait que les littoraux des grandes îles sont déjà relativement bien protégés par les zones classées et les zones non constructibles des plans d'occupation des sols. Elles offrent également des difficultés en terme d'acquisition, notamment en raison des problèmes liés à la parcellisation extrême du foncier. La politique d'acquisition du Conservatoire sur les îles est directement liée aux problèmes spécifiques de gestion que l'on y trouve mais aussi aux opportunités qui peuvent se présenter. Ainsi il est clair que les acquisitions sur les îles de grande taille sont essentiellement en relation avec des problèmes qui se posent : des actions d'acquisition ont été menées sur des milieux sensibles (dunes de Donnant à Belle-Ile et de Houat, zone humide et dunes de Hoëdic) ou des pointes rocheuses soumises à une forte fréquentation touristique (pointe de Pouldon à Belle-Ile-en-Mer), ou sur des zones exposées à des phénomènes de déprise agricole (pointe de Pen Hap à l'Ile-aux-Moines dans le golfe du Morbihan).

Les acquisitions d'îles entières sont liées à une conjoncture spécifique qui touche plus particulièrement les îlots. Ces derniers ont connu depuis quelques décennies des évolutions humaines et paysagères caractéristiques. Autrefois fort prisées pour leur situation géographique à l'avant des côtes, ils ont été progressivement abandonnés par l'homme. Ainsi un grand nombre de ces îlots, propriétés de l'armée ou de l'équipement, n'ont plus aujourd'hui d'intérêt particulier et leurs propriétaires cherchent à s'en dessaisir. C'est ainsi que le Conservatoire est devenu propriétaire de plusieurs petites îles qui possédaient autrefois une valeur stratégique significative (Ile de Tatihou, Ile du Pilier, Archipel de Riou...). Mais l'acquisition d'une île entière peut être liée tout simplement à une absence de gestion qui pose potentiellement des problèmes. C'est le cas de l'île Dumet ou de l'Ile Nouvelle qui, en une vingtaine d'années, ont connu un long mais inéluctable processus d'abandon et de dégradations. Le Conservatoire peut également intervenir quand des menaces réelles pèsent sur une île. C'est le cas de l'Ile de l'Aute dans le bassin de Sigean où un projet de parc zoologique était envisagé... L'acquisition peut également être guidée par la présence de terrains continentaux appartenant au Conservatoire. En effet, au plan paysager, les îles qui sont des prolongements de propriétés littorales du Conservatoire (île Jaouen, île Saint-Maurice) présentent un intérêt particulier : les jeux de vis-à-vis entre île et littoral correspondent à une réalité géographique qui s'inscrit dans une perspective à la fois visuelle et paysagère, mais aussi de gestion.

Cependant la politique du Conservatoire du littoral ne consiste pas systématiquement à acquérir les îles en vente. C'est notamment le cas en Bretagne où la politique d'acquisition des petites îles habitées est fonction des problèmes potentiels qui peuvent se poser. Les îles protégées ou gérées de manière satisfaisante par leur propriétaire ne font pas partie des priorités d'acquisition. La politique actuelle vise davantage à trouver, par le biais de conventions, des terrains d'entente sur les modalités de gestion avec les propriétaires

Les modalités de gestion et d'aménagement du Conservatoire dans les îles ?

Les îles et îlots des littoraux français sont des espaces de plus en plus convoités. En plus de l'intérêt propre lié à leur situation insulaire qui procure dépaysement et fait rêver, leurs atouts principaux reposent sur la qualité de leurs paysage et de leur environnement. Globalement les îles sont restées mieux préservées que le continent proche. Mais les îles et les îlots sont des espaces qui présentent une grande fragilité environnementale en raison de caractéristiques écologiques spécifiques

(Blondel J., 1986). La fréquentation humaine de plus en plus importante de ces îles, liée à la multiplication des moyens d'accès individuels et collectifs, est bien souvent au coeur de la problématique de gestion. Généralement, mais ce n'est pas une obligation stricte, le Conservatoire ouvre ses terrains au public. Cette caractéristique est essentielle car elle impose bien souvent des servitudes particulières et pose la question délicate de la capacité de charge des milieux insulaires. Les propriétés insulaires du Conservatoire du littoral sont gérées par des tiers, communes ou associations. Après la phase d'acquisition, le Conservatoire engage une série d'études permettant de faire un premier constat scientifique qui peut s'accompagner d'un plan de gestion. Un grand nombre de sites insulaires du Conservatoire disposent aujourd'hui de ce type de document (Ile-aux-Moines, Belle-Ile-en-Mer, île Dumet, île Planasse, archipel de Riou...).

Si les aspects directement liés à la gestion des milieux occupent une grande place dans les options retenues, on constate que l'histoire des lieux et de l'espace sert également de révélateur et de ligne de réflexion dans les objectifs des plans de gestion. Ainsi le programme de mise en valeur de Tatihou s'appuie en grande partie sur l'histoire de l'île, le passé de l'île Nouvelle est aujourd'hui révélé et sera intégré aux principes de gestion. Par ailleurs, on commence à s'intéresser aux usagers des sites à travers des études de fréquentation des sites insulaires. Les gestionnaires actuels ont une liberté d'action relativement large mais disposent de moyens humains et techniques différents selon leurs statuts. Ceci explique la variété des situations rencontrées en matière de gestion. Les différences entre les projets de gestion dépendent des caractéristiques propres à l'île, mais sont également étroitement en relation avec les moyens attribués par les collectivités locales. A l'exception de l'île de Tatihou dont la gestion revient au Conseil général de la Manche, ce qui lui permet de disposer de moyens matériels et humains importants, les autres gestionnaires sont pour la plupart organisés sur le mode associatif. Dans tous les cas, les communes sont parties prenantes. Mais c'est bien souvent l'association qui assure la gestion au quotidien. L'ancienneté de l'acquisition, les caractères environnementaux, l'histoire de l'île, le type d'île sont les facteurs les plus importants pour expliquer les différentes options prises en matière de gestion. Les axes majeurs de gestion sont ceux en relation avec la réhabilitation des milieux naturels et l'aménagement des sites. L'ouverture au public est liée à ses actions. Elle peut prendre des formes différentes, comme la simple visite commentée de l'île (Molène dans le Trégor) ou l'accueil et l'hébergement des visiteurs (Tatihou). Les opérations d'acquisition et de gestion peuvent être également définies avec d'autres partenaires. C'est le cas sur la façade atlantique où des relations privilégiées se sont tissées, sur les îles habitées en permanence, entre le Conservatoire et l'Association pour la promotion et la protection des îles du Ponant (APPIP). Elles se font également en étroite coordination avec les départements, les régions et les associations de protection de la nature.

D'une manière générale, la gestion d'une île est toujours plus difficile et délicate que les sites continentaux. La rupture de charge introduite par la traversée en bateau, la question souvent problématique de l'eau et des déchets, la production d'énergie, les problèmes d'approvisionnement et de stockage des marchandises, les surcoûts liés au transport, le manque d'entreprises spécialisées, ne sont que quelques exemples des difficultés qui caractérisent globalement la gestion des îles. La question de la gestion des milieux est différente selon les types d'acquisition. Lorsque le Conservatoire possède simplement des terrains sur des îles, la gestion des terrains est sensiblement du même type que celle mise en place sur le littoral continental. Les difficultés qui peuvent se présenter sont liées aux handicaps classiques des îles et de l'insularité : morcellement des propriétés, forte fréquentation touristique, surcoût liés aux transports. C'est le cas par exemple à Belle-Ile-en-Mer, sur le site de l'Apothicairerie où le Conservatoire mène une action importante, mais classique, d'aménagement de site. L'acquisition d'une île entière modifie sensiblement la question. Elle offre notamment l'opportunité d'envisager une politique de gestion intégrée et cohérente. Les possibilités offertes aux gestionnaires, au delà des problèmes spécifiques à l'île, sont bien supérieures à celles d'un site continental. L'île est un espace clos sur lequel il est possible d'agir sur de nombreux paramètres relativement aisément. C'est évidemment le cas des transports entre l'île et le continent qui peuvent, dans une certaine mesure, être maîtrisés et permettre ainsi un contrôle plus facile des flux, voire une limitation de la fréquentation (cas de l'île de Tatihou). Mais dans les autres domaines, les possibilités d'action sont aussi significatives. Sur le plan environnemental, il est possible de suivre et de contrôler la dynamique des populations animales ou végétales. L'absence d'autres propriétaires permet d'envisager la mise en place de plan de paysage cohérent et limite les conflits potentiels.

Certains problèmes environnementaux sont directement en rapport avec la spécificité écologique des îles. Ceci est une conséquence des caractères biologiques propre aux îles. Les phénomènes de concurrence interspécifique aboutissent parfois à des situations qui posent problème en terme de gestion. Ainsi les goélands ou certains mammifères envahissants commensaux de l'homme, comme le rat noir, le rat surmulot ou le lapin, peuvent être mis en cause dans des processus de disparition directe ou indirecte d'espèces, par destruction totale des individus ou transformation radicale de leur habitat, comme par exemple l'apparition de plantes nitrophiles favorisant un appauvrissement floristique. Cette évolution classique se retrouve notamment sur certains îlots de l'archipel des Glénan et de Molène, sur l'île Dumet, sur l'île Planasse ou sur l'archipel de Riou.

Conclusion : le Conservatoire, un nouvel acteur dans le domaine de la gestion des îles

En vingt années de fonctionnement le patrimoine foncier du Conservatoire du littoral s'est considérablement développé dans l'espace côtier. Le souci de plus en plus affirmé de préserver les milieux littoraux de l'urbanisation est aujourd'hui reconnu par un grand nombre de responsables et par le public. Il est donc évident que les actions d'acquisition iront en augmentant et concerneront également de plus en plus les îles et îlots. L'importance des acquisitions actuelles du Conservatoire du littoral dans les îles métropolitaines est déjà très significative et les prévisions d'achat pour les années à venir confirment cette tendance. Cet organisme est donc appelé à jouer un rôle de plus en plus significatif dans le devenir d'un grand nombre d'île et d'îlots. A ce titre, il devient un nouvel acteur dans le domaine de la gestion insulaire des îles et îlots français.

La tâche du Conservatoire n'est pas facile. Le plus souvent le Conservatoire hérite de sites insulaires souvent dégradés. La fragilité des milieux naturels, la présence de plus en plus forte de visiteurs et parfois l'héritage d'un domaine bâti à l'abandon introduisent une problématique de remise en état et de gestion. Car c'est bien la question de la définition des modes de gestion et donc celle de l'avenir de ces îles et îlots qui est posée. Pour y parvenir le Conservatoire, ses délégués et les gestionnaires des sites insulaires cherchent à mettre tous les atouts de leur côté. Dans ce contexte, une politique active de recherche et de publication a été mise en place, notamment par le biais d'ateliers qui tendent à apporter des réponses aux questions posées dans le domaine de la gestion, de l'aménagement mais aussi dans le champ du social et de la perception. On peut donc se féliciter que cet organisme prenne le soin et le temps de réfléchir avant de lancer des actions. Car sur la route de la réhabilitation et de la gestion des îles, les embûches et les épreuves ne manquent pas...

Bibliographie

BRIGAND, L., 1995, "D'île en île, l'archipel du Conservatoire du littoral", *Les Cahiers du Conservatoire*, n° 3, Paris, 211 p.

BRIGAND, L., 1995, "Les motifs de fréquentation touristique de l'île Dumet et de l'île du Pilier", *in* : *Les Français et la protection du littoral*, Conservatoire de l'Espace du Littoral et des Rivages Lacustres, p. 52-63.

GUYOT, I., MURACCIOLE, M. et J.-C., THIBAULT, 1992, "Les îlots satellites de la Corse : patrimoine naturel et conservation", *in* : *BSSHNC*, n° 661, p. 315-334.

BLONDEL, J., 1986, *Biogéographie évolutive*, Masson, 221p.

JERSEY, LES AVANTAGES ECONOMIQUES D'UN TERRITOIRE INSULAIRE HORS UNION EUROPEENNE

André-Louis SANGUIN
Université d'Angers

Pour bien comprendre la spécificité politico-géographique des Iles Anglo-Normandes en général et de Jersey en particulier, il importe, tout d'abord, d'en saisir le statut original au sein des îles Britanniques. Il est capital de retenir que le Royaume-Uni n'englobe pas les Iles Anglo-Normandes ainsi que l'Ile de Man (en Mer d'Irlande). Toutes sont des dépendances directes de la Couronne avec leur propre système législatif et fiscal. En d'autres mots, le gouvernement de Londres n'a aucune juridiction sur les Iles Anglo-Normandes. Situées au large de la côte occidentale du Cotentin, les Iles Anglo-Normandes sont les seules portions du duché de Normandie appartenant à la Couronne d'Angleterre à laquelle elles ont été attachées depuis la conquête de l'Angleterre par Guillaume le Conquérant et qui furent oubliées par Philippe-Auguste lors de la reprise de la Normandie par la monarchie française. Ces îles sont constituées, par ordre d'importance, de Jersey, Guernesey, Alderney, Sercq, Brecqhou, Jéthou et Lihou; soit un total de 194 km^2 peuplés de 130 000 habitants.

Les lieutenants-gouverneurs et commandants en chef de Jersey et de Guernesey-Alderney sont les représentants personnels de la reine-duchesse de Normandie, les commandants des forces de la Couronne et le canal de communication entre la Couronne et les gouvernements insulaires. Ils sont nommés par la reine et ont une voix consultative aux Assemblées des Etats (les parlements insulaires). Les baillis (*Bailiffs*), eux aussi nommés par la reine, sont, chacun, les présidents de l'Assemblée des Etats et de la Cour royale de Jersey ou de celle de Guernesey. Bref, le bailli est le chef des pouvoirs exécutif, législatif et judiciaire de son île.

Jersey, l'une des enclaves au cœur de l'Union européenne

Avec 116 km^2, Jersey abrite 84 082 habitants (recensement de mars 1991), d'où l'une des densités les plus fortes au monde (725 habitants/km^2). Cette superficie double à marée basse lorsqu'émergent les récifs littoraux et le Plateau des Minquiers. Malgré ses 832 mm de précipitations annuelles, l'île béneficie de 300 jours de soleil par an, ce qui n'est pas sans incidence positive sur son tourisme. L'accroissement de la population a été de 5 % entre 1981 et 1991, l'essentiel étant dû à l'immigration de retraités en provenance de Grande-Bretagne. Entre 1991 et 2015, cette tranche de population augmentera de 30 % d'autant que le taux de fécondité des Jersiaises n'est plus que de 1,6 enfant/femme.

La position constitutionnelle unique de Jersey comme des autres Iles Anglo-Normandes provient de ses relations avec la Couronne. Comme partie intégrante de l'Etat féodal de Normandie dès 933, Jersey devint une possession de la Couronne d'Angleterre en 1066 lorsque Guillaume, duc de Normandie, battit le roi Harold à Hastings et fusionna le royaume d'Angleterre et le duché de Normandie. La Normandie continentale fut reprise par le roi de France en 1204 mais les Iles Anglo-Normandes (*Channel Islands*) maintinrent leur allégeance à la Couronne d'Angleterre. Dès lors, tous les monarques anglais successifs ont régné sur l'île uniquement par leur titre de duc de Normandie et ont toujours respecté les lois, coutumes et libertés établies de Jersey. Ces différents points ont été confirmé par les Chartes Royales qui ont systématiquement assuré l'indépendance du système judiciaire des îles par rapport aux cours anglaises. En outre, ces mêmes chartes ont octroyé d'importants privilèges dont, en particulier, l'exemption de toute taxation et de tout impôt anglais. C'est ainsi que les Iles Anglo-Normandes sont constituées de deux bailliages (*Bailiwicks*), le bailliage de Jersey et le bailliage de Guernesey-Alderney, chacun ayant sa propre assemblée législative indépendante, son propre système juridique, fiscal et administratif. Le parlement du Royaume-Uni ne peut légiférer sur Jersey et les autres îles anglo-normandes si celles-ci n'y consentent pas. Le parlement du bailliage de Jersey s'appelle *The States of Jersey* . Il est formé de 12 sénateurs, de 12 connétables (les maires des 12 paroisses de l'île), de 29 députés, du doyen de Jersey (doyen anglican), de *l'attorney-general* et du *sollicitor-general.* Ses 53 membres sont présidés par le bailli tandis que le lieutenant-gouverneur a droit de *veto* sur certaines lois. Le bailliage de Jersey a tous les attributs d'un Etat souverain puisqu'il dispose d'un appareil gouvernemental ventilé en 29 départements ministériels différents. Autres preuves de souveraineté: Jersey émet sa propre monnaie (la livre jersiaise), ses propres timbres-poste, gère son propre système postal (*Jersey Post*) ainsi que son propre système téléphonique (*Jersey Telecom*).

Le gouvernement du Royaume-Uni est responsable des relations internationales de Jersey et des autres Iles Anglo-Normandes sur la seule base de l'union personnelle avec la reine. Cependant, dans la pratique, les autorités insulaires sont consultées avant la signature de toute convention internationale pouvant s'appliquer aux îles. Les relations de Jersey avec l'Union Européenne sont réglées par le Protocole 3 de l'Acte d'adhésion du Royaume-Uni à la Communauté Européenne signé en 1972 et entré en vigueur le 1er janvier 1973. Ce protocole reste aujourd'hui inchangé et demeure très favorable à l'île. En effet, Jersey est totalement placée en dehors des normes et directives financières et fiscales de l'Union. Par contre, elle est considérée comme territoire de l'Union pour ce qui touche aux échanges agricoles et industriels. Dans la pratique, Jersey ainsi que les autres Iles Anglo-Normandes ne sont pas englobées dans le Marché Unique et dans l'espace Schengen. Du coup, les voyageurs et touristes de retour sur le continent sont soumis à des contrôles douaniers et policiers.

En cela, Jersey et ses voisines insulaires font partie de ce petit groupe de territoires enclavés au sein de l'Union Européenne mais entourés d'un cordon douanier: Gibraltar, Man, Andorre, la zone franche de Livigno en Valteline (Italie)... Cette double situation de semi-indépendance et de non-adhésion à l'Union Européenne engendre aujourd'hui toute une panoplie d'activités économiques très spécifiques: tourisme haut de gamme, commerce hors taxes, place bancaire internationale, siège de *holdings* et de sociétés *offshore*, paradis fiscal... Ces cinq facettes particulières de l'économie jersiaise entraînent des conséquences tangibles sur la population active, sur le PNB collectif et *per capita*, sur la fiscalité et sur le budget insulaire. Quels en sont les grands traits ? Pour 84 082 habitants, Jersey englobe 47 547 actifs (pour 568 chômeurs !). Ces actifs génèrent un PNB annuel de 1,3 milliard de livres (10,2 milliards de francs ou 1,5 milliard d'écus). En 1993, le PNB jersiais *per capita* s'élevait à 15 955 livres. Or, il est significatif de relever que les services financiers contribuent pour 52 % à ce PNB et le tourisme pour 32 %. Beaucoup d'impôts n'existent pas à Jersey : impôt sur le capital, taxe de vente, TVA, droits de succession, droits immobiliers.... Les Etats de Jersey génèrent leurs recettes par certaines taxes d'accise sur les alcools, le tabac et les carburants, par les bénéfices de sociétés publiques comme le port et l'aéroport, Jersey Post ou Jersey Telecom. Mais la principale source de recettes est de loin celle provenant de l'impôt sur le revenu. Ce dernier est taxé à un taux standard uniforme de 20 %. L'ensemble permet à Jersey de jouir d'un budget excédentaire : les déficits publics sont chose inconnue dans l'île !

Le tourisme, second moteur économique de l'île

Localisée à 40 minutes de vol depuis Londres-Heathrow, à 90 minutes depuis Glasgow, à 3 heures et demie par car-ferry depuis Weymouth ou à 1 heure par catamaran hydrojet depuis Saint-Malo, Jersey est reliée à plus de 30 destinations étrangères par voie aérienne et à Weymouth et Saint-Malo par gros car-ferries *roll-on roll-off*. Cela explique pourquoi 1,5 million de passagers a débarqué à l'aéroport et dans les ports jersiais en 1990. La moitié de ceux-ci sont des touristes de longue durée tandis que l'autre est constituée d'hommes d'affaires, de Jersiais de retour et de touristes d'une journée. Ce flux d'arrivée se répartit entre 60 % de visiteurs en provenance du Royaume-Uni, 25 % d'Europe continentale et 15 % en trafic inter-îles. Du coup, sur les 74 366 véhicules immatriculés à Jersey, 8 345 sont des voitures de location destinées aux touristes. C'est sans aucun doute l'un des plus forts taux observables au monde. Voilà aussi pourquoi l'on rencontre dans l'île pas moins de 35 sociétés de location de voitures. Il faut aussi accommoder tous ces visiteurs en biens de consommation de toute nature: en 1993, 574 000 tonnes de marchandises ont été manipulées dans le port de Saint-Hélier, la capitale (à titre de comparaison, l'Andorre avait importé en 1989 un total de 538 000 tonnes pour un nombre de visiteurs de 6 millions).

Les motivations du tourisme à Jersey sont doubles :

1- Depuis le siècle dernier, l'île agit comme une sorte de rivièra britannique à cause de son climat et de l'exotisme exhalé par sa toponymie et ses patronymes français. Toutes proportions gardées, Jersey est au Royaume-Uni ce que la Corse est à la France continentale, c'est-à-dire une terre au peuple et aux paysages différents.

2- Le régime hors-taxes, par son différentiel de prix avec le Royaume-Uni, exerce une séduction certaine sur la clientèle touristique potentielle. Ce sont ces mêmes raisons que l'on retrouve en Andorre, à Livigno ou à Gibraltar.

En 1993, Jersey a attiré 684 000 touristes séjournants et 140 000 touristes d'une journée. Cette deuxième catégorie provient uniquement des ports français (Saint-Malo, Granville, Carteret, Portbail) et se trouve facilitée par les rotations rapides effectuées en catamarans hydrojet. En 1994, pour les visiteurs britanniques, la durée moyenne de séjour a été de 7 nuits alors qu'il était de 5,2 nuits pour les visiteurs non-britanniques. Toujours la même année, le taux d'occupation des lits se montait à 72 % tandis que le nombre de nuitées s'élevait à 2,33 millions. En année moyenne, sur les cinq dernières années, les dépenses des touristes à Jersey se sont élevées à 260 millions de livres. Pour accueillir ce flux touristique, Jersey dispose de 165 hôtels, 172 pensions de famille, 2 camps de vacances et 6 campings. Le nombre de lits enregistrés est de 21 182. La très grande faiblesse des campings et autres VVF montre bien le caractère "haut de gamme" du tourisme jersiais.

Un haut lieu du commerce hors taxes

Comme quelques autres territoires en Europe qui ne connaissent ni droits de douane ni TVA (Andorre, Gibraltar, Livigno...), Jersey doit en grande partie la popularité de son flux touristique au fait qu'elle est un paradis du commerce hors taxes. De fait, l'île n'applique pas la TVA de 17,5 % en vigueur au Royaume-Uni et cette seule différence de prix justifie la floraison d'une multitude de commerces luxueux spécialisés dans les produits dits "sensibles" en termes douaniers (!), à savoir les alcools, les tabacs, la bijouterie-joaillerie-diamanterie, les chaussures et l'habillement. En réalité, ces commerces sont essentiellement localisés dans le centre de Saint-Hélier où ils occupent tout le secteur de The Parade, King Street, Queen Street, Conway Street et Mulcaster Street. Les quantités de ces produits "sensibles" achetées par les touristes constituent, par les taxes d'accise qui leur sont appliquées, l'une des principales sources de recettes du budget jersiais annuel (15,3 millions de livres sur des rentrées totales de 383,9 millions en 1993). C'est ce commerce hors taxes qui justifie l'existence de 15 900 emplois sur les 47 547 que compte Jersey. C'est aussi ce même commerce hors taxes qui engendre une bonne partie des 478 649 tonnes de fret entrées à Jersey par le port de Saint-Hélier en 1993 (contre 94 767 tonnes exportées la même année).

Il est très clair qu'il s'agit d'un commerce surdimensionné pour un marché local de seulement 84 000 habitants. En ce sens, Jersey mérite d'être comparée à l'Andorre où, pour une population de 68 000 habitants permanents, la coprincipauté, archétype de l'Etat hors taxes (*duty free State*), a importé en 1989 pour 538 000 tonnes de marchandises. En réalité, le commerce jersiais est adapté au marché de ses 970 000 touristes (chiffre record de 1989), tout comme le commerce andorran est ajusté à une clientèle de 6 millions de visiteurs annuels.

Jersey, place bancaire internationale

Au 1er novembre 1994, 78 banques ou succursales de banques étaient enregistrées à Jersey sous l'empire de la Depositors and Investors Jersey Law de 1967. Plus de 90 % des institutions-mères de ces entités comptent parmi les 500 premières banques du monde. La valeur totale des dépôts bancaires à Jersey s'élevait à 59 milliards de livres en juin 1994 (contre seulement 0,4 milliard en 1970). Les dépôts en sterling provenant de la zone sterling représentaient, toujours à la même date, 25,4 % du total des dépôts tandis que les dépôts en sterling hors zone sterling comptaient pour 11 %. De plus, 63,7 % de tous les dépôts détenus dans l'île sont libellés en devises autres que la livre sterling.

La valeur des fonds gérés selon la Collective Investment Funds Jersey Law de 1988 atteignait, en juin 1994, la somme de 22,5 milliards de livres pour 312 fonds immatriculés. La politique bancaire des Etats de Jersey est menée par le Financial Services Department du gouvernement insulaire. Cette politique vise aujourd'hui à limiter l'immatriculation à Jersey d'institutions de stature et de réputation internationale. Les raisons en sont la protection des déposants mais surtout la protection de la réputation de Jersey comme centre financier international et la protection des intérêts économiques de l'île. Voilà aussi pourquoi chacune des banques résidentes doit renouveler chaque année son enregistrement.

Même si les Etats de Jersey n'ont pas besoin d'altérer leurs lois bancaires pour s'aligner sur les directives bancaires de l'Union Européenne, le Département jersiais des finances reconnaît le besoin d'adopter des cadrages prudentiels pour ses banques dans des domaines comme l'adéquation de capital, la consolidation des fonds et les états budgétaires. Les experts bancaires jersiais travaillent en étroite collaboration avec le Comité de surveillance bancaire établi à Bâle sous le contrôle de la Banque des Règlements Internationaux. Le rôle de Jersey dans la surveillance bancaire est principalement celui d'un superviseur "hôte" dans la mesure où les banques enregistrées dans l'île sont des branches ou des succursales de grandes banques internationales ayant elles-mêmes leurs propres contrôleurs en beaucoup de pays différents. Parmi les établissements bancaires installés à Jersey, citons, entre autres, Bank of America, BNP, Lazard Brothers, Lloyd, Lombard, Union de Banques Suisses, Bank of Nova Scotia, Chase Manhattan...

Comme déjà indiqué un peu plus haut dans ce texte, l'attractivité de Jersey en matière bancaire tient à sa sous-fiscalité en matière d'impôts sur les revenus du capital et sur la transmission de capital. La prudence des autorités jersiaises, le niveau de professionnalisme des financiers insulaires, la localisation à l'intérieur de l'Europe mais en "plate-forme au large" (*offshore*), l'excellente accessibilité ont contribué et contribuent au succès de l'île en ce domaine et à sa position à part dans le club des places financières offshore. L'attractivité de la banque privée internationale exercée à Jersey s'explique par le fait que ce secteur bancaire particulier offre tous les services à une clientèle non-résidente dans l'île en lui garantissant la stabilité politique et économique, la légalité, la confidentialité et un régime fiscal très favorable. Le client attend d'une banque privée internationale localisée à Jersey une approche innovante et flexible dans la gestion de son portefeuille selon la devise en œuvre dans le quartier des banques à Saint-Hélier : "What the client wants, where the client wants it, how the client wants it". C'est ainsi qu'une banque privée internationale opérant à Jersey sert annuellement à son client des intérêts libellés dans la monnaie de son choix et qui sont non seulement supérieurs au taux d'inflation mais aussi exonérés d'impôts.

Jersey, paradis fiscal pour sociétés - boîtes aux lettres

A la fin de l'année 1993, 28 178 sociétés *offshore* étaient enregistrées à Jersey et cette même année en avait vu la création de 3 059 dont 1 926 (soit 63 %) étaient des sociétés formées au nom de résidents extérieurs aux Iles Britanniques. Beaucoup de ces sociétés *offshore* sont de type *Exempt Company*, c'est-à-dire que leurs propriétaires ne résident pas à Jersey. Conséquemment, elles ne paient qu'un droit d'enregistrement annuel de 500 livres. Depuis 1993, de nouvelles règles ont été introduites concernant les IBC (*International Business Companies*). Ces mesures visent à encourager les groupes multinationaux à localiser leurs départements "affaires internationales" à Jersey. De telles IBC sont assujetties à des taux très faibles d'imposition (2 % sur la première tranche de 3 millions de profit puis 0,5 % sur la tranche de 3 à 10 millions de livres). Les sociétés *offshore* concernent toutes sortes d'activités : marques enregistrées, brevets industriels, réassurance, propriété de bateaux et de yachts, collecte de royalties, droits d'auteur, gestion de licences...

Mutatis mutandi, l'un des facteurs probablement les plus significatifs dans le choix d'une place *offshore* pour l'administration d'une fiducie réside dans la facilité de communication avec le fidéicommissaire du patrimoine. Un patrimoine appartenant à une fiducie domiciliée à Jersey peut investir dans une large gamme d'opérations : *portfolios* en euro-obligations à Londres, dépôts en liquide en Suisse et aux Etats-Unis, investissements immobiliers au Canada... La sélection d'une domiciliation *offshore* repose sur la capacité du client à communiquer facilement avec la fiducie. Actuellement, 200 fiducies (*Fund Management Companies, Trust Companies*) opèrent à Jersey et génèrent 2500 emplois locaux (au sein des 9 000 emplois du secteur banques-assurances-finances). Elles ont administré des capitaux pour une valeur de 50 milliards de livres en 1994. Durant les dernières décennies, les Trust Companies ont explosé en nombre à Jersey. Afin de garantir un maximum de protection et de stabilité à leurs clients, les financiers jersiais ont procédé à des montages juridiques. Par exemple, une société *offshore* est enregistrée dans une première juridiction (ainsi les Iles Vierges Britanniques ou les Caymans) puis est administrée dans une seconde juridiction (par exemple Jersey) et, enfin, opère ses investissements dans une troisième (par exemple les Etats-Unis). De grandes sociétés comme Philips ou Nestlé ont été les pionniers dans ce domaine il y a déjà quarante ans.

Conclusion : Jersey ou l'insularité transformée en atout

Beaucoup d'îles du littoral occidental de l'Europe se caractérisent par un fort taux de chômage, une émigration chronique, un revenu *per capita* plus bas que sur le continent adjacent, des services publics et privés moins performants ainsi que par des circuits de transport souvent déficients. Comparée au Royaume-Uni, Jersey montre des paramètres économiques nettement supérieurs. L'île n'a pas de déficit public et dispose de réserves financières égales en valeur au montant total des recettes de son budget annuel. A cause de sa petitesse et d'une densité atteignant désormais un seuil critique de capacité de charge, Jersey n'est plus en position d'ouvrir ses portes à tout candidat potentiel à la résidence permanente. Cela explique pourquoi le gouvernement jersiais est devenu très sélectif dans ses politiques de développement du monde des affaires. L'absence de partis politiques procure à l'exécutif insulaire une stabilité, une continuité et un équilibre profitables à l'économie jersiaise. La politique de sous-fiscalité contribue à cette stabilité. Depuis 1940, le taux uniforme d'imposition de 20 % sur tout revenu n'a jamais varié. Les mécanismes fiscaux attractifs de l'île ont toujours engendré des budgétisations prudentes. A Jersey, le statut de basse imposition n'est pas le produit d'une manipulation politique comme dans d'autres paradis fiscaux mais le résultat d'une politique économique d'ensemble. En d'autres mots, les attractions fiscales de l'île ne sont pas une caractéristique éphémère d'adoption récente mais un aspect profondément enraciné dans la vie économique jersiaise.

Après 900 ans d'usages et de traditions, l'autonomie constitutionnelle de Jersey est fondée sur son acceptation par le Royaume-Uni. L'île est souveraine pour ses affaires internes tandis que le Royaume-Uni représente Jersey en matière de relations internationales.

Ce type d'arrangement fournit une pleine indépendance fiscale à Jersey. Bien que n'étant pas membre de l'Union Européenne, Jersey s'est placée à l'intérieur du TEC (Tarif Extérieur Commun) et les biens produits et manufacturés à Jersey sont en libre circulation à l'intérieur de l'Union et peuvent être exportés vers les Etats membres sans payer de droits de douane. Par contre, l'île n'est pas couverte par les dispositions de l'Union Européenne sur la libre circulation des personnes, des capitaux et des services.

Si le tourisme et la finance internationale sont devenus les principaux piliers de l'économie jersiaise, c'est tout simplement parce que la main d'œuvre a toujours été très qualifiée et capable de s'adapter très rapidement. L'excellence des communications avec le Royaume-Uni, avec l'Europe continentale et avec le reste du monde a joué un rôle important dans le succès de l'économie. L'île jouit aussi d'un "climat des affaires sophistiqué" lié à une étroite relation de travail entre le gouvernement et les décideurs d'entreprises. Jersey ne connaît pas le contrôle des changes et se trouve en union monétaire avec le Royaume-Uni. Progressivement, cette union sera remplacée par une relation du même type avec l'Union Européenne. La force de l'économie jersiaise, durant les dernières années, a dépendu pour une bonne part du succès de l'île comme centre financier international. C'est ainsi que 30 % des 500 premières sociétés européennes et 10 % des 700 premières sociétés de l'Asie du Pacifique ont fait affaire avec les facilités offertes par Jersey. Toutefois, les autorités sont conscientes du besoin urgent de maintenir l'équilibre entre la satisfaction des besoins économiques de l'île, d'un côté, et la limitation de l'impact des activités d'affaires sur l'environnement et la qualité de vie, de l'autre. C'est là, sans aucun doute, le plus grand défi que Jersey doit relever à l'aube du XXIème siècle. Avec 725 habitant/km^2, l'île a atteint un seuil environnemental. Certes, cet environnement est très soigné et Jersey ressemble à un jardin. Cependant, le véritable paysage rural a, pour ainsi dire, disparu et l'on est passé au stade d'un paysage "rurbain". La densité du tissu bâti est considérable. Aussi semble-t-il, dorénavant, difficile et hasardeux d'augmenter le nombre des maisons et, par voie de conséquence, le nombre de la population.

Encerclée de partout par l'Union Européenne, Jersey a su jouer de son statut politique très particulier pour tirer certains bénéfices du Marché Unique sans y adhérer. L'île se trouve ainsi dans une situation comparable à celle de l'Andorre. L'existence future de Jersey peut se justifier par plusieurs arguments. Dans une Union Européenne tendant vers une intégration de plus en plus poussée et vers un élargissement à d'autres Etats du continent, des entités politiques semi-souveraines comme Jersey ou souveraines comme l'Andorre doivent être perçues comme des régions européennes à statut spécial. De fait, les Etats de l'Union Européenne qui les encerclent doivent comprendre que ces entités ont besoin d'un régime économique particulier pour ne pas être à la charge de leurs voisins. Dans l'éventualité de l'imposition à Jersey ou à l'Andorre de normes fiscales en vigueur dans l'Union, il est clair que le sort de ces micro-Etats serait définitivement scellé. Toutefois, comme l'Union Européenne évolue dans un contexte d'économie libérale et de démocratie pluraliste, il n'existe pas de motifs sérieux poussant à la disparition politique de Jersey et de l'Andorre tant les acteurs économiques qui y opèrent sont puissants par leurs ramifications internationales et par les grosses entreprises dont ils sont les mandataires. Une telle disparition sonnerait le glas économique de Jersey comme de l'Andorre puisque cesseraient aussitôt de jouer tous les avantages qui en font leur succès et leur attractivité.

Bibliographie

BALLEINE, G.R., 1990, *The Bailiwick of Jersey*, London.

BEAUCHAMP, A., 1987, *Guide mondial des paradis fiscaux*, Paris, Grasset.

BRUNET, Roger, 1986, *Atlas mondial des zones franches*, Paris, Fayard/Reclus.

COYSH, V., 1977, *The Channel Islands : A New Study*, London, Newton Abbot.

DOGGART, C., 1981, *Tax Havens and Their Uses* , London, The Economist Intelligence Unit.

HAMPTON, Mark, 1993, *Offshore Finance Centres and Small Island Economies. Can or Should Jersey be Copied ?*, Norwich, University of East Anglia, Ph.D. Thesis.

HAMPTON, Mark, 1994, "Small Islands and Offshore Finance : Lessons from Jersey", *Insula*, vol. 3, n° 2, p. 15-18.

JOHNS, R.A., 1983, *Tax Havens and Offshore Finance* , London, Pinter.

JOHNS, R.A. et C. LE MARCHANT, 1993, *Finance Centres. British Isle Offshore Development since 1979* , London, Pinter.

LESERVOISIER, Laurent, 1990, *Les paradis fiscaux*, Paris, PUF.

MOINDROT, Claude, 1993, "Les centres financiers offshore du monde britannique", *Norois*, vol. 49, n° 160, p. 665-672.

RANKINE, Glenn et Eamonn BOUGEARD, 1995, *The Jersey Business Directory 1995*, Saint-Hélier, Phototype Limited.

ROSS, Elizabeth (sous la direction de), 1995, *The Financial and Business Handbook of the Channel Islands*, Saint-Hélier, Ashton & Denton Publishing Co.Ltd.

STATES OF JERSEY, 1995, *Statistical Review 1994*, Saint-Hélier, Office of the Chief Adviser to the States.

VERNAY, Alain, 1968, *Les paradis fiscaux*, Paris, Seuil.

COUTS ET BENEFICES DE L'INSULARITE DU POINT DE VUE ECONOMIQUE, LE CAS DE MINORQUE[1]

Sergi MARI
Institut Menorqui d'Estudis, Mahon, Minorque

L'insularité n'est pas un concept qui peut s'intégrer facilement dans la science économique. D'un strict point de vue économique, c'est même un concept assez confus dans la mesure où la discontinuité territoriale engendrée par l'insularité suppose, en retour, des degrés très différents de discontinuité dans la circulations des biens et des services. En ce sens, il convient de ne pas perdre de vue qu'il existe des territoires géographiques qui, pour ne pas être insulaires par leurs caractéristiques géopolitiques, n'en sont pas moins aussi économiquement isolés que bien des îles. L'objet de cette communication est de proposer divers concepts sensibles de la théorie économique qui, croyons-nous, peuvent faire apparaître quelque lumière en vue d'une interprétation correcte des coûts et bénéfices de l'insularité.

Les coûts de transport

La quantification des coûts de transport constitue l'exercice le plus élémentaire et le premier pas pour saisir l'insularité. Parmi eux, les frets sont l'élément le plus significatif de la réalité insulaire. Très souvent, on présente le montant total des frets comme l'expression directe du poids négatif qu'induit l'insularité pour l'activité économique. Nous devons critiquer ce point de vue pour, au moins, trois raisons :
1- Tout simplement, en premier lieu, parce que le transport maritime n'est pas plus cher que le transport terrestre. Souvenons-nous qu'il y a moins de deux cents ans, la Méditerranée était encore un trait d'union entre les peuples plutôt qu'une barrière. Il était plus facile d'amener en Espagne le blé d'Odessa par voie maritime que celui de la meseta castillane. Durant une bonne partie du XVIIIème siècle, ce type de commerce rapporta des bénéfices substantiels à Minorque. Aujourd'hui, la comparaison entre divers modes de transport dépend surtout de la distance. Pour de longues distances, le bateau arrive à être plus compétitif que le rail. Cependant, dans le cas concret de Minorque, et étant donné que la totalité de son commerce extérieur se réalise avec les ports voisins du Levant espagnol, cette objection manque de substance.

1. Texte traduit de l'espagnol par André-Louis Sanguin

2- Parce que, en second lieu, cela se répercutant négativement sur l'activité économique, on aboutit à un éventuel surcoût des intrants. Dans ce cas, il est impossible de séparer les coûts de transport du système de distribution commerciale. Fréquemment, nous voyons dans le cas de Minorque que le prix final d'un produit (fret inclus) est parasité par des comportements oligopolitiques dans la distribution. Le meilleur exemple en est l'Accord Bal-Con, édicté à la fin des années quatre-vingts, pour maintenir un certain niveau des flux et éviter la concurrence entre compagnies de navigation. Il existe aussi des prix "politiques", particulièrement dans le transport aérien (rabais consentis aux résidents insulaires).
3- Enfin, parce que, comme nous le verrons plus loin, nous devons distinguer les frets d'entrée et les frets de sortie. En effet, ils ont un effet économique radicalement différent.

Comparaison statistique du bien-être

Néanmoins, si l'on part de l'utilité des frets comme indicateur simplifié de l'insularité, nous pouvons faire un pas en direction d'une meilleure compréhension de ses effets économiques si nous faisons une comparaison avec la théorie classique du commerce international. Pour ce faire, nous devons considérer les flux d'entrée des produits sur une île de la même manière que les tarifs douaniers. Nous risquerions d'encourir une grave sursimplification en transformant en élément exogène une variable (les frets) qui, en secret, est un prix davantage déterminé par le modèle endogène. Toutefois, nous croyons que cette simplification peut être utile pour la compréhension du phénomène. Lorsqu'il s'agit de combattre les prétendus coûts de l'insularité, ce n'est pas pour rien qu'on réclame aux pouvoirs publics d'agir en vue de réduire les coûts de transport comme s'il s'agissait de tarifs douaniers ! Cet aspect-là ainsi que d'autres mesures publiques rendant possible la "réduction" du coût de l'insularité justifient leur traitement comme variable exogène (*cf.* figure 1).

En ce qui concerne les flux de sortie des produits, on peut établir une comparaison avec les tarifs douaniers imposés aux pays tiers. Dans ce cas, cependant, on n'appliquerait pas la clause de la nation la plus favorisée, étant donné que les produits insulaires affrontent la concurrence du marché extérieur en position d'infériorité. Pour faciliter la compréhension, il faut comprendre cela comme une espèce de taxe à l'exportation (*cf.* figure 2). Etant donné que les frets s'appliquent au poids et au volume, il en résulte que ce tarif douanier particulier obère d'un pourcentage important le prix des produits plus lourds et plus volumineux. Son effet sectoriel sera donc très différent entre le cas de l'agriculture (intrants volumineux) et celui de la joaillerie-bijouterie, par exemple. Cette comparaison avec les tarifs douaniers a l'avantage de ne pas considérer l'insularité comme un désavantage comparatif a priori. En d'autres termes, l'insularité n'est pas définie comme un problème lié à la

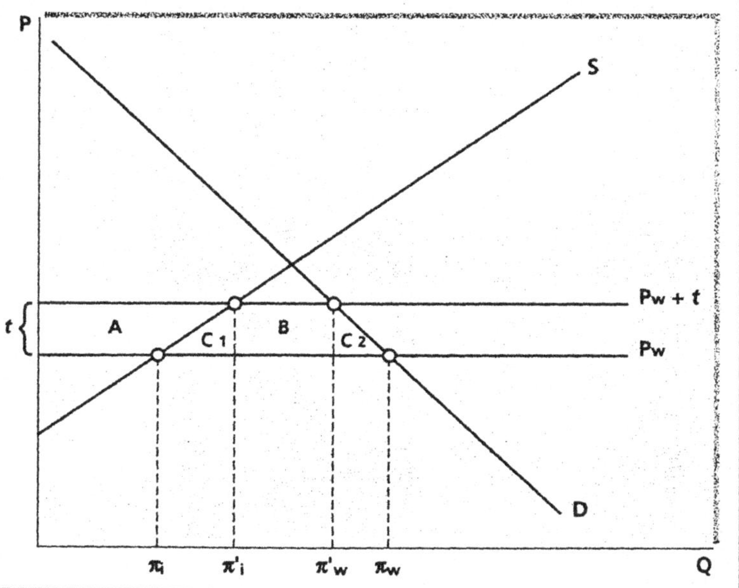

P_w	prix mondial
t	flux
π_i	production insulaire
π_w	production par des tiers
A	augmentation de l'excédent du producteur insulaire
B	revenus des compagnies de navigation
C 1 + C 2	perte nette de bénéfice

Figure 1. Effets des flux d'entrée sur le bénéfice

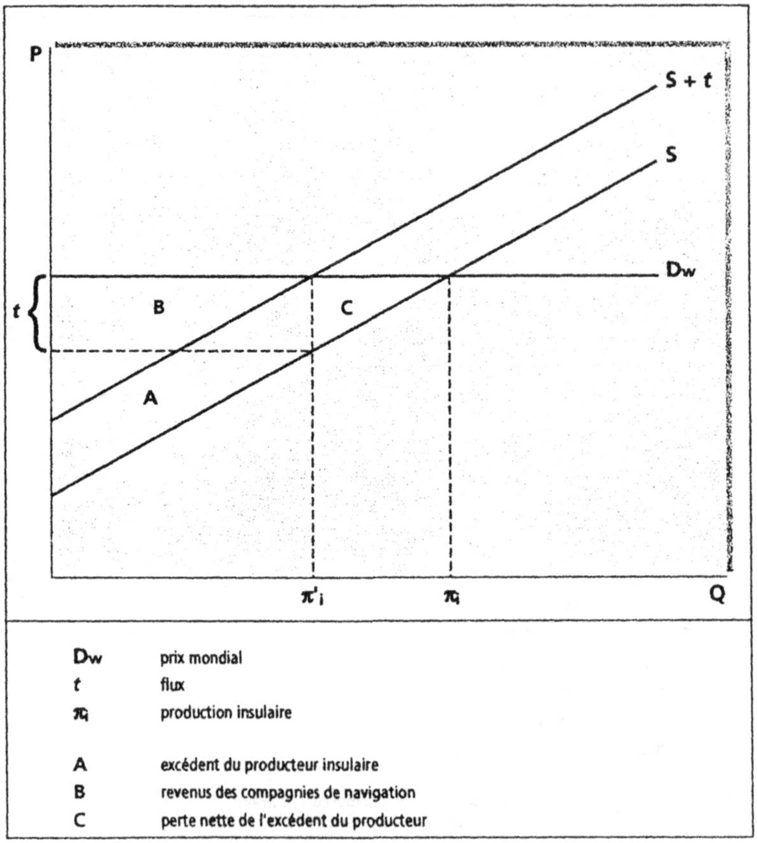

Figure 2. Effets des flux de sortie sur le bénéfice

propre structure de production mais, bien plus, comme une réalité institutionnelle que l'on peut modifier et qui peut offrir différentes solutions de bien-être en fonction des coûts de transport et de la composition de la balance commerciale. Du coup, cette démarche peut constituer un stimulant aussi bien qu'une entrave à l'activité productive pour les deux raisons suivantes :

1- Il s'agit d'un stimulant pour les activités de production du propre marché insulaire; donc, tout tarif douanier suppose un degré de protection. Pour prendre quelques exemples, les produits horticoles ou les meubles de Minorque se vendent sur le marché local à bon prix parce que les concurrents extérieurs doivent franchir la protection résultant des coûts de transport.

2- En revanche, il s'agit d'une entrave dans le cas des activités industrielles comme la chaussure ou la bijouterie, par exemple, car les ventes de ces produits sur le marché local sont insignifiantes par rapport à leur sortie extérieure. Ces secteurs se défendent de cette barrière à l'exportation en produisant des marchandises à haute valeur ajoutée mais de faible poids et de faible volume.

Quoi qu'il en soit, et bien que nous ayons parlé d'entraves et de stimulants aux activités économiques, la théorie classique du commerce international nous enseigne que, dans un exercice de statistique comparée, nous pouvons toujours conclure que l'effet net sur l'excédent du consommateur est pire que celui dérivé d'une situation de libre marché. De ce fait, nous sommes en présence d'une situation perfectible en termes de bien-être économique. De tels coûts peuvent se mesurer comme la perte nette de bien-être, c'est-à-dire de l'excédent du consommateur non compensé par l'augmentation des producteurs insulaires. Reste toutefois le problème des recettes des compagnies de transport. Nous tendons à considérer les compagnies de navigation comme externes à l'économie insulaire (spécialement dans le cas des petites îles) et, conséquemment, nous pensons que leurs recettes font partie de la perte de bien-être global. A partir de ce modèle, nous pouvons conclure que les coûts de l'insularité dépendent surtout des différences de prix entre l'île et le continent et des élasticités de l'offre et de la demande.

Un point de vue dynamique : les économies d'échelle

Ensuite, nous voyons apparaître les limites des modèles statistiques. Qu'est-ce qu'un modèle statistique ? C'est la comparaison de deux situations idéales sans considération des délais d'ajustement qu'exige l'économie. Cette comparaison est fondée sur l'hypothèse de concurrence parfaite comme dans ce qui a été exposé ci-dessus. Pour ce qui nous préoccupe ici, l'élément fondamental dans une optique dynamique, c'est le rôle joué par les économies d'échelle. Nous introduisons ainsi un aspect que nous avions tout juste évoqué mais qui constitue une partie de la définition de l'insularité, à savoir la petite taille de l'économie insulaire.

Etant donné les tailles différentes entre économie continentale et économie insulaire, il est tout à fait pertinent de mentionner ici l'article classique de Grubel sur l'effet pervers que les économies d'échelle peuvent avoir sur les processus de libéralisation du commerce. Dans le cas de petites industries très efficaces, mais en présence d'économies d'échelle, il peut arriver que la grande entreprise moins efficace soit plus compétitive que la petite et s'immerge mieux dans le marché. Dans ce cas, le processus de libéralisation tournera en une perte d'efficacité. La figure 3 illustre le fonctionnement de l'absorption du petit marché insulaire par les grandes entreprises continentales chaque fois que survient une réduction drastique des coûts de transport (en présence d'économies d'échelle).

Si l'on maintient la comparaison de l'insularité comme barrière commerciale, cet exemple peut être considéré comme remarquable. Selon cette optique, l'insularité permettrait la création et l'expansion de petites entreprises locales très efficaces qui parviendraient difficilement à concurrencer les grandes compagnies dans le cadre d'un marché plus important. A Minorque, nous pouvons rencontrer de tels exemples dans le secteur du bâtiment et travaux publics ainsi que dans la distribution de détail. Plus précisément, dans le cadre de la distribution commerciale, l'actualité nous offre un exemple intéressant de ce présupposé théorique : si les économies d'échelle sont suffisamment présentes dans ce secteur, il peut arriver que la réduction de l'insularité découlant du renforcement prochain du trafic maritime entre Alcudia (Majorque) et Minorque ait comme conséquence la désintégration des petites entreprises locales de distribution commerciale aujourd'hui efficaces à leur échelle mais trop petites pour concurrencer, à court terme, leurs homologues majorquines.

Concurrence imparfaite

Au-delà du problème des économies d'échelle, la petite taille de l'économie insulaire engendre un autre aspect de l'imperfection de la concurrence, à savoir les comportements oligopolitiques. Quand il s'agit d'un nombre réduit d'agents économiques opérant dans une économie donnée, les incitations à la collusion augmentent. Nous avons mentionné cela au début de notre communication quand nous faisions référence à la distribution commerciale et à son effet difficilement dissociable de celui des coûts de transport. Nous avons déjà souligné que la différence de prix entre le continent et l'île est un indicateur des effets de l'insularité beaucoup plus utile et plus fondamental que les simples coûts de transport. Cela exigerait, pour une étude empirique, l'élaboration d'un "panier" représentatif des biens et services, ce qui permettrait de calculer la différence entre le niveau des prix de l'île et celui du continent. Ainsi, serait créé un indicateur de l'évolution de l'insularité.

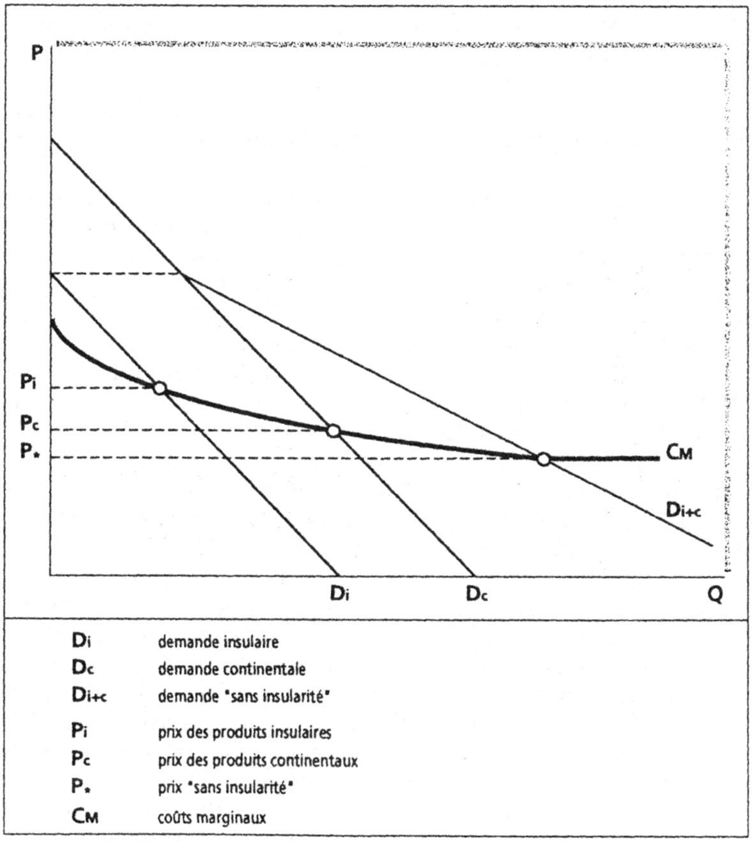

Figure 3. Effet des économies d'échelle

Jusqu'à maintenant, nous avons fait référence exclusivement à des questions commerciales en oubliant la circulation des facteurs. Dans le contexte économique actuel, la circulation des capitaux ne connaît pas vraiment d'entraves, ce qui rend insignifiant son incidence sur l'insularité. En ce qui concerne le mouvement des travailleurs, nous devons dire qu'il est surtout déterminé par des aspects administratifs et des questions de frontières. Pour le moment, en ce qui concerne Minorque, il ne semble pas que l'insularité soit une entrave significative. Cela nous amène à réaffirmer l'utilité de limiter l'analyse économique de l'insularité à une vision commerciale. Il s'agit d'une simplification consciente qui améliore la perception du problème.

La spécificité de Minorque dans le contexte baléare

Comme nous l'avons indiqué au début de notre exposé, l'insularité n'est pas un concept économique. Malgré l'effort réalisé ici pour l'interpréter à partir de quelques éléments théoriques, il n'appartient pas au domaine de la théorie. En d'autres mots, il n'existe pas d'insularité théorique sans insularités concrètes.

Les Baléares constituent une région à haut degré de spécialisation productive fondée essentiellement sur l'activité touristique. Tant par la population employée par ce secteur que par son apport direct et indirect au Produit Régional Brut, le tourisme est la clef de voûte de l'économie baléare actuelle. Du coup, il en découle une saisonnalité affirmée pour les autres secteurs économiques et cela se reflète dans un certain chômage cyclique. Toutefois, les trois îles constituant l'archipel présentent de nombreuses différences attribuées aux conditions géographiques, aux ressources naturelles mais aussi et surtout à leur propre histoire économique qui est loin d'être homogène. Dans le cas de Minorque, l'industrie, et notamment la bijouterie et la chaussure, ont eu et ont encore une grande importance dans la configuration de la structure économique. Un autre élément notable est l'efficacité performante de l'agriculture minorquine. De fait, même si elle a un poids relativement réduit dans l'ensemble de l'économie insulaire, elle engendre une valeur ajoutée brute par personne active très supérieure à la moyenne baléare. Cette efficacité tire son origine d'une forte spécialisation dans l'élevage de bovins pour la production de lait destinée à sa transformation en fromage.

Ce qu'il est convenu d'appeler "l'équilibre sectoriel" de l'économie minorquine et que certains ont qualifié de "voie minorquine vers la croissance" liée au caractère de développement durable peut, cependant, être considéré selon d'autres points de vue. Ainsi, on peut le voir comme un modèle fondé essentiellement sur le retard mis par Minorque à trouver sa propre niche productive et son image de marque économique. Curieusement, ce retard n'est pas dû à un moindre degré de développement économique mais, tout au contraire, à la préexistence d'une industrie et d'une agriculture locales suffisamment compétitives pour absorber l'épargne sociale et le capital humain de l'île. Cela freina provisoirement l'expansion du secteur touristique.

Actuellement, dans un cadre de transnationalisation croissante du secteur touristique, s'impose petit à petit la convergence de la structure minorquine avec la moyenne baléare. Cela s'accompagne d'une augmentation du différentiel entre le tourisme et les secteurs primaire et secondaire. Il en découle un certain préjudice dont l'origine est à rechercher dans le durcissement de la concurrence internationale. Quand il s'agit de parler des effets de l'insularité dans l'histoire économique de Minorque et quand il s'agit de décrire les facteurs de sa spécificité, il est possible de l'illustrer à partir du rôle joué par le port de Mahon. Il fut d'abord un objectif militaire de la part des Britanniques, des Français et des Espagnols; puis, plus tard, il devint un lieu de quarantaine et de débarquement du coton. De tous temps, il fut un lieu avantageux d'ouverture commerciale. Bref, le port de Mahon est un exemple très clair de l'influence d'une variable géopolitique sur la configuration d'une économie.

Autour du port se sont articulées des périodes successives de franchise durant lesquelles régnaient le libre-échange, la flibuste corsaire (XVIIIème siècle) ou l'émigration (XIXème siècle). Certains auteurs ont dénommé ces périodes comme étant celles de la "rupture de l'insularité", donnant ainsi à l'insularité le caractère quasi "tarif douanier" que nous avons défendu dans cette communication. Chacune de ces périodes d'extraversion peut se voir suivie d'étapes de repli commercial et d'autarcie. Durant ces dernières étapes, on a consolidé la forme productive un processus de substitution d'importations grâce aux capitaux antérieurement accumulés. Dans toute l'histoire de Minorque, les coûts et bénéfices de l'insularité se sont articulés d'une façon concrète et chaque fois originale mais nous croyons que leurs conséquences économiques, celles d'hier et celles d'aujourd'hui, ont contribué à forger la réalité socio-économique que nous connaissons. Cela peut aider à mieux l'interpréter à partir des éclairages que nous avons développés ici.

Bibliographie

BARDOLET, E., 1989, *El coste de la insularidad*, Palma, Editorial Camara de Comercio.

FARRE ESCOFET, 1977, *La via menorquina del creixement*, Barcelona, Editorial Banca Catalana.

GRUBEL, H.C., 1967, "Intra-Industry Specialiazation and the Pattern of Trade", *Canadian Journal of Economic and Political Studies*, vol. 22.

LOPEZ, G., MARI, S. et T. SERRA, 1991, *Enciclopedia de Menorca. Tom d'Economia*, Mao, Editorial Obra Cultural de Menorca.

LE TOURISME DURABLE DANS LES PETITES ILES, L'EXEMPLE DE MALTE[1]

Lino et Marie BRIGUGLIO
Islands and Small States Institute, University of Malta, Valletta

La problématique du tourisme durable est souvent posée en termes d'équilibre entre les préoccupations économiques et environnementales. Il est bien connu que beaucoup d'activités économiques (si ce n'est toutes) ont un impact sur l'environnement et que cela implique un effet de *feedback* sur l'économie elle-même. C'est particulièrement vrai dans le cas du tourisme utilisant l'environnement comme ressource. Dans une très large mesure, le tourisme dépend d'un milieu qui est agréable et attractif pour les touristes. Dès lors, les impacts environnementaux négatifs engendrés par le tourisme lui-même peuvent avoir, à long terme, l'effet de "scier la branche sur laquelle on est assis".

Le tourisme durable peut être défini comme "le tourisme développé et maintenu de manière telle qu'il demeure viable à long terme, qu'il ne dégrade pas l'environnement dans lequel il évolue et, enfin, qu'il n'empêche pas le développement d'autres activités". Bien que le terme "développement durable" ne sera pas mis constamment en relief dans cette communication, il a cependant été rédigé avec cette définition à l'esprit. L'étude proposée concerne un petit Etat insulaire en développement, à savoir Malte.

Dans beaucoup de petits Etats insulaires, les dégradations environnementales causées par le tourisme sont monnaie courante. Cependant, beaucoup de petits Etats insulaires ne peuvent pas, sans tribulation économique grave, substituer à cette forme d'activité d'autres activités davantage en harmonie avec l'environnement. Dès lors, l'analyse proposée ici argumente sur le fait que des mesures préventives et correctives sont nécessaires afin d'atteindre une solution optimale à mi-chemin entre les malheurs de la dégradation environnementale et les bénéfices de la croissance économique et du développement.

Les petits Etats insulaires et le tourisme

Il est bien connu que les petits Etats insulaires tendent à dépendre du tourisme beaucoup plus que les Etats plus grands. Cela s'explique en bonne part par le fait que les îles ont des activités économiques davantage

1. Texte traduit de l'anglais par André-Louis Sanguin

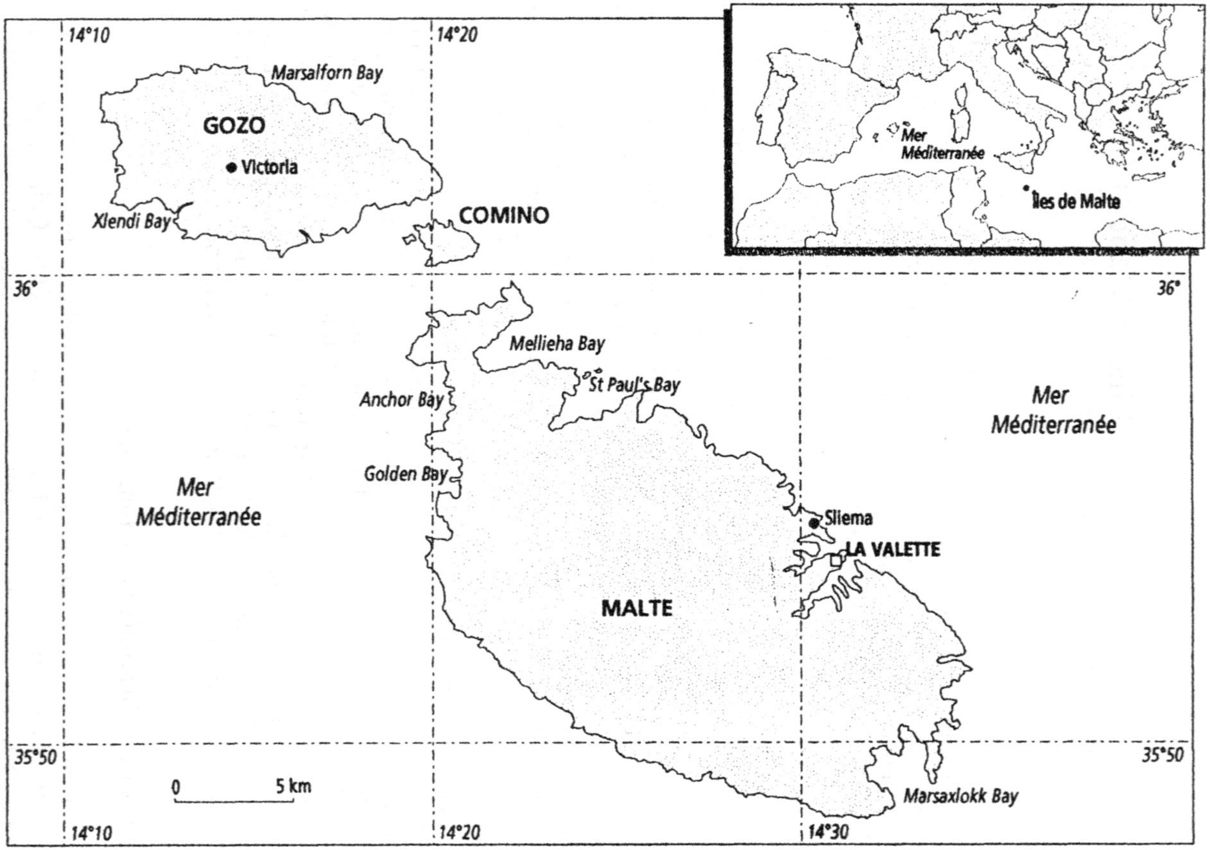

Figure 1. Les îles maltaises et leur localisation en Méditerranée

liées au tourisme. Beaucoup de petits Etats insulaires cherchent à développer leurs marchés d'exportation sur la base de biens manufacturés. Souvent, cela se solde par un demi-succès ou carrément par un échec. Par contre, les attractions naturelles (y compris le climat) leur procurent une marge compétitive en termes d'activités touristiques. Pour cette raison, beaucoup de gouvernements de petits Etats insulaires accordent une priorité maximale au tourisme. En cela, ils essaient de maximiser le potentiel touristique insulaire par des campagnes de promotion, par la construction d'hôtels et autres équipements touristiques ainsi que par la mise en place de liaisons maritimes et aériennes avec les autres pays.

La dépendance des petits Etats insulaires vis-à-vis du tourisme signifie, entre autres choses, qu'une large part de l'emploi provient du secteur touristique, au sens large. Il n'est pas toujours possible de donner des estimations précises sur l'emploi touristique tout simplement parce qu'il ne s'exerce pas seulement dans les espaces traditionnellement associés au tourisme comme les hôtels, les restaurants, les aéroports, les ports, les compagnies de transport, les agences de voyage, les boutiques de souvenirs mais aussi dans l'agriculture, la pêche, la banque, l'imprimerie et toute autre activité avec laquelle les touristes entrent en contact, y compris telle ou telle section de la fonction publique. La large proportion d'emplois liés au tourisme dans les petits Etats insulaires signifie aussi qu'un pourcentage important du revenu national provient directement ou indirectement du tourisme. Par voie de conséquence, cela a un effet démultiplicateur sur d'autres types de revenus. Le tourisme est également très important parce qu'il est source de commerce extérieur. En l'absence des revenus provenant du tourisme (les fameuses "exportations invisibles"), nombre de petits Etats insulaires enregistreraient un déficit considérable dans leur balance des paiements.

Il faut aussi signaler certains avantages indirectement économiques mais qui ont un impact sur le bien-être matériel de la population locale. Cela concerne l'intérêt renouvelé pour les arts et l'artisanat locaux, les améliorations dans le domaine éducationnel, récréatif, médiatique et médical du pays d'accueil, une conscience générale des potentialités esthétiques naturelles et humaines et, finalement, un élargissement de perspective chez les insulaires. Toutefois, dans les petits Etats insulaires, le tourisme tend à introduire des effets économiques indésirables. L'un d'eux est lié au contrôle étranger du tourisme. Le tourisme interne à un pays insulaire est souvent contrôlé par des voyagistes étrangers. Ces derniers ont souvent un pouvoir de négociation suffisamment fort pour dicter leurs conditions au pays d'accueil. Dès lors, les plus grands équipements touristiques installés dans les petits pays insulaires appartiennent le plus souvent à des capitaux étrangers et cette situation peut amener des développements qui ne sont pas nécessairement, à long terme, dans l'intérêt de l'île elle-même. Un autre aspect lié à cette problématique est que le tourisme est une activité grandement dépendante des lubies et des fantaisies des voyageurs étrangers. En effet, leur décision de visiter telle ou telle île est influencée, dans une très large mesure, par des facteurs hors du contrôle de l'île elle-même. Parmi ces facteurs, mentionnons les conditions économiques dans le pays de départ mais surtout les articles de presse dudit pays. D'autres dangers économiques souvent associés au tourisme de tel ou tel pays, mais qui sont spécialement importants dans les petites îles, sont l'emploi saisonnier, l'augmentation rapide des prix de l'immobilier souvent accompagnée d'une spéculation foncière.

Les impacts environnementaux

A cause de leur petite taille, et même en l'absence du tourisme, les petits Etats insulaires font face à des dangers environnementaux relativement grands, principalement dûs aux pressions survenant des processus de développement économique. Beaucoup d'îles font l'expérience d'une déperdition rapide de terres agricoles accompagnant généralement une demande accrue en matière de constructions résidentielles, de facilités récréatives et d'industries. Le processus de développement économique engendre aussi un besoin accru de ressources dont beaucoup sont non-renouvelables. Mises à part les pressions exercées par le développement économique, les petits Etats insulaires sont aussi confrontés aux problèmes associés à leurs caractéristiques naturelles et géographiques. Le plus souvent, elles sont susceptibles de posséder des écosystèmes uniques et fragiles. La rareté de l'écosystème, résultat de leur insularité, relativise la contribution de ces îles à la diversité globale. La fragilité de leur écosystème émerge comme résultat d'un bas niveau de résistance aux influences extérieures. En outre, les îles ont un littoral relativement disproportionné par rapport à leur masse territoriale. Du coup, une part relativement importante du territoire est exposée aux vagues et aux vents, ce qui donne lieu à un fort degré d'érosion des plages et des côtes. Bien sûr, pas mal de ces dangers environnementaux sont exacerbés par le tourisme. Ainsi, la croissance des communications internationales causée par le tourisme pose de sévères tensions sur beaucoup d'îles. Les aéroports et les ports consomment une part importante de l'espace disponible, ce qui entraîne une pression sur l'utilisation du sol et sur la pollution aérienne et maritime. Dans le cas du trafic aérien, les avions contribuent significativement à la pollution par le bruit, ce qui, pratiquement, affecte la population entière des petites îles. La quantité considérable de déchets produits par le tourisme donne naissance à de larges décharges publiques qui, malheureusement, sont le plus souvent à proximité des centres habités. Cela engendre des risques sanitaires et réduit les qualités esthétiques du lieu.

Autre aspect important dans le cas des petits Etats insulaires : leur tourisme est généralement de nature littorale. Des charmants petits villages de pêcheurs ont été transformés en espaces récréatifs; des marais et des mangroves ont été détruits, de belles plages sauvages ont été polluées par les déchets et le mazout tandis que des espaces côtiers très tranquilles ont été perturbés par le bruit des bateaux à moteur. Bien que les îles puissent être considérées dans leur totalité comme des espaces littoraux, elles font cependant face à des problèmes intérieurs spécifiques. Par exemple, dans les îles où l'on a fait la promotion de l'éco-tourisme (comme c'est le cas à la Dominique), les distances sont si courtes que les aires écologiquement importantes sont facilement accessibles à des touristes qui n'ont strictement aucune curiosité pour les questions écologiques. Du coup, inconsciemment, ils piétinent une végétation délicate et menacent donc des espèces rares. Dans les îles où le tourisme culturel est encouragé (c'est le cas de Malte), des dégradations considérables et des dommages irrémédiables surviennent après des visites frôlant la sursaturation.

Un autre problème lié à la petite taille concerne la densité et la capacité de charge. Beaucoup d'îles expérimentent de trop hautes densités touristiques, eu égard à leur population intrinsèque et à leur superficie. De ce strict point de vue, le concept de capacité de charge est très important dans la mesure où les petites îles atteignent rapidement un seuil au-delà duquel l'écosystème naturel est irréversiblement endommagé. Cependant, il y a des cas où le tourisme peut effectivement être favorable à la protection de l'environnement. La raison à cela est claire : le tourisme a besoin d'un pays attractif, avec un air pur, une eau propre et une atmosphère non polluée. Dans certains petits Etats insulaires où la conscience civique et la propreté collective ne sont pas à l'ordre du jour, des campagnes publicitaires pour maintenir l'île propre se fondent fréquemment sur le besoin de conserver l'endroit attractif pour le tourisme.

Plus importante, peut-être, la dépendance vis-à-vis du tourisme force les pouvoirs publics de l'île à avoir une vision plus sérieuse de la planification, de la surveillance et des incitations fiscales, précisément parce qu'en l'absence de tels instruments, les effets négatifs du tourisme sur l'environnement peuvent, à long terme, détruire le tourisme lui-même. Les coûts et bénéfices du tourisme ne sont pas présents à doses équivalentes dans tous les petits Etats insulaires tout simplement parce que des îles différentes ont des caractéristiques différentes. Certaines sont plus isolées et plus lointaines que d'autres; certaines ont un environnement plus fragiles que d'autres. Certaines ont mis en place des mesures correctives bien avant d'autres. C'est ce qu'il convient d'expliquer maintenant avec le cas de Malte.

L'impact du tourisme sur l'économie maltaise

Malte est une petite île de la Méditerranée peuplée de 363 000 habitants répartis sur 316 km^2. Le PNB, à coûts constants, s'élevait à US$ 2 milliards et demi en 1993 et il a grimpé d'à peu près 6 % par an sur les cinq dernières années. Dans les années récentes, environ 27 % du PNB maltais provenait du secteur secondaire, 34 % du tertiaire et 23 % du secteur public. L'agriculture, la pêche, la construction et les carrières contribuaient ensemble pour 8 % du PNB tandis que le dernier 8 % provenait de la propriété domestique. La population active à Malte se montait à environ 138 000 personnes en 1993 dont 6 000 au chômage. A peu près 23 % des actifs étaient employés dans les services gouvernementaux, 7 % dans des sociétés publiques, 7 % dans des sociétés d'économie mixte, 3 % dans des emplois saisonniers du secteur public. Bref, 40 % de l'emploi maltais provient du secteur public. Les 60 % restants se répartissent à égalité entre les emplois de la production et les emplois de services. Le taux de chômage à Malte tournait autour de 4,2 % en 1993 et a fluctué entre 3 % et 4 % durant les cinq dernières années.

En 1993, le nombre de visiteurs à Malte s'est monté à 1 130 687 dont 94 % étaient des touristes séjournants et 6 % des passagers de croisières. Le nombre de touristes a rapidement augmenté entre 1960 et 1980 comme le montre le tableau 1 ci-dessous. Il y eut une décrue relativement importante des touristes entre 1980 et 1985 mais leur nombre a rapidement repris vigueur durant la seconde moitié des années quatre-vingts et les premières années de la décennie 1990.

Année	Touristes	Passagers de croisière	Nuitées*	Dépenses touristiques**
1960	19 689	8 676	n.d	966
1965	47 804	16 937	n.d	1 890
1970	170 853	64 998	2 431	9 820
1975	334 519	49 219	4 633	28 087
1980	728 732	60 196	9 588	111 900
1985	517 684	43 650	6 303	69 800
1990	871 776	56 624	9 604	157 400
1993	1 063 213	67 474	11 553	233 200
1994	1 176 223	62 820	n.d	241 900

* nuitées exprimées en milliers

** dépenses touristiques exprimées en millions de livres maltaises (1 Lm = 15 FF)

Tableau 1. Fréquentations et dépenses touristiques à Malte

Les densités touristiques à Malte sont excessivement hautes. En 1993, le nombre total de touristes dépassait de presque trois fois le chiffre de la population locale. Exprimé différemment, cela veut dire qu'un bloc compact de 32 000 touristes séjourne en permanence dans l'archipel maltais pour une durée de 11 nuits. Cela représente l'équivalent de 10 % de la population. Il faut s'attendre à ce que ces hautes densités exercent une pression de plus en plus lourde sur l'environnement et sur les infrastructures de Malte d'autant que la densité de la population autochtone est déjà extrêmement élevée avec un taux de 1150 hab./km^2. En 1993, 49 % des touristes provenaient du Royaume Uni qui, incontestablement, est le marché touristique le plus important pour Malte. Le second plus grand marché est constitué par l'Allemagne dont les touristes représentent 17 % des visiteurs de Malte. Les autres marchés d'importance sont les Italiens, les Français, les Néerlandais et les

Maghrébins. Durant ces dernières années, on a noté une tendance à une décroissance du pourcentage des touristes britanniques. Actuellement, on cherche à attirer davantage de touristes en provenance d'Amérique du Nord. Malte n'est pourtant pas la destination la meilleure marché en Méditerranée. En effet, dans un récent rapport de l'OMT (Organisation Mondiale du Tourisme), le rapport qualité/prix atteint ici un score très bas dans les motivations des touristes. Ainsi, Briguglio a pu montrer que, dans les brochures des grands voyagistes, le produit Malte fait partie des produits chers en comparaison avec des produits similaires vendus à destination de l'Espagne ou de la Grèce. Pour cette raison, on ne peut pas s'attendre à trouver à Malte un pourcentage important de touristes à faibles revenus. Les seules statistiques officielles publiées sur les origines socio-professionnelles des touristes visitant Malte sont uniquement liées à leur occupation. L'Office National du Tourisme de Malte, dans ses analyses socio-économiques, stipule simplement que le marché britannique est surtout constitué de touristes d'été (dans une proportion de 51 %) et que ces touristes sont des cadres supérieurs, des hommes d'affaires ou des membres des professions libérales. Dès lors, il est très clair que les touristes fréquentant Malte y pratiquent un tourisme haut de gamme.

Le tourisme à Malte est extrêmement saisonnier avec une majorité d'arrivées entre juin et octobre. En 1993, environ 58 % des touristes arrivèrent durant cette période tandis que les 42 % restants vinrent de novembre à mai. Cela signifie, bien sûr, que le problème de la densité touristique se trouve exacerbé durant les mois d'été. Les autorités touristiques maltaises tentent actuellement d'attirer davantage de touristes durant la période hivernale mais il est hors de doute que cela ne signifiera pas automatiquement une réduction du flux estival. En 1993, la durée moyenne de séjour d'un touriste à Malte était de 11 nuits. Toutefois, la durée moyenne de séjour touristique a tendance à décliner depuis plusieurs années. Dans les années soixante-dix, la durée était de 13 nuits. Elle diminua à 12 nuits durant la décennie quatre-vingts. Néanmoins, la durée moyenne de séjour révèle de considérables différences selon les catégories socio-professionnelles des touristes. Les touristes séjournant dans des hôtels trois étoiles et dans des villages de vacances séjournent plus longtemps que ceux hébergés dans d'autres catégories d'équipements d'accueil. Les séjours les plus courts sont ceux relevant de touristes fréquentant les hôtels cinq étoiles. En 1993, le nombre de lits était de 42.978 dont 48 % en hôtels, 31 % en villages vacances/aparthôtels et 17 % en studios locatifs. Les 4 % restants se trouvaient dans les pensions de famille. Dans les années récentes, l'hébergement hôtelier consistait surtout en hôtels trois et quatre étoiles, ce qui représentait 84 % du parc de lits hôteliers. Les hôtels cinq étoiles ne formaient que 7 % dudit parc. Aujourd'hui, il y a des tentatives pour toucher un marché davantage haut de gamme en construisant de nouveaux hôtels quatre et cinq étoiles. En outre, la proportion d'hôtels cinq étoiles est sensée doubler dans les prochaines années. En 1993, le taux d'occupation annuel moyen de tous les établissements tournait autour de 60 %. Comme c'est le cas avec la longueur de durée des séjours, le taux d'occupation varie considérablement en fonction des différents types d'établissements et de saisons. En 1993, ce taux était de 63 % pour les seuls hôtels. Une analyse plus détaillée des taux d'occupation indique que, dans les hôtels trois et quatre étoiles, le taux est de 65 % et 68 % respectivement. Durant les mois d'été, les taux d'occupation sont pratiquement le double que durant les mois d'hiver et il arrive qu'au mois d'août ils atteignent 99 % !

La contribution directe du tourisme à l'économie peut être mesurée en termes de contribution au PNB, à la balance des paiements et aux créations d'emplois. Durant les dernières années, les dépenses touristiques ont représenté environ 15 % du PNB maltais et 25 % des échanges extérieurs de biens et de services. L'analyse des revenus engendrés par le tourisme à Malte semble indiquer que ceux-ci ont un effet démultiplicateur plus important que les exportations de marchandises dans la mesure où la valeur ajoutée à la production associée au tourisme est relativement haute. Le tourisme contribue à l'économie insulaire à travers les transports internationaux dans la mesure où un part importante des touristes visiteurs utilise le transporteur national Air Malta via des vols à la demande ou des charters organisés. Durant les dernières années, les dépenses de transport reliées au tourisme se sont montées à 6 % des revenus issus des exportations de biens et services. Il n'existe pas de statistiques publiées quant à la contribution totale du tourisme au marché de l'emploi maltais. Comme déjà mentionné plus haut, c'est une tâche difficile que de mesurer cette contribution dans la mesure où les dépenses touristiques créent des emplois dans presque tous les secteurs de la vie économique. En 1993, par exemple, on savait que l'activité hôtelière à Malte, consacrée quasi exclusivement au tourisme international, employait 6 000 personnes, ce qui représentait 4,5 % du total des actifs de l'archipel maltais. Il est toutefois très clair que ce chiffre ne représente en aucune manière tous les emplois créés par le tourisme. Une estimation "au pif" des emplois engendrés par le tourisme donnerait 24 000 actifs dans ce secteur. Cela est d'ailleurs plus conforme à la contribution des dépenses touristiques (transport compris) au PNB maltais. Actuellement, en termes de revenus et d'emplois, le tourisme ne contribue pas plus que le secteur industriel à l'économie maltaise dans la mesure où ce dernier secteur dépasse de 1,5 % le tourisme quant à la contribution au PNB. Cependant, la part du tourisme augmente et il est fort probable que, dans moins d'une décennie, il aura dépassé l'industrie à ce chapitre.

L'impact du tourisme sur l'environnement maltais

Bien que les problèmes environnementaux dans les petites îles ne puissent tous être mis sur le dos du tourisme, il n'en demeure pas moins que le développement touristique pose un problème considérable. A cet égard, nous dressons ci-dessous la liste des principales aires où l'impact du tourisme est le plus manifeste.

Augmentation de la construction résidentielle. La construction pour l'hébergement touristique, en particulier les hôtels et les blocs-appartements, a grimpé très vite comme conséquence du développement intensif de certains espaces. A cause de ce type de développement, les secteurs de St. Paul's Bay et de Sliema/St. Julian's ont été complètement transformés. Parmi les autres conséquences négatives de ce type de développement, il y a le bruit intense émanant des chantiers de construction, la quantité considérable de déblais et de poussière provenant des chantiers de démolition et des excavations. De plus, telle ou telle structure touristique entièrement neuve, formant parfois un village entier, a oblitéré l'habitat traditionnel de la campagne maltaise. On peut ajouter d'autres impacts négatifs. Ainsi, des tours en béton ont remplacé les maisons plates maltaises traditionnelles. Par ailleurs, dans la mesure où le calcaire constitue le matériau de base pour l'industrie du bâtiment, des activités annexes dans les carrières ont donné lieu à l'émergence de paysages balafrés en beaucoup d'endroits de l'archipel maltais. Cela a engendré des dommages environnementaux considérables vis-à-vis des habitats naturels et des nappes phréatiques.

Production accrue de déchets. Le réseau d'égouts à Malte est déjà largement saturé par la seule population autochtone. Or, le nombre important de touristes intensifie ce problème. Le résultat de cela est que, durant les dernières années, plusieurs baies ont été déclarées impropres à la baignade à cause de la pollution par les égouts. En sus de l'interdiction de la baignade, viennent se greffer les odeurs insupportables et les atteintes à la faune marine et à la vie animale littorale à cause de l'accumulation de substances toxiques dans les organismes marins. D'autres problèmes proviennent des ordures ménagères. C'était déjà un fléau à Malte. Cela l'est encore plus avec le tourisme. Les panoramas les plus connus de Malte sont pleins de poubelles et de décharges publiques ou sauvages à peu de distance des concentrations résidentielles.

Utilisation accrue de produits dangereux pour l'environnement. L'intensification des activités touristiques a amené différents types de rejets : contenants en plastique, gaz d'échappement des voitures, stations-services, barbecues... On y ajoutera le bruit des voitures, des avions à l'atterrissage et au décollage, des hors-bords, des climatiseurs, des stations d'épuration des eaux, etc.

Hautes densités touristiques. Même sans le tourisme, Malte est déjà très densément peuplée. Le tourisme a intensifié l'utilisation des transports, des plages et autres équipements récréo-touristiques. Non seulement cette congestion crée des désagréments pour la population locale (en particulier, celle vivant dans les zones touristiques) mais elle a des effets secondaires additionnels : destruction des dunes de sable, surcharge de sites archéologiques fragiles, piétinement d'habitats fragiles en campagne. Bien que le tourisme soit souvent associé à l'idée de dégradation environnementale, il faut garder présent à l'esprit le fait que les activités non-touristiques ont aussi des impacts négatifs majeurs sur l'environnement et, dès lors, l'identification du tort fait à l'environnement par le tourisme est le motif pour une recherche de formes alternatives de développement. A Malte, par exemple, le secteur industriel, avec sa dépendance vis-à-vis des machines, du carburant, de la consommation d'eau, peut parfois être plus dangereux pour l'environnement que le tourisme. Les chantiers de réparation navale consommant une quantité considérable de particules de grès pour le sablage ou encore l'agriculture avec son usage des pesticides causent aussi des dommages environnementaux irréversibles à Malte. En clair, aucune activité économique n'est environnementalement neutre et le tourisme n'est pas le seul coupable à cet égard.

Ayant dressé la liste de tous ces risques (et cette liste n'est pas exhaustive), il est pertinent de mettre l'accent sur un certain nombre de points positifs associés à l'impact du tourisme sur l'environnement.

Prise de conscience environnementale des touristes. Les touristes débarquant à Malte sont souvent plus environnementalement conscients que la population locale. Les décharges sauvages autour des complexes résidentiels et les détritus sur les plages sont davantage le fait des Maltais que des touristes étrangers. Les constructions sans considérations esthétiques et environnementales sont plus fréquentes dans les résidences autochtones que dans les complexes hôteliers et touristiques. Beaucoup de touristes visitant Malte viennent des pays de l'Union Européenne où l'abondance économique et la conscience civique sont plus fortes, ce qui a pour effet de forcer la population insulaire à faire des efforts en termes de protection de l'environnement maltais.

Promotion des arts et de l'artisanat local. Les arts et l'artisanat traditionnels de l'archipel maltais, comme la dentelle et la taille du verre, ont subi un renouveau appréciable à cause de la demande touristique.

Prise de conscience du patrimoine culturel. Malte s'est considérablement renouvelée par le bon état de son patrimoine archéologique et historique qui était sous-évalué avant l'avènement d'un tourisme de masse. Les lieux d'importance culturelle sont davantage valorisés par les touristes que par les autochtones probablement parce que la population locale prend ce patrimoine pour acquis.

Mesures préventives et correctives

A Malte, le degré de dépendance vis-à-vis du tourisme grandit continuellement même si l'on sait parfaitement qu'une telle activité peut avoir des conséquences négatives sur l'environnement. Les bénéfices économiques que Malte retire du tourisme sont colossaux et la question à cet égard n'est pas de savoir si Malte doit continuer ou non à baser ses revenus et ses emplois sur le tourisme mais plutôt de cerner quelle est la meilleure manière de réduire les dommages causés par ce type d'activité. A ce chapitre, les remèdes les plus souvent suggérés réfèrent au développement de formes alternatives de tourisme ou alors à l'adoption de certaines mesures préventives et correctives. Comme dans beaucoup d'autres petits Etats insulaires, les autorités touristiques de Malte et les décideurs du monde touristique essaient d'attirer le plus de touristes possible sans trop se demander ce que cela amène comme revenu net au pays ni quelles pressions cela exerce sur les infrastructures et sur l'environnement. De l'aveu général, les pouvoirs publics cherchent à attirer les touristes à gros revenus en permettant, entre autres choses, la construction d'hôtels quatre et cinq étoiles au détriment des autres catégories d'hôtels. Le gros risque est que ce type de touristes change vigoureusement dans un futur prévisible. La question alors est de savoir si, oui ou non, des petites îles comme Malte peuvent réduire leur degré de dépendance vis-à-vis du tourisme de masse et, dès lors, promouvoir des alternatives dénommées tourisme culturel, éco-tourisme, tourisme de retraités, tourisme de santé...

En général, ce que l'on dénomme "tourisme alternatif" est souvent quelque chose à petites dimensions et sans grand rapport financier. Dans le cas de Malte, la promotion du tourisme culturel peut sembler une possibilité attractive dans la mesure où l'archipel détient un patrimoine archéologique et historique très complet. Cependant, s'appuyer sur ce seul type de tourisme n'assure pas une rentabilité économique. Lorsqu'ils répondent aux enquêtes menées par l'Office National du Tourisme de Malte, de nombreux touristes répondent qu'ils visitent Malte surtout pour son climat méditerranéen, sa mer et son soleil. Par ailleurs, il faut bien comprendre que Malte est très dépendante des conditions posées par les grands voyagistes étrangers : cela n'est pas sans influencer le profil qualitatif des touristes. Dans toutes les brochures touristiques, Malte est vendue comme une destination "mer et soleil", le patrimoine culturel n'étant qu'un bonus ajouté ! Les atouts climatiques de Malte constituent son principal motif de vente pour attirer le gros des touristes. Dès lors, on serait tenté de conclure que les formes alternatives du tourisme de masse, du moins dans l'archipel maltais, ne sont attractives que si elles constituent un supplément au tourisme traditionnel et que si elles rehaussent le potentiel des îles comme station touristique. Il y a un autre facteur qui ne permet pas une diversification vigoureuse des flux touristiques à Malte : c'est tout simplement la structure existante des hôtels et autres équipements récréo-touristiques parce qu'elle est faite pour le tourisme de masse. Cela n'aurait aucun sens pour les pouvoirs publics de forcer les hôtels existants (dont la motivation est le profit) à fonctionner avec des taux très bas d'occupation. Bref, le gouvernement de Malte ferait preuve d'une complète absence de sens politique s'il adoptait des mesures visant à réduire le flux touristique quand on sait que chaque touriste contribue au PNB et à l'emploi dans l'archipel. Si, par hasard, une baisse du flux touristique survenait, ce ne serait certainement pas du fait d'une politique gouvernementale pré-établie mais plutôt d'un plafonnement de la capacité de charge des îles. Ces réalités ne contredisent en aucune façon l'argument selon lequel le tourisme de masse connote avec certains dangers environnementaux et certains impacts sociaux négatifs. Etant donné le poids du tourisme de masse sur l'économie insulaire, l'importance de cet argument est que des mesures préventives et correctives en vue de réduire les impacts négatifs seraient plus significatives et utiles que des politiques de réduction des flux touristiques.

L'auto-régulation peut être évoquée comme moyen de réduction de l'impact négatif du tourisme sur l'environnement. Il est dans l'intérêt du secteur touristique lui-même de protéger l'environnement et, dès lors, il existe des incitations en faveur de ce secteur pour prévenir les destructions environnementales. De plus, dans certains cas, les entreprises touristiques peuvent faire de substantielles économies en faisant la promotion de bonnes pratiques environnementales, telles que le lavage de linge uniquement sur demande ou des coupures de courant pour les climatiseurs. L'expérience passée dans les îles maltaises a montré que l'auto-régulation seule ne suffit pas à garantir une protection *ad hoc* de l'environnement. C'est spécialement le cas lorsqu'une telle protection travaille contre la maximisation du profit privé.

Dans un petit Etat insulaire, où la terre est un bien rare, des contraintes légales concernant l'utilisation du sol sont indispensables. A Malte, de telles contraintes ont été récemment introduites dans le cadre du Plan Structurel en vue de réguler le développement. Le Plan Structurel est un document juridiquement exécutoire qui non seulement reconnaît la compétition acharnée pour l'utilisation du sol à Malte mais qui, de plus, suggère des mesures vigoureuses pour renforcer la qualité de l'environnement et du cadre de vie. Inévitablement, les développements touristiques s'insèrent dans le plan structurel. Avant l'introduction de ce plan, le développement du tourisme au petit bonheur était la règle. Dorénavant, un consensus général à Malte considère que la planification du tourisme est une condition nécessaire afin de préserver l'environnement. Par définition, la planification est un énoncé général de politiques. Pour être effective, toute planification doit être accompagnée de mesures spécifiques liées à un projet. A Malte, trop souvent on a été confronté à une opposition entre plans privés et plans publics. Désormais, afin d'éviter ces dysfonctionnements, des études d'impact sont requises par la loi aux termes de l'Environmental Protection Act de 1991 pour tout projet pouvant avoir un impact "substantiel" sur l'environnement. Depuis la mise en place de cette législation, l'on a assisté à une baisse conséquente de programmes perturbant l'environnement. Toutefois, la procédure est très lente à cause des retards de la bureaucratie locale de telle sorte que les développeurs manifestent un sentiment d'insatisfaction au motif que leurs propositions sont piégées dans une longue liste d'attente.

Beaucoup de problèmes environnementaux provenant du tourisme tiennent à l'absence de normes et de surveillance effective. Certaines activités ont besoin d'être contrôlées et surveillées sur une base permanente soit parce qu'elles causent des dommages dûs à des circonstances fortuites, soit parce qu'une meilleure connaissance des choses oblige à une protection environnementale plus contraignante. La surveillance implique des normes quantitatives et qualitatives et des codes de bonne conduite. Cela se concrétisera, par exemple, par la limitation d'accès à certaines plages, par des niveaux plafond d'accueil de déchets... L'exercice de la surveillance suppose l'accord du secteur touristique lui-même avec ces normes et avec le code de bonne conduite dans le cadre du jeu des pouvoirs publics. La prise en compte de ces nouvelles règles du jeu peut cependant créer des rigidités lorsque les circonstances changent d'où une nécessaire flexibilité dans la législation. A Malte, l'Environment Protection Act donne des pouvoirs au Ministre de l'Environnement. Celui-ci peut édicter des décrets pour atteindre des objectifs ou mettre en place des règles de conduite. Globalement, cette loi est devenue instrumentale. Néanmoins, certaines directives sont difficiles à mettre en place à cause d'un manque de personnel spécialisé et de l'indisponibilité d'outils de surveillance. Parfois, il y a aussi un manque de volonté politique parce que certaines normes ont des conséquences négatives sur les affaires.

Cette nouvelle législation a sans doute trop espéré de l'adoption volontaire par les firmes privées d'une éthique environnementale. Des instruments comme les taxes, les droits, les licences de commerce peuvent aussi être employés pour modifier les prix de façon à inclure les coûts environnementaux. Ainsi, une taxe sur les émissions d'égout peut être comprise comme étant le prix par lequel le gouvernement facture les coûts du traitement d'épuration avant de rejeter l'eau à la mer. Ces méthodes ont l'avantage d'inciter le producteur à économiser sur ses activités polluantes. Elles incitent aussi au développement de nouvelles technologies anti-pollution. Les taxes anti-pollution sont aussi une source de recettes pour financer ces nouvelles technologies.

Conclusion

Cette communication a décrit les impacts économico-environnementaux les plus importants sur les petits Etats insulaires dont Malte est l'archétype. On a démontré que l'éventail des bénéfices économiques du tourisme est très large. Parallèlement, les impacts négatifs du tourisme sur l'environnement sont principalement liés au binôme faibles capacités de charge/hautes densités. L'objectif d'un tourisme durable n'est pas si facile à atteindre : il ressemble parfois à une randonnée pédestre sur une crête escarpée !

Cette communication a voulu aussi montrer qu'une politique de restriction des flux touristiques n'avait aucun sens dans un île où une grande part du RNB, du commerce extérieur et de l'emploi provient du tourisme et des activités para-touristiques. L'argument selon lequel "à long terme, nous sommes tous morts" peut être pertinent pour un petit Etat insulaire. En effet, à travers sa croissance économique, Malte a réussi à fournir à ses citoyens un niveau respectable de confort matériel même si cela a causé des torts considérables à l'environnement. Dorénavant existe le besoin de trouver les voies pour minimiser le dommage environnemental sans menacer pour autant le bien-être économique du pays.

Les méthodes préventives et correctives qui ont été décrites ci-dessus n'ont pas nécessairement un succès garanti. La planification, les études d'impact, les codes de conduite, la surveillance et l'internalisation des coûts environnementaux peuvent bloquer les préjudices subis par l'environnement. Mais, comme toutes les autres activités économiques, le tourisme ne sera jamais environnementalement neutre. Les hôtels rejetteront toujours des eaux usées, les touristes ajouteront toujours des contraintes à l'espace dans une île où l'espace est un bien rare. L'air, la terre et l'eau marine seront toujours la base physique de la circulation et seront toujours pollués par les fumées et le bruit. Heureusement, le tourisme, étant une ressource fondée sur la nature, nous fait mieux apprécier les services offerts par l'environnement. Dans la mesure ou des biens comme l'air propre, l'eau de mer claire, les lieux tranquilles, qui auparavant étaient abondants et gratuits, deviennent dorénavant des denrées rares à cause de la demande touristique accrue, nous devenons de plus en plus conscients que les dégradations environnementales sont une perte considérable non seulement en termes de développement durable mais aussi en termes de bien-être actuel.

Bibliographie

BRIGUGLIO, L., 1992, "Tourism Multipliers in the Maltese Economy", *in* : Johnson, P. et B. Thomas (sous la direction de), *Tourism Perspectives in Tourism Policy*, London, Mansell Publishing.

BRIGUGLIO, L., 1995, "The Competitiveness of the Maltese Islands in Mediterranean International Tourism", *in* : CONLIN, M. et T. BAUM (sous la direction de), *Island Tourism : Management, Principles and Practices*, London, John Wiley & Sons.

BRIGUGLIO, L. *et al.*, 1996, *Sustainable Tourism in Islands and Small States : Case Studies*, London, Cassell/Pinter.

CASSAR, G., 1990, "Planning in Malta : What Future ?", *Structure Plan Newsletter*, n° 1.

MALTA GOVERNMENT, 1991, *Environment Protection Act 1991*, Valletta, Malta Department of Information.

MALTA GOVERNMENT, 1992, *Development Planning Act 1992*, Valletta, Malta Department of Information.

PLANNING AUTHORITY OF MALTA, 1994, *Policy and Design Guidelines of Environmental Impact Assessment in Malta*, Valletta, Malta Planning Authority.

UNCTAD, 1990, *Problems of Island Developing Countries and Proposals for Action*, TD/B/AC.46.2.

UNITED NATIONS, 1994, *Program of Action for the Sustainable Development of Small Island Developing States*, Document produced by the UN Global Conference on the Sustainable Development of Small Island Developing States.

LES CHANGEMENTS RECENTS DANS LA SOCIETE DE MAJORQUE : POPULATION ET TERRITOIRE[1]

Bartomeu BARCELO
Université des Iles Baléares, Palma de Majorque

L'île de Minorque dispose d'une ancienne tradition touristique dont les origines remontent aux voyageurs qui la visitèrent tout au long du XIXème siècle et qui écrivirent sur elle, contribuant par le fait même à créer son image touristique. Ce fut un essayiste et journaliste connu, Miguel de los Santos Oliver, qui publia en 1891 dans un journal local, *La Almudaina*, une série d'articles dans laquelle il exposait l'utilité d'organiser les visites dans l'île. Ces idées furent récupérées par un capitaine d'industrie, Bartolomé Amengual; ce dernier publia en 1903 un opuscule intitulé *L'industrie des étrangers* dans lequel il proposait certaines alternatives économiques pour l'exploitation du tourisme. Sa proposition fut prise en compte par Enric Alzamora, président de la Chambre de Commerce; ce dernier fonda en son sein, en 1905, la Société d'Encouragement du Tourisme à Majorque. Elle eut comme mission, d'une part, de gérer la publicité à l'extérieur et, d'autre part, de concevoir et d'impulser les initiatives destinées à accueillir les touristes. Les premiers résultats de ce type de gestion purent se vérifier dès la fin de la Première Guerre mondiale lorsque l'île commença à accueillir les touristes. De fait, la Chambre de Commerce, dans son mémoire annuel pour l'année 1929, signalait l'importance économique du tourisme et publiait même les premières statistiques de voyageurs et les hébergements réalisés par la Société d'Encouragement.

Entre 1936 et 1951, la Guerre civile espagnole et la Seconde guerre mondiale suivies du boycott politique de l'Espagne freinèrent le tourisme international. Cependant, à partir de 1940, l'île reçut un tourisme national grâce auquel elle put maintenir ses infrastructures hôtelières et de services. Entre 1960 et 1973, le nombre de touristes visitant Majorque passa de 361 000 à 2 850 000, ce qui suppose une croissance annuelle de 18,1 %. Le premier choc pétrolier de 1973 interrompit cette croissance et engendra une diminution du nombre des visiteurs. Ce n'est qu'en 1981 que l'île dépassa définitivement les trois millions de touristes. Depuis lors, compte tenu du contexte européen favorable, la demande touristique a dépassé les six millions de visiteurs en 1994. Toutefois, cette augmentation s'est réalisée d'une manière tout à fait irrégulière et avec des taux cumulatifs mineurs. Durant le quinquennat 1975/1979, cette

1. Texte traduit de l'espagnol par André-Louis Sanguin

croissance tourna autour d'un rythme annuel de 3,8 %. Certes, il y eut une perte de 11,7 % en 1985 mais une poussée de 29,1 % en 1986.

L'offre hôtelière se localise essentiellement sur la côte avec des concentrations de noyaux touristiques. Néanmoins, c'est dans la capitale insulaire, Palma de Majorque, que se retrouvent l'essentiel de la capacité d'hébergement et les sièges des principaux services touristiques et administratifs. L'évolution de la capacité hôtelière entre 1965 et 1985 est hautement significative : elle est passée d'un stock de 57 570 lits à 194 978 lits, ce qui suppose globalement une croissance de 238 %. La majeure partie de cet accroissement se localise dans les municipalités littorales de la Part Forana qui ont augmenté de 442,3 % leur capacité durant la période pré-citée. Il convient de souligner que Palma, bien que conservant le plus gros stock de chambres dans l'île, a vu son poids relatif dégringoler de 56 à 30 %. L'augmentation de la capacité hôtelière se situe précisément dans les deux communes mitoyennes de Palma bordant la Baie de Palma et la transformant en une conurbation touristique : Calvia avec 49 398 chambres (+ 621 % en 20 ans) et Llucmayor avec 10 733 chambres (+ 626 % en 20 ans). En termes absolus et relatifs, les autres augmentations significatives se retrouvent dans les municipalités de la Baie d'Alcudia (Alcudia, Muro, Santa Margalida) et dans celles de la Côte du Levant (Capdepera, Sant Llorenç, Son Servera, Manacor, Felanitx, Santanyi, Ses Salines).

Indubitablement, les hébergements hôteliers constituent l'aspect le plus significatif de l'offre touristique à Majorque. Mais ils induisent d'autres activités à proximité ou au large d'eux-mêmes, par exemple les excursions... Autour de l'offre hôtelière proprement dite, apparaissent d'autres types d'hébergement (appartements, résidences secondaires) ainsi qu'une gamme variée d'équipements (restauration, commerces, loisirs). Ces autres activités engendrent des processus d'urbanisation et la configuration de nouveaux noyaux urbanisés. A Majorque, cela a donné lieu à un processus d'installation d'une population stable dans les centres urbains littoraux, soit par extension de noyaux traditionnels existants (lieux de villégiature, petits ports de pêche), soit par implantation de nouvelles urbanisations. Si nous mettons à part la municipalité de Palma, le nombre de noyaux urbanisés sur la côte s'élevait à 27 en 1930; il était passé à 35 en 1960 pour s'établir à 81 en 1991. De 3 520 habitants en 1930, la population permanente de ces ensembles urbains a atteint 54 173 personnes en 1991. Dans certaines municipalités, la population littorale constitue plus de 50 % de la population communale totale (68 % à Calvià, 58% à Capdepera, 51% à Alcudia). Autres exemples significatifs : S'Arenal qui abritait 1592 habitants en 1960 en possède 12 000 depuis 1991; Santa Ponsa, sur la côte de Calvia, accueillait 63 habitants en 1961, c'est maintenant 3.524.

Il est important de saisir, pour la bonne intelligence de la question, que la population touristique flottante varie à Majorque d'une saison à l'autre oscillant entre un minimum de 34 000 et un maximum de 470 000 visiteurs. Cela laisse supposer un doublement de la population permanente, un doublement de la demande des biens et services. Or, toute cette demande se localise dans la capitale et dans les municipalités touristiques de la côte. Les nombreux emplois engendrés par le tourisme attirent des actifs des autres secteurs (notamment le primaire) où ils sont moins bien rémunérés. Cette attraction s'exerce non seulement sur les actifs insulaires mais sur ceux de l'extérieur. Dans tous les cas de figure, ce changement d'activité suppose en soi un déplacement de la population tant sous forme de migrations internes que d'immigrations provenant du continent, spécialement d'autres provinces péninsulaires. Des 45 598 actifs dans l'agriculture recensés en 1965, il n'en restait plus que 1737 en 1991. Parmi les actifs de 1965, 23 % se sont reconvertis dans un autre secteur et 77 % se sont biologiquement éteints. Pour autant la diminution des activités agraires s'explique essentiellement par le manque de remplacement des générations. De toute façon, la décadence du monde rural majorquin a commencé dès 1940 et s'est concrétisée par une baisse de population de la Part Forana qui, entre 1940 et 1955, est passée de 213 381 personnes à 203 103, d'où un solde migratoire négatif absorbé tant par la ville que par l'étranger. Le développement du tourisme a accentué la décadence de l'agriculture traditionnelle mais a renforcé la Part Forana par le jeu d'autres activités qui ont corrigé sa régression démographique. Le changement d'activité ou l'incorporation de jeunes provenant de familles rurales dans les activités reliées au tourisme a engendré une migration intérieure dirigée essentiellement vers les communes agricoles. Ultérieurement, ces migrations se réduisirent et disparurent. On a abouti petit à petit à une tertiarisation généralisée de la population. Dans le même temps, on a assisté à un retour des anciens migrants ruraux ou de leurs descendants de la capitale vers leurs communes d'origine. L'immigration de personnes en provenance de la péninsule a joué un rôle important non seulement dans l'accélération du processus démographique mais aussi dans les changements introduits au sein de la société insulaire. Ces mutations peuvent très facilement se repérer dans la composition de la population selon son origine mais aussi dans le poids acquis par les descendants de ces immigrants nés à Majorque. De fait, toutes les personnes nées à Majorque après 1960 constituent un nouveau groupe social avec des traits psychologiques et des mentalités différentes que ceux des générations précédentes, à tel point qu'il est possible de parler de "nouveaux Majorquins".

Entre 1960 et 1975, le solde migratoire a constitué 57,1 % de la croissance absolue de population qui s'est élevée à 130 055 personnes. En outre, cette immigration est généralement composée de jeunes provenant de familles traditionnellement natalistes. Ils contribuent à élever la natalité et, par le fait même, la croissance naturelle. Cette dernière est ainsi passée de 3,51 pour mille en 1950-1955 à 10 pour mille en 1970-1975 (dans le même temps, le taux de natalité est passé de 14,3 pour mille à 20,7 pour mille). C'est Palma qui engendre et absorbe une bonne partie de cette croissance naturelle et de ce solde migratoire positif. Pour preuve, entre 1960 et 1975, Palma a représenté 81 % de la croissance absolue de l'île (soit 84 % de sa croissance naturelle et 79 % de son solde migratoire). Du coup, durant la même période, Palma a augmenté ses effectifs de 67 % mais le reste de l'île de seulement 12 %. La capitale majorquine qui concentrait 43 % de la population insulaire en regroupe dorénavant 53 %. Le premier choc pétrolier de 1973 se manifesta à Majorque par un ralentissement démographique et par une modification de la répartition spatiale de cette même démographie. Entre 1975 et 1991, les soldes migratoires ont considérablement diminué, ne contribuant plus que pour 51 % de la croissance absolue. On rencontre même des différences notables dans le comportement démographique de Palma et de la Part Forana. Ainsi, entre 1975 et 1991, Palma n'a reçu que 16 % des immigrants de Majorque et cette immigration n'a contribué que pour 18% seulement à sa croissance absolue. Plus encore, elle a des soldes migratoires négatifs. Toutefois, Palma continue à avoir des taux de natalité supérieurs à la moyenne insulaire. Au contraire, à cause de sa basse natalité, la Part Forana excipe d'un taux de croissance naturel très bas. Tout cela est très significatif d'un changement de modèle territorial dans lequel la Part Forana acquiert un protagonisme de substitution vis-à-vis de la capitale.

En termes d'origine et de composition, de poids relatif et absolu, la population se présente en trois grands groupes. Dans le premier groupe, nous retrouvons les gens âgés de plus de 60 ans avec une prédominance de population autochtone. Ces personnes maintiennent des attitudes et des mentalités héritées de la période antérieure au tourisme. Dans le second groupe, nous retrouvons les gens ayant entre 30 et 60 ans. C'est un mélange d'autochtones et d'immigrés. Ils représentent 53 % de la population de Palma et 35 % de celle de la Part Forana. Finalement, le groupe des moins de 30 ans est formé de jeunes nés majoritairement dans l'île (pour partie issus de mariages d'immigrés, pour partie issus de mariages mixtes). Chacun de ces trois groupes a vécu intensément l'époque des changements dans l'histoire récente de Majorque. Cela se reflète dans leurs échelles de valeurs, dans leurs modes de comportement et dans leurs perceptions de ce qui les entoure. Il est très clair que le tourisme a déclenché un changement dans la démographie et dans la société majorquines, spécialement dans la capitale. Ce changement n'est pas achevé. Il est intéressant d'observer que la plupart des initiatives politiques et culturelles offertes par Palma tirent leur origine de personnes provenant de la Part Forana où, pourtant, se trouve enraciné l'esprit traditionnel de l'île que la capitale a perdu depuis longtemps.

Le développement touristique a transformé l'économie traditionnelle de type agraire en une économie de services dépendant fortement de la demande touristique en provenance des pays industrialisés d'Europe. Du coup, le développement économique insulaire participe et dépend de cette demande. En termes relatifs par rapport à l'ensemble des Baléares (mais qui sont applicables à Majorque), les changements structurels produits dans l'économie majorquine entre 1960 et 1991 peuvent se résumer en une perte d'emplois dans le secteur primaire, en une augmentation d'emplois dans le secteur secondaire et en un gain spectaculaire dans le secteur tertiaire. Bref, l'économie insulaire s'est tertiarisée. Parallèlement à cette tertiarisation, une extraordinaire augmentation du revenu par tête s'est produite passant de 438 804 pesetas en 1960 à 1 596 920 pesetas en 1991, ce qui, avec la croissance de la population, a poussé à une diversification et à une augmentation de la demande de biens et services. Ceci se concrétise notamment dans la construction de résidences et dans la motorisation. Avec l'amélioration du réseau routier, cela a permis à bien des gens de résider en dehors de Palma tout en y travaillant. La tertiarisation de la population active s'exerce en principe par le transfert d'actifs d'autres secteurs mais, fondamentalement, elle s'explique par une incorporation massive du premier emploi dans le secteur des services. En ce qui concerne les actifs, il y a lieu de signaler une différence majeure entre la période d'avant 1973 et celle d'après 1973. Avant 1973, le chômage était inexistant aux Baléares. Aujourd'hui, il se monte à 14,1 % de la population active. Il convient d'ajouter que la saisonnalité du chômage est organiquement liée à la saisonnalité du tourisme. Du coup, ses effectifs et son poids relatif dépendent du moment auquel les chiffres font référence (très hauts en hiver et très bas en été alors même que des actifs de l'extérieur arrivent à Majorque pour faire face à l'offre d'emplois de la haute saison). Le chômage ne signifie pas crise économique sinon qu'il est la conséquence de la structure de l'offre économique qui suit les aléas de la demande. Pour autant, il existe dans l'île un certain nombre de personnes qui sont des actifs à temps partiel et qui disposent de temps libre pendant une partie de l'année.

La répartition spatiale de la population active dans l'île est un phénomène aussi important que sa tertiarisation. Globalement, le nombre d'actifs dans le tertiaire est passé de 61 016 en 1965 à 130 205 en 1991, soit un pourcentage glissant de 34 % à 65 % des actifs. La population de Majorque a renforcé ses fonctions urbaines puisque ses effectifs actifs sont à 72% dans le tertiaire comparés à 56,5 % pour la Part Forana. Le processus de tertiarisation est général et n'affecte pas seulement les parties les plus "touristiquées" de l'île. En 1970, seules quatre communes avaient une population active à plus de 50 % dans le tertiaire. Aujourd'hui, sur un total de 53 communes, 37 ont plus de 50 % de leurs actifs dans le tertiaire. Des secteurs traditionnellement ruraux comme les 14 communes du Pla de Mallorca dont 16 % des actifs étaient dans le tertiaire en ont aujourd'hui plus de 50 %. Dans beaucoup de municipalités de Majorque, le nombre de postes de travail ne correspond pas au nombre d'actifs résidents, ni sa composition sectorielle avec celle de sa structure économique. Bon nombre d'actifs du tertiaire effectuent des migrations pendulaires quotidiennes entre le lieu de résidence et le lieu de travail. Cela engendre une forme de périurbanisation dans les anciens noyaux ruraux puisqu'ils y apportent des formes de vie urbaines, un meilleur niveau de consommation et une demande accrue pour des services de qualité (eau courante, traitement des eaux usées, ramassage et traitement des déchets, îlotage...). Par ailleurs, la Part Forana est envahie par la capitale. Un cimetière privé et des chaînes de grands magasins se sont installés récemment hors des limites municipales de Palma. La ville a besoin d'eau et va se ravitailler dans des nappes phréatiques extérieures. Les urbains envahissent la campagne et installent des résidences secondaires dans lesquelles se pratique une agriculture de loisir pendant les week-ends. Cette demande d'espaces ruraux à des fins récréatives se réalise fréquemment sans respecter les normes urbanistiques (phénomène classique de "cabanisation") d'autant que beaucoup de municipalités sont inopérantes à ce sujet.

Aujourd'hui, beaucoup de municipalités minorquines sont obligées de se lancer dans des politiques de mise en place de communautés de communes (*mancomunidades*) afin de faire face aux nouvelles demandes émanant des populations. En réalité, nous sommes devant une crise de l'administration municipale traditionnelle. Cette dernière était valable dans un milieu rural pré-touristique avec une économie fondamentalement agraire à l'oeuvre sur un espace peu peuplé. Elle ne répond plus aux nécéssités et aux conditions actuelles. Le mode de vie urbain engendré et projeté par Palma sur la totalité du territoire insulaire et appuyé par les stations littorales touristiques a modifié profondément le comportement et l'organisation territoriale à tel point que les vieilles distinctions entre Palma et la Part Forana, entre le CBD et les banlieues, entre le noyau historique et la zone d'influence ne sont plus de mise aujourd'hui.

L'ENJEU DE PETITES ECONOMIES EN MILIEU INSULAIRE GREC : L'ILE DE PAROS (CYCLADES)

Theodosia ANTHOPOULOU
Université de l'Egée, Mytilène, Grèce

Evolution récente des îles de la Mer Egée : l'abandon des arrière-pays agricoles et la montée du tourisme

Les îles grecques constituent en elles-mêmes une originalité dans l'est du Bassin Méditerranéen du fait de leur émiettement excessif et de la médiocrité de leurs surfaces créant par excellence des conditions d'isolement et de marginalisation socio-économique. Cependant, bien que l'insularité soit considérée, d'un strict point de vue de rentabilité économique, comme une contrainte majeure à tout effort de développement, cette même situation géographique a doté les îles grecques dans le passé d'une prospérité remarquable; les insulaires ont su avec habilité dégager les avantages de leur situation, en s'orientant vers les activités maritimes et commerciales. Dans d'autres cas, c'est l'exploitation intensive des ressources agricoles qui a permis une ouverture de l'économie insulaire : des cultures marchandes, bien adaptées aux conditions géoclimatiques, comme l'olivette de Lesvos et le lentisque de mastic à Chios, ont longtemps alimenté les économies insulaires.

La montée récente du tourisme - surtout après les années 1980 - vient à jouer un rôle stimulateur sans précédent pour toute la vie socio-économique insulaire. Or, sa contribution devient contestable, puisque outre les nuisances environnementales, on a pu constater au cours des ans que les retombées financières échappent souvent aux agents locaux. De surcroît, la concentration des activités économiques sur les zones littorales et urbaines, joue un rôle polarisant tant au plan de l'occupation de l'espace insulaire qu'au plan économique, contrastant avec les zones rurales d'arrière-pays en voie d'abandon et de dépeuplement. Malgré cela, nous nous sommes rendus compte - vingt à trente ans plus tard - que le tourisme a récemment contribué au maintien, voire à l'accroissement démographique. L'observation statistique entre 1981 et 1991 indique une nette tendance à l'augmentation de la population dans les îles touristiques; ce constat s'explique par un dynamisme économique survenu avec le développement d'activités touristiques et d'autres services tertiaires, l'extension d'un petit artisanat de qualité, la création de postes de travail dans la construction, la modernisation du système de transport maritime et aérien, et l'amélioration des infrastrutures collectives.

Globalement on observe deux vitesses quant à l'évolution démographique et économique des îles :
1- les petites îles touristiques (Paros, Skiathos) ou les grandes îles avec un arrière-pays agricole important (Crète) qui maintiennent ou augmentent considérablement leur potentiel humain, grâce à la valorisation de leurs propres sources naturelles et avec la contribution déterminante du tourisme en termes de rentrées financières,
2- les petites et moyennes îles éloignées (Ikaria, plusieurs îles Cycladiennes), restant à la marge des réseaux de transport et d'investissement en infrastructure collective, qui connaissent une dépopulation continuelle et stable, leurs fonds propres ne leur permettant pas d'assurer aux habitants le niveau de vie socio-économique souhaité.

Dans le cas des petites îles touristiques, l'intérêt qui relève de ce classement est de rechercher dans quelle mesure il s'agit d'une croissance démographique réelle et solide et sur quelles structures socio-économiques ce dynamisme s'appuie. Dans un contexte où le secteur touristique domine dans l'économie et l'utilisation du territoire, quelle perspective existe-t-il pour l'espace rural ? Le repli des surfaces agricoles sur les terres les plus rentables conduit-il à une spécialisation de la production et une réorganisation du secteur vers des produits marchands à haute valeur ajoutée (produits de la ferme, d'appellation d'origine contrôlée etc.) ?

L'île de Paros dans l'Archipel des Cyclades présente toutes les caractéristiques qui permettent de répondre aux questions posées ci-dessus : c'est une île qui reçoit un nombre excessif de touristes. Malgré l'abandon progressif des terres cultivées, elle garde un potentiel significatif en ressources agricoles, voire dans le domaine de la viticulture et de l'élevage, tentant à mieux valoriser son produit sur le marché. En même temps, l'île a enregistré une forte croissance démographique entre les recensements de 1971 et de 1981 : dans l'intervalle des deux décennies, sa population a augmenté de 6 776 habitants à 9 591 habitants, soit 41,5 %. Après un rétrécissement démographique continuel dans les années d'Après-guerre (1951-1971 : -24,9 %), la population de Paros a commencé à reprendre après les années 1970 (1971-1981 : +16,3%), le taux de croissance ayant accéléré après 1980 (1981-1991 : +21,7%) (*cf.* tableau 1).

Communes	1940	1951	1961	1971	1981	1991	1951-71	1971-91
Parikia	3 264	3 174	3 030	2 703	3 312	3 838	-14,8 %	42,0 %
Angeria	555	768	578	545	629	792	-29,0 %	45,3 %
Archilohos	777	814	677	601	643	801	-26,2 %	33,3 %
Kostos	462	450	347	277	253	365	-38,4 %	31,8 %
Lefkes	1 560	1 262	972	744	655	872	-41,0 %	17,2 %
Marpissa	954	944	745	584	664	813	-38,1 %	39,2 %
Naoussa	1 421	1 610	1 481	1 322	1 725	2 110	-17,9 %	59,6 %
Total	8 993	9 022	7 831	6 776	7 881	9 591	-24,9 %	41,5 %

Source: Service National de Statistiques

Tableau 1. Evolution de la population de l'ile de Paros (1940-1991)

Pour l'analyse des structures démographiques et socio-économiques de notre étude, nous avons choisi trois champs d'enquêtes sur le terrain : la commune littorale de Naoussa, au nord de l'île, principal pôle d'attraction touristique qui possède des surfaces étendues de terres cultivables, voire de vignobles, et une importante flotte de pêche; la commune d'Archilohos, qui avec les communes situées en retrait dans l'Est de l'île de Kostos et de Lefkes constituent le noyau essentiel des activités agricoles restantes, le tourisme ayant très peu progressé; la commune d'Angeria, au Sud de Paros, qui bénéficie de sa proximité avec la bourgade de Parikia pour développer des activités touristiques tout en gardant quelques champs de cultures qui subissent quand même une forte concurrence sur le marché immobilier.

Aménagement de l'espace rural et valorisation des produits agricoles

La superficie totale de l'île de Paros est de 196 km^2. Les cultures et les terres en jachère ne représente qu'un quart seulement (5 770 ha) du territoire, tandis que plus de la moitié - constituée de terres incultes et dégradées - est vouée aux parcours des animaux (10 500 ha); les sols arides collinaires et la sécheresse du climat limitent les terres cultivables sur la zone littorale et le fond des vallées humides (*cf.* tableau 2). Au début des années 1960, le système de culture était d'un type méditerranéen simple qui associait les céréales à l'olivier et à la vigne. A l'époque, les céréales occupaient le premier rang couvrant près de la moitié de la terre cultivée; l'orge (2 100 ha), mieux

Communes	Surface territoriale	Terre cultivée et jachère	Pâturages		Forêt	Autres
			Privés	Communaux		
Parikia	59,1 km^2	13,2	33,1	-	0,1	12,7
Angeria	32,6	6,2	19,0	3,2	-	4,2
Archilohos	13,5	7,0	3,7	1,5	-	1,3
Kostos	14,2	5,0	4,5	3,4	-	1,3
Lefkes	30,0	5,5	17,3	0,6	0,1	6,5
Marpissa	17,8	7,8	2,1	5,1	-	2,8
Naoussa	29,0	13,0	10,5	1,0	-	4,5
Total	196,2	57,7	90,2	14,8	0,2	33,3

Source : Service National de Statistiques

Tableau 2. Utilisations du territoire à Paros

adapté à la sécheresse, avait pris le pas sur le blé (700 ha) exportant sa production vers les brasseries d'Athènes. La seconde culture marchande était la vigne (900 ha), puis l'olivier (65 000 arbres) destiné à l'autoconsommation familiale en huile d'olive. Enfin, un cheptel vif important de vaches (5 000 bêtes) et de petits ruminants (20 000 bêtes) profitaient des parcours étendus et de quelques surfaces de plantes fourragères. Enfin, la mer fournissait quelques ressources à la population, l'île disposant d'une centaine d'embarcations de petite taille. Pendant cette même période des années 1960, ce petit monde insulaire qui vivait de ressources agricoles et de mines (carrières d'un excellent marbre blanc exploité dès l'Antiquité), connaissait un exode rural intense, absorbé principalement par la ville d'Athènes. Le tourisme était encore peu connu aux habitants de Paros, tandis que dans l'île voisine de Mykonos les circuits touristiques commençaient à régénérer timidement l'économie.

Aujourd'hui l'image d'un espace rural bien aménagé pour servir à la production agricole vivrière a beaucoup changé. Les terrasses céréalières sont en grande partie passées à l'inculte et à l'usage pastoral, tandis que l'orge n'est plus cultivé que pour l'alimentation du bétail. La vigne et l'olivier - bien adaptés aux conditions géoclimatiques - ont mieux résisté. L'activité agricole est repliée dans l'arrière-pays insulaire, dans l'Est de l'île, principalement dans les communes d'Archilohos - Kostos - Lefkes et Marpissa qui sont hors de l'aire du grand flux touristique. Par contre, dans les communes les plus fréquentées par les touristes, celles de Parikia, de Naoussa et d'Angeria, les terres traditionnellement vouées à la vigne sont soumises à une forte concurrence sur le marché immobilier.

Deux questions centrales se posent : qui s'occupe de l'agriculture et quel est le mode de valorisation de la production ? L'analyse des registres de citoyenneté municipale a montré que, malgré le fort rétrécissement du secteur primaire, l'agriculture continue d'occuper une place significative dans les activités des habitants (*cf.* tableau 3).

	Commune d'Archilohos				**Commune de Naoussa (1)**			
	Nbre de chefs de ménage	Nouvelles entrées	Retour des originaires	Moyenne d'âge	Nbre de chefs de ménage	Nouvelles entrées	Retour des originaires	Moyenne d'âge
Agriculteurs	34	-	1	57,9	34 (3)	2	-	51,6
Employés	18	4	5	42,7	20	6	3	44,1
Ouvriers, maçons etc.	50	2	18	48,0	21	2	5	50,9
Artisans	14	-	6	43,1	12	1	1	40,1
Commerçants	7	1	3	45,6	13	5	1	52,7
Prof. libérales	1	-	1	44,0	5	2	1	45,2
Entreprises touristiques	1	-	-	25,0	16	10	1	46,0
Employés tourist.	4	-	1	28,0	5	2	1	44,0
Pluriactifs (2)	11	-	-	42,7	11	-	1	62,5
Retraités	93	-	34	73,7	58	3	10	71,0
Femmes de ménage	2	-	-	62,0	2	-	-	51,0
Total	235	7	69	56,7	197	33	24	54,2

(1) Echantillon à 30%
(2) Agriculture, tourisme, salaires journaliers dans la construction
(3) Dont 21 pêcheurs
Source : Registre de citoyenneté municipale. Enquêtes du terrain (1995)

Tableau 3. Répartition des métiers et nouvelles entrées de population à Paros

Plus précisément :

- Dans la commune d'Archilohos, sur un ensemble de 235 ménages enregistrés, 34 chefs (14,5 %) sont exclusivement agriculteurs et 7 chefs (3 %) sont des agriculteurs pluriactifs (des ouvriers ou petits commerçants). Cependant, on retrouve auprès des métiers extra-agricoles, des familles qui exploitent la terre agricole, celle-ci leur assurant soit une production d'autoconsommation, soit un petit revenu complémentaire. Plus précisément, sur l'ensemble des familles non-agricoles (194 cas), 16,1 % possèdent des vignobles et des oliviers, 9,8 % de la trilogie de vignoble-olivier-céréales et 32,8 % possèdent des terres cultivées associées à un petit bétail (1 à 3 vaches, soit 5 à 30 chèvres - moutons). En d'autres termes, plus de la moitié (58,7 %) des chefs de ménage qui travaillent à l'extérieur du secteur agricole s'occupent de façon plus ou moins intense de l'agriculture.

- Dans la commune de Naoussa, sur un ensemble de 197 ménages enregistrés (échantillon à 30 %), 34 chefs (17,1 %) travaillent exclusivement dans le secteur primaire (dont 21 pêcheurs) et 6 chefs (3 %) sont des agriculteurs pluriactifs (en combinaison avec des métiers principalement touristiques). Dans les catégories des métiers extra-agricoles, on enregistre 43,4 % de ménages qui s'occupent de l'agriculture ou de la pêche.

Le vin et le fromage sont les deux produits qui sortent sur le marché extérieur de l'île sous la dénomination d'origine Paros, promettant - grâce à leur bonne réputation - une valorisation intensive des ressources agricoles. Le vignoble, après avoir connu un fort rétrécissement pendant les années 1970, a depuis 1985 stabilisé sa superficie à 650 ha avec une légère tendance à l'augmentation. Le vin de Paros constitue un revenu supplémentaire et souvent un *hobby* pour la multiplicité de petits propriétaires (6,7 ares en moyenne) qui proviennent de toute sorte de milieux professionnels; des salariés, des ouvriers, des commerçants... La filière vinicole connaît récemment un nouvel élan, grâce surtout à une politique volontariste de l'Union des Coopératives Agricoles de Paros de remettre en valeur ce patrimoine économique et culturel. L'Union a déménagé à l'extérieur de la bourgade de Parikia construisant en 1987 des installations modernes de distillerie et suivant une politique de prix au producteur plus élevé que dans le secteur privé afin d'encourager la culture viticole. La production totale de raisin s'élève à 2 500 tonnes par an dont 70 % environ est absorbé et vinifié dans les locaux de l'Union. D'une production totale de 1 000 tonnes de vin, la Coopérative conditionne et commercialise (VQPRD et vin local) sur le marché local et d'Athènes 200 tonnes seulement, 500 tonnes sont achetées par la grande firme de Boutaris et commercialisés sous la nomination de Paros (VQPRD) et le reste est adressé à d'autres firmes vinicoles et aux tavernes de l'île. Une petite partie du raisin (10 %) est transformée par une entreprise privée à Naoussa et le reste (20 %) est vinifié par les producteurs eux-mêmes dans leurs propres caves.

La fromagerie coopérative de la commune d'Archilohos constitue l'autre pôle de la production locale spécialisée. Elle collecte le lait de vache d'une aire qui ne dépasse pas les limites des communes limitrophes de Marpissa, Kostos, Lefkes, absorbant 300 tonnes de lait annuellement. Le reste de la production insulaire en lait de vache et de chèvre-brebis, estimée à 3 000 tonnes, est transformé à la ferme : les propriétaires de petit bétail se réunissent à deux ou trois et transforment en commun leur production laitière dans des installations légères. Ceux-ci écoulent leur fromage dans les épiceries et super-marchés locaux ou par le biais de réseaux d'originaires gagnant tant bien que mal la valeur ajoutée sur la matière première. Certains propriétaires de vaches laitières, principalement ceux des deux grandes bourgades de Parikia et de Naoussa, vendent du lait frais au porte-à-porte profitant surtout du marché touristique : ils touchent 200 drs/kg de lait face à 90 drs/kg de lait livré à la fromagerie. La fromagerie coopérative produit 25 tonnes/an de fromage *graviera*, dont la moitié est absorbée par une grande chaîne de magasins de gastronomie à Athènes. Le reste sort sur le marché local en gros ou en détail où la coopérative rencontre des problèmes quant à la distribution de son produit, surtout par manque d'expérience en marketing. D'autre part, le marché insulaire est en lui-même fragile pour cause d'une demande déséquilibrée, relativement faible en hiver et très forte en période estivale touristique. Les installations de la fromagerie n'ont pas évolué depuis 1959, date de sa fondation : la petite production fromagère ne permet pas d'amortir le coût d'investissement et le fonctionnement d'une plus grande unité, d'autant plus que la politique européenne a imposé dernièrement des quotas pour le lait de vache, même dans les petites îles déficitaires en production laitière.

Le cas de la production agricole à petite échelle à Paros renvoie au même type de problèmes que l'on retrouve dans les zones marginalisées. On assiste, d'un côté, à une production de qualité liée aux caractéristiques du terroir (climat, sols, potentiel génétique, fabrication traditionnelle) qui peut s'adresser à une clientèle spécifique - de plus en plus nombreuse en Grèce - appréciant ces produits typiques. Mais l'extension de ces micro-marchés alimentaires se heurte à l'insuffisance des structures techniques et organisationnelles des producteurs (fermiers, groupements, coopératives locales) quant à la normalisation de la production et à la maîtrise du marché.

La montée du tourisme : l'explosion des "rooms to let"

L'essor rapide du tourisme à Paros est principalement basé sur une structure d'accueil à petite échelle et d'organisation familiale : chambres à louer, tavernes de cuisine locale, petit commerce. A titre d'exemple : la capacité d'hébergement des chambres à louer (déclarées et non déclarées) est de l'ordre de 15 000 lits et celle des hôtels est de 4 500 lits. Ce type d'équipement touristique - répandu dans toutes les îles des Cyclades - a l'avantage d'être facilement construit sur son propre terrain, avec un coût d'investissement initial médiocre, économiquement abordable par les visiteurs, grâce aux tarifs pratiqués modestes, et souple pour le gérer et le faire fonctionner à l'aide du travail familial. A l'opposé des structures hôtelières de haute gamme, gérées par le système des *tour operators* que l'on rencontre plutôt dans les grandes îles touristiques (Crète, Rhodes, Corfou), l'affluence dans les îles des Cyclades de touristes provenant de tous les milieux socio-économiques et de diverses nationalités, y compris les Grecs, renforce la souplesse économique de cette formule à petite échelle; il ne faut pas négliger dans ce cas-là l'avantage de la proximité de la plupart des Cyclades par rapport au Pirée. Tout de même, cette structure diminue la fragilité du tourisme envers les crises économiques et politiques internationales qui influencent la fréquence des touristes et leur répartition mondiale. Paros est parmi les îles les plus fréquentées par les touristes, en particulier, par les jeunes de toute nationalité. La pointe de fréquence se situe de mi-juillet à la fin août où la population insulaire est multipliée par 3 à 4 fois. A côté des 10 000 habitants environ, le nombre de touristes, vacanciers et employés temporaires dépasse les 40 000 personnes (*cf.* tableau 4).

	Personnes
Population permanente	14 700
Touristes en hôtels	4 500
Touristes en chambres à louer	15 000
Touristes en camping	2 000
Vacanciers	14 100
Travailleurs temporaires	4 600
Total	50 500

Source : Ministère de l'Environnement, d'Aménagement et de Travaux Publics. Etude spécifique d'Aménagement de Paros

Tableau 4. Population de pointe dans l'île de Paros (1993)

L'expansion de chambres à louer à Paros a commencé timidement à la fin des années 1960 - début des années 1970 afin de répondre aux besoins d'hébergement des premiers touristes qui étaient logés chez l'habitant: les insulaires ont commencé par louer une chambre de leur maison, puis construire à côté des pièces supplémentaires équipées. Ce mouvement a connu une vraie explosion en nombre de visiteurs et d'installations touristiques dans les années 1980; plus de 3.500 chambres enregistrées par l'Office National de Tourisme et 8 000 lits, répartis sur 600 propriétés environ. Ce n'est qu'à partir des années 1990 où devant une surcharge des *rooms to let*, pour une bonne partie non déclarées (de 10 à 15 000 lits selon des estimations des autorités locales), et les nuisances environnementales, que les propriétaires et responsables locaux ont commencé à s'inquiéter de la qualité des services offerts et à rechercher des formes alternatives de tourisme respectant le patrimoine local. Le taux d'occupation professionnelle dans le secteur touristique varie d'une commune à l'autre en fonction de l'affluence touristique :

- dans la commune rurale d'Archilohos qui est peu développée touristiquement, le pourcentage des chefs de ménage (habitants permanents) qui s'occupent du tourisme, comme propriétaires d'entreprises ou employés, à temps complet ou partiel, s'élève à 3,9 %. Le nombre total de propriétaires de chambres à louer à Archilohos est de 9.
- dans la commune de Naoussa, à fort vocation touristique, ce pourcentage s'élève à 13,9 % des chefs enregistrés; il faut tout de même noter qu'un certain nombre de personnes qui travaillent dans le secteur touristique à Naoussa échappe à cette analyse, du fait que n'étant pas originaires de Paros, elles n'apparaissent pas dans le registre de citoyenneté municipale. Le nombre total de propriétaires de chambres à louer à Naoussa est au moins 200 (déclarées).

Dans la commune d'Angeria l'analyse de la liste des propriétaires des chambres à louer (35 individus) a montré que :

- la grande majorité des propriétaires (31 sur 35 cas) sont originaires d'Angeria. Plus de la moitié (56 %) habitent hiver comme été dans l'île, tandis que le reste se partage entre Athènes et Paros.
- 7 sur les 35 individus (soit 20,6 %) sont exclusivement des entrepreneurs touristiques possédant en même temps un restaurant ou une agence touristique. Pour le reste, il s'agit de personnes provenant de tous les milieux professionnels (salariés, ouvriers, pêcheurs ou retraités) qui s'assurent ainsi un revenu supplémentaire. Le nombre de chambres et de lits disposés ne change pas particulièrement en fonction du métier du propriétaire; la moyenne s'élève à 7 chambres et 16 lits par propriétaire, avec une tendance relativement inférieure pour les retraités qui possèdent 5,4 chambres et 12,2 lits.
- dans toutes les propriétés, le travail fourni par les membres de la famille est essentiel. Dans 38 % des cas on fait appel à l'emploi salarié, sans observer une variation particulière en fonction de la taille de l'unité : la moyenne des chambres par propriété qui utilise uniquement du potentiel familial est 6,6 face à 7,7 chez ceux qui recrutent du personnel temporaire.
- un tiers seulement des propriétaires s'occupent de leurs champs de culture (vigne, olivier, très peu de céréales), et ce dans la majorité des cas, pas par intérêt de toucher un revenu supplémentaire qui - vu le mode d'exploitation extensif - n'est pas important, mais juste pour entretenir l'héritier familial. Moins de 10 % de propriétaires (3 individus) s'occupent systématiquement de l'agriculture et disposent aussi d'un petit bétail.

D'après l'analyse des enquêtes de terrain, la grande majorité des propriétaires touristiques sont originaires de Paros, dont une partie largement supérieure à la moitié habite en permanence dans l'île, sans omettre le fait que, pour le reste, il s'agit de rentrées économiques qui échappent au territoire insulaire. Dans l'île de Paros on retrouve par excellence les structures familiales dans l'organisation des installations touristiques: dans les chambres à louer, tavernes, petit commerce, on fait rarement appel à des salariés.

Le dynamisme démographique : retour des originaires et nouvelles installations

L'activité touristique est un apport économique essentiel créant des revenus directs pour les insulaires et, par effet d'entraînement, contribuant au développement des autres secteurs de l'économie locale, tels que la construction immobilière, les activités commerciales, divers services publics et privés. De même, le marché touristique assure des débouchés aux produits locaux, en particulier les produits maraîchers, le vin et le fromage du terroir, les produits d'artisanat de qualité. Cette reprise économique qui dépasse les limites de la saison touristique et qui a permis l'amélioration d'infrastructures sociales a déclenché dernièrement un essor démographique; phénomène également répandu dans d'autres îles méditerranéennes.

Dans l'île de Paros, le fait que le potentiel humain ait augmenté par de nouvelles entrées - c'est-à-dire des non-originaires - ou rajeuni par le maintien sur place de la jeune population se vérifie par excellence par la construction de nouvelles écoles concernant les trois degrés : 2 écoles élémentaires, 1 collège et 2 lycées (options classique et technique) fonctionnent au chef lieu de Parikia; depuis 1991, 1 collège et 2 lycées à Naoussa et on planifie la construction d'un collège à Marpissa aussi. Lors des enquêtes de terrain, on a pu constater de multiples cas de retours surtout en provenance d'Athènes, où ils avaient émigré pendant les années 1960 et 1970; la crise économique, la politique d'austérité et le chômage dans la construction et les carrières de marbre a incité certains d'eux à s'installer définitivement dans l'île depuis les années 1985. On enregistre aussi de nouvelles entrées de population non originaires de Paros; dans ce dernier cas, il s'agit de personnes qui s'installent dans les endroits touristiques, comme par exemple à Parikia et Naoussa, et créent des entreprises touristiques et commerciales ou travaillent comme employés dans le tertiaire (*cf.* tableau 3). Plus précisément :

- dans la commune d'Archilohos, un pourcentage de 32,3 % de chefs de ménage concerne de nouvelles installations; il s'agit de 64 cas (84,2 % du total) de retour d'anciens émigrés provenant d'Athènes, de 5 cas (6,6% du total) d'anciens émigrés à l'étranger et de 7 cas (9,2 %) de nouvelles entrées de population, non originaires de Paros. Un tiers des immigrés sont des ouvriers et maçons et un tiers des retraités; pour le reste il s'agit d'employés, commerçants et artisans.

- dans la commune de Naoussa, le pourcentage de nouvelles installations sur l'ensemble des chefs de ménage enregistrés est du même niveau qu'auparavant: 28,9 %. Or, dans cette commune touristique la proportion entre anciens émigrés d'Athènes et nouvelles entrées se différencie; 22 cas (38,6 % du total) sont originaires d'Athènes, 33 cas (57,9 % du total) correspondent à de nouvelles installations de non originaires et 2 cas des étrangers. Les nouvelles entrées concernent pour l'essentiel les métiers touristiques, le commerce et les employés dans le service public.

La moyenne d'âge est nettement supérieure dans les métiers traditionnels, les agriculteurs (plus de 50 ans) et les ouvriers et maçons (moyenne qui varie entre 48 et 50 ans). Pour une bonne partie de ces derniers (de l'ordre de 25 %), il s'agit d'anciens émigrés à Athènes. Par contre les individus qui travaillent dans le secteur touristique et les employés sont nettement moins âgés (gamme d'âge qui varie entre 25 et 45 ans); il s'agit, dans un pourcentage qui arrive jusqu'à 50 %, de nouvelles entrées de population. Dans ce dernier cas, nous constatons que l'enrichissement de la base de population par l'installation de nouvelles familles a considérablement contribué au dynamisme démographique insulaire.

Tendances locales de développement et perspective insulaire

Après une longue période de marginalisation socio-économique, les îles, celles qui sont le plus favorisées par le mouvement touristique, connaissent un essor économique remarquable, suivi par la révitalisation, voire la croissance démographique. Sensibles aux problèmes de congestion par l'exiguïté de l'espace et des ressources, les petites îles touristiques, telles que l'île de Paros, subissent de courtes périodes d'affluence économique en été et de longues périodes d'inactivité en hiver. Le tourisme crée des inégalités sérieuses dans la répartition dans le temps des revenus économiques, et par conséquent, une fragilité intense sur les marchés touristique et agricole. De même, il crée de fortes polarisations entre arrière-pays rural en voie d'abandon et un littoral rapidement urbanisé concentrant les activités économiques. Cependant, deux éléments essentiels ressortent du développement touristique : 1) la mobilisation des ressources locales, humaines et naturelles dynamisant l'économie insulaire, 2) le renforcement de petites structures familiales favorisant cet élan économique. Cette structuration socio-économique semble être souple et susceptible de se reconvertir vers l'offre de services touristiques de qualité, qui sont de plus en plus recherchés dans le cadre de formes de tourisme alternatives : séjour chez l'habitant en milieu rural, découverte du pays, dégustation des spécialités locales, randonnées et itinéraires particuliers, etc.

Dans ce contexte économique dominé par les activités touristiques, l'agriculture arrive à survivre tant bien que mal au sein d'une pluriactivité bien connue en milieu rural méditerranéen. Le vin de Paros et le fromage dur traditionnel sont renommés pour leur qualité gustative. Or, le secteur agricole à base de productions spécialisées souffre de l'incertitude du marché; instabilité du marché insulaire, surcoût de transport sur le produit final, manque d'infrastructure appropriée pour la phase de production et de commercialisation. Malgré tout, les initiatives des acteurs locaux (Union des coopératives, collectivités territoriales, producteurs) ne manquent pas afin de mieux valoriser sur le marché local et extérieur les produits du terroir, ne manquent pas : fromage fabriqué à la ferme écoulé par la vente directe auprès des vacanciers originaires, "graviera" traditionnelle de la petite fromagerie destinée à la grande surface spécialisée d'Athènes, fruits et légumes sortant sur le marché local, vin d'appellation d'origine que l'on retrouve dans les épiceries et tavernes de Paros, de même que dans les supermarchés et restaurants d'Athènes. Conscients des problèmes environnementaux issus du développement touristique incontrôlé et de l'abandon de l'arrière-pays agricole, l'agriculture n'est plus considérée comme une activité économique visant à couvrir les besoins du marché local et d'exportation; elle est également perçue comme un important facteur de gestion des paysages dans les zones fragiles, voire insulaires. La nécessité de maîtriser les effets du tourisme par des mesures de protection de l'environnement est évidente dans l'île de Paros et les responsables locaux essaient maintenant de mettre en place de projets d'aménagement du territoire au sein des fonds communautaires.

La diversification des activités en milieu rural défavorisé s'inscrit souvent dans le contexte du développement durable dans ces zones. L'association des productions agricoles de qualité, transformées à la ferme ou dans les coopératives locales, et le tourisme rural sont des exemples classiques dans une logique visant à mettre en évidence les compétences territoriales et à mobiliser les ressources locales, humaines et naturelles. Les îles fortement pénalisées par la loi du marché et les économies d'échelle, au sein du modèle agricole productiviste, dominant depuis les années 1960, se trouvent aujourd'hui devant une nouvelle perspective appuyée sur un modèle reterritorialisé fonctionnant sur des économies de compétence. Dans ce sens, stimuler les initiatives locales provenant de divers acteurs (coopératives agricoles, associations professionnelles, collectivités territoriales, sociétés de développement local) s'avère prioritaire: aide technique et financière pour l'amélioration des structures de production et de commercialisation, création des conditions pour l'implantation ou la restructuration des entreprises artisanales, incitation à l'innovation et la diversification des activités.

Quoi qu'il en soit, l'encouragement à une large participation des ruraux dans l'économie locale concertée sur des actions à petite échelle et la consolidation des structures familiales adaptables à la concurrence sont fondamentaux pour maintenir le dynamisme économique et démographique dernièrement remarqué dans les îles.

Bibliographie

ALLAIRE, G., 1994, "Projets et territoires", INRA-Toulouse (ETIQ), Colloque *Territoires ruraux et développement*, Association Descartes, Paris, 28 avril 1994.

ANTHOPOULOU, Th., 1993, *Systèmes de production agricole insulaires et développement local. L'exemple de l'olivier et de l'élevage ovin dans l'île de Lesvos,* Université de Paris X - Nanterre, (Thèse de doctorat).

BARBERIS, C., (Dir), 1992, *Les micromarchés alimentaires : produits typiques de qualité dans les régions méditerranéennes*, CECA-CEE-CEEA, Bruxelles-Luxemburg (rapport).

BRIGAND, L. et *al.*, 1991, "Les îles en Méditerranée : enjeux et perspectives", *Economica*, Les fascicules du Plan Bleu, fasc.5, Paris.

KAYSER, B., (en collaboration avec P.-Y., PECHOUX et M., SIVIGNON), 1971, "Exode rural et attraction urbaine en Grèce", Centre des Sciences Sociales, Athènes.

KOLODNY, E., 1974, "La population des îles de la Grèce. Essai de géographie insulaire en Méditerranée orientale", Edisud.

TSARTAS, P., 1991, "Etude sur les caractéristiques sociales de emploi. Tourisme et pluriactivité rurale", Centre des Sciences Sociales, Athènes (en grec).

LE DEVELOPPEMENT DEMOGRAPHIQUE DES ILES OCCIDENTALES DE L'ESTONIE DANS LE CONTEXTE DES CHANGEMENTS POLITICO - ECONOMIQUES[1]

Ann MARKSOO
Université de Tartu, Estonie

Cette communication traite essentiellement des caractéristiques fondamentales concernant le développement des îles occidentales de l'Estonie. L'objectif est de cerner ce qu'il y a de commun parmi les communautés insulaires et ce qu'il y a de spécifique à cause de l'histoire économique et politique de l'Estonie. D'un côté, la comparaison se fonde sur l'analyse des changements de population en Estonie continentale; de l'autre, on dressera quelques parallèles avec l'évolution économico-démographique des autres grandes îles de la Baltique, à savoir Gotland (Suède) et Aland (Finlande).

L'Estonie et ses îles : un rapide survol

Sur la carte politique actuelle du monde, l'Estonie figure comme l'un des trois Etats baltes post-communistes (Lituanie, Lettonie, Estonie) (*cf.* figure 1). Elle en est le plus septentrional et le plus petit (45 200 km^2 et 1,5 million d'habitants) mais elle est aussi celui où les îles ont joué, de tous temps, un rôle économique et territorial considérable. L'Estonie s'insère dans la Baltique par 900 îles et îlots, soit un total de 4 133 km^2 représentant 9 % du total de la superficie du pays. La majeure partie des ces îles appartient à l'archipel ouest-estonien recouvrant 4 016 km^2, y compris les îles de Vormsi (*cf.* figure 2). En ce qui concerne son histoire géologique, l'archipel ouest-estonien a surgi de la mer à une ère récente. Il s'agit d'un espace topographiquement bas où le substratum calcaire est recouvert, par endroits, d'épais dépôts de surface. Dans cet archipel, prévaut un climat océanique tempéré caractérisé par des étés frais et des hivers doux. A cause de la proximité du substratum, les sols carbonatés sont essentiellement constitués de graviers et donc peu fertiles. Les traits caractéristiques de la végétation sont les aunes, les prairies naturelles recouvertes de genévriers, ce qui donne des pâturages idéaux pour les ovins. Les zones à dépôts sableux de surface sont le domaine des forêts

1. Texte traduit de l'anglais par André-Louis Sanguin

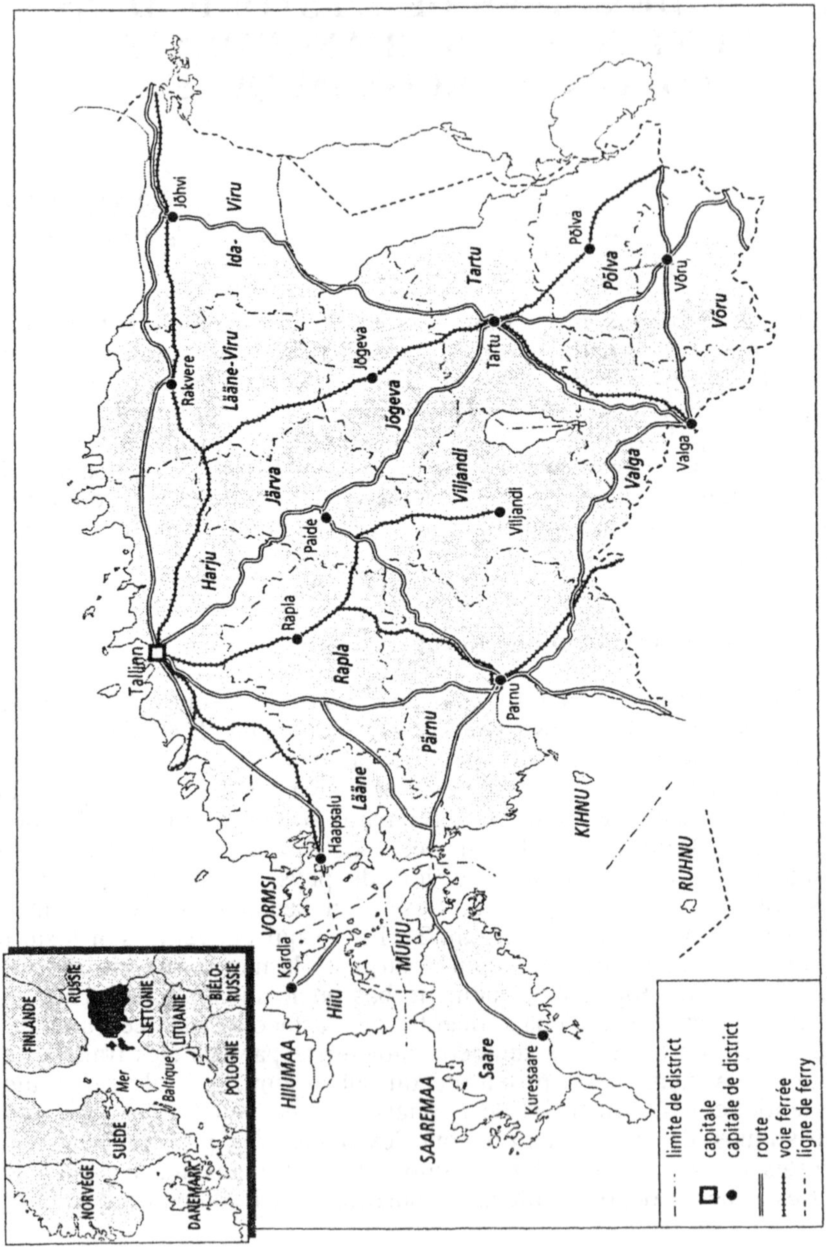

Figure 1. Situation des îles ouest-estoniennes en Estonie

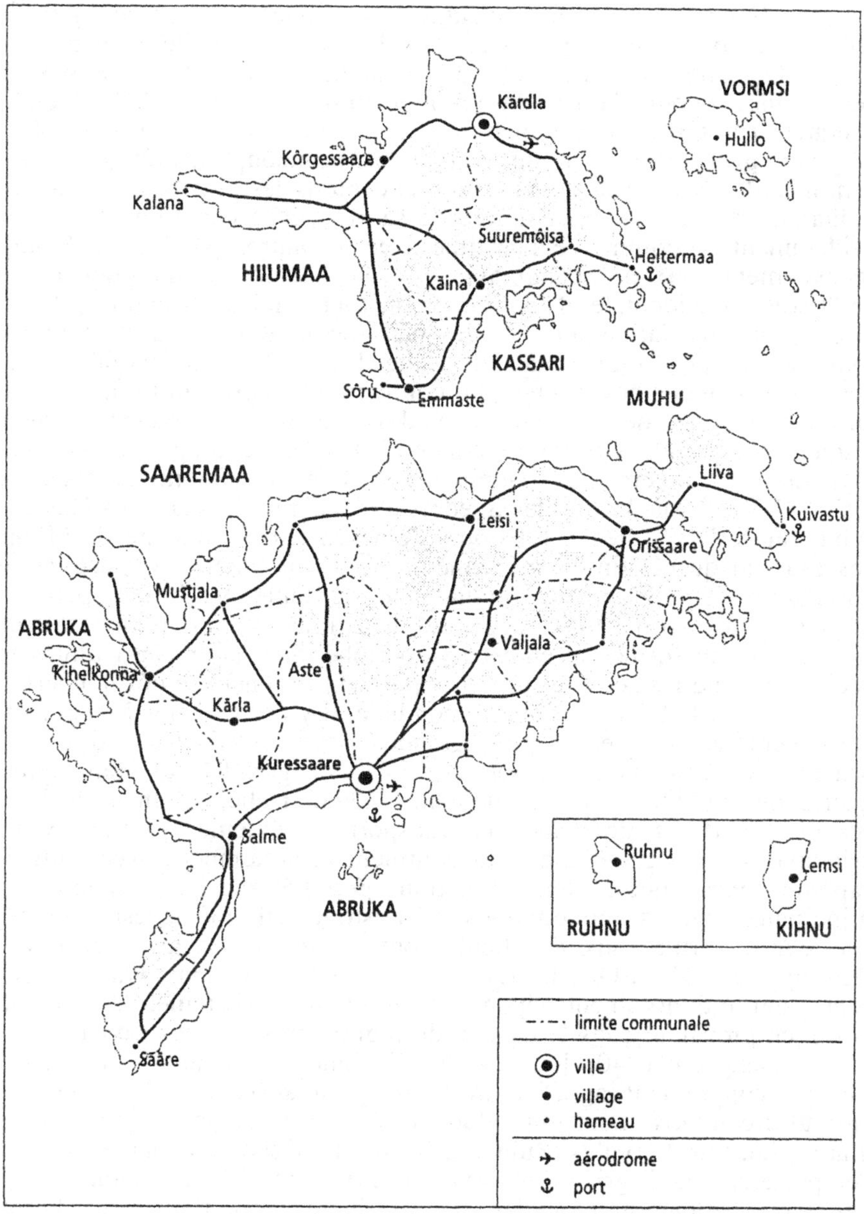

Figure 2. Les îles estoniennes : divisions administratives et organisation des activités humaines

de conifères. Les principales ressources naturelles, en sus des terres arables et de la forêt, sont les carrières de pierre pour le bâtiment. De plus, les eaux littorales sont poissonneuses et les boues marines curatives sont utilisées, en particulier à Kuressaare sur la côte Sud de l'île de Saaremaa.

Les îles occidentales de l'Estonie ont été colonisées en permanence depuis la fin du premier millénaire avant J.C. jusqu'à la conquête du territoire estonien par les Germains et les Danois (XIIIème siècle environ). Elles le furent, en tout cas, beaucoup plus tôt que l'Estonie continentale. Saaremaa devint l'un des cantons les plus riches et les plus militarisés de l'Estonie. La source de sa prospérité économique fut, bien évidemment, le commerce maritime avec les autres pays de la Baltique, spécialement ceux de Scandinavie. Le rôle hautement important des îles de l'Estonie occidentale, d'abord et avant tout celui de Saaremaa, dans les réseaux de circulation au sein des pays de la Baltique a été largement souligné par l'historien finlandais Linte. La localisation favorable de ces îles sur les anciennes routes du commerce a aussi attiré les Suédois. Différentes zones de peuplement suédois ont pu se maintenir sur les îles jusqu'à la Seconde Guerre mondiale. L'Estonie a longtemps connu la domination étrangère : les Danois et les Allemands furent remplacés aux XVIème-XVIIème siècles par les Suédois qui cédèrent la place aux Russes au début du XVIIIème siècle. L'Estonie demeura partie prenante de l'Empire des Tsars jusqu'à la fin de la Première Guerre mondiale. A cause de cette domination étrangère, prédomina une véritable inhibition parmi les insulaires, les marins et les négociants maritimes. Cela explique pourquoi ces îles se transformèrent en espaces périphériques pour l'agriculture et la pêche sans que les activités urbaines puissent vraiment se développer.

Avant la Seconde Guerre mondiale, il y avait 12 îles à peuplement permanent et, sur les 9 plus grandes, on trouvait les écoles et les principaux équipements de services. Les plus grandes tentèrent après la guerre de maintenir leur peuplement. Même si elles touchent le littoral, ces îles souffrent de délais de transport extrêmement longs avec les principales villes estoniennes du continent et notamment avec Tallinn, la capitale. Par contre, leur situation périphérique par rapport aux principaux centres économiques de l'Estonie elle-même est compensée par leur ouverture aux excellents contacts maritimes avec les pays de l'Europe du Nord-Ouest. L'usage de cette position avantageuse a, cependant, été largement dépendant du statut de l'Estonie, de la situation politique prévalant dans le pays et du régime de ses zones frontalières.

Jusqu'en 1940, les îles de l'Estonie occidentale formaient un espace typiquement agrarien avec une population se consacrant à une agriculture relativement improductive s'associant, dans les zones côtières, à la pêche. Sur deux îles, Ruhnu et Kihnu, la pêche et la chasse au phoque l'emportaient sur l'agriculture. Avant la Première Guerre mondiale, le gros des terres appartenait à des barons baltes essentiellement d'origine allemande. Après la réforme agraire introduite dans la jeune république d'Estonie en 1920, apparut une classe de petits et moyens paysans. Du point de vue de la mobilité des populations et des échanges économiques, la frontière maritime occidentale était relativement ouverte durant la Russie tsariste et presque ouverte à l'époque de la 1ère République Estonienne. Cela permit aux insulaires, et spécialement aux hommes, de trouver des emplois comme matelots sur des navires étrangers, ce qui soulageait le marché du travail local. Beaucoup d'hommes allèrent aussi travailler dans les fermes ou dans les chantiers de construction de l'Estonie continentale. C'est pourquoi dans les villages insulaires, en particulier dans ceux de Saaremaa, les femmes dépassaient chroniquement en nombre les hommes. Du coup, tout le travail des champs, y compris les labours, reposait sur leurs épaules. Les pâturages couverts de genévriers favorisait l'élevage des ovins. Sur les îles se développa aussi l'artisanat traditionnel : les hommes excellaient dans la confection de petits bateaux en genévrier décorés de motifs ethnographiques tandis que les femmes fabriquaient des tricots de laine ou des tissus brodés. Ces activités d'artisanat, florissantes encore maintenant, avaient été essentielles, tout comme l'architecture locale, dans la préservation de l'ethnicité locale. Le développement des villes dans les îles occidentales de l'Estonie stagna jusqu'au début de la Seconde Guerre mondiale. Ainsi, en 1940, seules les villes de Kuressaare et de Kärdla dépassaient, chacune, tout juste les 6 000 habitants. Les principales activités économiques à Kuressaare étaient la fonction publique et le tourisme de station balnéaire tandis que Kärdla se distinguait plutôt par le commerce et l'industrie (la plus grande usine de la région, la filature de Kärdla, fut détruite durant la Seconde Guerre mondiale). L'annexion de l'Estonie par l'Union Soviétique signifia non seulement un changement de régime frontalier mais aussi l'entrée dans un nouveau système économique beaucoup plus vaste et complètement différent. Alors que les échanges internationaux libres donnaient un élan au développement économique des îles non communistes de la Baltique, les îles occidentales de l'Estonie furent coupées de l'Ouest pendant presque 50 ans (1940-1990). Leur régime frontalier spécial et rigoureux non seulement excluait tout contact avec le monde extérieur mais, dans une certaine mesure, entravait la libre circulation des personnes entre les îles et le continent.

La propriété privée de la terre et des outils de pêche fut supprimée et remplacée par des unités de grande dimension. Les anciennes activités associées, l'élevage et la pêche, furent séparées et transformées en grandes entreprises collectivisées. Les petites pêcheries traditionnelles ou les coopératives de pêcheurs furent petit à petit amalgamées pour former deux énormes entreprises *Saare Kalur* ("Pêcheurs de Saare") et *Hiiu Kalur* ("Pêcheurs de Hiiu") qui contrôlaient toutes les prises et tout le processus de conditionnement du poisson des cantons de Saaremaa et de Hiiumaa. En vue de garder la mer bordière sous un strict contrôle et à cause du manque de confiance dans les habitants de la côte, tous les petits ports de pêche furent fermés. Seuls 10 ports de pêche plus importants restèrent ouverts. Dès lors, la pêche côtière disparut pratiquement et fut remplacée par une pêche hauturière industrielle. Sur la base de considérations strictement idéologiques ("acheter le soutien des insulaires au pouvoir soviétique"), l'Etat subventionna les pêcheries collectivisées pendant longtemps, leur assurant ainsi un niveau de revenus plus élevé que dans d'autres branches d'activités. Dans le même temps, les équipages des flottes de pêche étaient passés au peigne fin de l'inquisition politique, ce qui explique pourquoi tant de jeunes hommes durent abandonner le métier traditionnel de leurs pères. Les profits des pêcheries collectivisées commencèrent à s'amenuiser dans les années 1980 lorsque les équipements de pêche devinrent de plus en plus coûteux. En outre, les quotas de pêche furent réduits par suite de la pression des nouvelles règles du Droit de la mer.

En ce qui concerne l'agriculture des îles occidentales de l'Estonie, on assista également à la prédominance de coopératives ou de fermes d'Etat occupant des surfaces de plusieurs milliers d'hectares. Comme partout ailleurs en Estonie, ces fermes géantes se spécialisèrent dans l'élevage laitier ou dans l'élevage porcin fonctionnant sur la base d'aliments importés. De plus, l'élevage ovin traditionnel disparut des grandes exploitations, ce qui modifia radicalement la structure économique des terres arables. Les anciens pâturages devinrent inoccupés et furent privés des troupeaux de moutons. Peu à peu, ils furent envahis par les genévriers et se transformèrent en taillis.

L'un dans l'autre, durant la période 1939-1993, les zones en pâturages furent réduites de sept fois tandis que la superficie en terres arables augmentait du cinquième. La mécanisation, l'amélioration et l'utilisation des engrais chimiques augmentèrent considérablement la productivité de l'agriculture. Toutefois, l'incompétence ou l'incapacité à prendre en compte les conditions locales particulières (faible épaisseur des sols, substratum calcaire) provoqua une contamination environnementale, en particulier une pollution des eaux souterraines. En définitive, une telle intensification de l'agriculture fut anti-économique : l'augmentation de la production ne compensa jamais les investissements. Ce genre de gestion économique n'était possible que dans le seul système soviétique. Dans le cadre de cette économie subventionnée, les revenus et le niveau de vie des insulaires s'élevèrent et devinrent équivalent à ceux de l'Estonie continentale. La croissance du volume de production du secteur agricole favorisa également le développement de l'industrie. Un survol général des changements dans la structure professionnelle des insulaires de l'Estonie occidentale par comparaison avec ceux des îles Gotland (Suède) et Aland (Finlande) montre de considérables différences dans la composition socio-professionnelle des populations.

D'après tout ce qui vient d'être expliqué, il s'ensuit que le volume des activités tertiaires, dans le passé et jusqu'à la fin de la période soviétique, était plutôt limité. La comparaison avec le développement économique d'autres îles plus grandes de la Baltique révèle une différence majeure: tandis que, sur les îles estoniennes et à cause de considérations politiques, la priorité était donnée à plusieurs branches de l'agro-industrie, dans le même temps, les îles de Suède et de Finlande se tournaient vers les services et notamment vers le tourisme international. Cela joua un rôle majeur dans la restructuration positive de leur économie.

Le rétablissement de l'indépendance de l'Estonie et son virage vers l'économie de marché ont apporté d'autres changements aux îles de l'Estonie occidentale. Il y a eu aussi d'autres réformes concomitantes : restauration de la propriété privée avec privatisation des grandes entreprises collectivistes mises en place durant la période soviétique, réforme agraire à demi achevée. L'un dans l'autre, il est impossible d'estimer l'extension des changements et des innovations avec un degré suffisant de précision. Les pêcheries collectives géantes ont été démantelées en plusieurs unités plus petites. La réforme agraire s'est poursuivie selon deux tendances parallèles : 1- restauration des fermes privées; 2- formation de petites sociétés coopératives et de sociétés d'économie mixte en lieu et place des grandes fermes collectives. Bref, aucune de ces solutions n'a été couronnée de succès dans le nouveau contexte économique. Le déclin de l'exploitation agricole et de la pêche est en partie compensé par le renouveau touristique et par les activités récréatives pour lesquelles les îles offrent des conditions naturelles et ethnologiques excellentes. La majorité des nouvelles entreprises est directement ou indirectement reliée aux plans d'expansion touristique et d'équipements de vacances. Dans cette perspective, un travail est effectué dans deux directions. Premièrement, on construit les infrastructures nécessaires, y compris le développement de fabriques de souvenirs et d'objets d'artisanat local traditionnel. Deuxièmement, on assure la préservation et la protection de l'environnement naturel unique des îles. C'est dans ce but qu'a été mise en place la Réserve de la Biosphère de l'Estonie occidentale couvrant toute la région. Les règlements édictés ici sont quelque chose que l'économie de marché en émergence ne peut ignorer. Afin d'encourager l'économie ouverte et le tourisme, les insulaires d'Estonie occidentale doivent surmonter certains obstacles psychologiques. A la fin de la période soviétique, les insulaires étaient relativement satisfaits de leurs conditions de vie. Dans le même temps, ils se satisfaisaient de leur genre de vie isolé : les frontières d'Etat étaient fermées mais le besoin de nombreux insulaires de trouver des emplois sur le continent n'existait pas. Les insulaires recevaient chaleureusement les membres de leur famille et leurs amis mais ils n'étaient pas intéressés par des touristes nombreux. Même maintenant, les personnes âgées de ces îles ne sont pas empressées de les recevoir. Plusieurs enquêtes orales en témoignent.

La dynamique du nombre de la population

Le développement économico-politique en zigzag décrit ci-dessus a eu un enchaînement direct sur la population des îles. Par rapport au nombre total de la population et par rapport également à la dynamique de la population urbaine et rurale, on peut discerner quatre étapes, depuis la Première Guerre mondiale, dans les îles de l'Estonie occidentale :

1- La période entre les deux guerres mondiales (1920-1940) où la population rurale baisse lentement mais sûrement. Cette baisse s'explique essentiellement par une émigration causée par des facteurs économiques (chômage, faibles revenus). Entre 1922 et 1940, cette baisse tourna autour de 9 %. Dans le même temps, la population des villes, Kuressaare et Kärdla, augmenta de 20 %, encore que ce gain était trop petit pour compenser les pertes de la population rurale. Durant ces années, la campagne et les villes différèrent complètement en terme de taux de natalité. De fait, dans les années 1935-1938, le taux de natalité était de 18,8 pour mille et le taux de croissance de 3,7 % à la campagne. A contrario, les villes excipaient de taux à la baisse: à Kuressaare, taux de natalité de 10,1 pour mille et taux de croissance négatif à -4,8 %; à Kärdla, taux de natalité de 10,8 pour mille et taux de croissance négatif à -4,1 %.

2- Les années de la Seconde Guerre mondiale et des répressions subséquentes (1941-1949) se caractérisèrent par une chute brutale de population, soit une soustraction de 15 000 personnes, c'est-à-dire 22 % du total de la population des îles. Ce fut le résultat combiné de plusieurs types de migration forcée. Premièrement, afin d'échapper au retour de l'Armée Rouge, des gens cherchèrent refuge à l'Ouest, de leur propre initiative. Les autorités allemandes d'occupation permirent aux Suédois de quitter les îles de Ruhnu et de Wormsi où ils résidaient. Deuxièmement, le recrutement forcé dans les armées allemande ou soviétique poussa aussi beaucoup de personnes à s'en aller. Troisièmement, la déportation des habitants de la péninsule de Sorve vers l'Allemagne à la fin de la guerre puis la déportation en Sibérie par les autorités soviétiques jusqu'en 1949 contribuèrent aussi à la dépopulation. Toutes ces répressions furent particulièrement dures pour la population rurale.

3- La période 1950-1979 se distingua par une urbanisation rapide et une diminution continuelle de la population rurale. Au début de cette période, l'émigration de la population rurale fut fortement stimulée par la collectivisation forcée de la campagne. La croissance de Kuressaare fut particulièrement rapide dans les années cinquante et celle de Kärdla dans les années soixante-dix. Les deux villes attirèrent une population de leur île respective et, du coup, eurent une croissance naturelle remarquablement haute. Le déclin de la population rurale procéda d'abord d'une émigration nette puis, à partir des années soixante, d'un solde naturel négatif.

4- La période 1980-1994 est celle de l'arrêt du déclin démographique et de l'émergence d'une petite augmentation. Curieusement, c'est de la campagne que vint ce changement. En effet, compte tenu des conditions de la structure économique de cette époque, les villes de Kuressaare et de Kärdla avaient atteint leur plafond. Les migrations entre ces villes et leur arrière-pays commencèrent à s'équilibrer. Dans le même temps, les migrations entre l'Estonie continentale et les îles tournèrent en faveur de ces dernières. Beaucoup d'insulaires retournèrent vers leurs îles natales et furent accompagnés de nouveaux venus en provenance du continent. Dans les années quatre-vingt, Saaremaa et Hiiumaa, et spécialement leurs villes, devinrent des lieux de travail hautement convoités parmi les diplômés. Selon certaines enquêtes menées à cette époque, l'attractivité des îles tenait à leur pittoresque naturel et ethnologique mais aussi au faible pourcentage de non-Estoniens et à l'absence de tension nationale. Le revirement des migrations sur les îles occidentales de l'Estonie s'accompagna d'une certaine augmentation du taux de natalité. Cela peut s'expliquer par un motif ethno-psychologique. En effet, cette augmentation fut largement le résultat d'une campagne nataliste parmi les Estoniens à l'aube du rétablissement de l'indépendance du pays. Cependant, les difficultés économiques accompagnant le retour à la souveraineté, tout autant que le changement dans les échelles de valeurs, ont causé un tassement du taux de natalité. Le volume des migrations a également diminué. Une légère émigration dans les villes est liée au départ des militaires soviétiques au début des années quatre-vingt-dix mais une immigration nette en zone rurale a permis la stabilisation du nombre total de la population. La dynamique explicitée ci-dessus doit être prise comme un tout. Néanmoins, elle mérite d'être détaillée selon trois aspects. Premièrement, il s'agit d'une dynamique démographique sur des îles de taille différente et à base ethnique différente. Deuxièmement, cette dynamique n'est pas la même que sur le continent. Troisièmement, il convient de relier cette différence au profil démographique des îles de Gotland (Suède) et d'Aland (Finlande).

La comparaison des changements démographiques dans les îles occidentales de l'Estonie nous permet de conclure que les plus grandes îles (Saaremaa et Hiiumaa) ont de meilleures chances de conserver leur population. Par rapport aux plus petites îles, les racines originelles de la population y ont joué un rôle plus important que leur situation. Il y eut une chute beaucoup plus dramatique de la population sur l'île de Ruhnu (la plus isolée de toutes) et sur l'île de Vormsi (la plus proche de la côte continentale) que les autochtones, des Suédois estoniens, quittèrent pour la Suède en 1944. Au départ, il y eut des tentatives pour peupler les îles avec des militaires mais, très vite, ils désertèrent ces lieux. Les arrivées plus récentes furent le fait de civils qui, cependant, n'avaient aucune racine avec le terroir insulaire et qui, dès lors, étaient susceptibles de repartir ailleurs. Sur l'île de Kihnu, les autochtones d'origine estonienne constituaient une communauté beaucoup plus résistante mais l'isolement et les perspectives insuffisantes d'emplois firent que beaucoup de jeunes lâchèrent prise. En 1995, le nombre d'habitants de l'île de Kihnu n'atteignait que 53 % du niveau de 1940 (c'était 23 % pour Ruhnu et 13 % pour Vormsi). Il semble bien que le futur n'offre pas grand changement quant à la croissance de population des petites îles. Si l'on se met à comparer la dynamique démographique des îles occidentales de l'Estonie avec l'Estonie continentale, nous devons faire la différence entre deux régions dans la composition de cette dernière. Premièrement, la région de Tallinn, la capitale, incluant le canton de Harju, constitue le contraste "centre/périphérie". Deuxièmement, l'Estonie du Sud-Est (les cantons de Polva, Valga, Voru) constitue le contraste "intérieur continental/périphérie insulaire".

Durant la période de la Première République Estonienne (1918-1940), les îles occidentales furent l'espace national ayant souffert du plus grand déclin de population. L'Estonie du Sud-Est, qui est aujourd'hui la frange interne n'avait pas, à l'époque, de signes de dépopulation. Le motif essentiel pour lequel les gens quittèrent leurs îles natales fut principalement la pression économique : la pêche difficile dans les eaux côtières ainsi que l'exploitation agricole sur des sols improductifs furent incapables de fournir un niveau de vie décent. Certains émigrèrent vers l'Estonie continentale; d'autres partirent vers l'étranger dès que les frontières s'ouvrirent. Les émigrants étaient surtout des marins; certains d'entre eux revinrent. L'un des foyers d'attraction des migrations internes à l'Estonie était la capitale. Entre 1922 et 1934, Tallinn reçut 8 % de ses immigrants en provenance des îles occidentales. Les îles de l'Estonie occidentale souffrirent aussi d'une immense déperdition de population durant les années 1940-1959, surtout pendant la guerre. Cela peut s'expliquer de deux manières. D'un côté, il faut considérer la durée extrêmement longue des batailles de 1944 qui ravagèrent et dépeuplèrent le peuplement anciennement le plus dense du coin Sud-Ouest de Saaremaa. De l'autre, les insulaires possédaient des bateaux, ce qui leur permit de s'échapper par la mer devant l'avance de l'Armée Rouge. Dans le déroulement de la période suivante, à savoir les années 1959-1979, les îles occidentales de l'Estonie excipèrent d'un taux très lent concernant le déclin de la population rurale. Ce taux équivalait à celui de la périphérie sud-orientale de l'Estonie continentale. Dans les années quatre-vingt, cependant, les îles furent davantage chanceuses que les autres périphéries du pays dans la mesure où elles contrôlèrent mieux le processus de dépeuplement. Du coup, elles appartiennent aujourd'hui aux rares cantons n'ayant pas subi de perte de population après la restauration de l'indépendance estonienne.

Somme toute, les îles de l'Estonie occidentale sont encore habitées par 24 300 personnes de moins qu'en 1922 et par 18 500 personnes de moins qu'en 1940. Maintenant, toute la question est de savoir si cette tendance est inévitable pour une périphérie insulaire marginale. Nous espérons trouver la réponse dans une comparaison entre les changements de population à Saaremaa et Hiiumaa, d'un côté, et ceux de Gotland et Aland, de l'autre. Durant l'Entre deux guerres, il y avait déjà une certaine différence. La population des îles de l'Estonie occidentale dégringolait tandis que celle d'Aland était stable et que celle de Gotland augmentait. Apparemment, la Suède, en tant que vieux pays souverain et plus prospère, était capable de réglementer et d'administrer ses îles mieux qu'une Estonie qui venait juste d'accéder à l'indépendance. A cette époque, l'Estonie et la Finlande étaient en position égale tant au niveau économique qu'au niveau de l'âge de leur indépendance. Toutefois, les îles Aland étaient et sont toujours situées sur un axe majeur de trafic beaucoup plus capital pour la Finlande que ne le sont les îles occidentales pour l'Estonie. Sur les îles Aland, la communauté suécophone locale autonome n'avait ni raison ethnique ni motif économique à émigrer vers la Finlande continentale ou vers d'autres lieux. La principale différence dans la dynamique de population des îles que nous considérons apparaissait déjà durant la guerre et durant la période soviétique avec son système économique fermé. Gotland et Aland avaient su préserver leur ancien volume de population, compte tenu aussi du fait qu'elles surent gérer au bon moment le passage d'une économie agricole à une économie principalement tournée vers les services et les transports internationaux.

Les changements dans la composition de la population

Le dramatique déclin du volume de la population peut aussi suggérer une transformation dans sa composition. Durant ces années de changements brutaux, apparurent réellement certains signes aux disproportions malsaines. Mais, maintenant, la population de la région, spécialement celle des grandes îles, a restauré de bons potentiels physiques et mentaux. Cela a été facilité par deux circonstances particulières.

Premièrement, la population rurale de ces îles a toujours fait preuve d'un fort taux de natalité. Dans les années d'Après-guerre, lorsque les gens commencèrent à être attirés par les villes locales, ils y arrivèrent avec leurs traditions culturelles de familles nombreuses. Après la guerre, des chefs-lieux de cantons comme Kuressaare et Kärdla firent partie des villes estoniennes ayant les plus fort taux de natalité. De même, le taux de natalité de la population rurale des îles n'est jamais tombé en dessous de la moyenne estonienne, pas même durant les périodes de déclin démographique rapide. La croissance du taux de natalité dans les zones rurales de Saaremaa et de Hiiumaa à la fin des années quatre-vingt fut presque remarquable en Estonie. De ce fait, il est significatif d'observer l'augmentation du taux de natalité dans toutes les communautés, y compris dans les marges les plus éloignées. Le même raisonnement s'applique à la baisse du taux de natalité en 1993-1994. Cette chute brutale fut causée par le choc de la transition vers l'économie de marché. Ce choc atteignit les îles occidentales deux ans plus tard que l'Estonie continentale. Du coup, elle n'a pas beaucoup affecté le volume et la composition de leur population. Deuxièmement, la période des gains de migration a été relativement courte dans les zones rurales des îles occidentales mais, tout comme à Kuressaare et à Kärdla, l'immigration a concerné des gens instruits en pleine force de l'âge. Pour toutes les raisons ci-dessus mentionnées, il y eut dans les rangs des immigrants un nombre remarquable de migrants retournant aux îles qu'ils avaient temporairement abandonné pour acquérir une formation ou pour chercher un emploi.

Après le rétablissement de l'indépendance, l'Estonie continentale, et en particulier la région de la capitale ainsi que certaines grandes villes, ont vu décroître le nombre des actifs jeunes à cause du départ des militaires soviétiques et de leurs familles. Les îles occidentales ont été faiblement affectées par ce processus dans la mesure où les contingents soviétiques stationnés là juste après la guerre furent réduits dès le début des années soixante. En conséquence, le rôle des non-Estoniens y fut quantité négligeable parce que l'immigration de civils étrangers vers les îles occidentales n'avait jamais été important. Il fut gêné par le régime spécial de zone frontalière ainsi que par la caractère agro-industriel prévalant dans la structure économique des îles. La plupart des immigrants non-militaires et non-estoniens préférèrent aller travailler dans l'industrie collectivisée, dans les chemins de fer ou dans les transports maritimes pour lesquels il y avait peu de possibilités sur les îles. La majorité des étrangers vivaient davantage soit dans les grandes villes, soit sur des îlots dispersés, soit dans des zones marginales isolées du continent. En 1959, la place des non-Estoniens sur les îles occidentales était d'environ 9 %; en 1989, elle tombait à 6 % et, en 1994, à 4 % pour cause de départ des militaires soviétiques. Le résultat de tout cela est que la composition par sexe et par âge des insulaires apparaît assez favorable. Pour l'instant, les îles constituent l'une des zones pouvant se vanter d'abriter la population la plus jeune du pays. Au début de 1994, l'âge moyen de la population estonienne était de 36,8 ans (population urbaine 37,1 ans; population rurale 36,1 ans). En ce qui concerne le canton de Saaremaa, les moyennes correspondantes étaient de 35,9 ans (34,6 et 36,8); dans le canton de Hiiu, 33,9 ans (33,1 et 34,4). A cet égard, la canton de Hiiu occupait la première place parmi les cantons estoniens, Saaremaa étant au 5ème rang. Les cantons du Sud de l'Estonie se calaient dans les dernières places (37,6 ans; 36,1 et 38,2).

Bref, les principaux changements positifs dans la composition par sexe et par âge de la population des îles occidentales de l'Estonie sont les suivants :

1- La faible augmentation du volume de population s'est opérée surtout dans la tranche d'âge 16-29 ans, notamment en zone rurale.

2- La proportion de la tranche d'âge 0-15 ans et 60 ans et plus s'est stabilisée.

3- La proportion de la structure par sexe dans les tranches jeunes et adultes moyennes au sein de la population rurale tend vers la normalisation.

La prédominance des femmes date de la période d'entre les deux guerres et s'accentua dans la période post-1945. Au moment de l'urbanisation rapide, cependant, des hommes jeunes vinrent en force pour dépasser en nombre les femmes à la campagne. L'agriculture mécanisée à grande échelle exigeait davantage de main d'œuvre masculine. La proportion de jeunes femmes était à son plus bas niveau à la fin des années soixante-dix. Le rétablissement des exploitations agricoles privées et des petites entreprises privées de service dans les années quatre-vingt-dix a augmenté le nombre d'emplois disponibles pour les femmes.

Conclusion

Le développement de la population dans les îles de l'Estonie occidentale a été influencé par divers facteurs, positifs et négatifs. Ces changements ont été, en principe, analogues à ceux survenus partout ailleurs en Estonie. Encore faut-il souligner les traits particuliers dépendant de la situation insulaire et frontalière et dépendant aussi de l'identité des autochtones. Durant la décennie passée, la population des îles occidentales de l'Estonie a compté parmi les plus stables et les plus vigoureuses du pays. Cela s'est exprimé à travers son vigoureux potentiel de reproduction naturelle, à travers aussi l'importante proportion de rapatriés principalement estoniens. L'un dans l'autre, avec le rajeunissement de la population, le niveau d'instruction et de qualification professionnelle s'est élevé. Tout cela constitue, pour les îles occidentales, le préalable pour surmonter les difficultés de la période actuelle de transition et pour construire doucement une nouvelle structure économique ouverte, à l'exemple d'autres îles plus grandes de la Baltique.

Afin de résoudre ces problèmes, il est nécessaire de conserver et même d'accueillir sur les îles des personnes susceptibles d'apprécier le patrimoine culturel local et d'évoluer positivement dans l'économie de marché. Si nous défaillons dans cette tâche, alors pourront réapparaître les caractéristiques de l'ancienne marge insulaire. Un autre déclin démographique mettrait en danger la diversification de l'économie des îles occidentales de l'Estonie et réduirait les chances d'atteindre l'efficacité.

LES DIFFICULTES DE LA MISE EN PLACE DE LA REGIONALISATION EN GUADELOUPE, MARTINIQUE, REUNION

Michel DESSE
Université de Bretagne Occidentale, Brest

Devenues des départements en 1946, la Guadeloupe, la Martinique et la Réunion, connaissent depuis lors une politique d'assimilation à la Métropole. Les lois y sont appliquées comme dans le reste des départements français. Cependant dans le domaine social, une adaptation législative demeure au détriment des insulaires. La décentralisation, correspond à une aspiration fondamentale des sociétés antillaises et réunionnaises. Les élus reprochent à l'Etat l'absence d'une démarche cohérente et continue. De plus, comme dans les autres régions métropolitaines à forte identité culturelle, une classe d'intellectuels émerge. Elle désire sauvegarder son identité culturelle et reproche à l'Etat sa politique d'assimilation. En 1982, les premières lois de décentralisation permettent de pratiquer une politique autocentrée. Les difficultés sociales et financières sont cependant nombreuses et freinent les principes même de la décentralisation.

Des objectifs ambitieux

Les DOM deviennent des régions en 1973 (pour la Martinique et la Réunion) et en 1974 (pour la Guadeloupe et la Guyane). Ces régions ont le droit de se donner un programme de développement mais ne disposent pas de moyens financiers et restent sous le contrôle des préfets. La décentralisation se met réellement en place à partir de 1982 (loi du 31 décembre 1982 portant sur l'organisation des régions et départements d'Outre-Mer) et en 1984 (loi du 2 août 1984, relative aux compétences des régions et des départements d'Outre-Mer). Chaque île devient de la sorte une région et un département, une spécificité par rapport aux autres régions françaises. Les DOM sont dotés d'institutions propres à assurer leur développement, tenant compte du caractère particulier de chacun d'eux, tout en confiant à leurs élus des responsabilités nouvelles puisqu'en principe les communes, les départements et les régions ont l'initiative des projets et les exécutent. Pour cela ils lèvent des impôts, perçoivent des subventions de l'Etat ou d'autres organismes.

Les communes bénéficient de pouvoirs étendus en manière de financement et d'aménagement communal. Elles ont aussi la possibilité d'aider des secteurs économiques en difficultés. Elles sont enfin compétentes pour la construction des écoles primaires et l'aide aux associations.

Les régions et les départements d'Outre-Mer ont les mêmes compétences que les régions et les départements métropolitains. Ainsi le Conseil Régional intervient par la loi du 25 janvier 1985, dans la planification et l'aménagement du territoire, le développement économique et la formation professionnelle. Il finance aussi la construction des lycées. Le Conseil Régional fixe l'Octroi de mer et répartit son produit entre les communes, ainsi que les taux des droits sur les spiritueux fabriqués localement. Il ne répartit plus les recettes de la taxe spéciale sur les carburants depuis la loi du 4 janvier 1994. Le Conseil Général est compétent pour l'action économique et sociale, l'équipement rural, les ports maritimes, le transport scolaire et la construction des collèges. Ses compétences sont donc plus étendues que celles des régions.

Ces collectivités bénéficient cependant de pouvoirs spécifiques propres aux DOM. Ainsi dans le domaine économique, les sucreries de Guadeloupe et de Martinique sont gérées par les Conseils Généraux et Régionaux. La lutte pour l'emploi et la formation professionnelle, l'amélioration du logement forment aussi par l'ampleur des problèmes rencontrés, des tâches spécifiques. Après chaque cyclone ou tempête tropicale, les collectivités interviennent également pour soutenir les secteurs les plus touchés. C'est pourquoi en Guadeloupe, le département et la région sont intervenus pour 49 % des 561 millions de francs versés pour faire face aux dégâts occasionnés par le cyclone Hugo. Les collectivités s'intéressent plus qu'en Métropole à la planification régionale et à l'aménagement du territoire puisqu'il n'existe pas de DATAR dans les trois îles. Cela signifie que le Conseil Régional est le maître d'œuvre du Schéma d'Aménagement Régional. Les collectivités participent également au développement de l'agriculture et de la forêt. Le Conseil Régional est présent dans le conseil d'administration des SAFER. Il intervient en collaboration avec le Conseil Général pour le développement de périmètres irrigués du Nord de la Grande-Terre en Guadeloupe, du littoral Sud-Atlantique à la Martinique et de la côte Ouest à la Réunion. Les régions ont aussi leur avis à donner pour la mise en valeur des ressources de la mer, l'aquaculture et l'octroi des quotas de pêche dans les Zones Economiques Exclusives.

Les collectivités assurent enfin certaines compétences sous le contrôle de l'Etat dans les contrats de plan Etat/Région et interviennent dans la coopération et le développement culturel régional. La Région hérite également des compétences exercées autrefois par les Conseils Généraux d'Outre-Mer pour tout ce qui touche les relations extérieures. Elle exerce alors un rôle d'ambassadeur de la France. Comme dans les autres départements ultramarins que sont la Haute-Corse et la Corse du Sud, les régions d'Outre-Mer sont dotées de deux comités consultatifs. Un comité économique et social qui donne son avis sur les politiques régionales et a donc les mêmes compétences qu'en Métropole. un comité de la culture, de l'éducation et de l'environnement chargé de promouvoir la culture créole dans les domaines de l'éducation, de la culture, du patrimoine, de l'environnement, du tourisme. Cependant ces deux comités n'ont pas de rôle de décision.

Les recettes insulaires sont insuffisantes et nécessitent des aides extérieures déterminantes

Cette autogestion nécessite des budgets importants. L'isolement et l'état de crise alourdissent les charges. Les budgets des collectivités sont-ils à la hauteur des actions à mener ?

Les communes sont pauvres

Les ressources des communes proviennent des impôts directs (taxes d'habitation, taxes foncières et taxe professionnelle) et surtout des impôts et taxes indirects (Octroi de mer, taxes sur les carburants...). Les dotations de l'Etat jouent un grand rôle et rééquilibrent les budgets.

La fiscalité directe des communes est dérisoire

Dans les trois îles, la fiscalité directe des communes est faible. Cependant, devant la diminution des transferts de l'Etat aux communes et pour faire face aux déficits accrus, la fiscalité directe est en légère augmentation.

Cette fiscalité directe comprend :

- la Taxe d'habitation, établie au nom des personnes qui ont la disposition ou la jouissance de locaux d'habitation;
- la Taxe foncière sur les propriétés bâties touche toutes les propriétés bâties;
- la Taxe foncière sur les propriétés non bâties concerne toutes les propriétés non bâties, exceptées les propriétés publiques et les opérations de reboisement;
- la Taxe professionnelle est due par toute personne physique ou morale (société) qui exerce à titre habituel une activité professionnelle non salariée.

Pour chacune de ces taxes, il existe des dérogations pour payer moins ou ne rien payer du tout. Il y a ainsi moins de 15 % de contribuables dans la plupart des communes. Les grandes villes restent avantagées car elles concentrent le plus d'entreprises. Le comportement des élus est à mettre en cause : les terres sont rarement enregistrées de première qualité; une entreprise est souvent en difficulté; un agrandissement de construction reste non déclaré. Cela est fréquent en Métropole mais plus encore dans les DOM, de sorte que la part des "quatre vieilles" dans les budgets communaux est en moyenne quatre fois inférieure à la Métropole. D'autres sources de revenus sont donc nécessaires.

La fiscalité indirecte est importante mais ne rééquilibre pas les budgets

Bien qu'ils rapportent essentiellement aux départements et aux régions, les impôts indirects jouent un rôle important pour pallier l'insuffisante fiscalité directe communale. L'Octroi de mer demeure la grande spécificité des budgets des départements et des communes d'Outre-Mer. Cette taxe profite surtout aux communes et représente le tiers des recettes de fonctionnement. La loi du 2 août 1984 relative aux compétences des Régions d'Outre-Mer définit l'Octroi de mer comme un "droit de consommation assis sur la valeur des marchandises au lieu d'introduction dans chaque région d'Outre-Mer". C'est un impôt indirect calculé *ad valorem*. L'Octroi de mer augmente fortement depuis 1988. Ceci est lié essentiellement au développement de la société de consommation et par conséquent à l'augmentation des importations de biens de consommation.

Le produit de l'Octroi de mer en millions de francs

départements	1988	1989	1990	1991
Guadeloupe	463	506	563	600
Martinique	565	580	613	656
Réunion	780	851	895	957

(source : MEDETOM)

Le taux est fixé par le Conseil Régional. Cette taxe est payable par tous, y compris par l'Etat et les collectivités locales. Elles se répartit ainsi depuis 1978 : 10 % de manière égalitaire entre les communes, 36 % proportionnellement au nombre d'habitants et 54 % proportionnellement aux dépenses réelles de l'année n-3 (par exemple en 1994, seront prises en compte les dépenses réelles de l'année 1991). A la Martinique, la répartition de l'Octroi de mer par habitant montre que les plus grosses sommes concernent le Nord de l'île qui est aussi la région la plus pauvre (*cf.* figures 1, 2, 3). La taxe spéciale sur les carburants est le second impôt indirect. Il est perçu par le Conseil Régional qui le transfère au département et dans une moindre mesure aux communes. A la Réunion, la taxe spéciale sur les carburants représente 80 % des recettes de la Région.

Ainsi, d'après le mode de redistribution des ressources provenant des impôts indirects, on peut affirmer que les communes les plus actives et qui investissent le plus, sont aussi les plus riches, excluant de la sorte les communes situées à la périphérie des îles. En effet, l'attribution des différentes taxes et impôts indirects n'est pas basée sur les besoins réels des communes. En règle générale, les communes pauvres connaissent un rééquilibrage de leur budget par une plus grande participation des

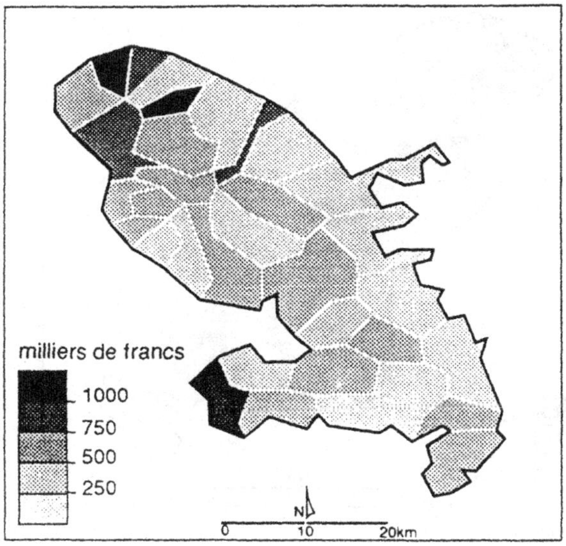

Figure 1. Dotation Globale d'Equipement par commune en 1989 (Martinique)

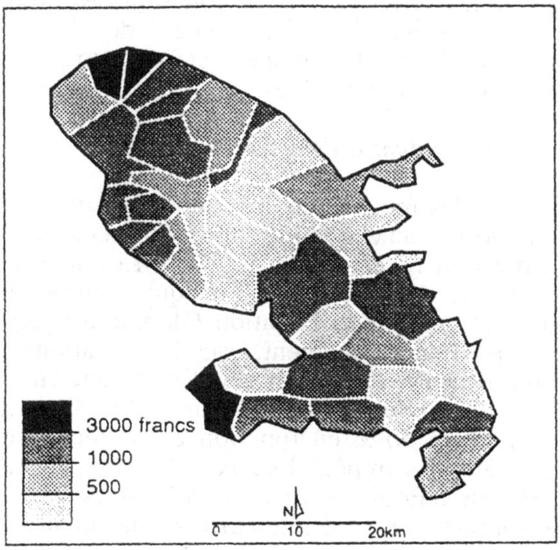

Figure 2. Aide aux communes par habitant en 1989 (Martinique)

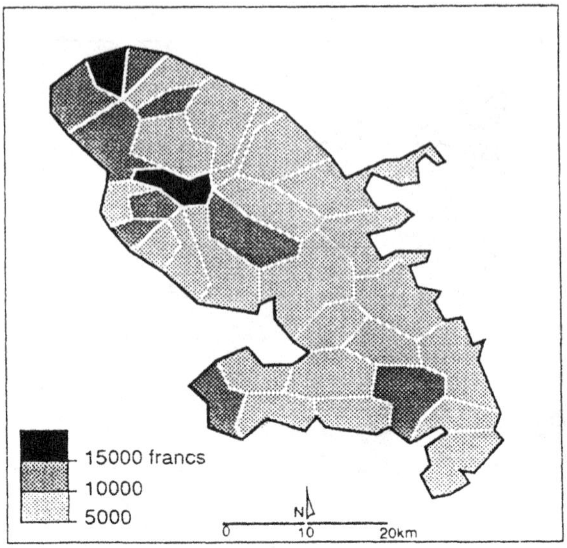

sources : Conseil Général

Figure 3. Octroi de mer par habitant en 1989 (Martinique)

recettes départementales ou de l'Etat: cela explique les plus fortes valeurs par habitant, mais cela ne s'effectue pas en fonction des besoins réels des populations les plus déshéritées. Les aides de l'Etat sont donc indispensables pour équilibrer les budgets et permettre aux communes d'assurer l'étendue de leurs compétences.

Les transferts de l'Etat profitent à l'emploi communal

L'augmentation des recettes communales n'est donc pas liée à une majoration des impôts locaux comme on serait tenté de le croire à première analyse, mais au reversement de l'Octroi de mer, de la taxe sur les carburants et surtout aux aides de l'Etat qui représentent 70 % des recettes communales. Il s'agit de la Dotation Globale d'Equipement, de la Dotation Globale de Fonctionnement, de la Dotation Générale de Décentralisation, du FIDOM et du FIDES. Ces financements tendent à réduire les inégalités communales. Ainsi la Dotation Globale d'Equipement se répartit à 50 % en fonction de la population et à 50 % en fonction du montant des impôts locaux. Plus ceux-ci sont faibles et plus la Dotation Globale d'Equipement est élevée. Ainsi les communes de moins de 10 000 habitants sont bénéficiaires d'une dotation de base par habitant supérieure à celle des communes plus peuplées. Mis à part le développement des infrastructures de base (route et structures de loisirs), la plupart des subsides de l'Etat sont utilisés dans les charges communales et le paiement des employés communaux. Les services municipaux sont très souvent pléthoriques et connaissent un gonflement chronique aux approches des périodes électorales. C'est une des stratégies municipales pour faire face au chômage. Une étude des dépenses de fonctionnement des 34 municipalités de Martinique en 1989, montre que 12 communes dépensent plus de 60 % de leur budget en paiement de salaires et de charges sociales (24 communes y consacrent plus de 50 % de leur budget). A la Réunion, les dépenses de service occupent aussi en moyenne les deux tiers des dépenses de fonctionnement. Cela explique qu'actuellement une grande partie des municipalités des DOM présente un déficit chronique. L'effort de l'Etat est donc en partie détourné de son but qui est l'investissement dans les structures de développement. La distribution des recettes fiscales, des transferts entre les différentes communes joue un rôle considérable dans le fonctionnement des îles.

La répartition des transferts entre les collectivités territoriales

De 1989 à 1991, les recettes des collectivités locales réunionnaises, sont passées de 8 651 millions de Francs à 11 225 millions de Francs. En général les communes connaissent la progression la plus forte. En 1993, la situation financière est satisfaisante comparée aux autres DOM. On assiste néanmoins à un certain tassement des recettes, essentiellement lié à la stagnation des aides de l'Etat. Les recettes du Conseil Régional sont en forte diminution puisque, depuis la loi du 4 janvier 1994, les parts communales et départementales de la taxe sur le carburant ne transitent plus sur le budget de la Région. A la Martinique, les recettes provenant de l'Etat ont moins progressé (5 110 millions de Francs en 1988 et 6 531 en 1990), ce qui oblige les différentes collectivités à accroître leur fiscalité et à augmenter les emprunts. La situation financière de la Région s'est dégradée depuis 1990 affectant les différentes collectivités. La majorité des communes est endettée. Pour faire face à cette situation, les collectivités augmentent la fiscalité. Ainsi les recettes du Département proviennent à 63 % des contributions indirectes. La Région compte tripler le montant des impôts indirects d'ici quatre ans.

Afin de résorber les déficits, les différentes collectivités tentent de limiter leurs frais. Pour le Département, si les dépenses de fonctionnement restent importantes (surtout les frais de personnel), les dépenses d'investissements sont en diminution (622 millions de Francs en 1993 contre 811 en 1992). La Région devrait réduire ses dépenses de moitié afin d'apurer son déficit. Les dépenses d'investissement sont déjà en recul de 11 % par rapport à 1992 (579 millions de Francs contre 649 millions de Francs).

De 1988 à 1991, les recettes des collectivités territoriales guadeloupéennes, sont passées de 4 734 millions de Francs à 6 700 millions de Francs. On retrouve la situation d'avant la décentralisation, avec des recettes communales inférieures à celles du Département. En

1989, les transferts ayant été réduits de 12 %, les recettes communales n'ont progressé que de 3 %. Depuis la situation est très dégradée. Les erreurs de programmation budgétaire et l'importance des dépenses de fonctionnement expliquent en partie les déficits. En 1991, la Région présentait un déficit de 320 millions de Francs. Les recettes des collectivités progressent peu et face à la diminution des aides de l'Etat, les contributions indirectes constituent une source importante de recettes. Les contributions directes sont croissantes (1 018 Francs par habitant en 1993 contre 880 Francs par habitant en 1990). Si l'Etat diminue ses dotations de fonctionnement, il continue à garantir plus de 60 % des budgets des collectivités.

L'augmentation des transferts publics qui compensent la faiblesse des recettes locales, l'endettement chronique et parfois spectaculaire des différentes instances territoriales, limitent de manière importante l'autogestion insulaire. Les maires ont géré leurs communes en fonction des besoins et sans tenir compte des moyens. Cela explique certaines situations financières très critiques. Les administrations de tutelle contrôlent les collectivités (Cour des Comptes, Trésorerie Générale) et freinent ou réajustent les dépenses. B. Girel montre qu'en 1987, si 2 % des collectivités locales métropolitaines ont été contrôlées par les cours régionales des comptes, ce taux est de 57 % aux Antilles/Guyane. Cette présence de l'Etat générée par la faiblesse des moyens, oblitère-t-elle les possibilités d'actions et de réalisation des collectivités ?

Les difficultés de réalisation des collectivités territoriales

Le poids de l'aide sociale : l'exemple du RMI

Instauré en 1988, en France Métropolitaine, le Revenu Minimum d'Insertion s'applique dans les DOM par le décret spécifique du 20 janvier 1989. Cependant deux dispositions particulières sont prises: le revenu minimum est moins élevé qu'en Métropole puisque le SMIG est inférieur, afin de ne pas tenter les salariés les moins rémunérés à choisir la voie de l'assistanat. L'insertion est prise en charge conjointement par l'Etat et le Département alors qu'en France Métropolitaine, les Départements sont les seuls compétents. L'Etat verse les allocations du RMI aux Caisses d'Allocations Familiales qui se chargent de l'attribution du RMI. Le Département prend en charge une partie de l'insertion qui repose sur la formation professionnelle, la recherche d'un emploi, d'un logement. A la Réunion, dès la fin de l'année 1989, 87 703 dossiers ont été déposés pour 45 900 bénéficiaires et un montant versé de 813 millions de Francs. En 1991, on compte 48 500 allocataires qui ont reçu 1 milliard de Francs. Ces chiffres sont à la baisse depuis (41 300 allocataires en 1993). Cela représente 23 % de la population insulaire si on compte les familles. La Réunion qui abrite 1 % de la population française regroupe 10 % des allocataires nationaux. La Guadeloupe arrive en seconde position avec 12 401 bénéficiaires du RMI en 1989 et 24 357 en 1993. C'est le seul DOM où le nombre d'allocataires a augmenté après 1991. Plus de 25 % de la population est concernée par cette aide. A la Martinique, le nombre de dossiers a augmenté moins rapidement entre 1989 et 1993 (18 111 dossiers agréés en 1991 et 14 200 en 1993); cela est lié à une politique d'insertion plus poussée qui se solde par 431 contrats-emplois-solidarité, 50 contrats de retour à l'emploi et 881 stages d'action-insertion-formation (IEDOM, 1992). On assiste depuis 1991 à une diminution du nombre des allocataires. Cela s'explique en partie par l'augmentation des allocations familiales qui relève le plafond des revenus d'un plus grand nombre de foyers qui ne peuvent alors plus bénéficier du RMI. De plus, les CAF ont été plus strictes pour l'octroi de l'allocation de RMI.

Les départements qui prennent en charge une partie de l'insertion ont développés diverses initiatives. A la Réunion, l'insertion par l'emploi restait en 1989 le parent pauvre des interventions du Conseil Général. Le développement du logement social occupe la première place (Squarzoni, R., 1989). Au contraire, aux Antilles, l'insertion devient une préoccupation de plus en plus importante. En Guadeloupe, dans les trois mois qui suivent l'attribution de l'allocation de RMI, il est établi un contrat d'insertion entre le bénéficiaire et l'une des sept commissions locales d'insertion coprésidées par le Préfet de la Région et le Président du Conseil Général. Selon la situation sanitaire, professionnelle et financière des intéressés, le projet d'insertion peut revêtir les formes suivantes : recherche d'un logement salubre, formation et intégration professionnelle, lutte contre l'illettrisme. Ainsi en Guadeloupe, en 1991, les actions d'insertion ont été orientées vers l'emploi (36 % des contrats), le logement (19 %) et la formation (18 %). Cependant malgré ces meures sociales, la crise de l'emploi se renforce et le nombre d'allocataires au RMI reste trop élevé du fait de l'impossibilité de créer suffisamment d'emplois. Le coût de ces aides freine considérablement les projets de développement économique des collectivités territoriales.

Les plans Etat/Région n'envisagent pas de politiques d'aménagement résolument insulaires

Les collectivités territoriales gèrent les programmes où elles ont des compétences particulières; il s'agit des contrats-plan Etat-Région. Signés pour une durée de quatre ans, ils touchent les différents secteurs d'activité économique, sociale et culturelle (agriculture et forêt, amélioration de la qualité de vie et de l'habitat, énergie, éducation et formation, artisanat et industrie, infrastructures routières et portuaires, santé, équipements sportifs, culture et environnement). Quels sont les points forts du développement régional dans chacun des DOM ? A la Réunion, les contrats de plan Etat/Région ont été signés le 2 mars 1989 par les représentants de l'Etat et du Conseil Régional. L'Etat intervient à hauteur de 40,4 %, la région pour 30 %, le Département pour 15 % et les

autres partenaires (CEE, FIDOM, communes) pour 15 % soit un budget total de 1 787 millions de Francs. Le contrat de plan s'articule autour de quatre priorités :
1- La création d'emplois et la formation des jeunes et des femmes plus touchées par le chômage.
2- L'aménagement du territoire et des infrastructures permettant le développement de l'économie. L'agriculture demeure un domaine d'action privilégié. Les collectivités territoriales soignent ainsi leur électorat et sauvent la Réunion d'une crise profonde qui éclaterait si cette agriculture sociale n'était pas assistée. La modernisation et la diversification de l'agriculture (par le développement de l'élevage, de l'horticulture et des cultures fruitières) s'accompagnent de la poursuite de la réforme foncière et des travaux de transfert de l'eau de l'Est à l'Ouest de l'île qui souffre de sécheresse. Les travaux fonciers agricoles doivent permettre l'augmentation de la productivité. Il s'organisent en deux programmes: le Plan de consolidation de l'économie sucrière et le plan d'aménagement des Hauts. Ainsi, par le biais du PCES, 2 900 hectares ont été épierrés en 1989, 2700 en 1992 et 2300 en 1993.
3- Les infrastructures qui font l'objet de travaux prioritaires sont les routes de la partie occidentale de l'île, l'agrandissement et la modernisation du port de la Pointe des Galets et de l'aéroport de Gillot.
4- Enfin le contrat prévoit le développement des Hauts de l'île et la rénovation des quartiers insalubres.

Si on ne prend en compte que les interventions de la Région et du Département de la Réunion, les aides au développement économique et à la formation sont les plus importantes. Elles restent attachées à l'agriculture (le plan y affecte 226 millions de Francs sur un total de 285 MF consacrés au développement économique. Le tourisme, les services, l'industrie qui constituent actuellement les secteurs productifs de l'économie sont au contraire peu aidés. La formation des jeunes se concrétise par la construction des collèges, lycées, université pour un montant de 250 MF. L'amélioration des infrastructures routières s'élève à 81 MF et l'aménagement des Hauts à 182 MF. La création d'emplois par le soutien aux économies de pointe, le développement des activités d'accompagnement de la zone franche aéroportuaire ne sont pas envisagées. Ces options sont différentes de celles de la Martinique. A la Martinique, le contrat-plan s'élève à 1 798 millions de Francs. L'Etat participe pour 21 %, la Région pour 33 % et les autres partenaires pour 46 %. Les options prévues par le plan favorisent trois axes de développement.
1- Le développement des infrastructures de communication est jugé prioritaire et reçoit 43 % des aides pour l'agrandissement de l'aéroport et du port.
2- La formation professionnelle et la recherche représentent 30 % du budget total du plan.
3- Le développement économique n'occupe que la troisième place (17,5 %) pour l'Etat. Dans ce chapitre, l'agriculture arrive en tête mais les

premiers postes de dépenses touchent la valorisation de l'outil de travail, l'hydraulique agricole. L'aménagement foncier n'apparaît pas comme une nécessité de premier ordre du fait du moindre avancement de la réforme foncière.

La banane et la canne sont soutenues à raison de 50 millions de Francs pour la banane et 60 millions de Francs pour la canne. On remarque l'attachement sentimental à la canne qui ne présente en hectares et en production qu'une petite partie de la production finale agricole contrairement à la banane. La sucrerie du Galion est gérée en Société d'Economie Mixte par les collectivités territoriales et doit être soutenue. Cependant, l'aide à la canne est très inférieure à celle fournie dans les autres DOM. L'industrie et le tourisme sont plus aidés qu'en Guadeloupe et à la Réunion: cependant ces aides prévues par le contrat-plan restent faibles, compte tenu de la place de l'industrie et tourisme dans le PNB. La solidarité par le développement social des quartiers et la rénovation des îlots insalubres apparaît comme le quatrième poste budgétaire (10 %). Si on prend en compte uniquement les ambitions de la Région et du Département de la Martinique, l'aide à la formation occupe la première place (297 MF) avec la construction de deux lycées, l'aide à la formation continue et universitaire. La Région participe à la construction de la voie rapide du Sud de l'île et à la modernisation de l'aéroport pour un montant de 275 MF. Le développement de quartiers à problèmes (80MF), l'aide à l'agriculture (45 MF), à l'industrie (15 MF), au tourisme (12MF) et à la coopération régionale (5 MF) arrivent bien après.

En Guadeloupe, le contrat de plan Etat-Région a été signé le 8 mars 1990. L'ensemble du contrat s'élève à 2 114 millions de Francs (pour l'emploi, le développement économique, les grandes infrastructures, l'aménagement du territoire), la Région y participe pour 20 %, le Département pour 12,2%, l'Etat pour 29,3% et les autres partenaires pour 38,5%.

Il couvre la période 1989-1993 et s'articule autour de quatre priorités :

1- Le gros du budget (41 %) concerne cependant le développement économique et l'emploi. Ici aussi , les aides aux secteurs économiques à caractère social et non rentable dépassent de loin les autres domaines. La valorisation des produits agricoles (soutien des prix, rénovation de la filière canne, réforme foncière) occupe 90 % des 364 millions de l'Etat (180 millions sont affectés à la seule réforme foncière). L'aide à la création d'entreprises est faiblement subventionnée (24,5 millions de Francs sur un total de 875,7 MF). Cela est dommage dans un département où l'initiative individuelle reste traditionnellement réduite.

2- La formation professionnelle et la recherche emploient 13 % des dotations du plan.

3- Le budget consacré au développement des infrastructures (aéroport, routes, port) est aussi important. En effet, le Port Autonome de Pointe-à-Pitre et l'aéroport doivent devenir dans les prochaines années un pôle de redistribution du trafic maritime et aérien au sein des îles de la Caraïbe. Cet enjeu semble être pris en compte par l'ensemble des collectivités. L'action de la Région et du Département de Guadeloupe favorise surtout le développement économique et l'emploi avec une enveloppe de 253 MF (dont 190 MF pour le développement de l'agriculture, 5 MF pour l'industrie et 37 MF pour le tourisme). L'amélioration des infrastructures portuaires et aéroportuaires et la liaison routière port/aéroport occupe la seconde place avec 192 MF). La formation passe par la construction de lycées, collèges, l'aide à la formation professionnelle et universitaire (166 MF). La réhabilitation du quartier insalubre de Boissard à Pointe-à-Pitre est prévue pour 70 MF.

Dans les trois îles, la lourdeur de la crise sociale paralyse les plans Etat-Région et grève une grande partie du budget. Les choix de développement reposent encore sur l'agriculture alors que son poids humain et économique diminue régulièrement. L'amélioration des infrastructures portuaires et aéroportuaires en vue de développer des zones franches reste en grande partie du ressort de l'Etat à la Réunion. Au contraire, ces travaux apparaissent prioritaires dans les DOM antillais. Les initiatives en vue d'aider des entreprises liées à la zone franche sont très rares. De même, les projets visant à accroître les relations de coopération économique et commerciale sont très faiblement encouragés. L'Etat qui intervient pour plus de 50 % du montant total du plan poursuit sa politique de rattrapage et de colmatage des inégalités criantes. La lourdeur de la crise conjuguée à la faiblesse des recettes locales empêchent les collectivités d'envisager un autre développement plus dynamique et ouvert sur l'avenir.

Conclusion

En définitive, on s'aperçoit que si les collectivités, départements, régions et communes disposent en principe d'une liberté de gestion et d'aménagement, l'Etat demeure de fait le principal organisateur. Les recettes locales sont trop faibles pour permettre une réelle autonomie. De nombreuses communes sont très endettées; les Conseils Généraux et Régionaux se trouvent dans la même situation. Les collectivités territoriales ne disposent pas toujours des ressources proportionnelles à leur investissements. Ainsi, les communes de Guadeloupe qui doivent faire face à des aménagements importants, ont un budget global égal voire inférieur à celui du département Les Régions qui devraient pouvoir disposer de ressources suffisantes pour un développement à long terme puisqu'elles sont chargées de l'aménagement, ont des budgets bien inférieurs aux Départements. Ces derniers s'occupent de l'aide sociale et reçoivent pour cela les transferts les plus forts. En fait, l'Etat semble poursuivre sa politique à court terme par l'intermédiaire des élus locaux.

Malgré cette aide de l'Etat et l'importance du rôle de son administration dans l'aménagement insulaire, les élus locaux pourraient gérer et prévoir leur destin insulaire à long terme. Or, il n'en est rien au vu des contrats de plan. Les collectivités ne proposent pas une remise en cause profonde du système économique. La lourdeur des crises leur enlève toute idée d'un autre aménagement. L'agriculture reste prédominante bien qu'elle perde chaque année de plus en plus d'emplois. Ainsi des secteurs reliques comme la canne à sucre à la Martinique sont plus aidés que la banane ou le tourisme. La routine agricole est maintenue au détriment des nouvelles cultures (fleurs, maraîchage). Les relations économiques avec les îles voisines sont faiblement aidées.

L'Etat, en améliorant les infrastructures lourdes a essentiellement développé les principaux centres urbains. Aucune nouvelle politique d'aménagement régional ne se dégage réellement pour contrebalancer l'écrasement des espaces ruraux par les métropoles insulaires.

Bibliographie

BURAC, M., 1989, *Les petites Antilles, étude géographique des disparités régionales de développement*, thèse d'Etat, Bordeaux, p. 1125-1289.

CIMBARO, P., 1992, "Fonction publique territoriale : beaucoup d'emplois, peu de qualification", *L'économie de la Réunion*, n° 59, Saint-Denis, INSEE, p. 2-6.

DESSE, M., 1995, *Acteurs et dynamiques spatiales insulaires depuis la départementalisation en Guadeloupe, Martinique, Réunion*, Thèse de doctorat, Université Paul Valéry, Montpellier, 409 p.

ELUTHER, J.P., 1989, "La régionalisation pour quoi faire ? Questions sur l'administration des DOM", *Economica*, Paris, collection :collectivité territoriale, p. 73-83.

FORTIER, J.C., 1989, "Budgets de décentralisation et autonomie financière des collectivités locales des DOM", *Economica*, Paris, collection : collectivités territoriale, p. 111-113.

JARNAC, G., 1987, "La situation économique et les conditions du développement des départements d'Outre-Mer. Avis et rapport du Conseil Economique et Social", *JO*, n° 23, 128 p.

SQUARZONI, R. et HOAREAU, B., 1989, "Le revenu minimum d'insertion à la Réunion en fin 1989", *Etudes et synthèses*, n° 5, Observatoire Départemental de la Réunion, Saint-Denis, 77 p.

Quatrième partie

L'INSULARITE : DE L'ESPACE VECU A L'ESPACE REVE

24- Françoise PERON, *Les mutations récentes des identités insulaires : l'exemple des jeunes des petites îles de l'Ouest français; crise des métiers, crise d'identité.*
25- Robert LEU, *Survie indigène et changement culturel aux Iles Marquises (Polynésie Française), l'exemple de Fatuiva.*
26- Aliette GEISTDOERFER, *Vivre à Saint-Pierre et Miquelon, une société insulaire bloquée pour une survie différenciée.*
27- Carles CARRERAS, *L'insularité comme ressource, l'exemple minorquin.*
28- Jean-François STASZAK, *L'insularité de Zanzibar, de l'empire des boutres aux nouvelles utopies.*
29- Louis MARROU, *De Lisbonne à Macao : lusotopie insulaire.*
30- Christophe GRENIER, *Les Galapagos : patrimoine mondial ou province équatorienne ?*

LES MUTATIONS RECENTES DES IDENTITES INSULAIRES : L'EXEMPLE DES JEUNES DES PETITES ILES DE L'OUEST FRANÇAIS, CRISE DES METIERS, CRISE D'IDENTITE

Françoise PERON
Université de Bretagne Occidentale, Brest

Comparativement aux grands domaines continentaux, les micro-espaces insulaires apparaissent comme très marginaux et d'intérêt social relativement secondaire. Ainsi, les douze îles habitées du Ponant français qui s'égrènent en Manche et en Atlantique, depuis l'île de Bréhat au nord jusqu'à l'île d'Yeu au sud, ne regroupent qu'une population de 16 000 habitants pour une surface totale de 16 000 kilomètres carrés (soit à peine le vingtième de la surface du département du Finistère). L'intérêt d'une connaissance précise de l'évolution de ces petites îles et des problèmes qui touchent les populations qui y vivent, et plus particulièrement le devenir des jeunes qui y sont nés, peut sembler bien mince au regard des interrogations vitales qui se posent aujourd'hui au sujet de l'avenir global de la planète. Les îles bretonnes de Batz, Ouessant, Molène, Sein, Groix, Houat et l'île d'Yeu située au large de la côte vendéenne, qui nous serviront d'exemples, ont pour point commun d'être des îles de hautes mer mais relativement proches du continent, puisque Yeu et Ouessant, les plus au large, n'en sont distantes que de vingt kilomètres, et surtout de n'être constituées que d'une seule commune. Ce choix de toutes petites îles pour traiter de la question des jeunes dans les espaces insulaires peut sembler presque provocatrice. En effet, la plus petite de ces îles, l'île de Sein qui émerge à peine au-dessus de l'eau, à portée de vue de la pointe du Raz, n'offre qu'une languette de terre d'un demi kilomètre carré de surface pour une population de 350 habitants tandis que l'île d'Yeu, la plus peuplée des îles du Ponant, abrite aujourd'hui sur son plateau de 22 kilomètres carrés d'étendue, une population qui reste inférieure à 5 000 personnes (*cf.* figure 1).

Cependant pour le chercheur en sciences sociales, les petites îles dans lesquelles on vit serré, rapprochent des hommes, elles permettent de les comprendre de l'intérieur, en se plaçant du point de vue de ceux qui y vivent. Elles font donc apparaître des phénomènes de société qui ne sont décelables qu'à cette micro-échelle d'observation. De surcroît, puisqu'elles ne fonctionnent que sur une ou deux activités, elles exagèrent les évolutions à l'œuvre dans des sociétés plus importantes. Elles facilitent donc, par un effet de miroir grossissant qui leurs sont propres, la

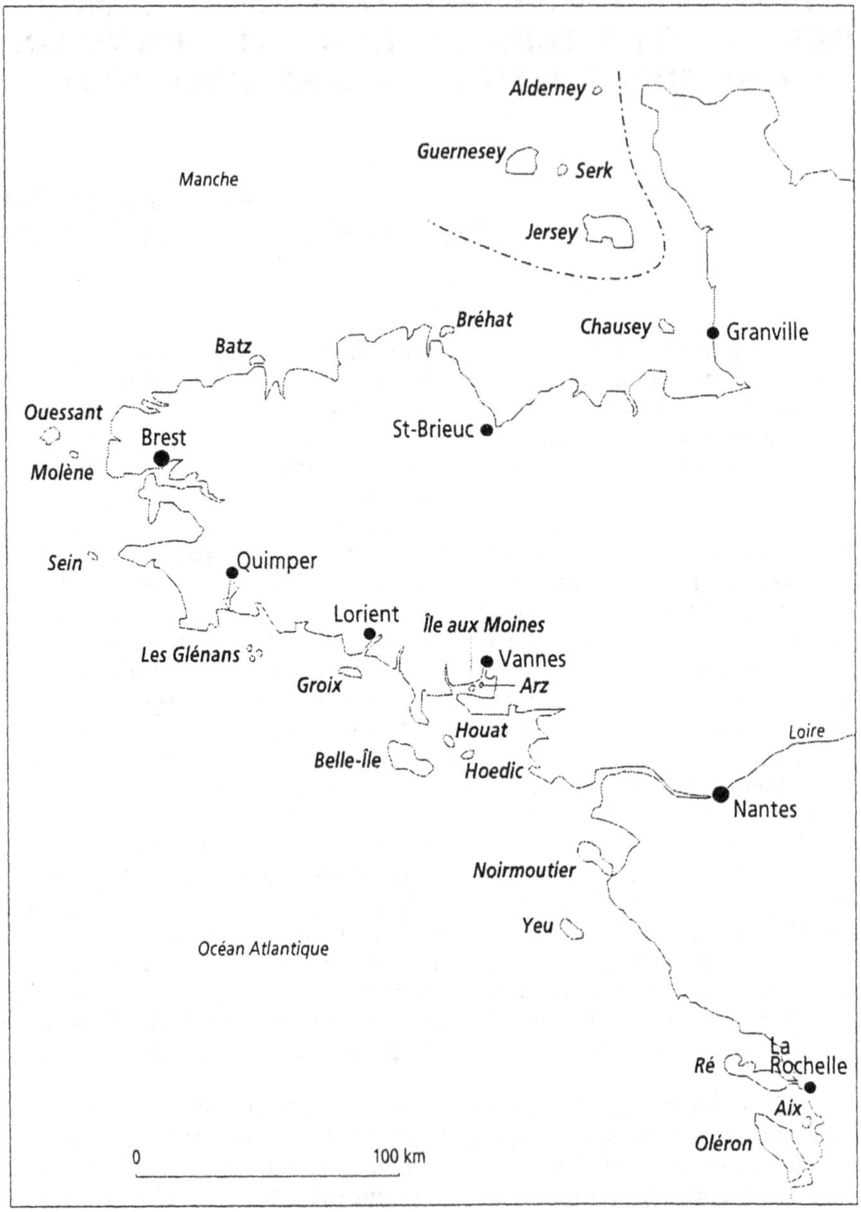

Figure 1. Les petites îles de l'Ouest français

compréhension des processus de mutations dont on mesure mal les effets à l'échelle continentale : disparition des activités basées sur les ressources locales, désertion des actifs, vieillissement de l'ensemble de la population, crise de la jeunesse.

La crise économique et sociale qui marque profondément les petites sociétés insulaires, jusqu'à faire disparaître les plus petites d'entre elles, renvoie à la question plus générale des changements de nature des relations à l'espace qui s'effectue actuellement sous nos yeux, particulièrement à l'échelle réduite des territoires du vécu ordinaire des individus. On parle volontiers de "crise du local". Or les petites îles incarnent le local. L'attitude actuelle de la jeunesse insulaire qui reste tellement hésitante entre les avantages de l'île et l'attrait du continent, montre que la nature de l'attache à un territoire est complexe. L'identité que les individus qui en sont issus revendiquent, n'est pas uniquement affaire de communauté de naissance, d'espace habituel de vie, de reconnaissance de valeurs communes religieuses ou sociales. Elle n'est pas non plus forcément liée au métier exercé. Comme tout élément vivant du corps social, l'identité que les individus revendiquent par rapport à un territoire est aussi sans cesse en évolution et en reconstruction. Elle est en revanche étroitement conditionnée par les évolutions économiques des espaces considérés et par l'ensemble des flux d'origine externe qui les animent.

A la fin du siècle dernier les îles de l'Ouest français ont connu un *boom* économique essentiellement causé par leur nouveau rôle de base avancée en mer pour la pêche artisanale. Les activités qui en ont découlé ont dynamisé et transformé leurs sociétés. Aujourd'hui, ces îles se trouvent, au contraire, marginalisées par rapport aux nouveaux circuits d'échanges, aux nouveaux modes de transport et de communication et aux zones majeures de production. Le déclin économique (qu'une mono-activité touristique est impuissante à enrayer) entraîne la destructuration des sociétés qui y vivent et le départ des jeunes. Qu'en sera-t-il des sociétés insulaires de demain ? Seront-elles banalisées à la façon de celles des campagnes continentales de l'Europe de l'Ouest qui, à l'exception de quelques paysans reliques, n'abritent plus que des individus au mode de vie urbain et à la mentalité citadine ? N'y aura-t-il plus d'insulaires au sens où on l'entendait au début de ce siècle ? Les plus petites de ces îles finiront-elles par se vider totalement de leurs habitants permanents ? Si, pour certaines d'entre elles, la fréquentation touristique a pour conséquence l'installation de nouveaux actifs, la société recomposée à partir de jeunes venus de l'extérieur méritera-t-elle encore le qualificatif d'insulaire ?

Au-delà des reconversions économiques, on comprendra que ces interrogations concernent les identités. La façon dont les habitants de ces îles se définissent par rapport au territoire insulaire, mais aussi par rapport à l'ensemble de la société englobante est fondamental pour la pérennité de ces micro-sociétés. A ce titre, les problèmes qui se posent aux jeunes insulaires d'aujourd'hui sont intéressants à considérer, certes au niveau des métiers: formation professionnelle, emplois, relations avec le continent..., mais aussi au niveau de la différence culturelle que ces jeunes revendiquent plus ou moins fortement par rapport "au reste du monde". C'est de la qualité de leur démarche identitaire que dépendra l'avenir de ces petites sociétés originales et riches de culture. De ce point de vue, le proche passé est riche d'enseignement. Les îles évoluent comme des "phares à éclipse". Depuis le début de ce siècle, les petites îles de l'Ouest français ont connu trois cycles socio-économiques qui sont à l'origine de la complexité des identités du présent. Dans un premier temps, l'essor des métiers maritimes fonde des identités insulaires bien différenciées pour des îles jusque-là peu connues, c'est le cas de Ouessant, Sein, Molène, Groix, Yeu, essentiellement. Dans un deuxième temps, le déclin des métiers maritimes à recrutement local : pêche artisanale et marine marchande, entraîne une crise d'identité dans les générations de jeunes insulaires qui arrivent à l'âge adulte dans les années 1950-80, et une diversification des réponses selon les possibilités d'adaptation des îles. Enfin, on assiste depuis peu à une affirmation nouvelle des identités insulaires de la part d'un nombre croissant de jeunes, mais cette fois avec une nette discordance entre d'une part l'image identitaire affichée et la structure des métiers exercés, et d'autre part entre ceux qui sont insulaires de naissance et ceux de l'extérieur qui souhaiteraient s'identifier par rapport à une île. Car si l'identité n'implique plus le métier, elle n'implique pas non plus forcément la résidence permanente. Les jeunes sont de moins en moins nombreux à habiter toute l'année sur ce qu'ils considèrent pourtant comme "leur" territoire insulaire.

Ces trois étapes constitueront le fil directeur de notre raisonnement car il importe pour comprendre ce qui se passe aujourd'hui de replacer l'instant présent dans une évolution plus longue faite de construction des identités et de remise en perspective incessantes des héritages en fonction des impératifs du présent et surtout des besoins nouveaux des générations émergentes.

Les métiers maritimes comme fondement de l'identité insulaire

"Nous autres insulaires"

Une identité collective ne peut se constituer que lorsqu'un groupe prend conscience de sa différence dans sa relation à l'autre, à l'altérité. La constitution d'une identité collective exige donc un certain degré d'ouverture. Ainsi, par exemple, l'île d'Ouessant vivait encore au début du XIXème siècle presqu'exclusivement d'une agriculture de subsistance, dans un système relativement fermé, du fait de son éloignement de la côte et des dangers de la navigation à voile dans les parages de la mer d'Iroise. Les insulaires n'avaient donc pas de raison d'affirmer leur différence, sinon au regard du pouvoir central pour tenter d'obtenir des dérogations et des exemptions d'impôts, en échanges des services qu'ils rendaient à la collectivité. C'est leur particularité fondée sur le maritime qu'ils mettent en avant dans un texte daté de 1819 et adressé au roi : "Nous sommes nés au milieu de l'océan, c'est notre domicile comme la terre est celui de ceux qui sont éloignés des bords de la mer". Toute affirmation identitaire a forcément valeur stratégique, mais pour imposer un rapport de force entre soi et l'autre, encore faut-il qu'il y ait reconnaissance de la part de l'autre, c'est-à-dire de l'extérieur. En ce qui concerne les îles du Ponant, ces conditions seront progressivement réunies à la fin du siècle dernier grâce au renouvellement des métiers maritimes, au renforcement des communautés insulaires qui s'en suivit et au développement des voyages et de l'information qui ont fait connaître les îles et les hauts faits de leurs habitants à un large public national.

Le renouvellement des métiers

A la mi-temps du XIXème siècle, le développement conjugué du chemin de fer et de l'industrie de la conserve du poisson dynamise les pêches littorales et valorise les positions insulaires situées en avant des côtes. A cette époque de pêche uniquement artisanale et de navigation à la voile, il importe de se rapprocher des fonds les plus poissonneux et de pouvoir transformer au plus vite le poisson débarqué. De Ouessant à Yeu, les petites terres isolées en mer au large des côtes du Ponant se présentent comme autant d'avant-postes naturels susceptibles de servir de base pour l'organisation de la pêche conquérante. Les îles s'animent. Belle-Ile, mais aussi Groix, et Yeu deviennent des centres d'attraction d'une constellation de barques, chaloupes, chasse-marées, dundées, montés par des équipages originaires de la Bretagne continentale qui utilisent ces îles comme plaques tournantes par rapport à leur lieu de pêche, comme havres d'escales, comme points de vente de leurs poissons. C'est la grande époque de la sardine et du thon et nombre de pêcheurs continentaux s'installent alors dans les îles, temporairement ou définitivement. Les conserveries qui sont construites dans les ports insulaires entraînent également l'arrivée d'une main-d'œuvre saisonnière de jeunes femmes. Dans les îles les plus petites telles Molène et Sein, c'est la pêche aux crustacés qui fait revenir à chaque marée des pêcheurs originaires du continent. Au même moment, le développement de la grande navigation intercontinentale a pour conséquence de fournir des emplois de marins de commerce aux hommes habitant des îles où, faute de port abri, la pêche est trop dangereuse à pratiquer, comme à l'île d'Ouessant par exemple. Enfin, la nécessité de baliser, de surveiller et d'éclairer ces parages dangereux et de plus en plus empruntés par les navires de commerce qui entrent dans la Manche est à l'origine de la construction de phares à terre et en mer. Ainsi, arrivent sur les îles non plus seulement des pêcheurs, mais aussi des maçons, des commerçants, des ouvriers en tout genre, et même des paysans, dans le cas de l'île de Batz où des jeunes continentaux se fixent pour cultiver des légumes primeurs que l'on commence à vendre sur le marché parisien et à exporter en Angleterre. Ces travailleurs dans la force de l'âge sont d'autant plus facilement attirés par les îles qu'ils sont alors en surnombre sur le continent tandis que les îles manquent d'hommes jeunes et valides (*cf.* figure 2).

Des communautés renforcées

En effet, jusque dans les années 1850, la population des îles était faible et plutôt stagnante. Par manque de ressources agricoles sur ces petits espaces isolés en mer, l'agriculture ne permettant au mieux qu'une production d'autosubsistance, et le travail des femmes étant largement suffisant pour la mise en culture des minuscules champs insulaires et les soins à apporter au troupeau. Les hommes étaient donc contraints au métier de marins : Marine Royale pour Ouessant, Compagnie des Indes Orientales pour Groix, cabotage pour les autres îles. Dans les périodes où les embarquements étaient difficiles, ils revenaient à la petite pêche. Absents de leur île durant une bonne partie de leur vie active, ils étaient aussi peu nombreux à y revenir au moment de la vieillesse. La dureté de la vie en mer : accidents et malnutrition sur les voiliers long-courriers et sur les navires de la Royale, les dangers de l'océan pour les petits équipages des bateaux de pêche, entraînaient une effrayante surmortalité masculine. Sur ces petites îles, deux femmes adultes sur trois en moyenne étaient donc veuves ou célibataires. L'arrivée de travailleurs "étrangers" sur ces îles a eu pour première conséquence de revitaliser la démographie en multipliant les unions entre les femmes des îles et ces hommes jeunes venus du continent (les mariages exogames concernent au moins trois mariages sur dix durant les années qui précèdent la Première Guerre mondiale). Entre 1840 et 1915, la population de l'île de Groix est multipliée par deux, celle de Sein par trois. Toutes les communautés insulaires sont alors en pleine expansion numérique et la population de l'ensemble des îles du Ponant augmente de 30 %. Dans la mesure où les enfants qui naissent de ces mariages sont élevés presqu'exclusivement par les femmes, puisque les hommes sont généralement pêcheurs ou marins au long-cours, leur intégration dans la société ne fait pas problème. Au contraire, en cette période de relative prospérité insulaire, les femmes renforcent les traditions et la cohésion sociale. Elles affichent leur fierté et leur différence face à un monde extérieur qui change et elles inculquent ces valeurs à leurs enfants. Chaque société insulaire peut proclamer haut et fort : "ici, rien n'est comme ailleurs".

Les engagements dans la marine au long-cours, la reconnaissance à part entière du métier de pêcheur, maintenant que les produits de la mer sont largement commercialisés, la naissance d'emplois nouveaux de gardiens de phares, de guetteurs sémaphoristes soudent entre eux, sur ces petits territoires, des hommes dont le travail est indissolublement associé à l'Océan. C'est au tournant du siècle que les îles ont acquis une identité maritime forte et incontestable, dont aucun espace continental littoral ne

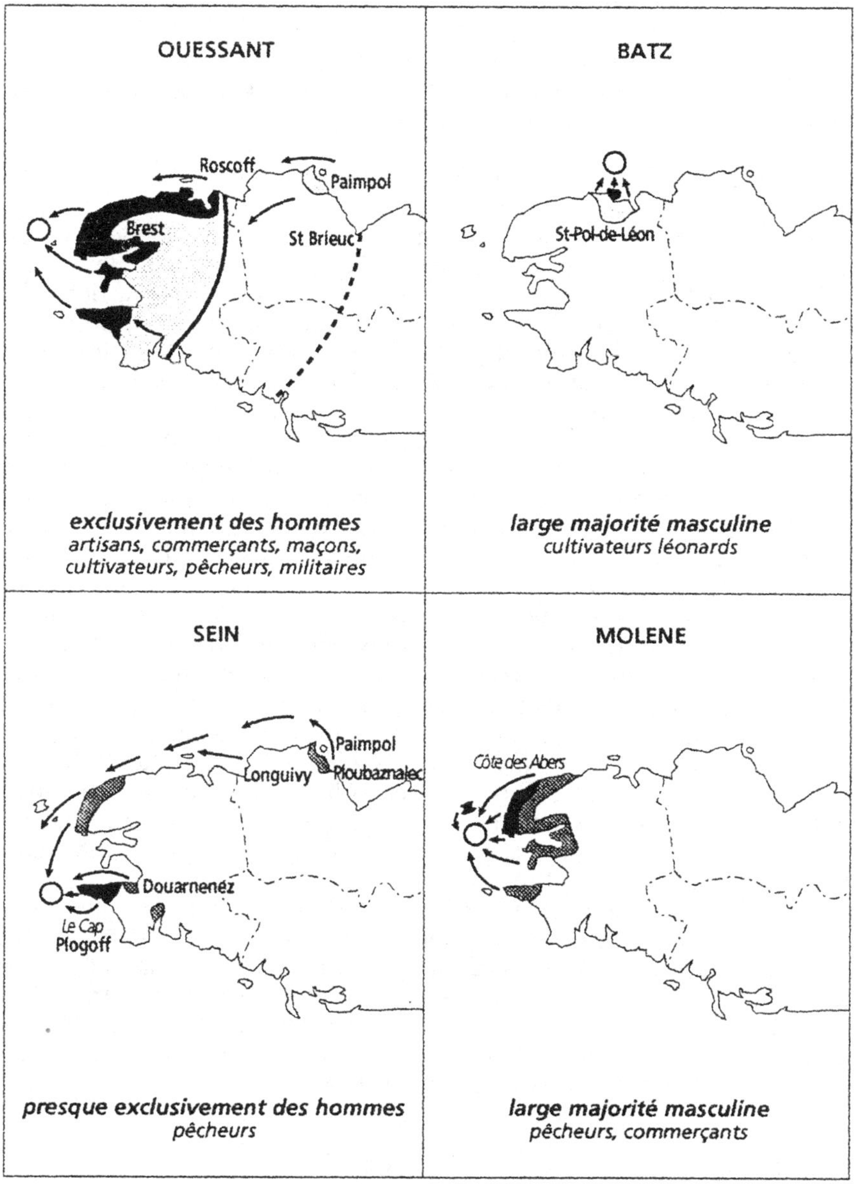

Figure 2. L'attraction insulaire au XIXème siècle : lieu d'origine des continentaux mariés avec des insulaires (1826-1911)

peut se prévaloir à ce degré, puisqu'elle est fondée sur des métiers découlant pour au moins 90 % d'entre eux, de la présence de l'élément marin.

Pour les îles, cette première phase d'ouverture économique et de contact avec la modernité a abouti à l'exaspération de la différence et à la définition d'identité locales bien tranchées.

Reconnaissance extérieure et affirmation des identités

Parce que les voyages commencent à se développer à cette époque, le regard porté sur les îles par les continentaux dans les années 1900-1930 valorise les genres de vie maritimes et les particularités culturelles insulaires qui apparaissent alors, pour les terriens, comme le comble de l'exotisme. Le "marin-pêcheur", le "sauveteur", le "gardien" de phare, le "goémonier" sont autant de figures stéréotypées recherchées par les touristes du chemin de fer et du bateau à vapeur, en quête de folklore et de valeurs simples et ancestrales présentées comme éternelles. Le culte de la mort, très présent dans les îles, les rites d'enterrement des péris en mer, dans la cruelle réalité qu'ils transcrivent, entrent en résonance avec la mentalité morbide de la société bourgeoise de la fin du XIXème siècle. D'une façon générale, les coutumes propres à ces communautés sont largement décrites par les écrivains qui considèrent volontiers les îles bretonnes comme autant de conservatoires d'un vieux fond culturel d'origine celtique. Mais les insulaires œuvrent aussi dans le présent, ils sont réputés pour être de vigilants gardiens de phares, d'intrépides pêcheurs, de courageux sauveteurs de vie humaines, de valeureux pilotes capables de risquer leur vie pour assister les navires en danger. La presse populaire naissante transforme leurs actions en hauts faits. Ils sont présentés au grand public comme des êtres hors du commun car, mieux que tous autres, ils connaissent d'instinct les secrets de la mer et savent en déjouer les pièges. Autant d'appréciations qui confirment les insulaires dans la validité de leur identité.

Ainsi, par un double jeu de l'interne et de l'externe, une image simplifiée mais forte, se construit alors pour chaque île. Image en partie fausse car trop facilement assimilée à une identité "traditionnelle". Image qui qualifie à la fois le territoire et ses habitants, et qui va être reprise ensuite avec complaisance aussi bien par les insulaires eux-mêmes que par ceux qui, à la suite des précurseurs, écriront sur les îles. Image qui va perdurer malgré le déclin des métiers maritimes.

La double mutation des années 1950-1980

Alors que dans les années 1900, les îles, non seulement conservaient leurs jeunes mais attiraient sur leur territoires des travailleurs célibataires qui y fondaient famille, cinquante ans plus tard, la situation s'inverse, les petites communautés insulaires sont marquées par une double crise, celle des métiers et celle des identité. Les années 1950-1980 sont caractérisées par l'exode massif des jeunes qui y naissent et plus profondément par le désir de rupture avec le mode de vie insulaire.

Crise des métiers insulaires

En trente ans, tous les métiers maritimes, qui avaient revivifié la vie sur les îles s'effondrent les uns après les autres. La pêche artisanale d'abord. Les marins pêcheurs insulaires, par manque de capitaux, mais aussi par impossibilité d'agrandir leurs infrastructures portuaires et par éloignement des lieux de commercialisation du poisson frais, sont les premières victimes de la course à la modernisation des flottes de pêche qui se développe alors sur les côtes relativement proches du continent. Leurs revenus diminuant régulièrement, les pêcheurs cherchent une activité de substitution. Les années 1955-65 sont caractérisées, sauf à Yeu et à Houat, par une véritable fuite en avant vers la marine marchande qui a justement besoin d'une main d'œuvre habituée à la mer pour sa flotte pétrolière. Les hommes y voient un travail moins fatigant et les femmes une paie fixe. Cet engouement forcé pour la marine de commerce est nettement marqué à Molène, Sein et Groix. Pour Ouessant qui vivait déjà de la marine marchande, il n'y a pas reconversion mais amélioration des conditions de vie. Mais alors, les familles n'ont plus de véritables raisons pour rester sur l'île, puisque l'agriculture d'autoconsommation a été totalement abandonnée et que la paie du père permet aisément de louer un appartement en ville. Si la mère se domicilie sur le continent, les enfants pourront plus facilement poursuivre leurs études dans le secondaire et la vie domestique deviendra plus confortable. C'est à cette époque que des familles entières quittent massivement les îles pour ne revenir dans la petite maison familiale que pendant la période des vacances scolaires.

Cependant, dès les années 1970-1975, la marine marchande commence à son tour à restreindre ses effectifs. La crise des îles éclate alors dans toute son évidence, et à tous les niveaux. Les reliquats de l'agriculture traditionnelle s'effondrent, la cueillette du goémon est limitée par des quotas, l'agriculture de l'île de Batz, trop orientée sur la pomme de terre, est en difficulté, la pêche thonière de l'île d'Yeu décline. Plus récemment encore, ce sont les emplois de gardiens de phares qui tendent à être supprimés. Par suite de l'automatisation du système optique, les îles perdent leur dernier rôle valorisant, celui de gardiennes de la mer...

Le rejet des îles

Il ne s'agit donc pas d'un simple mauvais passage ou d'une unique crise de la pêche, mais d'une véritable mutation de l'ensemble des structures économiques de la société française qui se répercute brutalement sur les îles. Les petites îles affichent leur désadaptation par rapport au monde continental qui prend forme dans cette décennie, à la fois pour une question d'échelle et pour une question de position géographique. Les îles ne sont pas assez peuplées pour que les nouveaux équipements soient rentables, aussi bien les équipements productifs (usines, ports...), que sociaux (écoles, hôpitaux...). Elles sont désormais considérées comme étant en bout de course, en marge des circuits économiques continentaux qui se centralisent, et non plus en avant-poste de la côte. Les îles armoricaines sont alors assimilées aux autres espaces périphériques européens qui se dévitalisent. Dans les analyses des scientifiques, des économistes, des aménageurs, la notion d'éloignement par rapports aux centres vitaux européens, l'emporte désormais sur les autres considérations. Les petites îles ne sont plus présentées comme des espaces insulaires ayant leurs qualités propres, mais comme des territoires marqués par la fatalité du sous-développement.

L'insularité active des années 1900 s'est transformée en isolement, éloignement, dépendance. Aux yeux de leurs habitants, les îles sont discréditée car ce sont des espaces où les conditions de vie sont difficiles, donc insupportables. Malgré les efforts d'équipement réalisés durant cette période : électrification, adduction d'eau courante, ouverture d'un collège sur chaque île pour permettre d'y maintenir les enfants jusqu'à l'âge de 15 ans, amélioration des liaisons maritimes avec le continent... elles n'arrivent jamais à rattraper complètement leur retard. L'isolement matériel et psychologique y est d'autant plus vivement ressenti qu'au regard de ceux qui y habitent, et surtout des plus jeunes, la différence semble se creuser de jour en jour entre leur île perçue comme immobile et le continent qui se transforme radicalement, et qui les étonne à chaque fois qu'ils s'y rendent. Le départ des jeunes et des familles n'est pas seulement une question de métier, il s'explique aussi par le désir de vivre autrement. Le mode de vie insulaire apparaît à tous: hommes femmes, enfants, comme étant trop contraignant et véritablement dépassé. Les jeunes nés sur les îles ont alors honte de leur origine, honte de leur culture, honte parfois de ce que sont leurs parents. Il s'agit de partir au plus vite, parfois assez loin, et c'est d'autant plus facile que, sur le continent, l'offre d'emploi est, à ce moment, relativement ouverte. Les insulaires y font leur place sans trop de difficultés. Pour ceux qui restent, le modèle continental semble devoir tout balayer sur son passage. Les traditions sont rejetées, les témoignages de la vie du passé : mobilier, objets, outils de travail, images pieuses... sont détruits, jetés ou brûlés; on se modernise le plus rapidement possible.

Inégale résistance des îles

Toutes les îles ne sont pas touchées de la même façon par la crise. Du point de vue de la dynamique économique et démographique, trois groupes d'îles se distinguent nettement.

1- Une île qui se porte bien : l'île d'Yeu. Les habitants de l'île d'Yeu ont réussi à maintenir une activité halieutique diversifiée qui assurait jusqu'à ces dernières années des revenus confortables aux jeunes pêcheurs qui choisissaient ce métier, tandis que le secteur du bâtiment s'étoffait en relation avec l'essor de la construction de résidences secondaires destinées à la bourgeoisie nantaise ou parisienne. Ici, on est encore pêcheur de père en fils. Ces pêcheurs sont recherchés par les jeunes filles de l'île. Dans la classe d'âge des 30-34 ans, 94 % d'entre eux sont mariés, et dans 9 cas sur 10, c'est avec une îlaise. Les enquêtes que nous avons menées en 1990, concernant les jeunes alors âgés de 20 à 34 ans ont montré que sur cent jeunes nés sur l'île entre 1956 et 1970, 64 d'entre eux vivaient sur l'île en 1990, ce qui signifie que l'île retenait encore sur son sol, deux jeunes sur trois issus de parents insulaires.

2- Deux îles où les activités locales maintiennent une population équilibrée, mais plus réduite. A Houat comme à Batz (respectivement 370 et 750 habitants), la moitié des jeunes nés sur l'île entre 1955 et 1970, y vit encore. A l'île d'Houat presque tous les jeunes adultes qui y habitent (52 % de ceux qui y sont nés) tirent leurs revenus de la petite pêche artisanale, tandis qu'à l'île de Batz pour les 45 % de jeunes qui y sont restés, les métiers se partagent presqu'à égalité entre l'agriculture, qu'ils pratiquent en famille et la pêche côtière (*cf.* figure 3).

3- Quatre îles à forte personnalité héritée, mais à orientation future assez hypothétique. Les trois îles finistériennes du bout du monde : Ouessant (1 050 habitants au recensement de 1990), Molène (270 habitants) et Sein (350 habitants), auxquelles il faut ajouter Groix (2 470 habitants) rassemblent des communautés en perte de vitesse car aucune véritable activité lucrative de relais ne s'y dessine. Le fait affectif et l'attache identitaire expliquent certainement le léger redémarrage de la pêche à Molène et le maintien d'un bon tiers des jeunes qui y sont nés sur les îles de Groix ou d'Ouessant. Mais ces jeunes adultes qui restent vivre sur ces îles en difficulté, sont plus souvent des hommes que des femmes. Généralement célibataires, appartenant à la dernière génération qui a trouvé à s'embaucher dans la marine de commerce, tout se passe comme s'ils avaient abdiqué sur le plan de leur vie personnelle par amour de leur île, ou par crainte de se trouver confrontés à l'inconnu de la grande terre. Leur attitude s'apparente souvent à une forme de repli sécuritaire.

En ce qui concerne la pérennisation d'une communauté insulaire sur ses anciennes bases, c'est à l'île de Sein que la situation est la plus inquiétante. Parmi les 202 jeunes nés entre 1956 et 1970 seuls 16 d'entre eux habitent encore l'île en permanence, et 11 sont des hommes. Mais qu'ils soient hommes ou femmes, ils partagent la condition de célibataires. ils résident chez leurs parents et les garçons, bien que peu nombreux, représentent le tiers de l'effectif des pêcheurs en activité tandis que les filles s'occupent plutôt dans les commerces.

Crise des identités

Face à cette situation, la crise des identités se manifeste de deux façons différentes qui traduisent deux formes de repli. On pourrait simplifier en parlant dans un cas de repli heureux et dans l'autre de repli malheureux.

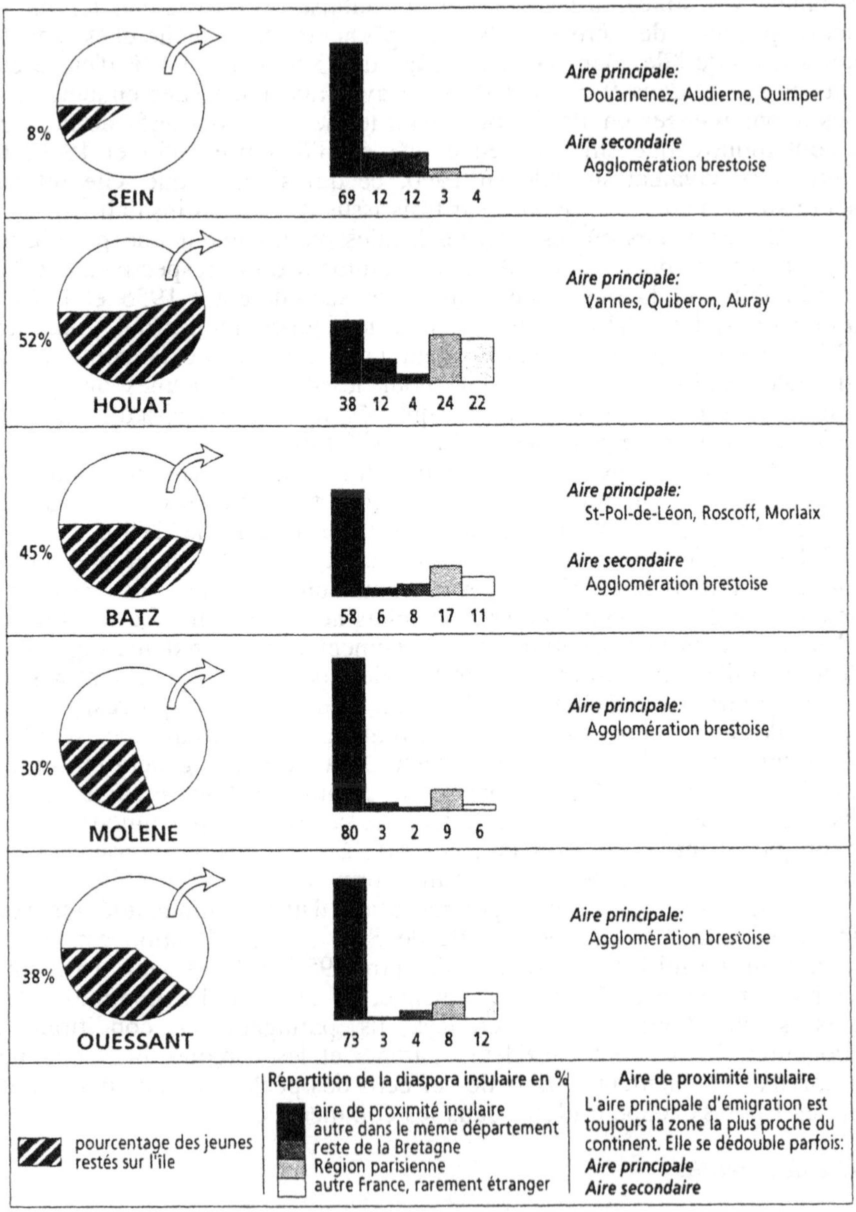

Figure 3. Le devenir géographique des jeunes nés sur les îles et âgés de 20 à 34 ans en 1990

- Pour les habitants des îles qui se portent bien et qui ont réussi à reconvertir leur économie, l'île d'Yeu par exemple, mais aussi Batz ou Houat, l'identité insulaire n'a pas à être proclamée sur la place publique. En dehors des moments où un projet venu de l'extérieur risque de mettre en danger l'autonomie de décision de la communauté et sa liberté d'action sur ce qu'elle considère comme "son espace (projet de construction immobilière par exemple), la communauté insulaire se fait discrète, et se contente de cultiver sans bruit son art de vivre. "On reste différents, on a nos valeurs" cette affirmation spontanée d'une jeune îlaise s'appuie sur le profond sentiment d'appartenance qui caractérise encore ces groupes. Les insulaires précisent que malgré les bouleversements de l'été, ils vivent finalement entre eux. En dépit de l'amélioration des liaisons avec le continent, ils ne font que de rares et brefs séjours sur la Grande Terre. Bien que jeunes et actifs, très souvent, ils ne quittent pas leur île durant plusieurs mois consécutifs, et prennent rarement des vacances sur le continent. Le resserrement des couples autour de la forme endogame (un insulaire épousant une insulaire) a tendance à devenir la règle. D'une façon générale, la structure familiale est encore relativement stable dans ces îles. Les couples et les générations sont plus solidaires qu'ailleurs. A Batz, l'homme et la femme travaillent ensemble, aussi bien les agriculteurs que les pêcheurs dont les épouses s'occupent volontiers de l'entretien des filets. Les équipages des bateaux à Houat et à Yeu sont composés de membres de la même famille : père/fils, frère/beau-frère, oncle/neveu. On constate aussi, et tous les élus le savent, que pour des raisons à la fois d'éloignement et de technique, les lois sont mal appliquées sur les îles. La formule : "Ici, on est chez nous" exprime assez brutalement la force des liens maintenus avec le territoire insulaire. Vis-à-vis du continent, chaque communauté sait encore imposer, plus ou moins ouvertement, ses propres lois qui tiennent compte des habitudes, de l'équilibre entre les familles, des contraintes locales.

- Pour les îles en difficulté, qui perdent leurs habitants et où les jeunes voient venir le moment où ils ne seront plus qu'une poignée à être nés sur l'île, l'identité, qui ne peut plus s'appuyer sur la continuité de la famille, ni même sur le métier, a tendance à se figer sur une image valorisante du passé qui doit prouver aux autres que l'île a existé. Il se construit alors, dans le huit clos des bars insulaires une identité de défense, hostile à tous ceux qui sont qualifiés d'intrus, d'étrangers, d'incrustés... parce qu'ils cherchent à se mêler à la vie insulaire ou qu'ils tentent de s'y installer pour travailler. Cette attitude traduit en fait un pathétique désir de reconnaissance et une profonde angoisse devant les incertitudes de l'avenir. Agressivité, accentuation volontaire de la différence par rapport à l'extérieur (phénomène d'insularisme), divisions locales, imitation et conformisme internes, rendent alors la vie encore plus difficile sur cette catégorie d'îles. Mais depuis quelques années, d'autres dynamiques sont à l'œuvre.

Renouvellement des attaches au territoire insulaire

Dans le cadre de la mobilité d'aujourd'hui, de la croissance des villes, du développement du secteur tertiaire, une redéfinition générale des territoires identitaires est en train de s'opérer. Il faut bien se résoudre à admettre que les petites îles de l'Ouest français ne seront plus "habitées" de la même façon qu'autrefois, et que lieu de naissance, exercice du métier et espace de la vie quotidienne seront, comme sur le continent, de plus en plus souvent dissociés. Mais les îles n'en seront pas pour autant désertées. L'observation de l'attitude de la jeunesse actuelle vis-à-vis de ces îles amène à reconsidérer les catégories classiques d'attache aux lieux.

En fait, trois groupes de jeunes issus des îles, y habitent où y séjournent régulièrement.

Les adolescents qui y sont nés et qui y sont scolarisés

La classe d'âge des 11/16 ans est intéressante à comprendre dans ses relations à l'espace insulaire car, pour la première fois, les jeunes issus des îles ont conscience qu'ils sont appelés à s'expatrier massivement pour résider ailleurs, au moins pendant la période de la vie active.

Les enquêtes que nous avons menées auprès d'eux et les cartes mentales de leur île que nous leur avons demandé de dessiner, montrent que pour ces adolescents, le territoire insulaire est encore constitutif d'identité; mais ce n'est plus sur les mêmes bases qu'au siècle dernier. A la logique économique classique des attaches : l'île base de production, doublée généralement d'une dimension religieuse, se substitue chez les jeunes d'aujourd'hui une logique de l'image. La représentation qu'ils ont de leur île utilise les héritages du passé comme faire-valoir du présent. Ces jeunes sont d'autant plus à la recherche d'une identité forte qu'ils savent qu'ils seront tôt ou tard, directement ou indirectement, projetés vers le monde extérieur. A défaut d'emploi, leur île de naissance à laquelle ils sont sincèrement attachés, peut leur servir de carte de visite lorsqu'ils seront sur le continent. Leur difficulté d'adaptation au monde extérieur sera ainsi compensée par une identité insulaire qu'ils mettront en avant et dont ils joueront habilement devant ceux qui auront la faiblesse de les envier, car ils sont insulaires et donc riches d'un passé, d'une communauté, d'un territoire. On assiste donc à une forme de renaissance des lieux, non pour ce qu'ils produisent, mais pour ce qu'ils signifient.

Un petit nombre d'adultes jeunes

Dans la mesure où la suite des études se déroule obligatoirement sur le continent (à l'exception de l'île d'Yeu qui dispose d'un centre des métiers), le deuxième groupe de jeunes rencontrés sur les petites îles est constitué par une minorité d'adultes de 20-30 ans qui ne les ont jamais quitté. Dans les îles en crise économique, ces jeunes sont en réelle difficulté. Ils ne peuvent trouver sur place que des emplois précaires ou saisonniers et ils ne sont pas suffisamment formés pour trouver un travail sur le continent. En porte à faux entre île et continent, ils mènent une vie bipolaire. Le continent présente l'attrait de la société de consommation, l'avantage de la liberté, car sur l'île on est toujours surveillé, mais cette liberté conduit à l'anonymat et à la tristesse. Sur l'île au contraire, on bénéficie de la chaleur de la communauté, de sa protection, de son aide. Et surtout on est chez soi, le paysage vous parle, on est connu, on est quelqu'un. Mais il est bien difficile, sinon impossible, de convaincre un partenaire d'origine continentale de venir vivre ici.

Les fidèles de la diaspora

Les jeunes insulaires qui ont réussi à s'adapter au continent, sont plus heureux. Bien qu'ayant quitté l'île, ils veulent être considérés comme des insulaires à part entière. Les jeunes des diasporas insulaires d'aujourd'hui se comportent d'une façon très différente de celles de la génération précédente. Ils travaillent généralement dans l'immédiate zone d'accostage du bateau, si bien qu'ils reviennent régulièrement sur leur île. Ils n'ont pas renié leur identité insulaire, ni leur communauté d'origine. Au contraire, ils jouent un rôle croissant dans la vie sociale en animant des groupes de loisirs, mais aussi en participant directement à la gestion municipale. Ils passent souvent l'essentiel de leur temps libre sur l'île, et toutes leurs vacances. Ils entraînent dans leurs mouvements pendulaires d'aller retour île-continent : enfants conjoints et amis (*cf.* figure 4). Enfin, à ces insulaires des fins de semaines et des vacances s'ajoute le groupe des jeunes nés à l'extérieur et qui constituent une dernière auréole de population vivant dans l'orbite insulaire : celle des amoureux des îles.

On assiste donc à la naissance d'une dynamique nouvelle. Bien qu'étant en difficulté économique, et habitées à longueur d'années par une majorité d'adultes âgés de plus de cinquante ans, les îles redeviennent des centres socialement et culturellement actifs. Chaque territoire insulaire est actuellement le lieu de rencontre entre les jeunes issus des îles et ceux venus de l'extérieur qui communient autour d'une même passion, l'île. La prise de conscience récente de ce que les petites îles peuvent apporter d'irremplaçable à la jeunesse (convivialité, beauté des paysages, sécurité, oubli des contraintes continentales...) est évidemment à mettre en relation avec la crise globale de société qui affecte le continent, touché à son tour par une crise de l'emploi et une crise des valeurs sociales. Ce renversement de situation présente au moins l'avantage de renvoyer aux jeunes issus de famille insulaire, une image valorisante d'eux-mêmes et de leur territoire, tout en les ouvrant sur d'autres milieux.

Conclusion

Bien que les îles soient de mieux en mieux reliées au continent, elles sont de plus en plus "îles" dans l'imaginaire des jeunes. Pour eux, l'île demeure le centre du monde. Le désir d'île, le besoin d'ancrage, ressenti par un nombre croissant de continentaux renforce de l'extérieur ces "sociétés insulaires élargies", faites d'individus plus mobiles mais pour lesquels l'île est le véritable port d'attache et un lieu identitaire fort.

Même si elles sont inadaptées aux formes actuelles de production et menacées dans ce qui restait d'activités locales, les petites îles côtières de l'Atlantique et de la Manche, aussi décalées soient-elles par rapport à l'échelle continentale, non seulement ont leurs chances, mais curieusement leur existence s'avère indispensable à l'équilibre de notre monde.

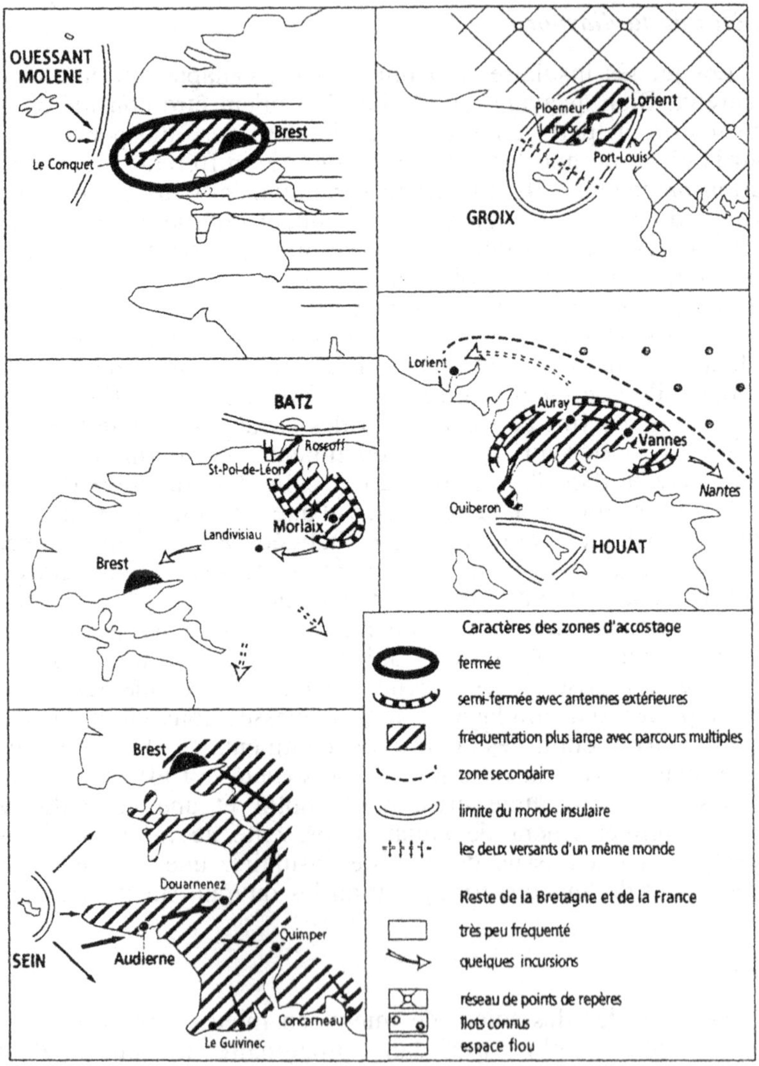

Figure 4 : Zones d'accostage et perception insulaire du continent

Bibliographie

BRIGAND, Louis, 1983, *Les îles bretonnes, aspects géographiques de l'insularité*, thèse de troisième cycle, UBO, Brest, 2 tomes, 267 p. et 111p.

CADORET, Bernard, DUVIARD, Dominique, GUILLET, Jacques, 1984, *Ar Vag, voiles au travail en Bretagne atlantique*, Douarnenez, Editions de l'Estran, 3 t., 420 p., 320 p., 450 p.

CHAUSSADE, Jean, sous la direction de, 1991, "L'île d'Yeu, phare du Ponant", *Cahiers nantais* n° 37, Ouest-France éditions, 120 p.

DUVIARD, Dominique, 1978, *Groix, l'île des thoniers, chronique maritime d'une île bretonne*, Grenoble, Editions des 4 seigneurs, 405 p.

GUILCHER, André, 1985, "Les îles du Ponant, ces îles où l'on parle français", *Hérodote*, n° 37-38, p. 273-287.

PERON, Françoise, 1985, *Ouessant, l'île sentinelle*, Brest-Paris, Editions de la Cité, 446 p.

PERON, Françoise, 1986, "Ouessant, deux siècles et demi de démographie insulaire", *Norois*, Poitiers, n° 131, p. 313 à 333.

PERON, Françoise, 1987, "Nouvelle dynamique d'une population insulaire," *Norois*, Poitiers, n° 133-134, p. 101-108.

PERON, Françoise, 1988, "Qu'est-ce qu'une population insulaire aujourd'hui ? le cas d'Ouessant", Paris, Bull. Assoc. géogr. franç., p. 239-245.

PERON, Françoise, 1993, *Des îles et des hommes*, Ouest-France, Rennes, 287 p.

PERON, Françoise, 1994, "Des îles et leurs enfants", *Revue Ar Men*, Douarnenez, n° 55, p. 37- 47.

SURVIE INDIGENE ET CHANGEMENT CULTUREL AUX ILES MARQUISES (POLYNESIE FRANCAISE), LE CAS DE FATUIVA[1]

Robert LEU
Kaarina, Finlande

L'archipel des Iles Marquises est localisé dans le Pacifique Sud entre le 7ème et le 10ème parallèles et entre le 138ème et le 140ème méridiens. Les îles de taille similaire les plus proches sont celles de l'Archipel de la Société, situé approximativement à 1500 km au Sud-Ouest. Les quelques douze îles, dont six sont habitées en permanence par des Polynésiens, sont spectaculaires avec une origine volcanique et un climat de type tropical humide avec une saison sèche en décembre. Dans le passé, les insulaires autochtones étaient sévèrement affectés par des famines se prolongeant sur des périodes assez longues. Selon une évaluation sérieuse de leur niveau technologique, les aborigènes polynésiens étaient hautement spécialisés et équipés pour des voyages en haute mer. A l'origine, ce peuple était probablement localisé en Asie du Sud-Est et, durant la Préhistoire, il colonisa la totalité du classique triangle polynésien Hawai-Nouvelle Zélande-Ile de Pâques. Aujourd'hui, les Marquises constituent une subdivision politique de la Polynésie Française qui a le statut de TOM (Territoire d'Outre-Mer) de la République Française. L'archipel a été occupé en 1842 et le contrôle politique, religieux et administratif a été progressivement imposé sur les autochtones par les officiers français ainsi que par des missionnaires et des commerçants étrangers à la Polynésie.

On connaît beaucoup mieux maintenant l'impact culturel de cette colonisation sur la population locale grâce aux travaux sur l'histoire de la colonisation de l'Amérique du Nord et de l'Amérique du Sud. Dans le cadre de l'aire pacifique, ce phénomène a également gagné en intérêt d'autant plus que ces recherches ont été menées dans un cadre multidisciplinaire. Généralement, les faits de nature paléo-historique et historico-démographique sont d'un intérêt capital car on les utilise pour interpréter les phénomènes d'isolement en écologie et en biogéographie. Toutefois, les projections des données démographiques peuvent aussi être intéressantes en ce qui concerne la nature et la conservation du patrimoine. Les premiers compte rendus des données démographiques

---

1. Texte traduit de l'anglais par André-Louis Sanguin

sur les Marquises sont de qualité très inégale. Cependant, l'histoire de la population de cet archipel a pu être qualifiée de "désastre démographique". Il est difficile d'avoir une connaissance cohérente de la situation démographique des Marquisiens avant l'époque de l'état civil. Récemment, Rallu a effectué une analyse démographique en profondeur de la situation démographique des Marquises. Au moyen d'une méthodologie sophistiquée, il analyse les sources de l'état civil pour la période allant de 1886 à 1945. Son étude confirme un déclin démographique excessif.

Dans la présentation suivante, nous proposerons quelques éclairages sur le processus géographique régional concernant la dépopulation dans les vallées marquisiennes à travers l'exemple de Fatuiva. Si, à petite échelle, nous disposons d'informations pertinentes sur les processus de migration dans l'archipel, en revanche, à grande échelle, nous manquons de données précises. En effet, les municipalités recouvrent plusieurs vallées. Historiquement parlant, ces vallées ont souvent été l'objet de controverses et furent quelquefois en état de guerre entre elles. Dès lors, elles ont formé des communautés de vie clairement séparées. On comprend alors mieux pourquoi les faits de dispersion géodémographique dans une île sont d'une extrême importance dès qu'il s'agit d'effectuer des interprétations historiques et géographiques. Bien que la quasi totalité de la vieille culture ait été abandonnée dès la fin du siècle dernier à cause de l'impact très lourd de l'acculturation, en revanche, tout ce qui concerne le développement du paysage culturel, les changements du peuplement et d'utilisation du sol, les réactions écologiques n'a pas encore été analysé.

Données et méthodes

A l'occasion d'un séjour de recherche aux Marquises en 1979, des données significatives concernant l'état civil à Omoa (Fatuiva) furent collectées. Les sources de ces registres civils remontent à 1885 et furent tenues et consignées jusqu'en 1978. Cependant, les toponymes locaux identifiés dans ces sources ne peuvent être interprétés avec exactitude. Il y a deux noms de vallées qui semblent se rapporter à la même vallée : Hanaohua et Hanahoua. L'orthographe des sources documentaires varie dans certains cas et peut conduire à quelques mauvaises interprétations. Les documents de l'état civil ont été scrutés avec minutie et une série de données concernant les naissances, les mariages et les décès par an et par vallée a été analysée. Les naissances ont été enregistrées dans la vallée de la mère et les mariages dans la vallée du mari. Les décès ont été enregistrés dans la vallée portant la mention "décédé à...", c'est-à-dire le dernier endroit où vivait le défunt. Toutes les données provenant de la vallée d'Hanavave et de celle d'Omoa ont été regroupées.

Le matériel de recensement pour la période 1880-1900 pouvant fournir des données régionalisées est disponible mais tout à fait brouillé.

Pour informatiser les taux bruts de natalité et de mortalité, il est nécessaire de compter sur ces données. Nous avons défini la taille de la population annuelle en combinant les données disponibles et le solde naturel annuel. Pour faire correspondre les données recensées avec notre taille calculée de la population annuelle, il est nécessaire de procéder à de considérables ajustements de façon à ce que cela puisse s'intégrer parfaitement. Cependant, durant cette période antérieure, toutes les données provenant de sources significatives diffèrent considérablement. Il a donc fallu procéder à des valeurs moyennes décennales. Bref, il faut donc bien comprendre que toutes les données de type taux doivent être considérées comme des approximations.

Culture et acculturation aux Marquises

La culture aborigène des Marquisiens constitue une vieille branche du complexe culturel polynésien, notamment dans les arts. Les Marquisiens étaient divisés en petites unités claniques, souvent en état de belligérance les unes avec les autres. Elles bougeaient donc considérablement à travers l'archipel. Toutefois, on ne peut y établir une stratification hautement politique, pas même après l'occupation de 1842, comme cela a pu se faire pour les archipels de la Société, des Tonga ou de Hawaii. A l'intérieur du groupe local, un chef dénommé *Haka-iki* donnait l'impulsion aux tâches économiques et politiques de la communauté. Il tirait son statut d'une modalité typiquement polynésienne de valoriser sa propre généalogie, ses grandes capacités et sa personnalité soutenues par les esprits et prouvées par son pouvoir d'imposer un tabou. Même s'il était le dirigeant de sa communauté, il n'en était pas l'unique et absolu décideur puisqu'il devait se concerter avec d'autres membres de haut rang de sa communauté. Le *Tau'a* (prêtre inspirateur) et, à un moindre degré, le *Tuhuna o'ono* (prêtre de cérémonie) étaient également très influents. Les paroles du prêtre inspirateur étaient interprétées par le peuple comme étant la volonté de *Etua* (le dieu ou les dieux) à travers qui il était inspiré. Le prêtre de cérémonie dirigeait toutes les cérémonies sur le *ma'ae*, c'est-à-dire à l'occasion des premières récoltes, des naissances et des décès. Tout cela était accompagné de chants, de psaumes et de rituels. A côté, toutes les autres personnes ayant un savoir-faire comme canoéistes ou bâtisseurs de maison étaient placées plus haut dans l'échelle sociale que la population ordinaire. Les assistants du temple ainsi que les guerriers n'étaient pas clairement regroupés selon leur rang. Ils se mettaient en relief par leurs chants et leurs danses, acquéraient leur tatouage et recherchaient une partenaire adéquate.

Le centre de toutes les activités tribales, c'était le *ma'ae* (la place des cérémonies) où le chef et le prêtre avaient leur demeure. C'était la place où toutes les fêtes et cérémonies de quelque importance sociale se tenaient en vue d'établir le contact toujours requis avec les hautes sphères en vue de gagner les esprits et la prospérité pour la tribu. La religion jouait un rôle dominant dans la vie quotidienne : des règles coutumières définies à travers le sacré et spécialement le *tapu* (exonération, prohibition) forçaient chacun à une assiduité soutenue. L'économie et la technologie de la société marquisienne disposaient d'un bas niveau d'intégration : ainsi, la poterie et le textile étaient inconnus. Les tubercules étaient plantés avec un bâton d'enfouissement tandis qu'étaient pratiqués l'arboriculture et l'élevage des porcs et de la volaille. La pêche était une pêche de haute mer bien que les eaux archipélagiques soient peu profondes. La récolte la plus importante était celle de l'arbre à pain (*Artocarpus altilis*) dénommé *mei* en marquisien. Les surplus de fruits étaient conservés par fermentation dans des trous et donnaient le fameux *ma* ou *popoi*, le principal aliment de base. La production de stocks alimentaires était d'une extrême importance à cause du danger toujours menaçant de sécheresse et de guerre. Les tarots, les ignames et les kumaras étaient cultivés dans les jardins potagers ou dans la brousse par cultures itinérantes sur brûlis. Le tarot était aussi planté en système d'irrigation. Les habitations traditionnelles s'étendaient dans l'ensemble de la vallée et étaient entourées de cours et de parcelles de plantation, souvent séparées par des murs de pierre et des palissades en bois afin d'empêcher l'intrusion des porcs. Les arbres fruitiers couvraient les alentours proches des hameaux et parfois les fonds et les pentes des vallées, limitant ainsi les aires de forêt naturelle aux seuls versants les plus pentus. Or, comme la coupe à blanc et la culture sur brûlis y étaient pratiquées, il ne restait pas grand chose de la forêt dans des conditions naturelles authentiques. Les hameaux se composaient de différents types de maisons : abris, lieux sacrés pour cérémonies, maisons-cuisines, demeures des guerriers, plates-formes de séjour de deux mètres de haut reposant sur des rocs empilés.

Le groupe insulaire sud-oriental des Marquises fut découvert en 1595 par l'Espagnol Mendana et, chose curieuse, deux cents ans plus tôt que le reste de la Polynésie. Durant les deux cents années suivantes de l'histoire marquisienne, il n'y eut presque pas d'impact ultérieur de la part de l'Europe. L'archipel ne fut vraiment redécouvert par les Européens qu'en 1791 par l'Américain Ingraham et le Français Marchand. Au tournant du siècle, une très forte acculturation se mit en place, ce qui engendra une perte colossale du matériel culturel, de l'organisation sociale et de la religion. Aussi, la population autochtone qui se montait à 20 000 personnes à la fin du siècle dernier se réduisit à 2 000 dans les années trente. A la fin du XVIIIème siècle, l'archipel fut lourdement influencé par les expéditions, les bateaux de guerres des puissances rivales et spécialement par les chasseurs de baleines qui perdirent tout ou partie de leurs équipages devenus écumeurs de plages ou aventuriers sur les rivages de ces îles. Ces personnages dominèrent, d'une façon croissante, les interactions culturelles locales et furent spécialement influents dans les situations de belligérance en introduisant et en entretenant des armes à feu. De même, la mémoire collective culturelle des insulaires autochtones devint largement dépendante de leurs propres capacités linguistiques. L'influence culturelle et sociale de ces premiers visiteurs ne se retrouve pas dans des sources écrites dans la mesure où les récits des chasseurs de baleine sont insuffisamment documentés alors que le moindre mouvement d'un seul missionnaire est noté. On peut supposer aussi que la syphilis et autres maladies vénériennes se répandirent largement dans les îles à partir de 1840. D'autres maladies infectieuses comme la tuberculose et la variole firent également des ravages sévères ainsi que la lèpre et la filariose. Avec l'introduction des armes à feu et de la distillation de l'alcool en 1857, ces épidémies affectèrent gravement la population insulaire. Bien évidemment, il en résulta un taux de natalité bas et un taux de mortalité élevé. La dépopulation fut causée par un fort taux de mortalité infantile et de stérilité féminine, directement lié aux maladies vénériennes. Après 1850, quand le processus de dépopulation fut en pleine évolution, l'administration française, les missionnaires, les marchands et les colons accélérèrent le changement culturel. L'usage excessif des boissons alcooliques fut largement pratiqué. Il soutint et augmenta très certainement le chaos culturel et favorisa l'utilisation du sol par les étrangers. A la fin du siècle dernier et durant l'Entre-deux-guerres, juste durant le nadir de population, des groupes de travailleurs blancs, chinois et vietnamiens immigrèrent aux Marquises et épousèrent des Marquisiennes.

D'un point de vue géographique, écologique et paysager, il est intéressant de noter comment les différents acteurs (chasseurs de baleine, missionnaires, marchands, administrateurs, colons) innovèrent dans l'économie locale et affectèrent ainsi le paysage culturel et la distribution de l'utilisation du sol dans l'archipel. L'élevage ovin fut introduit par Krusenstern en 1804. L'élevage bovin et l'installation concomitante de pâturages démarrèrent à Tahuata sous l'influence des premiers missionnaires anglais. Les travailleurs chinois des plantations introduisirent l'opium à Atuona. Il en fut de même ici avec l'introduction du coton par les missionnaires français. Par ailleurs, les administrateurs, les marchands et les colons blancs mirent en place la culture du café et la récolte des noix de coco. A l'exception de celles-ci, toutes ces innovations économiques disparurent les unes après les autres. Toutefois, le café et le coton ont encore quelque importance locale. Aujourd'hui, l'utilisation agraire du sol couvre seulement la vallée principale et les amphithéâtres sur la côte Nord de Nuku-Hiva et Hiva-Oa. Les autres cultures notables sont la banane, l'arbre à pain, le tarot, le yam et le manioc. Depuis l'occupation coloniale, l'économie d'autosubsistance a été remplacée, en bonne partie, par des importations de farine et de riz. Le niveau de subsistance des Marquisiens est de loin très différent de celui des espaces ruraux traditionnels du monde polynésien, en particulier ceux de Savaii dans les Samoa occidentales. Toutefois, en 1979, il y avait encore quantité d'arbres à pain et de bananiers dans chaque cour de maison. Le tarot et les yams ne couvrent plus beaucoup de superficie.

Le peuplement et la répartition du peuplement ont considérablement changé durant tout ce processus d'acculturation. Les vieilles demeures furent abandonnées dès les années vingt et on ne trouve plus aujourd'hui aucun exemple original de ce type d'habitat. Des années vingt aux années soixante, l'habitat typique fut la maison en planches, aujourd'hui remplacée par des éléments plus modernes. Alors qu'autrefois les vallées étaient remplies de hameaux, l'habitat contemporain se localise près du rivage selon une forme compacte. En outre, les vieux habitats sur pilotis totalement abandonnés sont reconquis par la forêt secondaire ou surnagent comme des ruines au milieu des plantations de cocotiers.

Paysage et culture à Fatuiva

Le paysage de cette île relève d'une morphologie alpine en ce sens que les reliefs sont escarpés et abrupts. L'île couvre 95 km^2 et fait 15 km de long sur 9 km de large. Son origine est volcanique et elle ressemble à une moitié de caldeira. Le point culminant est à 1120 mètres. Un peu partout, les pentes externes de la caldeira tombent d'une façon extraordinairement abruptes. Seules, les hautes terres centrales et les fonds de vallée fournissent des espaces utilisables pour la culture et l'habitat. Toutefois, Fatuiva est l'une des îles les mieux arrosées et les mieux boisées de l'archipel. Les conditions climatiques locales varient considérablement depuis la sécheresse rude jusqu'à l'hyper-humidité. La végétation arborée est de type pluviotropical. Les hautes terres supportent des taillis de fougères arborescentes. Le secteur d'Hanavave est surtout couvert de cocotiers. Parmi les principales espèces locales d'arbres, on notera le ficus et l'hibiscus. Au-dessus de 500 mètres, on assiste à un changement radical dans les espèces végétales. A cause de son isolement (comme toutes les autres îles de Polynésie orientale), la faune de Fatuiva est extrêmement pauvre. A l'époque préhistorique, les Polynésiens avaient amené le rat, le chien, le cochon et le poulet. De leur côté, les Européens amenèrent la chèvre, la vache, le chat. Beaucoup de chèvres sauvages échappées des habitations causèrent des dommages aux plantes endogènes et à la vie aviaire. Les oiseaux de l'archipel eurent aussi à souffrir de la chasse, des rats et des chats. Aujourd'hui, l'abattage sélectif et préventif des chèvres sauvages permet d'éviter la surpopulation caprine. Il est remarquable de noter la présence de crevettes et d'anguilles dans les eaux fraîches de l'île.

Il est probable que l'île était entièrement peuplée lors des premiers contacts avec les Européens. L'enquête clanique effectuée par Rollin en 1929 montre que toutes les vallées favorables étaient habitées. Selon lui, l'île était peuplée de 18 tribus ou clans. Les premières estimations démographiques furent pourtant quelque peu contradictoires évaluant entre 4 000 et 5 000 le nombre de guerriers en 1840, ce qui équivaut à 14 000 habitants. On ne peut vraiment les prendre très au sérieux. Fatuiva semble avoir développé, à l'époque, un niveau qualitatif évident en ce qui concerne la production artistique. Cependant, la base culturelle ne diffère pas des autres îles des Marquises. Fatuiva fut la première île polynésienne découverte par les explorateurs européens lorsqu'elle fut abordée par Mendana le 21 juillet 1595. Pourtant, la première visite authentiquement mentionnée dans l'île est celle des 21-27 février 1825 lorsque le missionnaire William Crook séjourna à Fatuiva sur sa route vers Tahuata où il allait réouvrir une mission abandonnée en 1798. Le chiffre de 1500 habitants donné par Dupetit-Thouars en 1842 pourrait bien correspondre aux effectifs réels de la population à cette époque. En 1831, une première tentative fut faite pour établir une mission à Fatuiva : le missionnaire britannique Darling essaya de s'installer avec des enseignants mais le projet capota. Le 24 août 1842, la France prit officiellement possession de l'île sur le site d'Hanavave en présence du contre-amiral Dupetit-Thouars. Ce n'est qu'en 1853 qu'une première tentative de missionnaires hawaïens protestants fut effectuée à Omoa. Les missionnaires Kekela et Kauwealoa ainsi que le Britannique Bicknell avaient quitté Honolulu en 1857 et commencèrent leur ministère. Il semble que l'établissement de la mission fut largement influencée par les luttes locales pour le pouvoir. En 1853 également, une mission catholique s'ouvrit mais dût fermer en 1855. Ce n'est qu'en 1877 qu'une mission catholique put réouvrir. En 1885, les premiers registres d'un véritable état civil commencèrent à fonctionner. Selon des informations locales, le débroussaillage pour la mise en place de plantations de cocotiers commença à la fin du XIXème siècle sous la houlette, semble-t-il, du Suisse François Grélet. La présence étrangère commença très tôt à Fatuiva dans la mesure où, avant le rapport authentique de Crook en 1825, des chasseurs de baleine avaient fait escale plusieurs fois à Fatuiva. Cela est attesté par Steinen qui remarquait que "à cette époque à Fatuiva, vivaient sept Noirs et deux Blancs !" Nos propres recherches dans les sources locales le vérifient puisque, par exemple, j'ai relevé qu'un certain James Sylvester, né à Boston en 1818, est enregistré dans un acte de mariage en 1896 où il épouse une femme de Hanavave, âgée de 39 ans, alors que lui-même a 78 ans ! Autre exemple : un homme du nom de Tioni vivant à Omoa est né en 1837 à Hana (îles Hawaii), fils de Hieu, mort en 1845 à Hana et de Hinaahutekere, décédée à Hana en 1847.

Une question centrale demeure : en quelle année le déclin démographique commença-t-il réellement dans l'île ? C'est difficile à dire tant les données sont incertaines et contradictoires. Il est très probable que les données disponibles pour 1872 et 1874 sont, d'une part, surestimées et, d'autre part, consacrées à quelques vallées seulement. Néanmoins, une différence de 30 % pour la population insulaire entre ces deux années n'a pu être atteinte qu'à travers une migration inter-insulaire. Du coup, les données compilées par Rallu pour les périodes antérieures ne sont d'aucune aide dans la mesure où ses chiffres multiplient par 100 les chiffres officiels jusqu'au XXème siècle. Les chiffres commencent à être d'une qualité acceptable seulement avec l'introduction de l'état civil en 1885. Le recensement de 1897 donne un chiffre de 15 étrangers pour les 515 habitants de l'île. Vers 1920-1921, les ethnologues remarquent qu'à

Fatuiva les autochtones sont vêtus comme les Européens. Cependant, le *popoi* fait de l'arbre à pain est encore la base de leur alimentation bien que les ingrédients de la cuisine européenne les aient largement atteints à travers l'usage des boîtes de conserve, du riz, du sucre, du café, du thé, etc.

Fatuiva comptait à l'époque proprement aborigène 10 regroupements locaux pour un total de 18 clans, la plupart d'entre eux vivant séparés par les crêtes de montagne. En 1879, neuf clans vivaient encore dans sept vallées différentes. Au moment de l'introduction de l'état civil en 1885, huit vallées étaient inhabitées. L'ethnographe et anthropologue allemand Steiner est le plus familier avec les questions démographiques de cette période. Il souligne ce qui est le problème essentiel des questions démographiques aux Marquises : le vieux réseau généalogique et les alliances de guerre ont poussé les populations à déménager considérablement. Autour des années trente, beaucoup de vallées furent affectées par l'émigration vers d'autres îles et vers Tahiti. En moins de 20 ans, telle ou telle vallée qui comptait 40 habitants dégringola à 5 personnes. D'autres événements opérèrent des coupes sombres : ainsi, en 1912, dans la vallée d'Hanamoohe 11 des 55 habitants décédèrent. Ce déclin désastreux pourrait avoir donné le signal d'un abandon de la côte nord-est. La vallée orientale d'Ouia qui avait 50 habitants en 1885 n'en avait plus que 20 en 1935.

Il n'y a aucun doute : un déclin démographique excessif jusqu'aux années vingt marqua l'histoire de Fatuiva. Le peuple de Fatuiva risqua même de disparaître complètement. Nos données sont en général concordantes avec celles de Rallu. Elles diffèrent seulement à propos d'un taux de natalité considérablement plus bas tournant autour de 24 à 29 % en 1920-1930 au lieu de 33,2 et 33,9 %. Rallu identifie clairement Fatuiva comme la seule île de l'archipel ayant une émigration nette de 156 personnes vers les autres îles. La seconde moitié de notre période analysée est marquée par l'émigration. Entre 1967 et 1971, Fatuiva peut avoir perdu 91 personnes par émigration, soit 20 % de sa population.

En contraste avec le changement culturel forcé par des contacts extérieurs et par la mise en place de technologies exogènes, les changements de population eurent des influences endogènes sur la culture. Le milieu naturel du système culturel est hautement responsable de ces changements en termes de ressources nécessaires. Il est probable que la dépopulation affecta directement l'organisation sociale, la stratification sociale et, plus généralement, toutes les bases culturelles. Si l'on considère toutes les anciennes structures de la société marquisienne, il est clair que tous les éléments socio-culturels ont subi une énorme dissolution. La transition démographique, dans sa forme spécifiquement insulaire, changea considérablement les conditions de vie durant les cent dernières années. Ce fait est très bien prouvé par le changement dans la distribution de la population (de dispersée à groupée) et dans le changement dans la distribution de l'habitat (du hameau au village). De même, faut-il mentionner le changement dans l'utilisation du sol s'expliquant par le changement dans les pratiques alimentaires et par celui affectant la structure foncière. Si nous considérons la petitesse de l'île, la faiblesse de sa population sans oublier l'accessibilité des vallées aujourd'hui abandonnées, il est très clair qu'avant 1930 l'île était exploitée d'une façon extensive. L'intensification n'a vraiment commencé que récemment avec l'arrivée de la motorisation agricole.

A l'époque typiquement aborigène, le système foncier n'était pas codifié mais simplement déterminé par la généalogie, la guerre, l'alcoolisme, les armes et les mariages mixtes. L'augmentation de la population et les nouveaux arrivants entraînèrent une demande accrue pour de nouvelles terres. Le changement démographique affecta le système horticole et engendra un glissement des pratiques d'autosubsistence avec un appel de main d'œuvre jeune vers le commerce et autres activités tenues par les Blancs. La monétarisation transforma également l'économie insulaire par la prestation de services aux personnes extérieures (marins, aventuriers, touristes), par la vente d'objets artisanaux et par la prostitution. En termes écologiques, une attention doit être portée à la faune aviaire insulaire. Elle fut sérieusement menacée par l'introduction d'animaux européens comme le rat, le chat, la vache et la chèvre. Toutefois, il convient de mentionner qu'à l'époque préhistorique et pré-médiévale, les oiseaux étaient utilisés comme ornementations, capes de plume et autres réalisations marquantes pour des cérémonies de prestige.

Vivre à Fatuiva, la vie dans un cadre insulaire extrême

Si nous mettons l'accent sur l'isolement et sur les adaptations biologiques de l'archipel, les Marquises représentent probablement un milieu extrême pour la vie humaine. De plus, le peuple ancien eut à lutter fréquemment contre la famine, contre les épidémies et, d'autre part, il lui fallut aussi lutter contre les oiseaux et les chiens. A cela s'ajoutent les contacts épisodiques avec l'extérieur, la taille limitée de la population et les impondérables climatiques. Nos observations des vallées de Fatuiva nous poussent à penser qu'en dessous de 80 personnes dans l'île, la survie humaine n'était plus assurée. Dans les Marquises, où les standards anthropologiques et les singularités culturelles s'entrecroisent dans des situations historico-spatiales très étroites, l'éclairage anthropologique fondé sur les "relations nécessaires" se prête à une grande attention. Selon Decker, l'isolement et la petite taille sont des facteurs déterminants en termes biologico-culturels mais aussi en tant que variables de développement. Dans un contexte d'énormes changements depuis les premiers contacts avec les Européens, les petites entités marquisiennes, à la fois culturelles et biologiques, sont encore visibles dans le paysage local. Trente ans après ce constat établi par Decker, on peut se demander s'il existe encore un "isolement océanique" pour les cultures insulaires en ce temps des technologies modernes de communication comme les téléphones mobiles, la télévision par satellite et le réseau *Internet*.

Bibliographie

DECKER, B.G., 1971, *Plants, Man and Landscape in Marquesan Valleys, French Polynesia*, University of California-Berkeley, Ph.D. Thesis in Ecology, 1970, Ann Arbor, Michigan University Microfilms,.

DOUMENGE, Jean-Pierre et Christian HUETZ DE LEMPS, 1988, "Prospective scientifique pour le Pacifique Sud, points de vue de géographes", *Journal de la Société des Océanistes*, vol. 86, n° 1, p. 87-88.

LEU, Robert, 1988, "Die Landshaft im Spannungsfeld von Raumnutzung und Grundeigentum - Einige Grundlegende Gedanken zur Eigentumsrechtlichen Landshaftsbetrachtung", *Geographica Helvetica*, vol. 43, n° 3, p. 115-124.

RALLU, Jean-Louis, *Les populations océaniennes aux XIXème et au XXème siècles*, Paris, Presses Universitaires de France, 1990.

ROLLIN, L., 1929, *Les îles Marquises*, Paris.

STEINEN, K., *Die Marquesaner und ihre Kunst*, Berlin, Ethnographische Ergänzungen, 1925-1928 (3 volumes).

VIVRE A SAINT-PIERRE ET MIQUELON UNE SOCIETE INSULAIRE BLOQUEE POUR UNE SURVIE DIFFERENCIEE

Aliette GEISTDOERFER
CNRS, "Anthropologie maritime"

Dire ou écrire qu'une population est insulaire ce n'est que reconnaître qu'elle vit sur une île, un archipel. Les habitants des îles se présentent, par exemple, comme Madelinots, du nom de l'archipel où ils vivent les Iles de la Madeleine (Québec), et précisent, à l'occasion, qu'ils sont îliens. Les Ouessantins, habitants de l'île de Ouessant (Nord-Finistère, France) dans la conversation font rapidement savoir qu'ils sont îliens. Ils n'utilisent pas le terme insulaire, plus savant alors que les Saint-Pierrais et les Miquelonnais se désignent comme insulaires et n'emploient pas le terme îlien. Est-ce parce qu'ils n'ont revendiqué cette particularité que récemment et en reprenant à leur compte des discours officiels et donc un vocabulaire plus savant qu'îlien qui fait, en effet, partie d'un vocabulaire plus ancien et régional français ? Se reconnaître et se dire îlien ou insulaire, c'est, d'abord, vouloir que l'interlocuteur tienne compte des particularismes des conditions de vie et de travail marquées par une localisation maritime; particularités différentes de celles des habitants du continent même de celui auquel appartient politiquement, administrativement et culturellement "leur" île.

A Saint-Pierre et Miquelon, on peut presque dire que les îliens, jusque dans les années 1930, subissaient les conditions de l'insularité géographique de manière sinon semblable du moins proche de la manière dont leurs voisins continentaux subissaient les contraintes de la vie à Terre-Neuve. Par contre, aujourd'hui, on peut dire que les pratiques techniques et sociales des habitants de Saint-Pierre et Miquelon sont bien différentes et de celles des Terre-Neuviens et de celles des Français îliens et pêcheurs. L'évolution sociale, économique à Saint-Pierre et Miquelon a été différente de celle des communautés terre-neuviennes voisines, françaises. On peut appeler les particularités des pratiques des Saint-Pierrais et Miquelonnais, aujourd'hui constatées, ce que chacun désigne par "ici tout est spécial", d'insularité car ces pratiques sont de nature différente de celles que nous constatons quand nous les comparons à celles des Français ou des Terre-Neuviens. De nature différente ? Les codes de références sont précisément une réponse au phénomène de l'insularité géographique, à ce que nous pourrions appeler "la socialisation de l'insularité géographique". Le comment chaque communauté socialise, s'approprie socialement et culturellement, ce qui n'est qu'une particularité naturelle.

Aujourd'hui, à Saint-Pierre et Miquelon, l'insularité est devenue un fait social que nous désignons par sa particularité car désormais l'archipel est devenu, car vécu ainsi par les habitants, un espace social clos. Les objets, les gens, les pratiques peu à peu ont changé sinon de nom du moins de forme; comme nous l'avons remarqué : mettre un navire au sec est un incident sans suite judiciaire etc. Ce qui est à la base de la mise en place de ce phénomène social - l'insularité - c'est la transformation d'un espace géographique et social, qui hier était encore vivable à la française ou à la terre-neuvienne - en des espaces "clos" et devant donc être gérés comme tels. L'insularité est une transformation de la nature des choses comme des gens. Les habitants de Saint-Pierre et Miquelon ont des pratiques et des règles sociales originales; originalité, hier, déterminée par les activités maritimes développées et par l'insularité qui est ici l'étroitesse de l'espace géographique, vécu désormais comme une contrainte et l'enfermement social. C'est le cas à Saint-Pierre et Miquelon, ceux qui y arrivent, pour y vivre plus ou moins longtemps, vont connaître une modification obligatoire psychologique et sociale pour pouvoir y rester. Les gens, mais aussi les choses, qui pour y parvenir vont traverser la mer; les choses mais aussi les idées, les institutions tout ce qui participe à la vie sur l'île. Chaque être, chose, va, obligatoirement, acquérir en arrivant une modification de son statut initial et recevoir une valeur nouvelle pour pouvoir acquérir une place dans le système local des choses et des gens, le droit d'exister avec ceux qui sont là depuis longtemps.

Il est une réponse que tous les îliens font dès qu'un étranger s'étonne d'une parole, d'un geste, d'une règle :

> "Ici tout est différent, à Saint-Pierre et Miquelon c'est spécial, ici, rien n'est comme ailleurs !"

Ces expressions un peu magiques peuvent être faites par n'importe quel îlien et permettent de répondre aux questions les plus variées, des plus banales aux plus compliquées : du pourquoi les magasins n'ont pas de devanture et vendent de tout, au pourquoi les douaniers ne fouillent jamais ceux qui rentrent de Terre-Neuve chargés du fruit des courses dans les magasins, etc. Ce type de remarque est faite aussi par celui qui veut se particulariser par rapport à son interlocuteur métropolitain, terre-neuvien afin de préciser qu'à Saint-Pierre et Miquelon "on n'est pas en France métropolitaine", ni au Canada, ni au Québec, mais bien dans un pays autre. Cette réponse est d'abord, une généralisation, une rationalisation facile qui fait partie de la conversation courante et banale. Au delà, elle doit expliquer à un interlocuteur extérieur forcément les pratiques locales et justifier tout ce qui peut être reconnu comme une variante des pratiques réglementaires et même comme un détournement des règles sociales, administratives françaises, puisque effectivement, on est en France. Cette spécificité ne permet-elle pas de justifier et d'expliquer tous les problèmes locaux, techniques, économiques, sociaux, du plus simple au plus complexe, par exemple, pourquoi le meurtrier d'un employé de magasin ne sera-t-il jamais trouvé ? Pourquoi le dossier de la mise au sec du navire *ro-ro* est-il ouvert mais "jamais fermé" ? Pourquoi les gendarmes, des "métros" sont inutiles, etc. ?

Les îliens identifient ce "spécial" comme "l'insularité". Sur une île, c'est bien connu, tout est "spécial". Mais ce "spécial" est décliné par les îliens différemment selon leur place dans cette société. Pour beaucoup, ce "spécial" est la réponse aux contraintes géographiques principalement, et elle s'applique aux pratiques quotidiennes techniques et sociales et peuvent se résumer par ces deux remarques banales à Saint-Pierre et Miquelon :

> "Ici on doit se débrouiller, faire avec ce qu'on a [...]; ici tout le monde se connaît alors vous comprenez, il faut faire attention".

Ce "spécial" englobe donc l'état de fait les habitudes et la coutume et aussi ce processus que l'on peut nommer "l'insularisation", processus de transformation appliqué à tout et à tous et à tout ce qui "arrive" de l'extérieur. Comme n'importe quelle société, la société de Saint-Pierre et Miquelon a construit sa grille de valeurs particulières lesquelles constituent des catégories, acceptées et appliquées par chacun. Si ces valeurs portent les mêmes noms que celles des Français métropolitains, un certain nombre de celles-ci n'ont pas les mêmes signifiés, comme la politesse, l'entraide, le travail, etc. Celui qui veut vivre à Saint-Pierre et Miquelon avec les îliens doit apprendre ces codes de conversion.

L'insularisation est le moyen, au delà de la réponse aux contraintes matérielles, réelles adaptations, de particulariser, de diversifier tant les espaces, que les rapports sociaux et d'assimiler ce qui vient de l'extérieur. L'insularisation est un ensemble de processus que chacun suit pour avoir et garder ou obtenir une place, ici, dans le "système Saint-Pierre et Miquelon". Ainsi, une insulte peut être une brouille; une parole : une idée; un geste individuel : un fait de société; une rue : une avenue et par contre, d'un meurtre un règlement de compte, d'une erreur humaine grave quant aux conséquences, un vulgaire accident. Nous allons voir comment, dans le système insulaire Saint-Pierre et Miquelon les patrons sont devenus des citoyens ordinaires et comment, ce qui est un clientélisme exacerbé, une entraide humanitaire, etc. Depuis plusieurs années des îliens se reconnaissent comme tels et ils revendiquent cette situation comme l'image de leur différence et comme un statut. Culture et identité insulaires ne sont pas déterminées par des facteurs géographiques mais bien par des conditions sociales, économiques et politiques. Nous ne pouvons que constater que ceux qui aujourd'hui utilisent ces particularités comme créatrices d'une identité différente de celle de leur communauté culturelle, bretonne par exemple ou professionnelle, de marins, en font une revendication politique qui pour ce qui est de Saint-Pierre et Miquelon a pris la place de revendications sociales.

Pour quelques auteurs, cependant, l'insularité au sens restreint - habiter sur une île - engendre obligatoirement "du particulier" quant aux pratiques techniques et systèmes sociaux. Particularisme que nous reconnaissons à tout groupe constitué même continental. Ne seraient, pour plusieurs auteurs, d'ailleurs insulaires que ceux qui vivent dans de petites îles considérant l'étroitesse spatiale et sociale comme déterminant ce particularisme une identité "insulaire". Ces particularités, dites insulaires, peuvent être celles des membres d'autres groupes continentaux ou non, équipages, groupes professionnels puisque l'une des particularités géographiques incontournable est que chaque membre et le groupe lui-même, ne peuvent entrer en relation avec d'autres sans franchir la mer, ou les airs, mais cela n'est pas spécifique aux habitants d'îles.

Cette originalité insulaire est devenue la cause universelle depuis quelques années, depuis qu'ils revendiquent une identité insulaire et expliquerait toutes les difficultés économiques et sociales actuelles. Cette revendication identitaire d'insulaire est d'autant mieux généralisée qu'elle peut être avancée par tous les îliens ce qui n'est pas le cas de l'identité maritime; le fait que d'une partie de la population même si celle-ci servit de prétexte politique et économique et même d'emblème pendant des siècles aux notables pour exiger de la métropole son soutien. En 1900-1910, les raisons économiques et politiques qui faisaient de Saint-Pierre et Miquelon un port de pêche actif, économiquement indispensable à la vie de plusieurs ports et régions maritimes métropolitaines, ces fondements, en quelques années disparaissent. L'économie de l'archipel se trouve "déstabilisée" et devient "l'affaire" de quelques personnes qui vont l'organiser; Saint-Pierre et Miquelon devient une entreprise privée, familiale de pêche et de commerce, puis une entreprise multi-patronale saint-pierraise mais économiquement dépendante de la métropole. Tous les aspects de la vie, toutes les pratiques subissent peu à peu les conséquences de ce bouleversement économique et politique. Pour se maintenir la société a évolué en s'engageant dans un processus que nous identifierons de protectionnisme social et d'enfermement voulu et subi. Et cela, parallèlement au développement de la revendication identitaire insulaire qui peu à peu émerge. Celle-ci va s'exprimer d'autant plus fortement que les fondements économiques et sociaux de la société se modifient au lendemain de la Deuxième Guerre.

Alors que certaines sociétés et communautés revendiquent une identité insulaire depuis des siècles, les Anglais, les Irlandais, les Shetlandais, les Corses, etc. les Saint-Pierrais et les Miquelonnais ne se disent insulaires, au sens large, social, qu'à partir d'un moment donné de leur histoire et non pas comme l'écrit H. Mazeran en raison de "l'isolement", d'une superficie restreinte et de communications irrégulières et difficiles, causes, d'après l'auteur, du développement "d'une mentalité îlienne quasi parfaite et de problèmes sociaux ...". Les Saint-Pierrais et les Miquelonnais utilisent "leur insularité" découverte depuis peu comme une revendication sociale. Cette "insularité" devient l'objet d'une revendication imposée par des notables pour enfermer les îliens dans des réseaux de relations sociales tels que la société, définitivement calme, ne peut connaître une évolution.

Les bases de l'entreprise privée coloniale et insulaire

La structure de la société saint-pierraise et miquelonnaise est déterminée par deux décisions politiques françaises. Son origine, soit la décision politique de la France de réoccuper l'archipel en 1816 pour les armateurs métropolitains et dans les années 1900-1910 la décision de maintenir une colonie française nord-américaine.

Saint-Pierre et Miquelon n'a réexisté et ne vit que par la volonté des pouvoirs publics français qui ont voulu faciliter le développement d'une entreprise privée métropolitaine qui les intéressait (la formation des futurs marins de guerre), l'armement à la Grande pêche à Terre-Neuve. En 1816, Saint-Pierre et Miquelon ne doit être qu'une "base avancée" de pêche, un port de ravitaillement, de commerce pour la flottille. Alors que les armateurs "métros" n'ont plus besoin (les chalutiers à vapeur remplaçant les goélettes rend la flottille autonome) de cette "base" à partir des années 1900, cependant la France décide de conserver sa colonie d'Amérique du Nord pour préserver les privilèges que lui accorde alors le Canada soit l'accès à des zones de pêche la Grande pêche métropolitaine et saint-pierraise. En outre il s'avérait difficile de rapatrier ou d'évacuer cette population. Aujourd'hui, l'argument souvent avancé par les îliens : "*c'est la France qui l'a voulu*", a une portée politique déterminante à partir des années 1970.

Une entreprise coloniale française "particulière"

Un "poste avancé" pour la pêche métropolitaine

En 1816, Saint-Pierre et Miquelon est un poste de pêche qui se développe dans le cadre général politique, économique et social des pays dont il dépend, la France et le Canada qui, au XIXème siècle ont comme régime un système capitaliste marchand. De 1816 à 1910, la société est composée de deux groupes inégaux en nombre : celui des notables et celui des "travailleurs". Les notables, quelques dizaines de personnes, des armateurs-commerçants métropolitains ou leurs représentants, les membres de l'administration militaire qui détiennent l'ensemble des moyens de production, de transformation, de transport et de distribution des biens et des services. La population de travailleurs, des Saint-Pierrais et des Miquelonnais qui sont rentrés chez eux (évacués par les Anglais en 1794), des pêcheurs hivernant à Saint-Pierre, (appelés : "passagers") et des Français en quête de travail qui vont être plus ou moins attachés aux "habitations" des armateurs. Hors les quelques anciens îliens de retour chez eux, les gens ne viennent pas à Saint-Pierre et Miquelon de par leur volonté, ils sont entraînés par un mouvement de recrutement d'une main d'œuvre, eux qui sur le continent n'avaient souvent pas de travail. Cette population est composée d'employés, d'artisans, de pêcheurs à la grande pêche et de pêcheurs côtiers qui produisent la morue sèche (salée et séchée) et verte (salée en pile) qui travaillent dans les ateliers de séchage, les magasins, etc. Ils possèdent une terre d'habitation et le statut de citoyen français.

Saint-Pierre et Miquelon, "poste avancé" de pêche métropolitaine est presque conforme au modèle continental mais connaît rapidement des particularismes par rapport au modèle prévu en 1816. Quand, à l'orée du XXème siècle, l'armement métropolitain déserte définitivement Saint-Pierre et Miquelon et lui ôte sa raison d'être économique, mais que la France décide de garder sa colonie nord-américaine, elle récupère un archipel peuplé qui est devenu une colonie où résident (en 1892) 6 352 personnes installées qui ne souhaitent pas rentrer en France. Une colonie particulière, différente des autres car sans indigènes et n'ayant plus grande raison d'être car elle a perdu sa fonction de port-sècherie pour la flottille de pêche métropolitaine.

Pour une entreprise privée, coloniale et insulaire

1910, une entreprise privée coloniale qui doit vivre "sur elle même"

Entre 1900 et 1910, cet ancien "poste avancé" devient l'entreprise privée de pêche des quelques armateurs-commerçants "métros" et locaux installés à Saint-Pierre et Miquelon qui restent pour faire des affaires. Ils possèdent tous les outils de production, transformation, commercialisation et transport mais désormais l'économie n'est plus basée sur une production de poisson régulière et abondante - celle des goélettes - mais sur la commercialisation de la production de morue verte des pêcheurs côtiers, production et commerce nettement plus aléatoires. Le commerce avec Terre-Neuve ayant été arrêté du fait des ruptures politiques avec ce pays. La vie sur l'archipel est toujours assurée par les importations de tous les biens de consommation et la mise en place localement des différents services publics et privés utiles : enseignement, soins médicaux, etc. A partir de 1910, la société se simplifie. Les fonctions politiques et économiques vont être réunies entre les mains d'un moins grand nombre de notables et plus particulièrement entre les mains d'une des familles qui étend ses pouvoirs au domaine politique et religieux, celle d'un "métro" (vivant à Saint-Pierre et Miquelon mais ayant une entreprise en métropole) qui, durant presque un demi siècle détient tous les pouvoirs. Les différentes catégories d'employés sont moins nombreuses. Pour travailler, saler la morue et travailler dans les sécheries électriques, les armateurs n'ont plus besoin de *graviers* (enfants métropolitains employés pour sécher la morue sur les *graves*); les hivernants, ouvriers de passage n'existeront plus et plusieurs artisanats ont fermé. Le plus grand nombre des travailleurs et les membres de leurs familles sont occupés, 500 doris armés en 1910, à la pêche côtière et à la transformation de la morue. Cette population n'est pas stabilisée. Plusieurs familles émigrent vers des pays plus accueillants et certaines rentrent en France; la population n'est plus constituée que de 4 768 personnes en 1907.

Pas de "révolution", mais des exigences fondamentales

Ces éléments structurels d'une économie et société capitalistes marchandes appliqués à la fin du XIXème et au début du XXème siècles dans "nos" colonies et ceux des éléments géographiques, économiques et sociaux d'une insularité réelle, particularismes fondamentaux, (Saint-Pierre et Miquelon ne possède aucune ressource pour 4 000 personnes qui ne peuvent pas quitter l'archipel) vont se concrétiser à partir de 1900-1910, date de cette mutation économique. A partir de 1910, entre les membres des deux groupes, notables et travailleurs, les rapports sociaux vont évoluer, changer de forme sinon de modèle étant donné que les fondements de l'économie locale sont modifiés et qu'une société insulaire va se construire qui va fomenter ses règles de fonctionnement interne qui vont, nous l'avons dit, particulariser cette nouvelle entreprise privée, capitaliste, coloniale et insulaire. Les rapports sociaux vont être marqués par "l'insularisation" des exigences et conditions d'un régime capitaliste et colonial, en place depuis 1816 et qui n'est pas renversé en 1910, mais qui prend de nouvelles formes.

Les exigences d'une production halieutique en régime capitaliste sont :

- Une économie productrice de bénéfices, pouvant être réinvestis par les propriétaires des outils de production, transformation et de distribution;

- La perpétuation de deux groupes, dans un rapport disons inégalitaire pour ce qui est de l'accès aux outils et biens de consommation.

Les exigences d'un régime colonial français sont :

- La production de Saint-Pierre et Miquelon ne doit pas concurrencer celle des armements métropolitains tant à la pêche de la morue qu'à la pêche au large qui se développe en France dans les années 1920. La métropole compense en faisant semblant d'aider sa colonie : construction du "frigo" (1920) et la rénovation du port à partir de 1933, travaux totalement inutiles économiquement;

- Le maintien de Saint-Pierre et Miquelon et la défense de la pêche locale ne doivent pas entraver l'économie nationale ni les relations internationales économiques et politiques avec le Canada. La France a déjà abandonné Saint-Pierre et Miquelon en 1887 en acceptant le "Bait bill", en 1904 en abandonnant ses privilèges de pêche le long du *French-shore* et ces dernières années en défendant "mal" ses quotas de pêche, une zone de pêche pour Saint-Pierre et Miquelon, etc.;

- La colonie doit assurer une paix sociale intérieure.
Ces exigences ne peuvent être remplies de la même manière à Saint-Pierre et Miquelon que sur le continent car "l'insularité" n'entraîne pas que des contraintes matérielles mais aussi sociales qui vont déterminer la mise en place de règles économiques, sociales qui vont marquer de manière permanente, de 1910 à aujourd'hui, la vie des îliens.

1910-1994 pour assurer une survie différenciée, des changements économiques

Pour pouvoir maintenir et développer une entreprise à Saint-Pierre et Miquelon qui puisse répondre aux exigences locales capitalistes (maintenir un enrichissement sûr grâce à des échanges obligatoires), coloniales (subir l'abandon politique de la métropole et les conséquences de la non concurrence) et insulaires (assurer la survie matérielle de deux groupes), les notables, maîtres de Saint-Pierre et Miquelon, vont devoir neutraliser "leurs" facteurs de risque "insulaire". Ils durent pour cela mettre en place, au cours du XXème siècle, plusieurs outils, de différente nature, économiques, sociaux, politiques et idéologiques, mais cela à des périodes différentes. Au cours du XXème siècle, des changements économiques et sociaux vont avoir lieu, Saint-Pierre et Miquelon est en 1910 une entreprise de fabrication de morue; en 1994, une administration coloniale. De pêcheurs, les îliens sont devenus des fonctionnaires et assistés.

Des clients à la place des travailleurs

La population va devenir une clientèle stable, solvable mais ceci grâce à la métropole, qui de plus en plus sollicitée par les notables au nom de leur défense, va en attribuant des aides de nature variée, permettre la réduction de la part patronale dans l'entreprise privée à Saint-Pierre et Miquelon : le non-paiement du travail, les faibles prix du poisson, l'augmentation des prix des biens et des services, l'inégalité des échanges au profit des notables. Et, entre 1910 et 1992, on passe d'une économie fondée sur une production halieutique - pêche côtière et hauturière de la morue - à une économie fondée sur un secteur tertiaire, puisqu'en 1982 le statut de DOM permet la multiplication des emplois de fonctionnaires. Les activités de production ont été réduites - 40 pêcheurs côtiers en 1980, 150 travailleurs en 1990, quatre chalutiers et une usine de transformation du poisson. La population, qui au lendemain de la Deuxième Guerre mondiale compte plus de 5 200 personnes et 6 277 en 1990, va être de plus en plus solvable puisque pour vivre elle peut dépenser des revenus réguliers et élevés acquis grâce à la métropole. La France compense sa politique coloniale en aidant les notables à maintenir leur entreprise à Saint-Pierre et Miquelon sans qu'ils aient à payer les effets des aléas de l'insularité, d'une économie halieutique... Jusqu'au lendemain de la Deuxième Guerre, la France, sous différentes formes, va "payer" ce que les notables qui sont garants de l'ordre social ne veulent pas payer, le travail (le poisson salé), pour la survie de tous, soit donner, afin qu'ils ne soient pas réduit à l'émigration ou à la mort, des primes de différentes natures (embarquement, mauvaises campagnes, etc.) aux petits pêcheurs de 1910 à aujourd'hui. Les appels aux financements métropolitains se sont donc amplifiés pour en arriver dans les années 1970 à un assistanat généralisé, "économie de transfert" demandée par les notables mais aussi par les îliens. En transformant Saint-Pierre et Miquelon, en DOM en 1976, l'Etat est devenu désormais le deuxième employeur des îliens devenus fonctionnaires (employés des services administratifs) aux côtés des "métros", clients sûrs pour les commerçants.

Etant donné la réduction rapide du secteur de la production et sa chute définitive en 1992, des moyens de vivre "nouveaux" ont été mis en place qui doivent être répartis pour permettre aux îliens de vivre et de bien vivre. Désormais ces moyens sont les emplois - ceux de fonctionnaires, les seuls sûrs et convoités - et les aides financières métropolitaines de tous ordres. La population ouvrière devient une population de fonctionnaires, de quelques travailleurs mais tous obligatoirement assistés, directement ou indirectement. Les rapports d'exploitation entre les deux groupes vont changer de forme étant donné que les biens de survie - nourritures et services - sont assurés et que désormais les îliens vont vivre grâce à de "nouveaux" moyens - les subventions variées (conséquence d'un assistanat) et les emplois de fonctionnaires. Depuis les années 1950, deux changements fondamentaux, celui du système de production et celui des rapports sociaux interviennent.

Changements sociaux et politiques

Des changements sociaux et politiques ont lieu au cours du XXème siècle. A partir des années 1930, des familles saint-pierraises vont récupérer les pouvoirs économiques.

Si, jusque vers les années 1930, les notables sont principalement des métropolitains auxquels une population locale peut s'affronter, qu'elle peut critiquer tout en étant dépendante, à partir des années 1930 les pouvoirs économiques d'abord, puis politiques après la Deuxième Guerre, ont été récupérés par des familles notables saint-pierraises. Enrichis par le commerce des alcools (qui s'arrête en 1932), des Saint-Pierrais ont pris peu à peu tous les pouvoirs économiques, éliminant les "métros"; ils acquièrent l'ensemble des moyens sociaux et techniques de production, transformation et distribution. Ils ont acquis une reconnaissance populaire, celle d'avoir enrichi les gens et le pays, celle d'avoir évincé l'ancienne famille "régnante" Légasse et celle de s'affronter en tant qu'îliens, à la métropole, soit au Gouverneur puis à l'administration locale. Après la Deuxième Guerre mondiale, les îliens ont obtenu que l'archipel soit représenté à l'Assemblée nationale et au Sénat et après que des "métros" aient occupé les premiers sièges, des notables occupent tous les postes politiques. L'archipel change de statut. Saint-Pierre et Miquelon, de colonie devient un département d'Outre-mer en 1976, puis une collectivité territoriale en 1985, encore plus soumise à la métropole que la colonie de 1816, mais cette fois, de par la volonté des îliens eux-mêmes et pour une autonomie interne et au nom d'être "maître chez soi", mais pour une plus grande dépendance financière. Localement, les notables n'ont de cesse de réduire les pouvoirs des derniers représentants de l'administration métropolitaine, hier le Gouverneur, aujourd'hui, le représentant de la République. Aujourd'hui hors celui-ci, le député, les maires, le président et les membres du Conseil général, le sénateur sont tous des îliens. A ces changements économiques, politiques et sociaux vont correspondre des changements fondamentaux des rapports sociaux; la société s'enferme sous le joug d'un ordre difficile à changer.

Une société différenciée bloquée. Un système social en réseau

Fondements sociaux du système social en réseau

Contrairement à d'autres archipels colonisés par les Français, Saint-Pierre et Miquelon n'était habité comme l'écrit Gobineau que par des "cormorans et des phoques". Ceux qui viennent retrouver la "terre de leurs aïeux" ne vont pas se constituer en communauté. La première activité principale des îliens est la pêche, activité qui suscite un comportement concurrentiel et jugé individuel. D'origine familiale et régionale différente, la population de l'archipel s'est constituée de manière dispersée dans le temps et sur l'espace insulaire restreint du début du XIXème au début du XXème siècle. L'hétérogénéité de cette société est historique. L'archipel se peuple durant 80 ans, des habitants rentrés chez eux en 1816, dont une grande partie se retrouve à Miquelon et une partie se réinstalle à Saint-Pierre, des familles et des individus. Quelques "nouveaux" Français métropolitains qui suivent la colonisation, personnels administratifs, commerçants, artisans mais aussi ouvriers, à Saint-Pierre principalement. Des pêcheurs, les "hivernants", se marient sur place ou font venir leurs familles et s'installent, principalement, sur l'Ile aux Chiens dont ils vont constituer la population.

Au cours du XIXème siècle et au début du XXème siècle des Français viennent faire des affaires et demeurent. Enfin, des familles basques, à la fin du XIXème, viennent avec Louis Légasse, l'armateur commerçant qui prend possession de l'archipel "avec ses gens". La population entre les années 1920 et 1930, s'enrichit d'un groupe de Terre-Neuviens venus travailler. Les familles rentrées en 1816 se répartissent, inégalement en nombre, entre les trois îles, Saint-Pierre, Miquelon et l'Ile aux Chiens. La population est donc répartie en trois communautés. Celle des pêcheurs de l'île aux Chiens se dissout à partir des année 1950 et ne se reconstitue pas dans la ville de Saint-Pierre; celle de paysans-pêcheurs de Miquelon existe toujours avec 400 personnes. Si

Miquelon est un écart administratif de Saint-Pierre, elle demeure une commune et les Miquelonnais se considèrent comme une communauté à part entière devant bénéficier des mêmes avantages sociaux que les Saint-Pierrais.

Les 6 000 habitants de la ville de Saint-Pierre ne constituent pas une communauté socialement homogène. Une population disparate vit dans cette ville, historiquement, socialement et professionnellement. A Saint-Pierre, en outre, sont réunis "les métros", qui travaillent dans les différents services de l'administration. Si des groupes professionnels se sont constitués, pêcheurs, dockers, fonctionnaires, etc., ce n'est que momentanément et jamais de manière socialement structurante. La population de l'archipel, depuis la Deuxième Guerre mondiale, n'augmente que "naturellement" (hors quelques individus arrivés là comme fonctionnaires, chargés de mission, demeurant à Saint-Pierre). Il n'y a aucune immigration permanente, mais une immigration uniquement temporaire, celle des fonctionnaires "métros". L'émigration individuelle se fait vers la métropole, le Canada ou les USA.

Des relations individuelles, obligatoires et polymorphes

La société de Saint-Pierre et Miquelon réunit en 1992 près de 6 400 personnes, soit plus de deux mille foyers. Si les liens familiaux, les liens professionnels ou politiques n'ont pas structuré cette société, historiquement elle est constituée de personnes différenciées socialement et économiquement, de par leur profession, employés de bureau, petits pêcheurs, marins de la pêche hauturière, dockers, ouvriers d'usine, employés, etc. et de par leurs origines familiales. Ces travailleurs (25 % de la population active en 1990) ne gagnent pas de forts salaires comparés aux revenus des fonctionnaires, qui constituent un deuxième groupe, mais surtout comparés à ceux des cadres, les notables, commerçants et fonctionnaires métropolitains et saint-pierrais. Dans une si petite société et étant donné l'habitat concentré à Miquelon comme à Saint-Pierre et le mode de vie, non seulement, tout le monde se connaît, mais, en outre, chacun va ou peut avoir besoin de chacun.

Comme dans toute société, chacun remplit plusieurs fonctions socio-économiques, symboliques et est affublé d'un certain statut. Ce polymorphisme va être accusé à Saint-Pierre et Miquelon. Les rôles et les fonctions sociales, économiques, administratives et politiques, hier d'un DOM, aujourd'hui d'une Collectivité territoriale française, doivent être assurés. La multiplication des postes administratifs entraîna la multiplication des emplois de fonctionnaires en 1976. Chaque personne est identifiée et reconnue comme remplissant plusieurs fonctions au sein de la société, modèle réduit de la société française et plusieurs fonctions par rapport à soi :

"Pierre X, est l'oncle de ma femme, il est le chef des postes, le patron de mon frère, il habite, dans le quartier du Feu Rouge, à côté de chez ma belle-mère, sa femme est la cousine de ma tante par alliance laquelle est la maîtresse d'école de ma fille..."

Etant donné le "polymorphisme" de chaque membre de la société, les relations des îliens les uns avec les autres, ne peuvent être que complexes; elles sont aussi polymorphes que le sont les intervenants. Ainsi, entre deux personnes existe un registre de relations plus ou moins large et plus ou moins réalisable. Quand on parle de quelqu'un, quand on s'adresse à quelqu'un, quand on travaille avec quelqu'un on peut choisir un des registres de relations, celui qui est utile à la situation, par exemple :

"J'en ai assez, j'irai voir Pen [sénateur maire], et je lui dirai. Je le connais bien sa mère tenait un commerce à côté de chez ma mère".

Ici, Albert Pen n'est considéré que comme le fils de la voisine, même pour résoudre un problème d'ordre général.

Une société différenciée. Un dynamisme interne par un clientélisme généralisé

Une société binaire. Rapports sociaux d'exploitation individuels, limités et camouflés

Pour soumettre la population, pêcheurs et employés, les notables locaux avaient appliqué le principe général : posséder l'ensemble des moyens de production et de distribution, maîtriser les pouvoirs territoriaux et contrôler les échanges. Hier et jusque vers les années 1940, les ouvriers-pêcheurs vivent à la limite de la survie matérielle. Ils fournissent du travail et des produits commercialisables ou du poisson transformé qui alimentent le commerce extérieur des notables qui, par des échanges inégalitaires, leur fournissent les biens et les services nécessaires à leur survie : outillage, nourriture, moyens de transport, etc. Au début du siècle, la population est peu exigeante, elle assure une partie de sa survie, car elle a réussi à s'organiser techniquement grâce à son ingéniosité pour utiliser les moyens locaux. Mais les îliens vivent dans de mauvaises conditions physiques, car ils doivent travailler "dur" pour gagner "peu" et survivre "mal". L'exploitation était directe - crédit, troc et avances - fortement et simplement ressentie par les pêcheurs, "si les marchands ne voulaient pas acheter le poisson, c'en était fini de nous". Ces notables étaient des "métros", "les maudits mailloux" (surnom péjoratif des métropolitains habitant Saint-Pierre et Miquelon). Depuis 1930, les partenaires ont changé de statut, les notables sont des Saint-Pierrais enrichis (principalement par le commerce des alcools), la population est composée de pêcheurs côtiers, pêcheurs au large, d'ouvriers d'usine et de fonctionnaires et si la société est toujours binaire, un nouveau partenaire, la métropole, participe à la vie de celle-ci, à la mise en place du nouveau "système Saint-Pierre et Miquelon", d'une nouvelle entreprise privée, insulaire mais saint-pierraise et non plus "métro".

Le cadre économique ne change pas : l'interdépendance entre notables et population demeure obligée, mais chaque groupe place "ailleurs" les limites de sa survie et avec le nouveau partenaire, la métropole. Les éléments moteurs de la vie économique ont changé; ce sont les moyens techniques et sociaux d'accès aux ressources marines, jusqu'en 1992 (le Canada décide l'arrêt de la pêche de la morue dans les eaux canadiennes; les chalutiers de Saint-Pierre et Miquelon sont définitivement à quai), les nombreux emplois de fonctionnaires et l'argent sous forme de subventions et d'aides métropolitaines. Les rapports sociaux d'exploitation directe sont devenus des relations d'interdépendance, individuelles, inégalitaires, non plus entre les membres de deux groupes (qui existent toujours) mais entre les Saint-Pierrais et les Miquelonnais - égaux - réunis dans une société constituée de réseaux au sein desquels les "nouveaux biens" vont être répartis, les rapports d'exploitation "limitée" sont devenus des rapports de clientélisme généralisé.

Les bandes, des réseaux, une égalité entre tous

Ce terme a une connotation géométrique précise qui peut faire présupposer que les informations dont il parle sont issues d'un point social vers lequel elles "reviennent"; la notion de réseau évite cette possibilité et nous paraît correspondre mieux au mode des rapports sociaux existants. Hier existaient des groupes d'entraide au sein desquels s'échangeaient biens, services et informations. Ces groupes étant socialement homogènes, réunissaient des pêcheurs et des travailleurs ou des notables. Les réseaux ne recouvrent en rien ces groupes. Ils sont socialement hétérogènes. Dans chacun d'entre eux on rencontre des travailleurs, des pêcheurs, des employés et des notables. Les réseaux sont composés de plusieurs personnes appartenant donc à différentes familles, à des groupes de travail variés, habitant des quartiers différents. Les réseaux sont des réunions de personnes interdépendantes, sous l'autorité économique et sociale de ce que nous appellerons des "chefs" et leurs "premiers dépendants". Les réseaux ne se maintiennent que du fait d'un contrôle interne puissant. Les îliens appartiennent à des réseaux plus ou moins identifiables. Quelques-uns le sont du fait de la personnalité de ceux qui en sont les "chefs", ce sont "la bande à Pen" et "la bande à Grignon" (le député et président du Conseil général), selon l'expression la plus courante.

La valeur d'un réseau dépend du nombre et de la qualité des personnes clefs de celui-ci et de leurs liens avec les hommes de "pouvoir" et leurs différents "premiers dépendants". Ces "chefs" sont les notables et les "premiers dépendants" aussi bien un chef de service, le boucher, un employé de bureau car ce n'est pas sa fonction en soi qui donne à chacun sa valeur mais, ce qu'il en fait et les rapports avec une "source" locale de pouvoir et avec l'un des notables ou de ses "premiers dépendants". Au sein des réseaux les gens sont également membres, alliés les uns aux autres par des relations d'interdépendance, d'échanges obligés. Les membres des réseaux sont placés sur un pied d'égalité les uns par rapport aux autres, donc tout un chacun avec n'importe quel notable et ses dépendants. Grâce à ces liens en réseau, chacun est un chaînon de ce qui paraît être une vaste chaîne d'échanges de biens, de services et d'informations les plus variés. Au sein des réseaux, chacun se doit de répartir les biens acquis; cette obligation de répartition interne et de réserve par rapport aux autres réseaux est la clef des relations sociales dans ce nouveau système Saint-Pierre et Miquelon.

Les notables détiennent les nouveaux moyens de vivre - subventions et postes - qui sont les éléments de cet assistanat généralisé. En tant que maîtres de l'économie, ils s'approprient une partie importante des subventions au titre de vendeurs de services publics, transports maritimes et aériens, développeurs de telle activité, etc. Mais au titre de Saint-Pierrais, ils font bénéficier leurs compatriotes de cette manne, de manière "égalitaire", c'est à dire que dans un des réseaux va circuler ainsi des postes, de l'argent distribué sous le contrôle de ceux qui les ont mis sur la chaîne de distribution. En échange de ces apports, les membres des réseaux vont accorder aux différents notables dont ils sont redevables, "une reconnaissance" sociale inébranlable puisqu'elle est calculée, comptabilisée : soumission sociale, politique. Hier les pêcheurs pouvaient se révolter contre les *mailloux*, les Legasse; les fonctionnaires contre la métropole. Il n'est pas possible que des îliens s'en prennent à d'autres îliens, hors des conflits de personne. Cette société se veut égalitaire. Mais comme les notables poursuivent leur enrichissement démesuré, qu'ils investissent à l'extérieur et que la situation économique locale se dégrade, il leur faut compenser cette situation et éviter qu'il soient identifiés comme responsables de cette catastrophe. En appartenant à un réseau, chacun peut se croire en relation directe avec un distributeur et croire qu'il pourra, son tour venu, bénéficier de quelque chose; cette relation occulte les rapports sociaux d'inégalité.

Par contre, cette relation bloque définitivement toute évolution sociale car chacun, en attendant son tour, évite de bouger, évite de remettre en cause son soutien à son chef de réseau, à ses dépendants et surtout sa place au sein d'un des réseaux d'une société close.

> "Aujourd'hui, c'est le fils de ma voisine qui à un poste dans le bureau X, mais P. m'a promis que le prochain, ce serait pour mon neveu; il est sympa le chef du bureau...!"

Une partie des éléments de la généralisation de l'assistanat est ainsi distribuée sous le contrôle des notables grâce aux réseaux au sein desquels s'est établi un clientélisme généralisé.

"X, tout le monde sait que sa fille a eu un boulot grâce à Z, alors !"; "Jamais je n'ai accepté que P se mêle de mes affaires, aussi il déteste mon fils !"

Clientélisme connu de tous mais "secret". Chacun sait ce qu'il a donné, reçu, à qui et de qui; un certain nombre de gens sont au courant des relations existantes entre débiteurs et débités mais une partie importante de ces dettes doivent être ignorées. "Le jeu social" consiste à chercher à les connaître, voire à les révéler; jeu dangereux parfois mais, dans cette société close, socialement très efficace.

Un dynamisme social interne - Une différenciation sociale sans danger

L'entrecroisement des registres possibles du fait du polymorphisme du statut de chacun, et du choix possible de l'un d'entre eux quand on entre en relation avec quelqu'un ou quant on "se fâche" avec quelqu'un, évite que les relations soient figées dans un cadre hiérarchique, familial, professionnel. On peut s'adresser de la même façon à la voisine et au chef du bureau, au député car, par exemple, ils sont pour l'interlocuteur d'abord les voisins, avant d'être le chef, le député, ce qu'il sont pour d'autres dans d'autres occasions. Que les rapports entre les gens soient polymorphes et permettent une communication permanente entre tous ne signifie pas, à Saint-Pierre et Miquelon que, de ce fait, le député car il est mon voisin et que je lui parle tous les jours a avec moi les mêmes relations sociales qu'il a avec X, le président de la chambre de commerce ! Au contraire, à ce polymorphisme de relations d'accès aux autres qui permet un dynamisme social et qui peut simuler une société égalitaire, anarchique, correspondent des rapports économiques de classe.

Cette conséquence du système social impose de vivifier sans cesse les relations établies avec les autres afin de maintenir "sa position sociale" au sein des réseaux. Le réseau flexible va permettre la simulation d'une dynamique des rapports sociaux d'une société qui demeure plus ou moins entre deux projets, entre deux avenirs, la survie ou la disparition sur lesquels les "notables" jouent constamment. Cette dynamique maîtrisée est un outil social "économique" de survie pour chacun et pour la société. Au nom de cette survie, ce mode de fonctionnement est durable. Survie matérielle de chacun en donnant à chacun les moyens élémentaires nécessaires pour vivre. Ce mode de fonctionnement, permettant que les frontières sociales soient d'autant plus solides qu'elles sont invisibles, facilite la domination des quelques notables sur l'ensemble de la population et non plus uniquement sur leurs employés, comme jadis, mais ne pourra se maintenir que si l'enfermement social politique est total.

Des rapports sociaux d'exploitation camouflés grâce à une répartition égalitaire, contrôlée et hiérarchisée

Un nouveau système social s'est mis en place qui permet non seulement un dynamisme social interne, mais en outre le maintien et l'accusation des différences sociales sans que soit identifiés (car bien connus) par les îliens les agents même de cette nouvelle forme d'exploitation. Ce système social en réseau est donc le nouvel outil qui permet une survie différenciée des deux groupes dans un contexte économique, social et politique différent de celui d'hier et qui, en outre, a permis la constitution d'une société égalitaire symboliquement parlant puisque aujourd'hui, à Saint-Pierre et Miquelon, le symbolique semble remplacer l'économique, sinon pourquoi construire une piste internationale d'atterrissage pour des *Boeing 737* alors que les travailleurs sont payés par le Fonds national de l'emploi !

Le statut social de chacun dépend de la manière dont chacun va utiliser ses différentes situations dans la société (plus ou moins nombreuses) avec les membres de "son" réseau puisque chacun se doit de répartir les biens acquis au sein de son réseau. Le statut résulte donc de la place que d'autres "lui" affectent dans cette société close, en fonction de la nature des relations et de la richesse des relations possibles, des services à échanger. Sinon pourquoi, en voyant passer un des notables les plus riches, quelqu'un peut dire : "tiens voilà un des 'millionnaires' le plus paresseux de Saint-Pierre et un beau salaud", et, poursuit des relations fort amicales avec le "paresseux" en question. Le statut social de ce personnage est tel qu'il conserve des relations positives avec la plupart des îliens non du fait de son ardeur au travail, ni de son souci du bien commun, encore moins de sa générosité sociale et morale, mais du degré de ses pouvoirs économiques et politiques, aujourd'hui intimement liés. Mais il ne "vaut" qu'*in situ* par rapport aux autres, de par son rôle dans le système Saint-Pierre et Miquelon : tant qu'une partie de la société dépendra de lui, cette "reconnaissance", sans laquelle ni lui ni le système peuvent fonctionner, lui est conservée.

En maintenant, grâce aux réseaux, cette interdépendance constante égalitaire, les notables perdent leur statut d'enrichis et acquièrent celui d'ami, de voisin, de citoyen, saint-pierrais et miquelonnais. Ils ont acquis l'immunité, puisqu'ils sont devenus des distributeurs des biens et des chefs de réseaux. Saint-Pierrais, ils ont trouvé le moyen de "camoufler" symboliquement, s'entend, leur rôle d'exploiteur et de fossoyeur d'une économie, celui-ci jadis tenu par les autres - les "métros", armateurs et politiques. Ces rapports sociaux en réseau semblent placer sur un plan d'égalité tous les membres de la société.

Une société insulaire bloquée

Ce système en réseau ne permet que la reproduction de "modèles" de références existants et cela afin d'éviter les ruptures, les scissions, voire la mort de la société telle qu'elle est construite. Après l'endettement généralisé et compensé par le paternalisme et une assistance financière, le clientélisme et l'assistanat sont des moyens sûrs pour neutraliser les rapports sociaux de classe et rendre inapplicables les idéologies politiques qui n'ont "plus de raison d'être". On entend aussi bien :

> "Ici, c'est pas comme en métropole, il n'y a pas de partis politiques, c'est pas utile"; "Tout est fichu ici la politique s'est mise partout".

Cette dernière politique est bien celle que quelques uns ont créée. La politique à Saint-Pierre et Miquelon est uniquement une affaire de rapport de force et non plus d'opinions et d'idéologies. Tout est exprimé en relation binaire d'alliance ou d'opposition : la France et le Canada, Saint-Pierre et Miquelon et la métropole, Saint-Pierre et Miquelon et Terre-Neuve, etc. Les gens peuvent se donner l'illusion que les choses vont, peuvent, changer. Dans une société où effectivement il semble ne pas y avoir de clivages sociaux entre les uns et les autres, tout un chacun peut croire qu'un jour son sort changera. La chance existe pour chacun, comme à la pêche, chacun espère "le gros coup".

Ce qui fut pendant longtemps la garantie d'une survie matérielle pour les pêcheurs et ouvriers et l'assurance de l'augmentation de l'enrichissement des notables, devient la garantie du maintien et du développement d'une clientèle riche et le sur-enrichissement des notables qui ne prennent aucun risque, leur argent fructifie ailleurs. Les notables augmentent discrètement leurs richesses. Cette distribution inégalitaire des "biens" au sein des réseaux et ce rééquilibrage constant permet une vie sociale intense, interne, assurée par ces réseaux et un simulacre de vie politique, il faut que tout s'agite afin de ne rien transformer. Ce système social ne tient que clos et depuis plusieurs années tout projet de changement social a dû être neutralisé : contre l'efficacité possible des groupements professionnels, syndicaux, politiques qui se sont développés. Les réseaux assurent la protection de chacun et de tous, de la population en faisant respecter "l'ordre social".

En contrôlant une partie des moyens de répartition et d'accès aux biens, les notables se mettent à l'abri de toute contestation et évitent les débordements de mouvements sociaux toujours possibles. Ils peuvent tenir le rôle de distributeurs et de garants de la survie, mais ils sont aussi les garants d'un ordre social insulaire qui gouverne une société sans avenir qui a trouvé un nouveau symbole, l'insularité, puisque, désormais, aucune pêche n'est plus pratiquée. L'identité insulaire peut être revendiquée par tous sans différence d'appartenance sociale et la France ne peut que sauver ses ressortissants qui "ont le courage de demeurer sur un archipel" pour une fois dans une vraie "crise" économique et sociale.

Bibliographie

ANCELLIN, J., 1952, "La pêche aux îles Saint-Pierre et Miquelon", *Bull. d'Information et de documentation,* Paris, OSTPM, nouvelle série, n° 76, octobre, 4 p.

ANCELLIN, J., 1953, "La pêche aux îles Saint-Pierre et Miquelon", *La Pêche Maritime*, Paris, n° 898, p. 15-17.

ANCELLIN, J., 1955, "La pêche aux îles Saint-Pierre et Miquelon, Rapport de mission", *Rev. Trav.* ISTPM, Paris, 19, (1), p. 19-50.

ANGOULVANT, G., "La situation des îles Saint-Pierre et Miquelon", *Colonies et Marine*, Paris, n° 47, juillet, 1922, p. 492-508.

AUBERT DE LA RÜE, E., *L'homme et les îles*, Paris, 1935, 2ème édition, 1956, 206 p.

BECHET, R., 1976, *Analyse du discours politique à Saint-Pierre et Miquelon*, Mémoire de maîtrise, univ. Paris VIII.

BECHET, R., 1982, *Pour une identité saint-pierraise*, Thèse de 3ème cycle, université Paris-IX-Vincennes, 259 p.

BRASSEUR, P. et J.P., CHAUVEAU, 1990, "Dictionnaire des régionalismes de Saint-Pierre et Miquelon", *Canadiana Romanica,* vol. 5, Tubingen, 745 p.

CERMAKIAN, J., A., METTON et J., RAVENEAU, 1970, "Saint-Pierre et Miquelon. Les mutations d'une économie insulaire", *Annales de Géographie*, n° 436, LXXIX années, nov. déc., p. 657-688.

CHAPELOT, J., GEISTDOERFER A., et E., RIETH, 1982, *Recherches archéologiques, ethnologiques et historiques des îles Saint-Pierre et Miquelon*, Paris, M.S.H., tomes 1 et 2, 246 p. et 100 p. et 1987, 162 p.

CHRISTIAN, W. A., 1969, *Divided Island, Faction and Unity on Saint-Pierre*, Harvard University Press, 212 p.

CHRISTIAN, W. A., 1973, "La rumeur, la dispute et les groupes d'opposition à Saint-Pierre", *in* : . M. A. Tremblay, G.L. Gold, *Communautés et Culture*, Montréal, p. 253-266.

ELIE, P., 1982, "Le recensement de la population à Saint-Pierre et Miquelon", *Economie et statistiques,* INSEE, nov., Paris, n° 149, p. 13-16.

GEISTDOERFER, A., 1987, *Pêcheurs acadiens-Pêcheurs madelinots. Ethnologie d'une communauté de pêcheurs*, Paris, CNRS, 500 p.

GEISTDOERFER, A., 1988, "Saint-Pierre et Miquelon. Une communauté de petits pêcheurs. Quel avenir ?", *Rapport final, 71094*, Paris, Ministère de la Culture, 258 p.

GEISTDOERFER, A., 1993, "Parler pêche et poissons aux Iles de la Madeleine (Québec) dans les années 1968-1972", *Travaux et documents* n° 2, Paris, GDR-CNRS Anthropologie maritime, 68 p.

GEISTDOERFER, A. et O., GUYOTJEANNIN, 1994, "Saint-Pierre et Miquelon. Vivre ou mourir", *Bulletin du Centre de culture scientifique technique et industrielle de Lorient,* n° 4, décembre, 54 p.

GUYOTJEANNIN, O., 1986, *Saint-Pierre et Miquelon*, L'Harmattan, Paris, 139 p.

LEGASSE, LOUIS L., 1900, *Notice sur la situation et l'avenir économique des îles Saint-Pierre et Miquelon*, Paris, 2ème édition, 64 p.

LOUIS-LEGASSE, F., 1935, *Evolution économique des îles Saint-Pierre et Miquelon. L'historique de la grande pêche à Terre-Neuve. La question du French Shore. Le commerce des alcools pendant la prohibition américaine*, Paris, 182 p.

MAZERAN, H., 1978, *Saint-Pierre et Miquelon 100ème département français*, Institut d'Etudes Politiques de Bordeaux, Centre d'étude et de recherche sur la vie locale, 129 p.

RIBAULT, J.Y., 1960, "La population des îles Saint-Pierre et Miquelon de 1763 à 1793", *Revue française d'Histoire d'Outre-mer*, Paris, Tome LIII, n° 190-191, p. 5-66.

RIBAULT, J.Y., 1968, *Histoire des îles Saint-Pierre et Miquelon, 1. Des origines à 1814; 2. La vie dans l'archipel sous l'ancien régime*, Saint-Pierre, Imprimerie du Gouvernement, 145 p. et 98 p.

SANGUIN, A.L., 1980, "La zone canadienne des 200 milles dans l'Atlantique, un exemple de la nouvelle géographie politique des océans", *Etudes Internationales*, XI, n° 2, p. 239-251.

SANGUIN, A.L., 1981, *Saint-Pierre et Miquelon, département français d'Amérique du Nord*, Editions Norois, Poitiers.

ILES, 1979, "Entretien avec Michel Tournier", *Silex*, p. 12-18, n° 14, Grenoble.

SCHMIT, P., 1981, *Saint-Pierre et Miquelon et la pêche de la morue dans la seconde moitié du XIXème siècle*, Maîtrise d'Histoire, Université de Paris I, Paris, 125 p.

L'INSULARITE COMME RESSOURCE, L'EXEMPLE MINORQUIN

Carles CARRERAS
Universitat de Barcelona

La banalité et l'évidence du concept d'île peut-il expliquer aussi la difficulté à trouver une définition précise, car sous la même dénomination ont inclut des réalités fort différentes : des étendues très diverses (depuis celle de s'Illa del Rei, dans le port de Maó jusqu'à celle du Groenland); des milieux physiques très contrastés (des paradis tropicaux aux déserts antarctiques); parfois même sans isolement marin (comme l'île de San Fernando, à Cadiz ou les oasis dans le désert); ou des habitats fortement opposés (îles désertes ou densément peuplées) ? Ceci a souvent conféré aux îles un caractère un peu mythique qui peut expliquer leur protagonisme romancier, de l'Ithaca homérique ou de l'île déserte de Crusoë jusqu'à la très récente *isola del giorno prima* d'Umberto Eco, pour n'évoquer que les exemples les plus connus.

De plus, les îles peuvent devenir aujourd'hui une sorte de métaphore de l'organisation du territoire du monde contemporain, marqué par la contradiction entre le global et le local. Les îles sont donc, pour cette raison, l'objet renouvelé de l'analyse géopolitique. A partir de cette optique complexe, on tentera ici de réfléchir, à partir du cas minorquin, au concept d'insularité, dérivé de celui d'île, avec une certaine référence au vécu, plus qu'au professionnel, avec le stimulation de plusieurs des idées présentées dans le récent atlas de Michel Serres (1993).

L'insularité, centrée ici sur le cas minorquin, est analysée d'abord comme isolement (mot dérivé aussi d'île), puis, on essaiera ensuite de réfléchir au sens de certaines réponses physiques et humaines à cet isolement.

L'isolement géographique de Minorque

Les caractéristiques propres des territoires insulaires expliquent l'articulation complexe, unitaire et fragmentaire à la fois, de l'archipel des Baléares. Minorque fût la dernière de ces îles à être intégrée à la couronne catalano-aragonaise, plus d'un siècle plus tard que les autres. De plus, pendant le XVIIIème siècle, l'île fût colonisée alternativement par les Anglais et par les Français, demeurant ainsi séparée une centaine d'années du reste des Baléares et de l'ensemble de la couronne espagnole. Cette histoire différente a finalement été prise en compte, à l'échelle administrative, avec la formation des Conseils insulaires qui, sans casser l'unité de la Communauté autonome, permettent le développement des particularités et la satisfaction de certains besoins locaux. Matériellement, pour résoudre toute question de gestion, pour toute action ou pour atteindre n'importe quel service de l'Etat, à tous les niveaux de l'administration, les Minorquins doivent prendre le bateau ou l'avion, pour se rendre à Palma de Majorque, la capitale provinciale (aujourd'hui autonome). Ceci peut expliquer pourquoi beaucoup d'entre eux aiment mieux aller à Barcelone. Il faut investir le même argent et les mêmes efforts pour gagner Barcelone, qui est la ville de la péninsule la plus grande et la plus proche et qui est très bien reliée à l'île. Ce fait logique peut expliquer aussi une certaine ambiguïté dans les préférences entre Majorque et Barcelone pour une majorité de Minorquins. Même au niveau universitaire, étant donné le schéma rigidement sédentaire des universités espagnoles, les inscriptions des étudiants minorquins sont partagées plus au moins égalitairement entre les universités des Iles Baléares ou de Barcelone, surtout à partir du développement de la loi de 1984.

L'isolement géographique et cette sorte d'ambiguïté territoriale n'ont jamais été des obstacles, au long de l'histoire, pour les Minorquins pour accéder à la scène internationale au moins de temps en temps. Les migrations coloniales vers l'Amérique au XVIIIème siècle, ou vers l'Algérie, à la fin du XIX$^{ème.}$ sont, bien sûr, les exemples les plus importants. En plus de cette mobilité internationale on ne doit pas oublier le flux quasi constant des Minorquins vers la Péninsule Ibérique, ou les immigrations périodiques d'Espagnols et d'étrangers vers l'île, touristiques ou autres, qui cassent évidemment tout isolement. Il faut constater, cependant, que les habitants des îles, et quelquefois aussi ses visiteurs, ont une forte conscience subjective d'isolement physique. Il faut donc analyser les conséquences matérielles de cet isolement, et, surtout, les diverses réponses que les sociétés humaines ont tenté d'apporter en différentes périodes de leur histoire.

L'isolement comme créateur de phénomènes endémiques.

Le vide qui définit les îles a des conséquences sur leurs habitants. Les frontières maritimes agissent sur la diffusion des êtres vivants, en l'empêchant de quelque sorte. Une conséquence positive est l'apparition et la conservation d'êtres ou d'associations endémiques qui peuvent devenir importants. Si c'est le cas des Galapagos, ce peut être, à une autre échelle, celui de Minorque qui a réussi, en 1993, à devenir Réserve de la Biosphère de l'UNESCO. De même, l'insularité peut agir dans le sens de la conservation de mœurs et d'habitudes qui deviennent des phénomènes endémiques de nature culturelle ou socio-économique. La domaine linguistique offre les exemples les plus clairs. Ainsi le dialecte minorquin a préservé des mots catalans anciens, désuets déjà dans la principauté de Catalogne, mélangés à des barbarismes propres qu'on ne trouve pas dans d'autres dialectes catalans plus ou moins proches. Avec moins de force, on pourrait trouver des exemples similaires dans d'autres domaines culturels, comme la gastronomie, l'artisanat ou la musique.

Finalement, il faut présenter l'isolement comme complexe psychologique actif des mentalités des habitants des îles. Ce complexe serait-il à l'origine des claustrophobies ou agoraphobies dont plusieurs Minorquins souffrent quand ils sortent des petites dimensions et des routines habituelles de Minorque ? Ce complexe, interprété de façon exagérée comme manifestation d'insularité, est à la base de plusieurs mythologies populaires que démentent peu à peu les études scientifiques. Tel a été les cas pour le suicide qu'on avait jugé plus répandu dans Minorque qu'ailleurs. Au contraire, l'histoire minorquine fournit de nombreux exemples de la capacité humaine, chaque jour renouvelée à surmonter l'isolement.

Les réponses humaines à l'isolement.

Dans de telles conditions, les sociétés humaines sont capables de répondre de'différentes façons : avec une attitude plus ou moins résignée, ou avec l'effort constant de surpasser voire transformer les obstacles en de vrais ressources. Au niveau insulaire, on pourrait utiliser les exemples des archipels de São Tomé et du Cap Vert, comme l'ont démontré les études de nos collègues spécialistes des micro-Etats. Minorque, un peu comme le Cap Vert, aurait-elle pu surpasser à certaines périodes historiques les contraintes naturelles de l'isolement ? Aurait-elle ainsi créé une sorte de modèle autonome basé sur ses propres ressources, tantôt exportant tantôt important des habitants en fonction de sa situation excédentaire ou déficitaire ? Sans aucune prétention historiographique on a choisi ici les trois moments qu'on a jugé les plus importants.

La culture talaïotique

Vers le commencement du premier millénaire avant Jésus Christ, aurait démarré à Minorque la culture talaïotique connue grâce à la présence d'un monument mégalithique. Malgré des similitudes avec les cultures proches de Majorque, de la Corse ou de la Sardaigne (tout évoque un monde méditerranéen qui n'a jamais vraiment existé, mais qui serait une belle utopie à construire), la culture talaïotique minorquine est remarquable par la grande densité de son occupation humaine et par sa longue durée. Ces deux caractéristiques font penser à une certaine marginalisation par rapport aux contacts extérieurs, dans les deux sens et pendant beaucoup de temps. L'habitat minorquin se serait-il donc organisé pendant quelques milliers d'années d'une façon relativement semblable, du point de vue quantitatif et du point de vue territorial ? On pourrait peut-être en déduire l'existence d'un certain équilibre entre potentialités et usages dans l'île. Evidemment on a reçu ici des influences externes importantes qui furent plus ou moins assimilées. Tout d'abord les talaïotiques eux mêmes qui seraient arrivés de quelque part; après les romains, les Islamiques, les Catalans et, encore plus tard, les Britanniques, les Grecs ou les Juifs, les Espagnols, toujours, et, finalement, les touristes européens.

La densité du peuplement apparaît-elle encore dans la profusion des restes archéologiques, qui atteignent plus du millier ? Cette densité et cette profusion seraient-elles en rapport avec l'exploitation des ressources alimentaires de l'île de la part d'individus d'une culture qui, étant donné sa courte irradiation, seraient peu doués pour la navigation ? Aujourd'hui encore on compte plus de 300 *talaïots*, de formes et dimensions différentes, normalement isolés, mais de temps en temps groupés en grands villages comme Son Catllar, Sa Torre d'En Gaumés, Ço na Cassana o Torralba den Salord. Il faut y ajouter des *taules* et des *navetes*, nécropoles, tombaux et céramiques de toutes sortes, qui forment un véritable musée en plein air, devenu une ressource touristique fondamentale. Les caves et les grottes karstiques du midi calcaire de l'île, ainsi que les nombreux creux du littoral septentrional ont également été habités dans toutes les époques historiques montrant une densité de peuplement bien supérieure à celle que l'on pourrait imaginer.

La colonie britannique

La paix signée à Utrecht, en 1714, cédait l'île de Minorque à l'empire britannique qui la posséda pendant presque un siècle, de 1708 à 1802, avec de brèves interruptions coloniales française et espagnole. Le transfert de la capitale de la vieille *Ciutadella* épiscopale à Maó fournit un appui très net à la bourgeoisie locale, par rapport à l'aristocratie et au clergé traditionnel. Le maintien de l'usage du catalan dans certaines sphères fut le signe d'une politique relativement libérale par rapport au centralisme bourbonien du reste de l'Espagne. La construction d'un réseau de chemins moderne, l'ancrage de la flotte britannique de la Méditerranée ou la diffusion de l'élevage bovin en expansion dans les fermes de l'île donnèrent, sans doute, un grand élan à l'économie locale. Du point de vue britannique, cette domination fût un échec militaire et géopolitique, mais du point de vue local le fait britannique, ainsi que l'évidente prospérité qu'on a pu tirer de cette spécificité, ont alimenté l'imaginaire collectif local dans une mythification du britannique qu'on peut encore trouver dans la Minorque contemporaine.

A cette période, l'île connut une importance internationale, pour des raisons presque uniquement géopolitiques. La protection naturelle offerte par le grand port de Maó à l'époque de la navigation à voile peut justifier à elle seule le rôle stratégique de l'île. Minorque devenait ainsi un véritable centre de la Méditerranée occidentale, fait presque inchangé jusqu'au développement de la révolution des transports maritimes. Pendant le XIXème siècle, l'Atlantique l'emporta à nouveau sur la Méditerranée, tandis que Malte l'emporta sur Minorque, dans l'empire britannique. L'île réussit à développer, malgré tout, des activités modernes. L'économie subit un saut qualitatif significatif et les élites locales trouvèrent quelques débouchés sur le marché international qui ont laissé un héritage très important.

La voie minorquine

Aux crises périodiques de la deuxième moitié du XIXème siècle, qui furent à l'origine d'un flux migratoire important (qui après ne s'est presque plus jamais arrêté), Minorque répondit par un nouveau rééquilibrage. La bourgeoisie locale organisa des activités modernes afin de concurrencer même le marché international. L'artisanat du cuir, en quelque sorte un sous-produit de l'élevage bovin, permit la création d'une industrie cordonnière très riche surtout à Ciutadella et à Alaior. La fabrication de bijouterie fut élargie pendant la Première Guerre mondiale à la production de couverts et de porte-monnaie d'argent. La construction navale de petite envergure et la fabrication de moteurs apparut à coté des industries alimentaires plus traditionnelles. Ainsi fût justifiée la première centrale électrique et la construction d'une usine à gaz. Malgré l'isolement, c'est à dire malgré les prix plus élevés des matières premières à importer, un certain tissu industriel fût développé, surimposé sur un fond d'agriculture céréalière traditionnelle et un élevage laitier bien enraciné, générant une économie très différente de celle du reste des Baléares.

Survint alors la dramatique parenthèse de la Guerre d'Espagne (1936-39), qui à Minorque fût aussi très différente du reste des Baléares, car l'île demeura loyale au gouvernement républicain légitime jusqu'à la chute de Barcelone en janvier 1939. Guerre et répression renforcèrent les courants traditionnels d'émigration, surtout parmi les classes populaires; la bourgeoisie locale, consolidée par le nouveau régime, a cependant poursuivi le processus d'industrialisation. Les traits les plus significatifs de ce processus furent la production à grande échelle de fromage pasteurisé à Maó et la fabrication de glaces à Alaior, deux activités aujourd'hui achetées par des compagnies multinationales concurrentes et en cours de délocalisation. Une certaine diversification est à noter, surtout dans le secteur alimentaire à Alaior (avec la coopérative laitière et fromagère Coinga), la commercialisation de l'eau minérale de l'Enzell à Mercadal ou l'expansion internationale de certaines usines de chaussures à Ferreries et à Ciutadella.

Finalement, pendant les années soixante, le tourisme est aussi arrivé à Minorque; le retard de l'ouverture des plages minorquines à l'urbanisation par rapport à Majorque et à Ibiza contribua peut-être à affaiblir un peu ses effets les plus négatifs. Un modèle plus inspiré des villégiatures à l'italienne que des grands hôtels a permis de maintenir le tourisme de masse relativement écarté de la tristement célèbre "baléarisation". Le fait que l'île réussit à être qualifiée comme Réserve de la Biosphère par l'UNESCO, en 1993, est une bonne démonstration de ce relatif respect des aspects environnementaux, naturels et culturels.

Ainsi s'est développée une économie relativement équilibrée dans trois secteurs classiques, très différents de la monoculture touristique des autres Baléares ou du littoral espagnol. Pour cette raison on a pu définir en 1977 le modèle d'une voie minorquine de développement.

Conclusion

Aujourd'hui, cette dernière étape est presque terminée. Les changements observés à l'échelle mondiale ont leurs conséquences logiques aussi dans l'île, et le futur apparaît relativement sombre. L'émigration de la main d'œuvre la plus qualifiée se poursuit, et affecte même désormais des travailleurs moins qualifiés, parfois les propres immigrés des années soixante. Les exemples de l'histoire pourraient, peut être, devenir une sorte d'inspiration, sinon de modèle pour le futur.

En tout cas, la première conclusion importante doit être que l'isolement géographique n'existe, en fait, que dans les mentalités des habitants de l'île et de certains de ses visiteurs. Comme on a pu le voir, un isolement physique marqué par le "vide" marin, qui ouvrirait toutes les routes des mers et des airs, n'a pu être constaté dans aucune époque du passé minorquin. Si cela était vrai autrefois, cela l'est encore plus maintenant, alors que nous sommes en pleine révolution technologique, touchant particulièrement les communications. Ainsi les îles, et Minorque plus concrètement, sont souvent bien moins isolées que certaines régions continentales, éloignées des grands axes de communication, ou séparées des centres de décision par de grands accidents géographiques, (montagnes, forêts ou déserts), qui peuvent devenir parfois des frontières bien plus effectives pour la vie biologique et sociale et la communication des personnes.

L'isolement, en tout cas, a marqué très clairement les limites et les habitants de l'île ont su normalement en tirer le profit maximum. Même plus, les Minorquins ont réussi à transformer cette limitation en une véritable ressource pour le développement. Le microcosme minorquin aurait-il rendu la limitation des ressources plus évidentes, ce que le monde, en général, n'a découvert que bien plus tardivement ? L'histoire de Minorque nous offre, encore une fois, un exemple de possibilisme tel qu'il fût défini par la géographie française du début du siècle. Reste ici à rendre un hommage particulier à ses créateurs.

Bibliographie

ARMSTRONG, J., 1930, *La historia de la isla de Menorca*, Mahón, Imp. M. Sintes, (édition original anglaise de 1752).

BENEJAM, J., 1897, *Historia de Menorca*, Ciudadela, Imp. S. Fabregas.

BRUNET, R. *et al*, 1992, *Les mots de la Géographie. Dictionaire critique,* Paris, Reclus-La Documentation Française.

CAMUS, A., 1994, *Le premier homme*, Paris, Ed. Galimard.

ECO, U., 1994, *L'isola del giorno prima*, Milano, Ed. Bompiani.

ESTRUCH, J. et CARDUS, S., 1981, *Plegar de viure, Un estudi sobre els suicidis*, Barcelona, Ed. 62.

FARRE-ESCOFET, E., MARIMON, R. et J.M., SURIS, 1977, *La via menorquina al desenvolupament*. Barcelona, Servei d'Estudis de Banca Catalana.

Gas y Electricidad, S.A., 1992, *Cent anys d'electricitat i gas a Menorca, 1892-1992*, Palma,.gràfiques Jorvich.

GREGORY, D., 1990, *Minorca, the Illusory Prize. A History of the British Occupations of Minorca between 1708 and 1802*, London, Rutherford.

HERNANDEZ SANZ, F., 1908, *Compendio de Geografía e Historia de la isla de Menorca*, Mahón, (s.p.i.).

MALLART, L., 1986, *Cap Verd. La gent i el seu entorn*, Barcelona, El racó del llibre de text.

MARQUES, M.A., 1994, *Industrials i artesans de Menorca. El cas d'Alaior. 1852-1936*, Palma, El Tall.

MARTI CAMPS, F., 1973, *Iniciació a la Historia de Menorca*, Palma de Mallorca, Ed. Moll.

MURILLO, A., 1976, "Menorca" à *Gran Enciclopèdia Catalana*, vol. 9, Barcelona, Ed. GECSA.

QUINN, J., 1975, *Minorcans in Florida. Their history and heritage*. Saint Augustine, Mission Press.

SERRES, M., 1993, *Atlas*, Paris, Flammarion.

L'INSULARITE DE ZANZIBAR, DE L'EMPIRE DES BOUTRES AUX NOUVELLES UTOPIES

Jean-François STASZAK
Université de Picardie (Amiens), Laboratoire "Espace et culture"

Cette communication[1] vise à déterminer ce qui constitue l'insularité de Zanzibar. La question présente un intérêt si l'on garde en tête un double constat. D'une part, parler de l'insularité d'une île n'est pas un pléonasme : une île peut être plus ou moins - pas du tout ? - insulaire, car l'insularité ne se résume pas à des questions de géographie physique. D'autre part, l'insularité prend des formes variées, et elle est composée d'éléments multiples.

Zanzibar est un des deux Etats de la République Unie de Tanzanie (l'autre étant le Tanganyika, appelé *Mainland*). Son territoire est constitué par un archipel, qui comprend deux îles principales (Unguja - 1664 km^2 - et Pemba - 868 km^2) et quelques îlots. L'île d'Unguja porte aussi le nom de Zanzibar, et abrite la capitale : la ville de Zanzibar. Peuplé de 640 000 habitants, l'archipel se situe dans l'Océan Indien, à une cinquantaine de kilomètres du continent africain et à 6° de latitude Sud. A partir du XIXème siècle, Zanzibar devient le centre d'activité majeur en Afrique Orientale et dans l'Océan Indien, polarisant les échanges et jouant le rôle d'une plaque tournante insulaire, où passaient les hommes, les cultures et les biens. La colonisation, puis la révolution de 1964 et le choix de la fermeture, ont réduit l'île à un statut de petit bout de continent. L'ouverture de 1984 prétend renouer avec la vocation insulaire, ce qui ne va pas sans difficultés. Dans le temps et dans l'espace, l'insularité de Zanzibar se manifeste par des modalités changeantes, sur la base de quelques permanences, l'insularité elle-même n'étant pas la moindre. A travers ces permanences, l'île exprime-t-elle une personnalité géographique ? De quelle insularité relèverait-elle ?

1. Ce travail s'inscrit dans le cadre du programme "Zanzibar contemporain" conduit par l'Institut Français de Recherche en Afrique (IFRA) de Nairobi, dont les résultats paraîtront sous la forme d'un ouvrage collectif (C. Lecour Grandmaison et A. Sheriff [dir.], *Zanzibar contemporain*, Paris, Karthala, 1996).

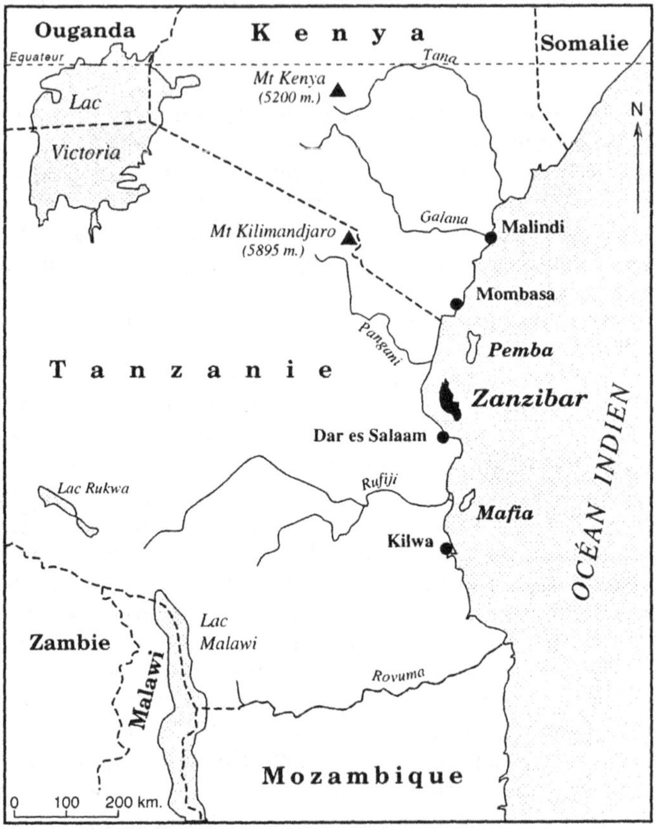

Figure 1 : Localisation de Zanzibar

Une île, trois espaces

En termes de géographie physique, l'insularité de Zanzibar présente un aspect marqué. La faible surface des îles, leurs côtes découpées lui confèrent un indice d'insularité important, d'autant qu'il s'agit d'îles basses, ce qui fait que l'accès à la mer est très facile. Par ailleurs, la proximité du continent, la structure archipélagique de Zanzibar induisent des rapports centre-périphérie nuancés et emboîtés. Le climat de l'archipel est franchement maritime (soumission à l'alizé maritime et à la mousson); sa géomorphologie l'est tout autant (soubassement corallien, rôle des transgressions, anciens cordons dunaires...). L'endémisme a été notable (il reste encore quelques singes rouges dans la forêt de Jozani). Sur la base - en fait changeante et modifiée par l'homme - de ce milieu et de cette situation insulaire, Zanzibar est constituée de trois types d'espaces géographiques, dont l'importance et le caractère insulaire a varié dans le temps.

Le premier est la ville de Zanzibar (160 000 habitants en 1988), située sur une presqu'île. On distingue deux parties : la ville de pierre (*Stone town* : 15 000 habitants) et la *Ng'ambo*. La *Stone town* est l'ancienne ville arabe. Les bâtiments, qui datent principalement du XIXème siècle, sont construits en calcaire corallien. Il s'agit de gros immeubles de 5 à 7 étages, entourant souvent une cour intérieure. Un lacis de ruelles étroites, au tracé erratique, rend le plan de la ville très confus pour le visiteur. Les activités sont essentiellement tertiaires (administrations, commerce et artisanat, tourisme). Le *Ng'ambo* s'est développé en retrait. On y trouve des immeubles d'habitat collectif construit dans les années 1960, de l'habitat populaire individuel plus ou moins précaire, et des quartiers plus chics pour la bourgeoisie locale et les résidents étrangers, où se situent également quelques ministères et des organisations internationales. C'est aussi dans cette périphérie qu'on trouve les rares implantations industrielles et les projets de zones franches. Le port est entre la *Stone town* et *Ng'ambo*.

Le deuxième espace est constitué par les littoraux, où se fixe la plus grande partie de la population. On trouve deux types de littoraux à Zanzibar. Les côtes à mangrove, si elles fournissent du bois (de charpente, par exemple), constituent désormais des espaces peu attractifs. Les lagons, au contraire, polarisent les activités. L'image est celle des publicités : les cocotiers, inclinés par la régularité des alizés ombragent une plage de sable blanc et fin, immaculé peut-on dire, là où les ramasseurs d'algues et de débris employés par les villages-clubs ont procédé à sa toilette matutinale. Les eaux turquoises du lagon étalent leur calme jusqu'à la poissonneuse barrière de corail. La plage voit défiler, selon les heures, les touristes et leurs cohortes de vendeurs de souvenirs, les pêcheurs des villages qui traînent leurs barques à l'eau ou ramènent leurs prises, les cultivateurs d'algues par endroits. Un peu en retrait se trouvent les espaces cultivés.

L'intérieur de l'île constitue le troisième type d'espace, qui connaît des densités plus basses mais assez contrastées. L'habitat y est regroupé en hameaux et villages. On y trouve cinq sortes de paysages. Les broussailles occupent les parties les plus sèches, là où les sols sont très pauvres et laissent la pierre blanche à nu par endroits. Cette zone est peu cultivée, les densités y sont faibles. Les terres plus fertiles, aux sols plus humides et plus épais, portent une végétation plus développée. Sur les terres des anciennes plantations du temps de la splendeur des clous, on trouve encore quelques girofliers, et surtout des orangers, manguiers, bananiers et divers "arbres" à épices (cannelle, poivre...). Les zones basses et humides sont occupées par des rizières, exploitées par des coopératives. Dans les deux cas, il s'agit, principalement, d'agriculture de marché. L'agriculture vivrière (igname, fruits et légumes...) structure les paysages du troisième type d'espace cultivé. Enfin, on trouve une forêt résiduelle à Jozani.

Un passé insulaire révolu

L'histoire de Zanzibar est très marquée par l'insularité. Zanzibar a d'abord été un établissement parmi d'autres, dans le cadre de l'épanouissement de la civilisation swhahilie, commerçante et maritime, dont les centres furent des cités-Etats localisées sur les rives du continent (Xème-XVIIème siècles). C'est au XIXème siècle que, dans le cadre du sultanat omani de Zanzibar, l'île devient le pôle politique, économique et culturel des rives africaines de l'Océan Indien. Son empire poussait alors très loin ses ramifications. Il s'est peu à peu rétréci sous les effets de la colonisation (1870-1960). Zanzibar se replie totalement sur lui même après l'indépendance (1964-1983).

Les îles-Etats swahilies : Xème-XVIIème siècle

Après avoir peut-être été visitée par des marchands méditerranéens dans l'Antiquité (l'Azania du *Périple de la Mer Érythrée*), la côte Est-africaine voit, du Xème au XIVème siècles, s'épanouir la civilisation swahilie. Elle intégrait diverses composantes, liées aux différentes populations qui ont migré vers la région : Bantous issus du continent africain, Arabes venus à partir du VIIème siècle de Mascate et Oman, Shiraziens venus de Perse à partir du Xème siècle. L'importance de ces derniers est sans doute plus notable dans les mythes fondateurs que dans la démographie. La religion musulmane était dominante, et les activités principalement commerçantes (échanges d'esclaves et de produits précieux avec l'Arabie, la Perse, l'Inde, l'Indonésie).

Kilwa finit par s'imposer comme le centre de la civilisation swahilie. Son aire aurait compté une trentaine de cités-Etats plus ou moins rivales (Lamu, Mombasa, Pale...). Toutes étaient situées dans des îles ou des péninsules, pour des raisons défensives et commerciales.

Echanges commerciaux mis à part, elles avaient peu de relations avec l'intérieur du continent. Elles connaissaient souvent des conflits entre les dynasties arabes et africaines. Zanzibar, occupé par des Africains au début du millénaire (Tumbatu et Hadimu de Zanzibar se réclament de cette origine), aurait accueilli une immigration d'arabes d'Oman au Xème siècle, à l'origine de la formation d'une dynastie mixte et serait passé, avec réticences, sous le contrôle de Kilwa au XIVème. A partir du XVème siècle, les cités-Etats swahilies subissent les visées portugaises. Les Portugais prennent Mombasa, Kilwa, Lamu, Pate... et s'imposent en maîtres : Zanzibar leur aurait résisté en 1509, mais est resté sous leur coupe plus d'un siècle. Des liens se tissent alors avec Goa, aux Indes. Ce n'est pas avant le XVIème siècle que les Portugais voient leur contrôle décliner, au profit des ambitions du sultanat d'Oman. Entre les deux puissances, le jeu des cités swahilies est délicat. Pour résister à la conquête portugaise, elles font appel aux alliés arabes. Ainsi, quand Zanzibar chasse les Portugais en 1652, la cité appelle Oman à l'aide et bascule sous son influence. Oman prend finalement Mombasa en 1698. L'ancien allié est le nouveau maître. Pour se prémunir de son emprise, certaines cités swahilies jouent alors la carte portugaise : Zanzibar, en 1728, s'allie aux Portugais, avant de se joindre l'année suivante aux cités swahilies pour les rejeter définitivement. En 1744, Oman installe son gouverneur à Zanzibar. Oman réussit donc à évincer la puissance lusitanienne. Toutefois, la souveraineté d'Oman est plus théorique qu'effective, car le sultan n'a guère les moyens d'exercer son empire. Les cités-Etats jouissent d'une large indépendance vis-à-vis d'Oman. Mombasa, sous contrôle des Mazrui à partir de 1740, s'impose comme centre local de pouvoir et entre en guerre contre l'autorité d'Oman. Ainsi, les Mazrui tentent - sans succès - de prendre Zanzibar en 1753.

Le sultanat de Zanzibar : un empire insulaire

Seyyid Said, sultan d'Oman à partir de 1807, s'appuie sur les Anglais, et profite de la situation confuse et du ressentiment de certaines cités (dont Zanzibar) contre Mombasa pour affermir son pouvoir. Jouant sur les divisons internes des Mazrui, il réussit à prendre le contrôle de Mombasa en 1837. A partir de 1820, beaucoup d'Arabes migrent vers les côtes africaines, si bien que la composante arabe devient dominante au sein de la culture swahilie. Dans les années 1840, Seyyid Said, qui voit son pouvoir menacé à Oman, s'établit à Zanzibar : le climat en est apprécié, et l'archipel présente de bonnes opportunités pour les plantations et le commerce. Il fait de la ville de Zanzibar la capitale de son domaine, et signe dans les années 1830-1840 des accords avec les Etats-Unis, l'Angleterre et la France. L'économie de Zanzibar devient vite florissante. Elle se fonde d'une part sur les plantations, d'autre part sur le commerce. Comme les capitaux font défaut, Seyyid Said encourage la venue des commerçants et financiers indiens.

Zanzibar devient une plaque tournante, un centre d'entrepôt et d'échanges. Le Sultanat ne contrôle vraiment directement que le littoral et les îles : son intérêt pour l'*hinterland* africain est exclusivement commercial. Les esclaves et l'ivoire qui y sont collectés sont acheminés par caravanes jusqu'à la côte (Bagamayo, Kilwa, Mombasa...), puis jusqu'au port de Zanzibar. Des navires y amènent aussi des produits occidentaux : poudre, armes, vêtements... De Zanzibar partent des cargaisons d'esclaves, d'ivoire, de clous de girofle, mais aussi de gomme, de copra et de denrées alimentaires. Ces exportations privilégient les ports de l'Océan Indien (Arabie, Perse, Inde), mais concernent aussi l'Europe et les Etats-Unis. Les îles sont défrichées et, là où c'est possible, on y exploite des plantations de clous de girofle, dont Zanzibar devient le premier producteur. Le travail intensif, lors de la récolte et après celle-ci, est assuré par des esclaves noirs. Des contingents importants d'esclaves venus du continent s'établissent dans les îles. Zanzibar alors a un nouveau visage : la ville de pierre, centre des activités, accueille les palais et les entrepôts ; les plantations dominent les paysages ruraux. La ville est déjà cosmopolite : nobles et marchands arabes, commerçants indiens, européens, esclaves africains s'y côtoient.

Du déclin à la fermeture de l'île

Toutefois, les Anglais sont de plus en plus présents. Ils suivent un triple objectif : assurer leur contrôle politique sur l'Afrique de l'Est, jouer un rôle important dans le commerce et abolir l'esclavage (s'y ajoute la nécessité d'évangéliser). En 1856, ils arbitrent la succession de Seyyid Said au profit de Bargash (qui, à partir des années 1870, est sous l'influence du consul britannique J. Kirk) et le conflit dynastique de 1861 en séparant en deux le sultanat : d'un côté Oman et Mascate, de l'autre Zanzibar. D'importantes concessions commerciales sont obtenues. Après diverses tentatives, les Anglais imposent l'abolition de l'esclavage en 1873. Zanzibar est alors sous contrôle anglais. La présence de plus en plus pressante de la puissance coloniale allemande pousse les Anglais à traiter avec Berlin : les négociations de 1886 (auxquelles le sultan ne participe pas) débouchent sur une partition, qui réduit le domaine du sultan aux îles et à une bande côtière large de 10 *miles* (16 km.). Un nouveau traité, en 1890, institue Zanzibar en protectorat britannique et abandonne la bande côtière à la colonisation allemande. La perte de l'indépendance politique et commerciale, du contrôle commercial des routes du commerce sur le continent, l'abolition de l'esclavage, l'endettement des propriétaires arabes auprès des marchands indiens, les changements de l'économie et du commerce mondial, plus tard l'effondrement du prix des clous sonnent le glas de la splendeur de Zanzibar, qui se replie peu à peu sur lui-même et sur son passé. L'histoire de la période coloniale, qu'on n'évoquera pas ici, est celle des luttes entre les différents pouvoirs et celle d'une économie coloniale dont les principes sont tout différents de ceux qui avaient fait de l'île le centre d'un empire commercial.

La fermeture de l'île et le rétrécissement de ses horizons deviennent définitifs avec l'indépendance, obtenue en janvier 1963. Très vite éclate la révolution, dirigée par A. Karume. A la tête de l'Afro-Shirazi Party, il s'élevait au nom des "indigènes" contre la main mise des Indiens et des Arabes sur Zanzibar. Le sultan s'enfuit, Arabes et Indiens sont évincés ou éliminés lors de véritables pogroms. Karume conclut avec J. Nyerere (Président du Tanganyika) l'union des îles et du *Mainland*, dans le cadre de la République Unie de Tanzanie (avril 1964). Il faut dire qu'en pleine guerre froide, les Etats-Unis, l'Angleterre et l'Allemagne craignaient que le petit Etat, où la poussée marxiste mettait Karume en difficulté, ne constitue un foyer d'instabilité et ne devienne le "Cuba de l'Afrique" : ils ont poussé au rattachement au Tangayika de Nyerere. La voie du socialisme africain qui est choisie est celle de l'autarcie et de l'économie planifiée. Zanzibar, à partir de 1964 est un petit Etat, résolument africain, sous la domination du *Mainland* et fermé sur lui-même. Jusqu'à l'assassinat de Karume (1972), diverses mesures rendent la vie des Arabes très difficile à Zanzibar (éviction politique, confiscation des biens, difficultés administratives, tentative des "mariages forcés" en 1968-1969...). Cet anti-arabisme s'estompe sous la présidence de A. Jumbe, mais les relations restent tendues. Si l'insularité est niée, son histoire ne peut être effacée. Les paysages de la ville de pierre, ceux des plantations, les boutres toujours présents dans le port sont là pour la rappeler. De même, ce n'est pas ainsi qu'on fait disparaître les composantes arabes ou indiennes dans la culture swahilie : les mots (les toponymes), les valeurs, les modes de vie... subsistent.

Une histoire sous le signe de l'insularité

Sans céder au déterminisme géographique, on note que l'histoire de Zanzibar est très marquée par l'insularité. Le fait que l'archipel soit baigné par les eaux et soumis aux directions changeantes de l'alizé et la mousson explique qu'il ait reçu tant de vagues de peuplement, tant de visiteurs venus de si loin à une époque où seuls les voyages maritimes étaient possibles : marchands méditerranéens peut-être, voisins africains, Arabes, Perses, Portugais, Indiens, Comoriens, Anglais et Allemands. De même, cette situation a été à la base du développement commercial : les vents menaient naturellement les boutres vers ces partenaires commerciaux qu'étaient l'Arabie, la Perse et le monde indien.

Cette vocation au long cours est apparente dans le temps long. Elle est à la base de la civilisation swahilie, faite de mélanges ethniques, culturels et linguistiques. Les (Ki)Swahilis, étymologiquement, sont les gens de la côte; Unguja, c'est l'escale; Pemba, c'est le cap. Les cités-Etats du littoral étaient toutes des îles. C'était vrai matériellement pour beaucoup, presque vrai pour les autres, qui occupaient des presqu'îles. C'était vrai aussi parce que ces cités tournaient le dos au continent africain. Elle cherchaient à s'en protéger, et n'avaient avec lui de rapports que commerciaux. Le sultan de Zanzibar n'a pas davantage tenté de se rendre maître du continent. Il s'est réfugié sur une île, près de la côte. Il a construit sa capitale sur une presqu'île de l'île. Il faut prendre acte de l'ouverture de cette société et de la largeur de ses horizons : sa fondation est liée au transfert d'une capitale sur une distance de 4 000 km à vol d'oiseau (de Mascate à Zanzibar), sa population était très cosmopolite, ses navires et son négoce touchaient toutes les parties du monde. Et si la singularité participe de l'insularité, que dire de celle de Zanzibar, dont le nom et le destin sont en effet uniques ? Ces caractères extravertis et cosmopolites ont peu à peu perdu leurs sens avec le protectorat britannique. La société a connu une crise profonde, qui a débouché sur les violences de la révolution de 1964. Celle-ci a eu les conséquences qui suivent : éviction violente des Indiens et des Arabes, fermeture économique et autarcie, union avec le continent. On a l'impression qu'il s'agissait de nier l'insularité, en chassant ce qui venait de l'extérieur et en rattachant l'île au continent.

1984-1994 : un renouveau insulaire ?

Le faillite économique du pays, sa soumission aux règles du FMI attestent de la profondeur du constat d'échec. A Zanzibar, le virage - serré - est pris en 1984. La nouvelle orientation, opposée si nettement à la précédente, retrouve immanquablement l'insularité.

Un Hong Kong africain ?

L'*Investment Act* de 1986 ouvre le pays à l'investissement privé et étranger. Pour attirer les capitaux, des garanties sont fournies et divers avantages concédés. Ainsi, les exonérations de droit de douane, de taxes, d'impôts portent sur 5 ou 10 ans. Cette logique est poussée à son terme par les différents projets de zones franches (par exemple, les *Economic Free Zones*, dont on connaît le succès à Maurice). Zanzibar vise à développer une "économie insulaire" et à devenir le "Hong Kong africain". Il s'agit de mettre en valeur l'insularité en tant qu'atout économique. Zanzibar deviendrait un petit monde à part, grâce à ses zones franches. L'insularité donnerait un sens propre aux projets de banque *off shore*. Les activités se tourneraient vers les services et les transports, autour d'un port franc. Le discours officiel sur le sujet est très optimiste, trop à la vérité. Les projets ambitieux se succèdent sans que les réalisations suivent, et sans tenir compte d'une réalité qui, de toute évidence, est bien moins brillante. L'insuffisance des infrastructures (transports, télécommunications, approvisionnement en eau et électricité...), la faiblesse du tissu économique local et du marché dans la zone, la sous-qualification de la main d'œuvre sont autant d'obstacles qui ne sont pas prêts d'être levés. Il est clair qu'il y a là une fascination pour certains modèles sud-asiatiques, un effet de mode et quelques illusions (ou aveuglements volontaires). Il est surtout intéressant de considérer comment l'insularité intervient dans le discours.

D'abord, les comparaisons géographiques sont claires, souvent explicites : Zanzibar, comme Hong Kong et Singapour sont de petites îles très proches de grands continents peu développés. L'insularité serait un atout en soi, qui n'attend qu'à être valorisé (énoncé) pour que le miracle économique se produise. Il n'est pas nécessaire d'examiner les conditions politiques, historiques, économiques qui ont fait le succès des deux villes-Etats : celui-ci leur est immanent, du seul fait de leur insularité, qui les constitue en personnalités géographiques. L'insularité apparaît parallèlement dans le pari d'une spécificité, d'une originalité, d'un rôle à jouer. Zanzibar est un cas, ne se trouve pas dans la même situation - désastreuse - que les autres Etats africains. Des voix s'élèvent d'ailleurs pour plaider l'éclatement de la République unie de Tanzanie : Zanzibar possède un destin propre, une richesse qui lui est confisqué par le Tanganyika, pauvre pays continental au destin banal.

Enfin, l'insularité intervient, plus ou moins consciemment, dans la volonté - forcenée - d'ouverture. L'économie, après des années d'une autarcie contre-nature se jette à l'eau, renoue avec l'insularité, qui est ouverture sur les rivages lointains. Le commerce au long cours a fait la richesse et la puissance du sultanat de Zanzibar ; c'est en réactivant ce rôle international que Zanzibar retrouvera la splendeur perdue. On ne fonde guère les projets sur les ressources propres, qui sont faibles mais qui existent, pas plus qu'on ne tient compte des handicaps locaux, qui sont lourds : on regarde au loin, dans le passé et au delà des mers, d'où viendront les investisseurs et les solutions. D'ailleurs, les anciens liens avec les mondes arabes et indiens ne sont-ils pas réactualisés ? Le Président de Zanzibar, S. Amour, déclare ainsi dans un *interview* : "à Zanzibar, le projet de port franc remonte à 1892, il y a 100 ans. Il n'a pas été suivi d'effets, sans doute à cause de contraintes financières. Quoiqu'il en soit, on n'en a plus parlé pendant un siècle... La décision de faire de Zanzibar un port franc n'est donc pas nouvelle : ce n'est qu'une reprise de la décision d'origine. Zanzibar tient vraiment à devenir le centre de services de l'Afrique orientale et centrale".

L'imaginaire insulaire, dont on sait le rôle qu'il joue dans la culture occidentale, semble ici se développer dans la sphère de la politique économique. On retrouve les mêmes éléments : une géographie immanente qui détermine un destin, l'originalité irréductible d'un monde miniature, l'appel du large... L'utopie ? Sans doute, tant certains projets paraissent irréalistes. Toutefois, le fantasme insulaire peut devenir réalité économique : précisément quand c'est lui qu'on vend.

Un Hawaï africain

Les investisseurs étrangers, qui savent faire la part entre le rêve et la réalité, et ne s'intéressent au rêve que dans la mesure où il peut rapporter, ne s'y sont pas trompés : le tourisme a monopolisé 83 % de leurs investissements de 1984 à 1994. Le tourisme est de plus en plus important à Zanzibar : il serait en passe de devenir la première ressource de l'archipel. Le nombre de visiteurs suit une progression constante : ils étaient 80 000 en 1993, généralement à compléter leur safari au Kenya ou en Tanzanie par un séjour (3 jours en moyenne) à Unguja.

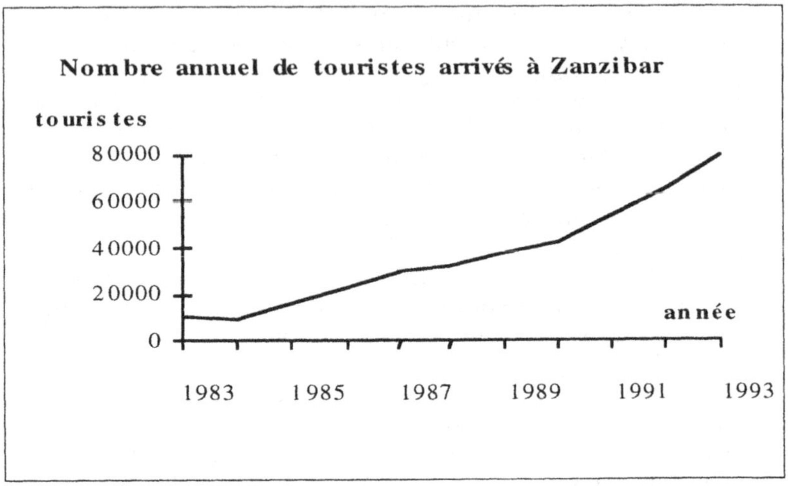

Ce tourisme est, pour une bonne part, une activité insulaire. Un premier type d'activité touristique (plage, baignade, sports nautiques...) se focalise sur les littoraux sableux. Le second type d'activité, culturelle, n'est lui-même pas étranger à l'insularité, dans la mesure où il exploite un patrimoine qui relève directement d'une histoire insulaire. La ville de pierre, le *Spice tour* renvoient au passé insulaire. Celui-ci est mis en scène lors de la visite des grottes des esclaves (?), ou des trois musées de l'île (encore qu'on y insiste davantage sur les luxes du sultanat, les hontes de la colonie et les mérites du Parti que sur l'esclavage). Les brochures à destination des touristes mobilisent différents éléments de ce passé (les boutres, les coffres...). Elles mettent l'accent sur le caractère multi-ethnique et ouvert de la civilisation swahilie (nié par la révolution de 1964). Le métissage fait l'objet d'un certain consensus idéologique, au moins parmi les touristes potentiels auxquels cette littérature est destinée; le cosmopolitisme de Zanzibar leur promet plusieurs voyages en un (Afrique, Arabie, Indes...); les valeurs d'hospitalité et de tolérance sont un argument de plus.

Enfin, et c'est peut-être le plus important, l'insularité en soi est un élément majeur pour vendre la destination de Zanzibar aux touristes. Le thème est développé à l'envie dans les plaquettes publicitaires et les catalogues des *tour-operators*, il est fréquemment évoqué par les touristes eux-mêmes. Sans vouloir épuiser les nombreuses composantes d'un imaginaire riche et complexe, en même temps que stéréotypé, il faut mentionner les mythes qui suivent : le havre de paix, le jardin d'Eden, le paradis tropical, l'originalité d'un petit monde à l'abris du temps, l'Utopie, le ressourcement, Robinson... L'insularité comme produit touristique apparaît même au carré. Au Nord-Est d'Unguja se trouve un ilet : Mnemba Island, petite île déserte à quelques centaines de mètres de la côte. On veille d'ailleurs à ce qu'elle garde ce caractère : les pêcheurs sont priés d'éviter ses côtes. Quelques *bungalows* de grand luxe y sont cachés dans la végétation tropicale, au bord de plages de rêve. Les touristes privilégiés (il s'agit de 350 US $ par jour) peuvent s'y faire déposer, ils ne seront dérangés que pour leur approvisionnement. Une île encore plus île que Zanzibar : elle est toute petite; les plages y sont partout, idylliques de plus; la solitude royale se prête à la robinsonnade; le grand luxe de la nourriture et de l'équipement assurent un calme et une volupté qui en font un paradis; c'est l'île d'Utopie. Le caractère insulaire du tourisme se lit aussi à ses modalités. Les visiteurs séjournent dans des villages-clubs qui sont tous situés sur des littoraux sableux; l'intérieur de l'île n'est que brièvement aperçu lors d'une ou deux excursions "pittoresques". Les touristes arrivent par avion (de Nairobi, Mombasa, Dar es-Salaam, Milan), plus rarement par bateau.

On mentionnera ici pour mémoire deux autres activités littorales, qui s'effectuent sur les littoraux, comme le tourisme, mais dont la compatibilité avec ce dernier est problématique : la pêche, activité ancienne dont les produits jouent un rôle important dans l'apport protéinique des Zanzibari; la culture des algues, activité récente qui vise à pallier le manque à gagner occasionné par l'effondrement des cours du clou de girofle.

Les velléités d'indépendance

Le virage de 1984 n'affecte pas seulement le vie économique. Lors du débat constitutionnel de 1983, des voies s'élèvent à Zanzibar contre l'Union. Le continent réagit vivement : le Parti (CCM) accule le président zanzibari à la démission. A Dar es-Salaam, on accuse les "Arabes" d'être à l'origine des troubles et de pousser à la sécession. En fait, il n'y a plus guère de groupe qu'on puisse qualifier d'arabe à Zanzibar, où les visées séparatistes se fondent sur l'intervention du continent dans les affaires intérieures de l'île et sur la conscience d'un particularisme insulaire, qui, il est vrai, est à la base arabo-musulman. En 1984, le Parti place à la présidence de Zanzibar H. Mwinyi, qui assure la démocratisation et la libéralisation. Les réseaux arabes, qui étaient en sommeil, sont réactivés, particulièrement dans le domaine commercial. Les relations diplomatiques avec Oman reprennent en 1985 et, suite à l'ouverture économique de l'île de 1986, le gouvernement fait appel - sans grand succès - aux investisseurs omanis. Toutefois, certains Omanis reviennent, investissent, avec une ostentation qui réactive les réactions xénophobes.

Ainsi, l'atmosphère ne change pourtant pas du tout au tout. J. Nyerere, dans un discours de 1987, ressent le besoin de lancer un appel à l'oubli des querelles passées et à la réconciliation ethnique, pendant qu'à Zanzibar, un pamphlet dénonce les positions pro-arabes du gouvernement et agite le spectre de l'esclavagisme. En 1988, Wakil et la presse dénoncent un complot arabe.

En 1990/1992 reprennent les débats sur les thèmes constitutionnels abordés en 1983/1984 : statut et légitimité constitutionnelle de Union[2], définition du domaine réservé du gouvernement central, répartition des richesses... La crise éclate en décembre 1992 : Zanzibar adhère à l'Organisation de la Conférence Islamique. Un tollé s'élève sur le continent, qui accuse le gouvernement de Zanzibar de violer la constitution : les questions de politique extérieure ne sont pas du ressort de ce dernier, mais de celui du gouvernement central de l'Union. Suite à 6 mois de crise constitutionnelle et à l'intervention de Nyerere, Zanzibar se résout, en août 1993, à se retirer de l'OCI.

Les questions esquissées ci-dessus sont de nature complexe : de nombreux éléments interviennent, et l'essentiel n'est pas toujours explicité. Il est toutefois marquant de voir comment y interviennent des thèmes liés à l'insularité et à l'histoire insulaire, parfois lointaine, de Zanzibar. L'hésitation entre l'Afrique et le monde Arabe, la tentative délicate de maintenir un équilibre en jouant l'un contre l'autre, la volonté ou le refus net de la réactivation des anciens liens, la pérennité des tensions internes et des fantasmes qui les nourrissent (l'esclavage), la certitude d'un particularisme zanzibari (où l'Islam joue son rôle), la conscience de la nécessité de l'ouverture... : autant de positions qui portent sur la nature géographique de Zanzibar, son insularité. Qu'on veuille de nouveau l'assumer ou la mettre en valeur, en renouant avec le passé insulaire et ses alliances; qu'on s'en défie et bataille pour le maintien de la fermeture des années 1964-1984, en affirmant l'africanité de Zanzibar et en dénonçant le retour des vieilles oppressions : c'est de l'île et de son destin qu'il s'agit.

---

2. Le statut et la légitimité constitutionnelle de Union soulèvent des questions byzantines. Sa légitimité est remise en cause par le fait que les Zanzibaris n'ont pas été consultés en 1964, que Nyerere et Karume n'étaient pas nécessairement habilités à signer le traité d'union (les *Articles de l'Union*), que l'Attorney général de Zanzibar, autorité juridique, n'y a pas participé. La nature de l'Union est diversement interprétée : Etat fédéral, quasi-fédéral, transition vers un Etat unique... La situation est compliquée par la règle "1 + 1 = 3" : il y a un gouvernement central, un gouvernement pour Zanzibar, mais pas de gouvernement pour l'ex-Tanganyika... La question de l'attribution de la vice-présidence de l'Union au président de Zanzibar a soulevé également des difficultés. Par ailleurs, les 11 *Articles de l'Union* sont un texte bref et très général, qui était appelé à être précisé par une commission constitutionnelle, laquelle ne s'est jamais réunie : le flou est propice à tous les débats.

Les expressions géographiques et historiques de l'insularité

Les rythmes et les modes de l'insularité

L'insularité de Zanzibar n'a pas déterminé son destin, ne serait-ce que parce que cette insularité s'est manifestée, exprimée de différentes manières dans l'histoire (*cf.* tableau suivant). Ces modalités dépendent de plusieurs facteurs. Les plus importants semblent géopolitiques, et tiennent aux différentes ambitions coloniales et autochtones qui se sont succédé sur le littoral est-africain, ainsi qu'à la marge de manœuvre dont Zanzibar disposait par rapport à celles-ci : à chaque situation, un type d'insularité différent. Les facteurs économiques ont également joué un grand rôle : les évolutions du marché du bois d'ébène et des clous de girofle, les variations du cadre politico-économique, les mutations du commerce international ont correspondu à des systèmes de productions différents, qui étaient autant de mises en valeur de l'insularité. Dans cette perspective, la négation même de l'insularité (1964-1984), à travers la fermeture de l'île et son rattachement au continent, est finalement un moment et un mode d'insularité, répondant à une situation politique et économique particulière (décolonisation, socialisme africain...).

chronologie	**X-XV**	**XVI-XVII**	**1800-1873**	**1873-1964**	**1964-1984**	**1984-...**
période	**swahilie**	**intermédiaire**	**omani**	**coloniale**	**africaine**	**?**
centre (s) politique dont dépend Zanzibar	Kilwa ?	Mombasa Portugal Oman	Oman puis Zanzibar	Londres	Dar es-Salaam	Dar es-Salaam ?
centre littoral Est-africain	Kilwa	Mombasa	Zanzibar	Zanzibar Mombasa	Dar es-Salaam	Mombasa ?
statut de Zanzibar	cité-état	cité-état	sultanat	protectorat	Etat de l'Union (solide)	Etat de l'Union (fragilisée)
vagues d'immigration	Africains Shrirazis Arabes	Arabes [Portugais]	Arabes Indiens esclaves africains	Arabes Indiens Comoriens [Anglais]	fuite des Arabes et des Indiens	Arabes Indiens
base économique	agriculture vivrière et commerce	agriculture vivrière et commerce	commerce (esclaves, clous, ivoire) et plantations	commerce (clous, ivoire) et plantations	agriculture vivrière et plantations en déclin	agriculture vivrière et tourisme
insularité	?	comptoir	thalassocratie marchande	base coloniale et centre commercial maritimes	niée : fermeture et rattachement au continent	ouverture : économie et tourisme insulaire

Chronologie des modes de l'insularité

Si les modes de l'insularité ont varié, certaines permanences sont tout de même notables (on les repère même lors de la phase de fermeture). Le cosmopolitisme, construit, épanoui, déconstruit puis retrouvé marque l'île de tensions, de métissages, des dominations changeantes de certains éléments au sein du *melting pot*. Aucune composante n'est jamais totalement oblitérée : la société et la culture de Zanzibar demeurent profondément swahilies, et mélangent les aspects arabes, africains et indiens. Le jeu de ces différentes appartenances se traduit toujours, sur le plan géopolitique, par des ambitions rivales sur l'île, et par l'hésitation de celle-ci entre différentes alliances. La maritimité et le commerce au long cours constituent la troisième base de continuité.

Centres, périphéries et insularités

Sur le plan spatial, l'insularité de Zanzibar l'inscrit dans des rapports de centre(s) à périphérie. Mise à part les beaux jours du Sultanat lors desquels l'île elle-même constituait un centre, Zanzibar a été - est encore - une périphérie et un point d'appui extérieur pour des centres arabes, européens et africains. L'archipel de Zanzibar est également régi par des rapports centre/périphérie. Ceux-ci s'expriment à plusieurs échelles, dans le cadre de l'insularité. La ville de Zanzibar et son port ont constitué et constituent encore le centre du territoire, le lieu du pouvoir et le pôle par lequel passent les relations avec l'extérieur, par lesquels l'insularité s'exprime. De même, les littoraux focalisent les activités et les échanges internes : ils sont des centres et incarnent l'insularité. Par opposition, l'intérieur des îles connaît des activités toujours plus terriennes (plantation, agriculture vivrière) et moins développées : ils dépendent des littoraux. Enfin, Unguja s'oppose à Pemba, marginalisée : la première est franchement insulaire et dominante, la seconde plus terrienne, et dominée.

Paysages actuels et insularité

Sur l'île d'Unguja, le retour de flamme récent de l'insularité s'exerce de manière différenciée, et s'incarne dans des paysages différents. Les trois types d'espaces géographiques de Zanzibar définis au début de l'article s'y inscrivent de trois façons. L'intérieur de l'île d'Unguja et l'île de Pemba dans son ensemble n'ont guère été affectés : les beaux jours des plantations sont révolus; c'est le domaine d'une agriculture surtout vivrière, largement autarcique, qui a récupéré les terres des plantations et a été encadrée par le gouvernement lors de la phase de fermeture (1964-1984). Les signes de l'ouverture récente y sont rares, limités à quelques nouvelles cultures spéculatives et aux visites épisodiques des touristes. Pour schématiser, il s'agit d'un morceau d'Afrique, d'un bout de continent. Les littoraux ont été le siège des mutations les plus spectaculaires depuis 1984, car ils ont été le lieu privilégié par les investisseurs étrangers. La présence des touristes et des villages-clubs en a rapidement changé les paysages et les modes de vie. On est là dans le domaine de l'insularité utopique, du fantasme insulaire devenu réalité (pour les touristes tout du moins). Le passé glorieux de l'insularité n'y est présent que de manière folklorisée (artisanat de pacotille). La culture spéculative des algues y est un pauvre substitut à celle des clous. Quoiqu'il en soit, il s'agit d'un espace ouvert, tourné vers les rivages lointains.

La ville de Zanzibar présente un cas bien plus complexe. C'est là que l'insularité se construit et se déconstruit, dans les partis et les administrations. Là que le passé révolu est célébré et mis en scène, à travers les expositions des musées, la réhabilitation de la ville de pierre et l'aménagement des édifices les plus symboliques. La civilisation swahilie s'y affiche et s'y célèbre, l'Islam aussi. Les Omani y sont revenus : ils rachètent, réhabilitent et habitent les palais de la ville de pierre, ou font construire de magnifiques villas de style "arabe" en périphérie. A Dubaï Street et dans les échoppes de la vieille ville, on trouve de nouveau des produits du monde entier, mais qui souvent ont transité par les ports arabes. Les hôtels et les restaurants accueillent les touristes blancs. Les projets - plus que les réalisations - foisonnent et regardent au loin (port et zones franches). Les communautés (africaines, indiennes, arabes...) y cohabitent, dans une paix qu'on peut craindre de façade, car toutes les rancœurs, les envies ne sont pas oubliées, tous les comptes ne sont pas réglés. C'est là que s'opèrent les choix, que se constituent les projets de société, que s'établissent les consensus ou se forment les discordes. L'insularité de Zanzibar y prend sa nouvelle expression géographique.

Conclusion

L'insularité est plurielle. Les modes historiques et géographiques de son expression sont nombreux et variés; il dépendent de facteurs internes et externes, politiques, économiques et culturels. Au changement d'un ou de plusieurs de ces facteurs correspond la transition d'une forme d'insularité vers une autre. L'insularité est historique *et* géographique. Se pose bien sûr la question du déterminisme géographique. L'insularité conférerait-elle à un espace une sorte de personnalité géographique, immanente à l'île, qui, si elle ne fixe pas les termes du destin de l'île, en décide les grandes orientations ? Sans entrer davantage dans la difficile querelle du déterminisme, dont il ne peut être ici question d'aborder les tabous, on peut avancer quelques éléments. Zanzibar, certes, est une île. Si on en reste aux questions de géographie physique, personne ne peut y changer grand chose. Serait-ce là quelque chose de donné, qui transcende les cultures, les civilisations qui s'y sont développées ? Assurément, à deux nuances près.

Premièrement, la géographie physique n'imposait pas que Zanzibar constitue une entité. L'archipel aurait aussi bien pu définitivement relever du continent (on a alors une partie d'entité), ou être éclaté en plusieurs entités. Qu'il y ait eu une culture et une histoire, spécifiques et proprement insulaires, est une autre affaire, qui nécessite d'autres explications.

Deuxièmement, la "personnalité géographique" de Zanzibar, en admettant que cette expression fasse sens, est construite. Elle relève plus de la géographie humaine que physique, et elle est le fruit de décisions prises par des sociétés ou des groupes sociaux, qui, à un certains moments (dans certaines conditions), ont fait des choix, en fonction de certaines représentations. Ceux-ci ont d'ailleurs été changeants. Il n'y a pas ici grand chose qui transcende la condition humaine.

Toutefois, on a vu que Zanzibar ne se débarrasse pas aisément de cette "personnalité géographique". Non seulement l'insularité se maintient comme un trait dominant même dans les temps longs, non seulement elle reste présente - en creux, mais vigoureusement - quand on cherche à la nier, mais aussi elle réapparaît ensuite sous des formes plus ou moins nouvelles. N'est-ce pas le signe que cette réalité géographique échappe aux hommes et aux sociétés ? Non, car cette "réalité géographique" est une réalité humaine, et ses permanence relèvent de l'inertie historique des cultures, des économies, des civilisations... Elle relève des représentations, et sa "réalité" prend place parmi les représentations.

En somme, on peut admettre une transcendance de l'insularité "géographique" physique. Celle-ci simplement n'a guère d'importance, eu égard à celle de l'insularité comme phénomène culturel, économique, politique et historique : celle qu'on pourrait appeler l'insularité géographique humaine, ou simplement l'insularité géographique. La première ouvre la voie à la seconde, mais ne l'impose pas, et n'en détermine pas les modalités. Il n'est d'île que d'hommes.

Bibliographie

AYANI, S.G., 1983, *A History of Zanzibar. A study in Constitutional Development. 1934-1964*, Nairobi, Kenya Literature Bureau, 208 p.

BONNEMAISON, J., 1990-91, "Vivre dans l'île. Une approche de l'îléité océanienne", *L'espace géographique*, n° 2, p. 119-125.

CAZES, G., 1989, "L'île tropicale, figure emblématique du tourisme international", *in* : *Iles et tourisme en milieux tropical et subtropical. Actes du XIème colloque de la SEPANRIT, Bordeaux, 9-10 avril 1987,* Talence, CEGET/CRET (coll. "îles et archipels", n° 10), p. 36-53.

Change, 7, n° spécial "Tanzania : Disintegration of the Union ?", Dar es-Salaam, July 1993.

CONSTANTIN F., et F., LE GUENNEC-COPPENS, 1988, "Dubaï Street, Zanzibar", *Politique africaine*, n° 30, p. 6-21.

COOPER, F., 1980, *From Slaves to Squatters. Plantation Labour and Agriculture in Zanzibar and Coastal Kenya 1890-1925*, Nairobi, Kenya Literature Bureau, 328 p.

CROZON, A., "Les Arabes à Zanzibar. Haine et fascination", *in* : F. Le Guennec-Coppens et P. Caplan (dir.), *op. cit.*, p. 179-193.

DOUMENGE, J.P., *et al.*, 1987, *Iles tropicales : insularité, "insularisme", Actes du colloque organisé à Bordeaux-Talence du 23 au 25 octobre 1986*, Talence, CRET (coll. "îles et archipels", n° 8).

HICKMAN, G.M.; W.H.G., DICKINS and E., WOODS, 1979, *The lands and people of East Africa*, London/Nairobi/Dar es-Salaam, Longman, 178 p.

LECOUR GRANDMAISON, C., et A., SHERIFF (dir.), *Zanzibar contemporain*, Paris, Karthala, à paraître.

LE GUENNEC-COPPENS, F., et P., CAPLAN (dir.), 1991, *Les Swahili entre Afrique et Arabie*, Paris, CREDU/Karthala, 214 p.

Kamekucha, 51 (n° spécial "Zanzibar"), Copenhague, Dantan, september 1994.

MARTIN, D., 1989, "Zanzibar et l'Union", *in* : H. Batido et D. Martin (dir.), *Tanzanie. L'Ujamaa face aux réalités*, Paris, Recherches sur les civilisations, p. 123-129.

MAXON, R.M., 1989, *East Africa. An introductory history*, Nairobi, Heinemann Kenya, 289 p.

MOLES, A.A., 1982, "Nissologie ou science des îles", *L'Espace géographique*, n° 4, p. 281-289.

OLIVER, R., and G., MATHEW (eds.), 1963, *History of East Africa*, vol. I, Oxford.

PASSOT, B., 1991, *Tanzanie. Tanganyika, Zanzibar*, Paris, L'Harmattan, 245 p.

SHERIFF, A., 1987, *Slaves, Spices and Ivory in Zanzibar*, London/Nairobi/Dar es Salaam/Athens, J. Currey/Heinemann Kenya/Tanzania Publishing House/Ohio University Press, 297 p.

SHERIFF, A., and E., FERGUSON (eds.), 1991, *Zanzibar under Colonial Rules*, London/Nairobi/Dar es Salaam/Athens, J. Currey/Heinemann Kenya/Tanzania Publishing House/Ohio University Press, 278 p.

SSEKAMWA, J.C., 1986, *A Sketch Map History of East Africa*, Cheltenham, Hulton educational publications, 277 p.

STASZAK, J.-F., "Zanzibar, présentation géographique", *in* : C. Lecour Grandmaison et A. Sheriff (dir.), *op. cit.*.

STASZAK, J.-F., "Ouverture économique et tourisme à Zanzibar : zones franches et villages-clubs", *in* : C. Lecour Grandmaison et A. Sheriff (dir.), *op. cit.*.

DE LISBONNE A MACAO : LUSOTOPIE INSULAIRE

Louis MARROU
Université de la Rochelle, Laboratoire "Espace et Culture"

Le 20 décembre 1999, Macao, territoire chinois sous administration portugaise, doit retrouver le giron continental après plus de quatre siècles et demi de présence de ce qui fut l'avant garde de l'Europe en Extrême-Orient. A cette date, le drapeau portugais sera amené une dernière fois sur le Farol da Guia, le fort qui domine le delta de la Rivière des Perles, sur la rive opposée à celle où se trouve bâtie, depuis moins d'un siècle et demi, Hong Kong. La presqu'île de Macao et les deux îlots de Taipa et Coloane, 17 km^2 au bord de la mer de Chine, rejoindront alors la Chine. Avec les archipels atlantiques de Madère et des Açores, Macao est le dernier symbole vivant de l'incroyable aventure nautique et politique menée à travers le monde par une petite nation européenne installée à l'extrémité de la péninsule ibérique à partir de la fin du XIVème siècle. La projection du Portugal, au-delà des mers, va mettre en relation les principaux océans de la planète et "rapprocher" les continents. Ce sont non seulement les hommes, avec leurs idées, leurs techniques, leurs imaginaires, mais aussi les plantes et toutes sortes de produits qui vont circuler sur des milliers de kilomètres. Ces mouvements vont essentiellement toucher les zones littorales, les côtes et, dans ce concert, les îles, en se trouvant aux premières loges, vont connaître un statut bien particulier.

L'insularité associe, selon nous, une triple composante. La première tient à l'isolement et donc à un certain caractère d'inaccessibilité. La seconde fait intervenir la notion de petite dimension, alors que la dernière composante relève plutôt d'une dimension stratégique. C'est avec cette triple acception que nous envisageons cette étude, histoire d'un long déclin, où les îles forment des îlots de résistance dont il faut essayer de comprendre le rôle dans l'organisation spatiale portugaise.

Un empire sans territoire

L'expansion portugaise, qui débute à la fin du XIVème siècle, peut s'analyser sur une grille de lecture similaire à celle valable pour les Croisades ou pour l'expansion coloniale de l'époque moderne. La vitalité européenne, ou pour le moins de certaines parties de l'Europe, et la recherche de nouveaux équilibres internes ont souvent poussé hors de leurs frontières ces peuples avides de nouvelles batailles, de nouveaux espaces à conquérir et d'âmes à convertir. Sans rentrer dans la genèse de l'expansion portugaise, on retiendra trois facteurs principaux qui se combinent :

- la nécessité de reconversion d'une noblesse en crise,
- le désir d'ouvrir de nouvelles routes commerciales afin de permettre aux classes marchandes, et au roi, un développement économique satisfaisant,
- la politique d'affirmation d'un Etat national.

A peine sortie de la période de la reconquête de son territoire, et en un peu plus d'un siècle, une poignée d'hommes (la population portugaise est de l'ordre du million d'habitants), part au XVème siècle à la rencontre de trois continents.

"Nous cherchons des chrétiens et des épices"

C'est ainsi que se résume, après les premiers atermoiements de l'expansion, la quête portugaise. En franchissant le Cap de Bonne Espérance, les navires lusitaniens débouchent dans l'océan Indien, terrain familier des produits chinois et des marchands musulmans. C'est la première étape d'un mouvement qui les mènera jusqu'aux eaux pacifiques. C'est là que nous rencontrons Fernao Mendes Pinto (1510-1583) qui a raconté dans sa *Pérégrination*, vingt et un ans de vie et autant d'années de voyages dans l'Asie portugaise. Ce fabuleux témoignage mêle récit de voyages, récit d'aventures et conte philosophique.

Le tableau des actuelles îles Ryu Kyu, entre Taiwan et l'archipel nippon, dressé par Pinto, offre la palette des volontés portugaises, qui se résume dans le triptyque : conquête, commerce et religion. Il semble désormais assuré que, pour les Occidentaux du XVIème siècle, il n'y a pas de claire distinction entre la religion, l'économie et le politique telle que nous avons l'habitude de la faire aujourd'hui. Le commerce est tant le fait de particuliers portugais que des agents de l'Etat. Pour leur part, les cadres religieux apparaissent souvent avec quelques décennies de décalage, tout en participant activement aux échanges économiques. L'expansion portugaise de Lisbonne à Macao revêt, comme le rappelle le grand géographe portugais O. Ribeiro, toutes les étapes classiques de la colonisation :

- valorisation de terres nouvelles (par transfert de population)
- création ou développement de biens commerciaux
- contact de civilisation (influence)
- contact humain (assimilation, métissage)

Elle s'inscrit dans un cadre bien particulier qui fait son originalité.

Un empire maritime

L'expansion maritime portugaise, tirée par les figures de proue que sont les navigateurs Bartolomeu Diaz, Vasco de Gama, Pedro Alvarez Cabral (voire Fernao de Magellan), s'inscrit dans la continuité d'un mouvement qui a déjà mené Catalans et Italiens vers les îles du Levant. Il s'agit d'élargir l'aire d'influence européenne au-delà de la mer Méditerranée. Elle s'avérera mondiale. Simultanément, les deux peuples ibériques cinglent les principaux océans dans une course bientôt arbitrée par un traité papal, signé en 1494 à Tordesillas, qui établit une sorte de ligne de démarcation entre les deux aires de découvertes. Les Portugais vont prendre incontestablement une longueur d'avance en direction de l'Orient. En effet, les puissances européennes se retrouvent rapidement sur l'océan Atlantique où les voyages se multiplient (Christophe Colomb, Jean Cabot, Amérigo Vespucci, Giovanni Verazzano). Les Portugais ont alors carte blanche et prennent leurs aises dans l'océan Indien. Dans la mise en place de ces nouvelles routes maritimes, qui vont bientôt devenir régulières, les îles vont prendre une importance considérable. C'est le cas des archipels atlantiques des Açores, de Madère, des Canaries et du Cap Vert.

Dans l'océan Indien, l'arrivée des Portugais ne fait pas grande sensation. Les côtes africaines et indiennes sont visitées régulièrement par les marchands musulmans, et les produits chinois y circulent depuis longtemps. Il y a de la place pour un nouveau venu. En empruntant le canal du Mozambique, entre la côte africaine et l'île de Madagascar, les navigateurs portugais prennent voiles, après le "vide maritime" du sud de l'océan Atlantique, dans un espace maritime dont la valeur stratégique est déjà grande. L'océan Indien est un véritable carrefour entre les côtes orientales de l'Afrique (or, ivoire, esclaves), la mer Méditerranée (par la route alors classique des épices par la mer Rouge et l'Egypte) et l'Extrême-Orient (produits chinois et épices). Les Portugais vont, en quelque sorte, introduire la politique et la stratégie sur l'océan Indien. Jusqu'alors, cet océan est une *mare liberum*. La supériorité de l'un ou l'autre tient dans une concurrence commerciale pacifique. Le plus puissant est celui qui emmène le plus de produits et celui qui contrôle le port le mieux placé. Les Portugais s'imposent rapidement comme les gendarmes de l'océan. Leur supériorité tient à la présence de canons à bord de leurs navires ce qui permet de ramener à la raison les bâtiments récalcitrants. Ils mettent en place de véritables patrouilles. Le système est simple : les Portugais imposent la possession d'une licence de circulation, avec paiement de droits de douanes dans leurs ports. Pour les marchands musulmans et chinois, il est plus rentable de payer ces taxes que de construire des bateaux suffisamment solides pour embarquer de l'artillerie et lutter alors sur un terrain d'égalité. A la fin du XVIème siècle, le résultat est patent. Les Portugais sont installés sur une grande partie des littoraux de l'Orient. Même si leur nombre peut sembler insignifiant, quelques milliers, le changement d'échelle reste spectaculaire comparé au petit nombre d'européens jusqu'alors éparpillés en Asie. Avec la route du cap de Bonne Espérance, les Portugais offrent une voie alternative pour le commerce euro-asiatique. La langue de Camoes est parlée dans de nombreux ports et son expansion est alors quasi-universelle. C'est elle qui permet les échanges et les contacts. Les marchands portugais sont chez eux de Sofala à Goa, de Malacca à Osaka au Japon.

Un réseau mondial

L'armature de l'expansion portugaise repose sur la création d'un réseau de villes reliées par la navigation et alimentées par le commerce maritime. La nouveauté réside bien dans le réseau et non dans la création de villes. L'essentiel des ports dans lesquels s'installent les Portugais sont déjà le siège de formes urbaines développées, dont certaines n'ont rien à envier aux villes portugaises. Les Portugais y laissent des marques que le temps n'a pas encore totalement détruites. Les églises et les forteresses sont les deux symboles que l'on retrouve assidûment. Les forteresses sont là pour faire respecter ce qu'il faut se résoudre à voir comme étant la grande faiblesse de l'aventure lusitanienne : une poignée d'hommes pour un domaine épars et distant. Dans toute l'Inde portugaise ce ne sont pas moins d'une cinquantaine de forteresses ou de zones fortifiées qui forment un véritable cordon. Elles vont du simple fortin à la forteresse capable de soutenir moult assauts et sièges comme celle de Diu. Leur nombre paraît élevé au regard de leur rôle respectif mais il semble que pour les nobles portugais, la possibilité d'avoir ses armes ornant les portes d'une forteresse vaillent bien quelques entorses à la seule logique stratégique.

Si dans ce réseau, les forts apparaissent comme les symboles d'un commerce non pacifique, la religion chrétienne représente un facteur d'intégration sociale puissant, même si l'impact en est, au final, réduit (en 1600, les historiens portugais estiment que l'on dénombre en Inde environ 175 000 chrétiens sur une population de 140 millions d'individus.) Les églises que l'on retrouve encore sont autant de témoins de ce travail des âmes. Les membres du clergé, le plus souvent autochtones grâce à l'implantation d'un réseau de formation dont le plus important centre reste celui de Goa, servirent à relier la majorité des zones du littoral asiatique. Ainsi, se mettent en place de véritables filières : on sait que ce sont les jésuites d'un même ordre qui officièrent à Pékin, Macao, aux Philippines, à Bassaim en Inde et à Mombassa au Kenya.

La stratégie du réseau nécessite de contrôler un certain nombre de nœuds qui sont autant de positions clefs à l'échelle du globe. En s'en tenant à notre champ d'étude, mais Baia, Olinda ou Récife jouent un rôle similaire au Brésil, on voit les Portugais occuper un certain nombre de villes-escales. Afonso de Albuquerque a établi pour les pourtours de l'océan Indien une stratégie bien précise. Il fallait aux Portugais avoir la main sur les villes d'Aden (contrôle du détroit de Bab el Mandeb, vers la mer Rouge), Ormuz (qui fournit la clef du golfe Persique par le détroit homonyme) et enfin Diu et Goa pour asseoir la domination sur le reste de la côte indienne. Le plan ne fut jamais totalement opérationnel du fait de la résistance d'Aden. Au-delà des visées d'Albuquerque, d'autres villes ont joué ce rôle comme Ribeira Grande puis Praia dans l'archipel du Cap Vert, Mozambique, Malacca et Macao. Dans tous les cas, la surface conquise est extrêmement réduite mais la valeur stratégique des villes est énorme.

Un pôle du réseau qui saute et c'est un pan entier de l'édifice qui s'écroule. C'est bien ce qui va se passer, à partir de la fin du XVIème siècle, avec l'apparition dans la région des Hollandais qui, en quelques décennies, vont refouler les Portugais dans quelques réduits insulaires. Les verrous sautent avec régularité : Malacca en 1641, les bases de Ceylan en 1659, celles de la côte du Malabar en 1663 alors que les Perses, aidés des Anglais, avaient repris Ormuz dès 1622. A la différence des Portugais que l'on peut considérer comme des occupants permanents, les Bataves se posent en Asie comme des résidents temporaires. Au XVIIème siècle, la liste des possessions portugaises se rétracte spectaculairement pour tomber à 9 établissements : 3 en Afrique orientale, 5 en Inde, et Macao. Après la perte des possessions indiennes (Diu, Damao et Goa) en 1961, Macao apparaît bien comme le dernier vestige de l'épopée portugaise. Avec l'empire portugais d'Orient revient comme en écho la grande énigme grecque : les continents sont-ils des îles au milieu d'un grand océan, ou les océans sont-ils des lacs au coeur d'un immense continent ?

Pour reprendre l'expression utilisée par O. Ribeiro, on semble bien avoir à faire à un empire sans territoire. L'empire portugais d'Orient propose en fait une situation originale, celle d'un empire maritime. Le plus souvent, un empire correspond à une structure politique associée à une aire géographique donnée. Cette aire géographique correspond à des terres, voire à une partie de continent, auxquels sont rattachés des espaces maritimes. Ici, l'empire est essentiellement un réseau, un système de communication entre différents espaces. Leur définition est, elle-même, aléatoire puisque l'on peut y faire figurer tant des territoires, que des maisons commerciales, de simples marchands ainsi qu'une bonne partie des personnes et intérêts protégés par la Couronne Portugaise. De Lisbonne à Macao, c'est bien l'océan qui forme le véritable empire des Portugais, cette "terre" où ils se sentent à leur aise. Sa structure spatiale se compose de lignes, qui sont autant de routes maritimes, et des points d'amarrage que représentent les îles. Tant en Afrique, que surtout en Inde, les grands empires continentaux, reposant sur des économies agricoles, n'ont quasiment pas été importunés par la présence lusitanienne. Les Portugais n'ont d'ailleurs jamais porté la guerre à l'intérieur des terres, se contentant des joutes navales. Les rivages continentaux, ponctués d'enclaves où aboutissent ces lignes de désir que sont les voies de navigation apparaissent alors, dans un retournement total de la perspective habituelle, comme les espaces les plus isolés, les plus insulaires.

L'insularité maritime

Le thème de l'insularité n'est pas absent de l'histoire lusitanienne alors qu'il l'est totalement de la géographie du Portugal continental. En effet, les côtes portugaises ne connaissent d'îles que les seules Berlinguas, îlots, paradis des oiseaux, au large de Peniche.

Un monde d'îles

La taille et la date d'occupation sont deux critères discriminatoires pour comprendre comment s'est effectuée la sélection parmi les îles où les Portugais ont mis les pieds durant leur expansion et celles qui aujourd'hui restent dans le giron lusophone.

L'avantage aux petits organismes insulaires

Ce sont très majoritairement les petites îles que les Portugais ont le plus longtemps gardé sous leur contrôle. Au maximum de leur extension orientale, nous avons vu les Portugais présents sur la plupart des littoraux entre Lisbonne et Macao. Cette diffusion entraîne leur présence sur des îles telles que Madagascar, Ceylan, les îles nippones et Timor autant que dans les îles de la Sonde, Sao Tomé ou les Açores. Les premières sont des îles d'importance, parfois plus vastes que le Portugal continental comme Madagascar (587 000 km^2 soit plus de 6 fois la superficie de la patrie de Camoes). Dans ce cas, la présence bordière n'implique pas automatiquement la main mise sur l'ensemble du territoire. L'archipel du Cap Vert, le plus vaste, ne couvre qu'une superficie de 4033 km^2, les Açores 2 335 km^2, Madère et Sao Tomé e Principe comptant moins de 1 000 km^2 (respectivement 740 et 964 km^2). L'installation sur ces îles correspond *ipso facto*, vu leurs tailles respectives, à une possession complète. Surtout ces îles ne sont qu'un temps, un moment dans la globalité de l'aventure portugaise. Le faible nombre des explorateurs rend impossible l'établissement d'une véritable politique de conquête. Les Portugais se contentent d'installer des points d'ancrage pour le passage suivant ou le retour. A Madagascar, au Japon, ces marques s'effaceront au fil des siècles alors qu'elles perdurent sur les organismes les plus petits.

Une prime à l'ancienneté

La date d'occupation est de même un élément fondamental. A l'exception notoire de Macao, ce sont les îles les plus précocement occupées qui sont encore aujourd'hui sous la coupe portugaise. Le début de l'occupation de Madère en 1422 marque un siècle de prise de possession insulaire :

- les Açores en 1439
- les îles du Cap Vert en 1462
- Sao Tomé en 1485
- Macao en 1513

La mise en place précoce des cadres d'occupation de l'espace semble avoir joué sur la profondeur de la marque et de l'emprise. Il est clair qu'au vu des conditions de l'expansion, le critère de distance et de proximité a eu un effet conjugué à celui de la chronologie de l'occupation. Madère et les Açores sont à moins de 1 500 km des côtes portugaises et sur le trajet quasi obligé de l'ensemble de la flotte. Sao Tomé, au fond du golfe du Bénin, se trouve à plusieurs semaines de Lisbonne et ne voit passer des navires qu'une ou deux fois dans l'année. Macao, à l'extrémité du réseau, n'est en contact avec la tête de ligne qu'épisodiquement au cours de l'année. Au XVIème siècle, les missives royales mettent plus d'une année pour parvenir jusqu'à cet avant poste chinois. Macao est un cas à part, comme une bouée oubliée sur les bords de la mer de Chine, l'amer qui guide le marin portugais.

Alors que l'on célèbre le cinquième centenaire des découvertes ibériques, une typologie insulaire s'affirme :

- Les îles où les Portugais sont passés sans pouvoir s'y maintenir durablement. Ce sont des îles soit lointaines, soit importantes en superficie. Il s'agit de Ceylan, de l'archipel de la Sonde ou de Madagascar.
- Les anciennes colonies portugaises ayant acquis, après une longue lutte, leur indépendance durant la période 1974-1975 à la suite de la Révolution des Oeillets. Ce sont des archipels africains de petite taille, situés à mi-distance entre l'Europe et l'Extrême Orient : le Cap Vert et Sao Tomé e Principe. Elles participent au monde lusophone.
- Les îles qui conservent un statut portugais et qui pourraient être regardées comme les dernières parcelles à décoloniser : les deux archipels de Madère et des Açores. La constitution portugaise donne une place tout à fait particulière à ces deux archipels atlantiques. Ce sont des régions autonomes dotées d'un président de l'exécutif et d'un parlement. Rares sont les velléités autonomistes dans ces régions périphériques dont les liens avec le continent sont organiques.

Relais et plaques tournantes

C'est dans l'analyse du réseau que la place de ces îles et de ces archipels apparaît le plus clairement. L'aventure maritime portugaise est un pont entre différents continents. Des Européens vont à la découverte de l'Asie en contournant le continent africain. Ils en mettent en relation les peuples et les produits. Dans la quête de l'or, des épices, des chrétiens ou des territoires, la route maritime est semée d'îles qui vont faire office de simples relais ou de plaques tournantes. De Lisbonne à Macao, le voyage commence lorsque l'on atteint l'archipel de Madère. Il est le premier passage obligé pour l'ensemble de la flotte. L'archipel des Açores, plus septentrional, se trouve plutôt sur la route du retour. Les Portugais ont, semble-t-il, trouvé ces deux archipels totalement vides, et couverts de forêt en ce qui concerne Madère, qui en a tiré son nom (*madeira*, le bois en portugais). Le peuplement s'y est fait d'une façon très systématique, comme une répétition avant la colonisation de terres plus vastes. Il est entièrement européen et c'est ce qui donne cette tonalité à ces deux archipels. Le promeneur occidental y rencontre une ambiance et des paysages très familiers. A l'autre bout de la ligne, les îles de la Sonde, trait d'union entre l'océan Indien et l'océan Pacifique sont le but mercantile des héritiers de Vasco de Gama. Ce sont les îles aux épices, de véritables îles aux trésors. Point de colonisation pour les Portugais, ils s'immiscent ici dans un monde asiatique où le commerce d'île en île est déjà important. Ils ne sont pas chez eux comme ils peuvent l'être dans la rade de Funchal (Madère) ou de Ponte Delgada (Açores). Entre ces archipels européens et asiatiques se trouvent les deux sentinelles africaines de Sao Tomé et surtout du Cap Vert. Trois tonalités insulaires très marquées, reflet du cosmopolitisme lusitanien.

Les îles apparaissent comme l'armature de l'empire maritime portugais. Terres tropicales, ce sont des mondes nouveaux capables d'apporter la richesse à ceux qui les exploitent. Elles vont devenir des espaces de production pour les besoins de la flotte mais aussi, et surtout, pour le Portugal lui-même, qui va y découvrir la diversité des produits exotiques. Ces îles sont mises en coupe réglée pour les besoins de la conquête et de l'expansion. Madère et les Açores vont dans un premier temps abriter des productions tempérées, essentiellement des céréales, qui font défaut au Portugal. Très vite, les terroirs du sud de l'île de Madère, au climat subtropical vont porter des cannes à sucre, vignobles et autres plantes méditerranéennes. Madère devient la première île à sucre avant même le développement de la culture au Brésil. Dans l'archipel du Cap Vert les conditions agronomiques et surtout climatiques ne sont pas aussi favorables. Les céréales tempérées ne résistent pas à l'aridité et à l'irrégularité de la saison des pluies. Les terroirs cultivables sont réduits. Les ports du Cap Vert vont pourtant devenir la grande escale portugaise. Les navires y font eau et chargent quelques provisions, surtout du poisson. Dès le XVIIème siècle, les îles du Cap Vert vont surtout devenir le grand entrepôt des esclaves africains en direction du Brésil ou de l'Inde Portugaise. Tout comme le Cap Vert, Sao Tomé e Principe semble avoir été inhabité avant l'arrivée des Portugais. Pendant des siècles, la forêt équatoriale est à peine égratignée. Sao Tomé est la "station service" du golfe du Bénin entre la Côte de l'Or et les rivages angolais. Les navires s'y arrêtent pour constituer les réserves en eau, et charger quelques fruits. On peut aussi y passer quelques temps, dans l'attente des vents favorables. Les îles de la Sonde sont le lieu d'aboutissement des commerçants portugais. Bien peu de bateaux y vont directement, alors que le poivre des Moluques va trouver place un peu partout sur les grandes tables d'Europe. Les commerçants portugais font affaire à Ternate ou Tidore et drainent en direction de Malacca et Goa les cargaisons de l'"or gris". Les Moluques sont l'archétype des îles à épices.

Par leur apport à l'aventure maritime et au commerce portugais, les îles d'obédience portugaise ne sont pourtant pas uniquement des espaces de production. Ce sont de véritables relais pour les hommes, les idées, les produits et les plantes. A l'instar de Sao Tomé, les îles sont autant de havres pour les bateaux au long cours. Il est difficile aujourd'hui d'imaginer l'aventure que constituent ces expéditions. Le peuple portugais n'est pas viscéralement un peuple de marins, accroché à une mer nourricière. Il se sert de l'océan, en tire profit. Les nefs qui quittent le Tage en croisant devant la lanterne de Belem, à la sortie du port de Lisbonne, partent pour un voyage de plusieurs mois, souvent un an et demi ou deux ans pour la boucle complète. L'essentiel se passe à bord de navires inconfortables voués aux dangers que représente la mer et en particulier les tempêtes. Les maladies à bord ne sont pas rares, du fait de la difficulté à bien s'alimenter et l'eau potable vient parfois à manquer. Certains équipages sont décimés par les maladies ou disséminés par les tempêtes d'une mer jamais totalement domestiquée. L'arrivée dans ces ports, villes-relais s'apparente à un retour à la civilisation. C'est là que l'équipage reconstitue ses forces, se refait une santé. On y retrouve des formes urbaines connues, des visages semblables, toute une civilité qui manque à bord. C'est en cela que ces villes sont encore aujourd'hui, des concentrés de lusitanité et qu'elles frappent la mémoire.

Un rôle stratégique longtemps éminent

Sentinelles de l'océan, les îles lusophones ont longtemps gardé une importance stratégique d'envergure et cela tant que les relations maritimes sont restées dominantes à la surface du globe. L'empire colonial constitué par les Portugais à la fin du XIXème siècle, et en particulier son extension africaine, ont maintenu certains lustres aux archipels atlantiques. Cette place de choix dans la vie de relation au sein de l'empire ne s'est pas traduit par un développement équilibré. Seules les villes-ports ont tiré quelques profits de leur rôle d'interface. Les espaces insulaires sont les laissés-pour-compte de la colonisation portugaise.

Des produits et des hommes

Le régime salazariste met en place une sorte de division coloniale du travail, chacune des parties de l'empire devant contribuer au développement, et plus sûrement à la survie plus ou moins autarcique, du

Portugal continental. Dans ce contexte, les îles n'ont pas le même potentiel qu'un pays comme l'Angola, avec ses richesses minières, ou le Mozambique avec ses productions agricoles. Elles se spécialisent dans l'envoi vers la métropole de produits alimentaires en fonction des aptitudes climatiques et pédologiques. L'île de Madère accentue sa spécialisation dans la production de vins et de sucre de canne. Elle renforce de même son rôle de station d'hivernage pour les riches Britanniques qui s'installent dans les environs de Funchal, initiant une tradition toujours vivante de tourisme haut de gamme. L'archipel des Açores commence à miser sur l'importance de son cheptel et renforce sa production laitière. Sa spécialité reste la pêche, dans toute la partie nord de l'Océan Atlantique, qui emmène ses bâtiments jusque sur les côtes les plus septentrionales. Sao Tomé entre dans l'ère des plantations qui le font accéder au début du XXème siècle au rang de premier producteur mondial de cacao. La culture du café se développe rapidement et fournit une variété d'arabica fort prisée des connaisseurs. Macao et Timor à plusieurs milliers de kilomètres de la métropole sont quasiment isolés. Ils ne participent pas à ce vaste marché colonial. Il en est de même pour les restes des Indes portugaises (Goa, Diu, Damao). La deuxième richesse de ces organismes insulaires réside dans leur population. Stimulées par le commerce atlantique, les îles connaissent un développement spectaculaire et leur population, souvent partie de zéro, progresse rapidement. La croissance est telle que la saturation s'annonce. Les densités de populations sont importantes. L'île de Madère détient dans ce domaine des records. L'exutoire est celui de l'émigration. Pour certaines îles, elles résonnent étrangement tant le souvenir des migrations forcées sont nettes. L'esclavage, bien qu'officiellement interdit à la fin du XIXème siècle, coule des jours heureux en Afrique lusophone dans le premier tiers du XXème siècle. L'archipel du Cap Vert paye ainsi un lourd tribut. Plusieurs dizaines de milliers de ses habitants sont déportés vers les plantations de Sao Tomé dans le cadre de la politique coloniale. Les ravages sont sordides pour ces sahéliens brusquement plongés dans la moiteur équatoriale des vergers de cacaoyers et de caféiers. Bien peu survivront.

Toutes les îles ne subissent pas ce tour dramatique, mais toutes connaissent au cours de la deuxième moitié du XXème siècle une hémorragie en habitants. Les flux migratoires sont révélateurs des orientations historiques de ces territoires. Les Açoriens, fidèles à leur zone de pêche, vont chercher fortune en Amérique du Nord où ils forment aujourd'hui de solides communautés autour de Boston et jusqu'en Californie. Les natifs de Madère se dirigent vers les Etats-Unis, mais aussi vers le Venezuela et les Antilles (en particulier dans l'île de Curaçao). Les Caps-verdiens s'éparpillent tant en Amérique, avec une prédilection pour le Brésil et les États-Unis et en Afrique, où on les retrouve dans les autres "Palops" (Pays Africains de Langue Officielle Portugaise) et en Afrique du Sud. Les habitants de Sao Tomé trouvent à s'employer dans les pays africains voisins. Pour tous ces habitants des îles lusophones, l'attrait du Portugal continental est puissant. Depuis les indépendances, les flux, légaux ou non, n'ont cessé d'enfler. Les Africains en particulier se retrouvent nombreux à Lisbonne. Un petit nombre perpétue l'habitude des élites de suivre les études dans les universités et écoles de la capitale (mais un courant certain existe aussi en direction des universités américaines) mais la plupart travaillent dans les métiers du bâtiment où ils ont souvent pris les places libérées par les Portugais partis faire fortune, dans ces mêmes métiers (maçons, charpentiers, manœuvres), dans les pays européens plus septentrionaux (France, Allemagne). A l'autre bout de l'hémisphère, le Portugal reste l'un des exutoires des habitants de Macao, mais les mouvements sont ténus, la langue restant un obstacle important. La situation à Timor-Est est mal connue. Les politiques de déplacements de population des autorités indonésiennes ne permettent pas d'avoir une connaissance fine de la situation du peuplement actuel. La diaspora timoraise s'étend de l'Australie à Singapour et à la côte ouest des Etats-Unis. Ayant peu à peu perdu de son attrait maritime du fait de la généralisation des voyages aériens de passagers, les îles lusophones essaiment leurs représentants au gré des migrations. Anciens pôles de concentration des lignes maritimes, elles deviennent des lieux de dispersion. L'amélioration des transports maritimes limite le nombre d'escales mais c'est surtout la désagrégation de l'empire portugais qui porte le coup fatal aux ports. Tout au long du XXème siècle, les bateaux ont été le lien régulier entre la métropole et son empire, permettant l'échange des marchandises. Dans les mois qui ont suivi les indépendances, ces liaisons ont brutalement cessé laissant les quais vides de navires ou plein de navires rouillés. Tant le Cap Vert que les Açores ou Madère restent, sur les lignes transatlantiques, des points de déroutage possible en cas d'avarie ou de problème à bord.

La marque stratégique

La valeur stratégique jadis conférée par les Portugais à ces îles ne s'est pas évaporée instantanément. L'aviation commerciale fait fi de ces confettis de terres au milieu de l'océan. Seule Madère, grâce au tourisme, est une plate-forme aéroportuaire importante recevant un grand nombre de vols internationaux en provenance d'Europe et d'Amérique, convoyant tant des touristes que des natifs revenant passer quelques semaines de vacances ou visitant de la famille. La géopolitique confère cependant certaines compensations. Durant les décennies de l'apartheid en Afrique du Sud, de nombreux pays africains ont fermé leur ciel aux avions de la compagnie sud-africaine. Le Cap Vert ne pouvait résister à l'apport de devises que constituait son rôle d'escale pour les longs courriers venant du Cap et de Johannesburg. Les avions de la South African Airways (SAA) firent du Cap Vert leur escale technique. Ils draînèrent toute une économie qui gravitait autour de l'aéroport international. Le tarmack de Praia voyait alors se croiser les avions de la SAA et ceux de l'Aéroflot, la compagnie soviétique, elle-même desservant un "pays frère". Clin d'œil aux années de la guerre froide. Plus au nord, la base de Lajes sur l'île de Terceira dans l'archipel des Açores relève de la même logique. C'est au cours de la Deuxième Guerre mondiale que les Américains ont négocié avec le gouvernement Salazar l'octroi d'une base stratégique au milieu de l'océan Atlantique. Durant près de 50 ans, la base a joué un rôle significatif pour les opérations américaines à destination de l'Europe, de l'Afrique et du Proche Orient. Lors de la guerre du Koweït en 1991, Lajes a servi de base arrière pour les gros porteurs américains. Ce fut aussi le cas lors des opérations humanitaires en Somalie et au Rwanda. Pourtant, avec la fin de la guerre froide et l'effondrement de l'U.R.S.S., la base vivote. Ces équipements semblent disproportionnés et la longue piste de 4 000 mètres ne connaît plus qu'un trafic de routine. Le gouvernement régional des Açores et les autorités portugaises sont en cours de négociations avec les Américains pour le renouvellement de la concession. Les Américains souhaitent réduire leur participation financière et désactiver une partie de la base. Aujourd'hui la recomposition des équilibres à l'échelle de la planète fait que la géopolitique laisse peu à peu la place à d'autres stratégies, à d'autres solidarités. On peut se demander ce qu'il advient alors dans ce nouveau décor de ces îles lusophones. Deux directions s'affirment, économique et culturelle, chacune tirant partie des caractéristiques insulaires.

L'espoir économique

Dans le domaine économique, les îles lusophones ont dû dépasser le difficile cap de la décolonisation. Ce passage s'est fait dans des conditions déplorables du fait de la situation d'origine laissée par les Portugais. Brusquement coupé de la métropole, l'essentiel de l'économie de ces îles s'est retrouvé désorganisé et non compétitif dans le nouveau contexte issu de l'indépendance. Sao Tomé, le Cap Vert sont parmi les Etats les plus pauvres de la planète. Les Açores et Madère reçoivent des subsides massifs tant de la part de Lisbonne que de l'Union Européenne, étant éligibles à la plupart des fonds de soutien (régions périphériques, régions en retard, FEDER, FSE). Trois caractéristiques insulaires jouent pourtant en faveur de ces territoires et permettent de nourrir certains espoirs sur le développement :

a) La mise en place de la limite des 200 miles marins de la Zone Economique Exclusive (ZEE) a redonné une certaine importance à ces minuscules territoires qui se retrouvent à la tête de fantastiques "empires" maritimes de plusieurs centaines de milliers de km^2. Dans le cas de Timor, la nouvelle réglementation a relancé les spéculations quant à la réelle souveraineté sur les eaux territoriales de Timor-Est. La présence d'importants indices pétroliers en mer de Timor entre l'île et l'Australie a ravivé les velléités indonésiennes. La délimitation des zones de pêche dans le cadre de la ZEE a redonné espoir en certaines réserves halieutiques comme dans l'archipel du Cap Vert.

b) Ces îles tirent profit de leur situation tropicale pour tenter de détourner une partie de la manne touristique. Elles peuvent arguer des atouts classiques, comme nombre de leurs congénères, à base de palmiers, de soleil, de mer et une palette de couleurs infinies. Elles bénéficient aujourd'hui d'une certaine authenticité. Des archipels comme les Açores, Sao Tomé e Principe et surtout le Cap Vert ne font que s'ouvrir actuellement au tourisme. Les infrastructures sont encore peu nombreuses. Elles regardent avec une certaine envie la réussite *madeirense*. Même si aucune recette miracle n'existe, toutes pensent pouvoir tirer partie de leur situation pour attirer qui des Américains, qui des Européens. En plus du soleil et de la mer, ces îles offrent l'habitude du contact des cultures et des civilisations façonnée dans le creuset lusophone. Ainsi des îles du Cap Vert qui revendiquent bien haut leur créolité (Lesourd, 1987). Macao présente à nouveau une situation bien particulière puisque recevant chaque année près de dix fois plus de touristes que sa propre population. Cette situation tient au monopole du jeu qu'elle conserve dans la région du delta de la Rivière des Perles. Macao s'avère n'être pas moins que l'annexe ludique de la commerçante et affairiste Hong Kong installée à 60 km sur l'autre rive du delta.

c) Macao offre l'exemple de l'un des attraits de ces espaces de petites tailles, souvent dotés d'une bonne accessibilité que l'on retrouve dans la plupart de ces îles. Le territoire chinois sous administration portugaise s'est transformé en quelques décennies, passant du statut de comptoir alangui à celui d'annexe économique de Hong Kong, aux portes de la Chine, au contact avec ces régions chinoises au taux de croissance économique à deux chiffres. Les ateliers de fabrications textiles, puis d'électronique, de jouets ou d'optiques se sont multipliés dans des immeubles industriels à même la ville. L'exiguïté du territoire n'est pas de mise lorsque l'on peut entasser des machines à tisser sur une vingtaine d'étages. Bien sûr la proximité de Guangzhou et de Hong Kong, la possibilité de profiter des quotas douaniers portugais pour l'exportation vers l'Europe expliquent, en partie, les bons résultats. La proximité avec la Chine longtemps fermée n'a fait que renforcer l'attrait de Macao. La Zone Economique Spéciale de Zuhai, aux portes de la ville, est une véritable ruche. La transformation du territoire est saisissante. Partout s'élèvent de nouveaux immeubles. Les investissements immobiliers et touristiques prennent le pas sur ceux de l'industrie. La partition avec le doublon Hong Kong-Shenzen semble confirmer l'opposition ancienne entre le territoire britannique entreprenant et le territoire portugais s'adonnant au bien-être et aux plaisirs de la vie. Autant Shenzen fourmille d'entreprises de transformations, d'ateliers autant Zuhai semble multiplier à foison centres commerciaux, hôtels et golfs. Dans le monde lusophone, Macao est un cas unique. Pourtant l'économie contemporaine multiplie les exemples de ces micro-Etats, souvent insulaires qui tirent leur épingle du jeu avec la mondialisation des échanges. La transparence de l'espace, comme disent les économistes, les avantage grâce à leur bonne accessibilité. Que ce soit dans le domaine financier, avec des paradis fiscaux, ou dans le domaine industriel, avec la réussite mauricienne, nombreux sont les exemples. Madère dispose déjà d'une zone franche à proximité de Funchal et les projets abondent tant aux Açores qu'au Cap Vert. Les ports offrent des possibilités multiples qui ne feraient que reprendre une tradition très portugaise de port franc.

Une aire culturelle en émergence

Si le domaine économique prime dans l'organisation de l'espace, le domaine culturel offre tout un champ d'intervention non négligeable. C'est plus dans leur histoire que dans leur spécificité îlienne que ces espaces trouvent une résonance commune certaine. Chacune possède une particularité culturelle, fruit de l'histoire de son peuplement, des choix effectués au cours des siècles et des politiques contemporaines. C'est collectivement qu'elles aspirent à un certain rapprochement. Il est assez récent. On le retrouve combiné dans deux mouvements qui s'identifient dans les expressions de "monde lusophone" et de "lusotropicalisme". Le premier est le regroupement des pays et des communautés unies par l'utilisation de la langue portugaise. Cela rassemble 200 millions de personnes dans le monde. La place du Portugal et surtout du Brésil y sont primordiales. Le géant sud-américain porte un oeil attentionné sur les îles lusophones. Il y sait une partie de ses racines. Les admirables travaux de Pierre Berger en ont montré toute l'acuité. Si les échanges économiques sont proches de zéro, les hommes circulent ainsi que les images. La production télévisuelle brésilienne (*telenovelas*) fait une entrée en force dans les îles lusophones au fur et à mesure que ces pays mettent en place les infrastructures de réception. Le lusotropicalisme se fonde aux mêmes racines. C'est en quelque sorte la "variante", sans les Portugais, du monde lusophone. Le lusotropicalisme est un courant de pensée qui s'est formé dans le creuset d'une histoire commune, de la recherche de la liberté et des possibilités de coopération.

L'enclavement côtier

L'enclavement côtier répond à l'insularité maritime. L'enclave correspond à l'espace contrôlé par les Portugais sur un territoire étranger, en dehors donc du territoire métropolitain. Elle peut être continentale, c'est le cas le plus fréquent, mais aussi insulaire lorsque les Portugais ne contrôlent que quelques enclaves sur une île. L'enclave nécessite un tant soit peu d'organisation et une certaine durée dans le temps. Autant le nombre de points où ont séjourné les Portugais se compte par milliers le long des littoraux du monde, autant le nombre d'enclaves est, lui, beaucoup plus réduit de l'ordre de 170 environ sans qu'un inventaire exhaustif n'existe à ce jour. Les sources sont nombreuses sur les enclaves portugaises. Il s'agit de description que l'on trouve dans les récits de voyages, les rapports administratifs, les chroniques maritimes ou les documents militaires et de commerce. L'on dispose aussi d'une abondante iconographie sur les forteresses portugaises, sous forme de plans ou d'écorché (Silveira, 1957). Cet appareil documentaire offre la possibilité d'une typologie sommaire de ces enclaves, du fortin au territoire englobant de vastes surfaces agricoles, comme une série de poupées russes :

- l'expression la plus simple et la plus frustre de la présence durable des Portugais sur une terre est celle du fortin. Ces établissements à plan triangulaire sont le plus souvent en pierre et en maçonnerie même si certains semblent avoir été de simples constructions en bois. Il sont le plus souvent à l'écart des lieux de peuplement indigène.
- la forteresse. C'est un des symboles forts de la présence portugaise. C'est une construction militaire à but essentiellement défensif, capable de soutenir les assauts tant terrestres que maritimes. L'architecture militaire portugaise est extrêmement riche est offre une panoplie très large de ces forteresses qui englobe le plus souvent dans ces murailles en plus des populations militaires, des commerçants et des aventuriers ou des membres du clergé. Les sites sont choisis principalement en vertu de critères maritimes. Ces forts sont donc souvent associés à des ports dont la défense fait partie intégrante de la mission dévolues à ces constructions.
- le comptoir. Le terme est utilisé lorsque la vocation commerciale de l'établissement est prononcée. Comme la forteresse, il assure une présence permanente dans un lieu. C'est là que sont accumulées les marchandises dans l'attente du passage du navire qui ramènera les produits vers la mère-patrie. Le comptoir bénéficie ou non de la présence d'une forteresse. Il est souvent associé à toute ou partie (quartier) d'un organisme urbain.
- le territoire. Il couvre une superficie variable de quelques kilomètres carré à plusieurs milliers. Il associe une ville, qui est souvent un comptoir doté d'une forteresse à un arrière pays rural. C'est son étendue et sa dualité qui font son originalité. Il s'agit de la forme la plus élaborée de la présence portugaise.

L'enclavement et l'isolement sont fort variables selon les sites. Ils sont fonction de la période d'installation des Portugais, de la durée de la présence mais surtout de la nature des liens avec les locaux, les indigènes. Il est clair que la plupart de ces points de contact ont été éphémères et que peu nombreux sont les espaces où la présence portugaise continue dépasse le siècle. C'est bien évidemment là que les liens avec la terre d'accueil est la plus forte. Les exemples sont multiples et touchent tant les secteurs religieux qu'économiques. C'est la nature de la *primo* installation portugaise qui donne le ton. S'agit-il d'une création *ex-nihilo* ou s'agit-il d'une greffe sur un organisme indigène préexistant ? C'est la seconde situation qui prédomine très largement. Les Portugais n'ont fait que réinvestir des sites depuis longtemps remarqués par les occupants antérieurs. Certaines de ces villes sont de véritables palimpsestes, où la marque portugaise s'est diluée petit à petit, surchargée, effacée par les présences postérieures (néerlandaise, anglaise, chinoise). Des villes comme Malacca ou Macao sont, à ce titre, très représentatives. La lecture contemporaine de ces territoires reste bien souvent à faire dans une perspective historique et on est frappé du maintien de certaines circonscriptions administratives datant des Portugais (comme à Malacca qui constitue la plus petite région de la Malaisie). Il y a bien une trace spécifique.

Conclusion

Ces quelques éléments pour l'étude de l'insularité chez les Portugais nous permettent de mieux comprendre l'importance de cette notion dans l'imaginaire et le façonnement des images de la société lusitanienne. Le sentiment d'isolement et cette image de l'île sont fortement ancrés dans les esprits. Dans son roman "Le radeau de pierre", J. Saramago, l'un des grands écrivains portugais contemporains, imagine la séparation de la péninsule ibérique du reste du continent eurasiatique et son parcours dans le vaste océan. C'est la péninsule ibérique tout entière qui est alors une île. La figure de l'île est récurrente au Portugal et dans la péninsule (Reconquête; dictatures de Franco et de Salazar). Le Portugal a longtemps tourné le dos à l'Espagne et à l'Europe, lui préférant les horizons lointains et tropicaux. Depuis une vingtaine d'années, après le coup de semonce de la "Révolution des œillets", le Portugal effectue un véritable "retournement". Le voilà qui tend les bras à l'Europe et désire s'y arrimer de façon la plus définitive lui qui souhaite être un véritable pont entre l'Afrique lusophone, le Brésil et l'Union Européenne. Le Portugal comme presqu'île.

Bibliographie

BOCARRO, A., 1990, *O Livro das plantas de todas as fortalezas, cidades e povoaçoes do estado da India Oriental*, Lisbonne, Imprensa Nacional-Casa da Moeda, 3 tomes.

LESOURD, M., REAUD-THOMAS, G., 1987, "Le fait créole dans la formation de l'identité nationale en république du Cap-Vert", *in : Iles tropicales : insularité, "insularisme"*, Bordeaux, CRET.

MARROU, L, 1992, "Macao, une fenêtre sino-portugaise sur le Pacifique", *L'Information Géographique*, Vol. 56-4, Paris, A. Colin, p. 133-143.

MARTINIERE, G., 1994, *Le Portugal à la rencontre de "trois mondes" (Afrique, Asie, Amériques)*, Paris, IHEAL, 140 p.

PEARSON, M. N., 1987, *Os Portugueses na India*, Lisbonne, O Jornal, 196 p.

PINA de, M. P., 1989, *Les îles du Cap-Vert*, Karthala, Paris.

PINTO, F. M., 1991, *Pérégrination*, Paris, La Différence (Collection Outre-mers), 808 p. (traduit du portugais et présenté par Robert Viale).

RIBEIRO, O., 1962, *Aspectos e problemas da expansao portuguesa*, Lisbonne, Junta de Investigacoes do Ultramar.

SILVEIRA, L., 1957, *Ensaio de Iconografia dos cidades portuguesas do Ultramar*, Lisbonne, Ministerio do Ultramar, Junta de Investigaçoes do Ultramar, 4 Vol.

THOMAZ, L. F., 1994, *De Ceuta a Timor*, Linda-a-velha, Difusao editorial.

LES GALAPAGOS : PATRIMOINE MONDIAL OU PROVINCE EQUATORIENNE ?

Christophe GRENIER
Université de Paris I

En septembre 1994, lors d'un séminaire organisé par le gouvernement équatorien, un représentant du PNUD annonçait que l'UNESCO pourrait faire passer les Galapagos du statut de Patrimoine Mondial à celui de "Parc National en péril", en raison du développement alarmant de la pêche industrielle à l'intérieur de la Réserve des ressources marines des Galapagos, zone dans laquelle elle est en principe interdite. Et il se déclara favorable à une intervention internationale pour sauver les Galapagos, puisque l'Etat équatorien se montrait incapable de faire respecter les lois censées protéger ce patrimoine mondial. Ces déclarations provoquèrent un tollé dans la presse équatorienne et suscitèrent des réactions d'un nationalisme virulent chez certains représentants de l'Etat. Le gouvernement de Quito envoya cependant des émissaires auprès de l'UNESCO et de l'UICN (Union Internationale pour la Conservation de la Nature) afin de garder aux Galapagos leur inscription au Patrimoine Mondial. Un an plus tard, le statut des Galapagos n'a pas changé alors que les déprédations dans le parc national, qui avaient motivé ce début d'alerte internationale, ont continué et même augmenté.

Cet incident est un exemple des contradictions qui peuvent surgir entre, d'une part, des organisations internationales réglementant la conservation de la nature à l'échelle mondiale et, d'autre part, un Etat promoteur du développement sur son territoire et jaloux de sa souveraineté. De sorte que c'est la dichotomie entre l'interdépendance écologique mondiale d'un côté et la fragmentation du système politique international de l'autre, qu'illustre ici le cas des Galapagos. Ces deux logiques antagonistes paraissent pourtant pouvoir composer : le lien, ténu, entre la sauvegarde abstraite d'une planète-biosphère pour le bien de l'humanité et la prise de conscience par certains Etats de la nécessité de ménager les ressources de leur territoire est la conservation de la nature sur des espaces réservés à cet effet. C'est ainsi qu'aux Galapagos, la nature est protégée comme "patrimoine mondial" au sein d'un parc "national". Mais, en permettant une relation entre les nouvelles préoccupations internationales en matière d'écologie mondiale et les politiques nationales d'aménagement du territoire, la conservation de la nature sous la forme du parc national se trouve, à l'occasion, au centre des polémiques. La raison en est que la conservation de la nature, loin de signifier sa préservation absolue, a toujours eu une finalité pratique, que ce soient la recherche scientifique, le tourisme, la gestion de ressources renouvelables, voire l'affirmation de l'identité nationale ou de la souveraineté étatique sur un territoire. La conservation de la nature renvoie ainsi aux usages particuliers qui sont faits de celle-ci : c'est parce qu'on y a établi un parc national que les Galapagos sont devenues à la fois une province équatorienne et un patrimoine mondial. Ce sont les usages de la nature qui, aux Galapagos, ont mené à ces statuts aujourd'hui contradictoires et de ceux-ci à un *statu quo* synonyme de dégradation écologique, qu'il faut donc commencer par rappeler brièvement.

Deux logiques d'utilisation de la nature des Galapagos

L'incident mentionné ci-dessus s'inscrit dans une histoire conflictuelle entre les usagers étrangers des Galapagos et l'Equateur, pays auquel ces îles appartiennent depuis 1832. L'intérêt porté aux Galapagos tient à leur situation géographique, car c'est elle qui explique la singularité de leur nature et, partant, les usages qui en sont faits. Les mille kilomètres séparant les Galapagos du continent américain constituent une distance à la fois assez réduite pour avoir autorisé l'arrivée d'organismes terrestres particuliers - c'est la dysharmonie insulaire, et un isolement assez poussé pour avoir permis à certains de ces organismes de spécier, d'où les forts taux d'endémisme dans l'archipel. Ces caractéristiques font des Galapagos un endroit unique au monde : depuis la brève escale qu'y fit Darwin en 1835, des centaines d'expéditions scientifiques ont eu lieu dans cet archipel et ont débouché sur des milliers de publications spécialisées, au point que l'on dit de ces îles qu'elles sont l'endroit le plus étudié de la Terre par les naturalistes.

Mais l'isolement relatif des Galapagos explique aussi un peuplement humain permanent très tardif, alors qu'elles ont été librement utilisées par bien des acteurs depuis le XVIIème siècle. Ces îles perdues dans le Pacifique ont en effet longtemps été un "espace ouvert", sur lequel ne s'exerçait aucune autorité étatique : les flibustiers britanniques ont ainsi profité à leur guise de la situation stratégique des Galapagos pour attaquer les galions espagnols, les baleiniers et pelletiers américains ont abondamment puisé dans les stocks de certaines espèces (cachalots, tortues, otaries à fourrure), et les naturalistes occidentaux ont pu librement rassasier leur intérêt scientifique pour ces îles. Car longtemps après l'annexion des Galapagos, l'Etat équatorien a longtemps été trop faible pour relier efficacement l'archipel au continent et, *a fortiori*, pour le contrôler et le coloniser : ce n'est qu'à partir des années 1870 que les Galapagos sont définitivement peuplées d'Equatoriens. Pour affirmer sa souveraineté sur l'archipel, auquel les étrangers portent un intérêt soutenu depuis des siècles, l'Equateur doit donc ouvrir les îles à une colonisation volontaire et fermer ou au moins réglementer leur accès aux étrangers.

Or, au début du vingtième siècle, la nature des Galapagos n'a plus, aux yeux des Occidentaux, une valeur d'échange économique mais d'usage scientifique. De plus, la naissance de l'écologie, l'essor des parcs nationaux un peu partout dans le monde et, surtout, le peuplement de l'archipel par les Equatoriens éclairent les nouvelles préoccupations des naturalistes au sujet des Galapagos. Ils veulent désormais protéger globalement une nature dont ils étudient les écosystèmes - le concept est inventé en 1935, année où une expédition naturaliste internationale érige une statue de Darwin dans le chef-lieu des Galapagos afin de faire pression sur le gouvernement équatorien pour qu'il y crée un parc national. L'objectif des naturalistes occidentaux est donc exactement inverse de celui de l'Etat équatorien : ils souhaiteraient pouvoir fermer des îles qu'ils jugent déjà trop ouvertes. Mais lorsqu'éclate la Deuxième Guerre mondiale, les Galapagos ne sont ni protégées - le premier parc national est un échec - ni intégrées au territoire national - elles sont très mal reliées au continent et peuplées de quelques centaines d'habitants seulement.

L'alliance des naturalistes occidentaux et de l'Etat équatorien crée le Parc National des Galapagos

La guerre change tout : c'est en étant enfin situées dans le champ des relations internationales, entre Etats, que les Galapagos sont arrimées définitivement à l'Equateur, qui espère casser ainsi les réseaux transnationaux des usagers de l'archipel. Cette irruption des Galapagos dans le champ international se fait en moins de vingt ans : en 1942, l'Equateur permet aux Etats-Unis d'installer une base militaire dans l'archipel pour surveiller les abords occidentaux du canal de Panama; en 1952, les Equatoriens participent à la conférence de Santiago sur "l'Exploitation et la Conservation des Richesses Marines du Pacifique Sud"; et en 1959, le Parc National des (PNG) est créé avec l'appui de l'UNESCO. Dans ces trois engagements internationaux, qui portent sur les usages traditionnels des Galapagos comme espace ouvert - situation stratégique, ressources marines et intérêt pour une nature singulière - la communauté des nations est prise à témoin de la souveraineté équatorienne sur l'archipel. L'Etat fait donc appel, pour nationaliser l'espace insulaire, au droit international public plutôt qu'au droit national - dont les décrets et lois sur l'archipel sont, pour la plupart, restés lettre morte. L'inclusion des Galapagos dans le droit international a d'énormes conséquences. D'abord, les infrastructures de la base aéronavale que les Etats-Unis ont édifié sur l'île de Baltra permettent désormais à l'Etat équatorien de relier efficacement l'archipel au continent. Ensuite, lorsque l'Equateur, le Chili et le Pérou ont affirmé leur souveraineté sur 200 milles marins au large de leurs côtes (dont les Galapagos), ils ont usé d'arguments écologiques - l'extension revendiquée correspond à la largeur du courant de Humboldt et de ses ressources en poissons - pour atteindre un objectif d'ordre économique, protéger leurs ressources de pêche des chalutiers américains. Et cette conception de la conservation de la nature comme souveraineté patrimoniale marquera la politique équatorienne vis-à-vis du Parc National des Galapagos.

Enfin, c'est à travers la création d'un parc "national" sous tutelle internationale, en 1959, que l'Equateur et l'UNESCO rendent apparemment compatibles les deux logiques, jusqu'alors contradictoires, d'une conservation de la nature conçue à l'échelle mondiale et de la souveraineté étatique sur le territoire national. Le parc national s'étend sur 97 % de l'archipel, alors que les 3 % restants, où vivent alors quelques deux mille colons, forment neuf enclaves de peuplement réparties sur cinq îles. Mais pour en arriver là, il a fallu transiger. La Fondation Charles Darwin (FCD), une ONG conservationniste créée en cette année du centenaire de la publication de l'"Origine des espèces" par de prestigieux naturalistes occidentaux, est autorisée par l'Etat équatorien à installer une station de recherche biologique internationale dans l'archipel. La FCD, en poussant au développement d'un tourisme de croisière dans l'archipel a, quant à elle, mis en avant les avantages économiques que l'Equateur retirerait d'un parc national.

Le décret présidentiel instituant le Parc National des Galapagos insiste sur le fait que la conservation de la nature des Galapagos est avant tout un acte économique. C'est bien parce que ces îles sont "inaptes à l'agriculture" et par conséquent difficilement colonisables qu'on les transforme en parc national, ce qui leur vaut d'être aussitôt qualifiées de "richesse nationale". Car la nouvelle valeur économique des Galapagos est touristique : elles sont même vouées à devenir un "pôle du tourisme mondial". Pour les naturalistes occidentaux comme pour l'Etat équatorien, le Parc National des Galapagos repose donc sur le trépied sciences naturelles-conservation-tourisme. Mais alors que les naturalistes pensent pouvoir s'en tenir là, la souveraineté patrimoniale de l'Etat sur les ressources naturelles de son territoire, affirmée lors de la création du parc national, vise à renforcer la souveraineté territoriale de l'Equateur sur les Galapagos, selon le processus suivant. Le parc national livré à une recherche scientifique très médiatisée provoquera l'intérêt des opérateurs touristiques et des organisations conservationnistes internationales pour les Galapagos. Une fois que l'afflux des visiteurs étrangers et des fonds internationaux permettra le développement d'une économie de services dans les îles, celles-ci seront enfin attractives pour les Equatoriens. Et le peuplement consécutif des Galapagos renforcera la souveraineté nationale sur le territoire insulaire.

Que la conservation de la nature puisse être synonyme de souveraineté d'un Etat sur son territoire explique bien des déboires actuels des organisations conservationnistes, aux Galapagos comme ailleurs dans le monde. Car dans cette conception-là, il semble n'y avoir de place ni pour un traitement de problèmes écologiques globaux par la communauté des nations, ni pour un droit de regard international sur la conservation de la nature au sein d'un pays donné. Au contraire, une vision de la conservation de la nature débouchant sur la notion de "Patrimoine Mondial" peut être considérée comme une tentative impérialiste de réduire l'exploitation des ressources naturelles du patrimoine national et, par conséquent, d'attenter à la souveraineté du pays.

Une province équatorienne devient Patrimoine Mondial

Les objectifs de peuplement des Galapagos par la création d'une destination touristique axée sur la visite d'un parc national et de développement économique national par la mise en valeur de l'archipel ont été amplement atteints. De plus, le processus enclenché en 1959, après une première décennie de latence, s'accélère sans cesse. En effet, les Galapagos comptaient 2 300 habitants en 1962 alors qu'ils étaient au moins 12 000 en 1994 (thèse en cours de rédaction) : leur population a donc été multipliée par six en trente ans, et elle augmente aujourd'hui à un taux annuel de 7 %. Les touristes sont passés de 4 500 en 1970 à 53 800 en 1994, c'est-à-dire qu'ils ont été multipliés par douze en vingt-cinq ans, et ont augmenté de 36 % depuis 1992 ! Enfin, on estime que le tourisme aux Galapagos a apporté à l'Equateur l'équivalent d'un chiffre d'affaire direct de 35 millions de dollars en 1992 (Grenier, de Miras, 1994), contre 32 millions de dollars en 1990. C'est dans les années soixante-dix que la junte militaire alors au pouvoir en Equateur a véritablement entrepris l'intégration des Galapagos au territoire national, grâce aux revenus tirés du pétrole. En 1973, l'ensemble des Galapagos - parc national compris, donc - sont ainsi élevées au rang de province et divisées en trois cantons, malgré une population très insuffisante au regard des niveaux démographiques habituellement requis : le procédé, également en cours en Amazonie équatorienne, poursuit un objectif de colonisation évident. En effet, la provincialisation des Galapagos fait sauter le verrou juridique au peuplement des îles, car les migrations vers ce territoire jadis administré par l'armée étaient soumises à des contrôles et de fait limitées, alors que le nouveau statut de l'archipel permet à tout Equatorien de s'y installer librement.

On y retrouve les fondations naturalistes du Parc National des Galapagos, l'évocation de la "beauté naturelle" étant prise comme équivalent de fait de la ressource touristique. L'Etat équatorien s'empresse d'accepter le classement des Galapagos sur la liste du "Patrimoine Mondial", ce qui contribue à leur renommée touristique tout en ne demandant pas d'efforts insurmontables. En effet, l'Equateur respecte cette convention à la lettre, même si ce n'est que sur le papier. Or, bien que les multiples plans d'aménagement et de gestion du Parc National des Galapagos ne soient pas respectés, que le SPNG soit largement inopérant et que la Station Darwin s'occupe bien davantage de recherche naturaliste que de conservation, ils répondent parfaitement aux exigences de l'UNESCO.

La convention vide le "Patrimoine Mondial" de son sens en reconnaissant la prépondérance du droit national - dont l'inefficacité est patente aux Galapagos - et en sacralisant le territoire de l'Etat sur lequel il est situé. C'est pourquoi les Galapagos peuvent être à la fois une province équatorienne dont on stimule le développement et un "Patrimoine Mondial" que l'on dit protéger. On notera en outre que la communauté internationale à le devoir, et non le droit, de coopérer à la protection dudit patrimoine : c'est l'Etat sur le territoire duquel il se trouve qui demande la coopération internationale, et la communauté des nations ne peut donc prendre l'initiative d'intervenir.

Les ONG et organisations internationales spécialisées dans la conservation de la nature n'ont donc qu'un second rôle dans la protection du Patrimoine Mondial. La primauté de l'Etat et son monopole du pouvoir politique, explicitement reconnus, cantonnent ces organisations à des tâches technocratiques ou scientifiques qui ne peuvent en aucun cas se substituer à la souveraineté nationale sur le territoire où est situé un "Patrimoine Mondial". L'antenne des organisations conservationnistes internationales aux Galapagos, chargée de seconder l'Equateur dans la conservation de ce "Patrimoine Mondial", est la FCD. Or, celle-ci n'a jamais risqué sa base scientifique internationale aux Galapagos, qui lui assure une rente de situation à la fois scientifique et économique, pour un différent avec l'Etat équatorien sur le territoire duquel elle est installée. La FCD a parfois fait part de ses inquiétudes aux organisations internationales ou aux médias équatoriens et étrangers, mais cette ONG est devenue au fil des ans une institution conservatrice, qui se désavouerait elle-même si elle critiquait les résultats d'une conservation de la nature aux Galapagos dont elle est partie prenante depuis les débuts du Parc National. La FCD reflète en cela le comportement d'une technostructure conservationniste internationale qui se paie de mots ou, selon l'expression de Myrdal, use d'une "diplomatie par la terminologie", attitude convenant parfaitement à l'Etat équatorien. Enfin, la FCD et l'Etat équatorien ont un intérêt commun, puisque tourisme et conservation sont indissociables : des Galapagos inscrites au "Patrimoine Mondial" sont utiles aux deux parties. Car la diffusion mondiale de l'image d'îles préservées où travaillent des naturalistes héritiers de Darwin est une formidable publicité touristique pour l'Equateur. Et en retour, la Station Darwin est devenu le principal site de visite de l'archipel et la FCD dépend de façon croissante des dons des touristes, à raison de 30 % de son budget actuel : l'image d'une station scientifique œuvrant à la conservation d'un Patrimoine Mondial est exploitée par l'ONG auprès de ses bailleurs de fonds institutionnels ou privés.

Crise sociale, crise écologique : une situation bloquée

Au début des années quatre-vingt-dix cependant, les conséquences sociales et écologiques de la politique équatorienne de développement de la province insulaire deviennent alarmantes. Le danger principal sont les migrations de population et leur cortège d'organismes introduits, qui modifient les fragiles écosystèmes d'îles océaniques de façon irréversible. Comme il n'existe aucun système de quarantaine, on estime ainsi par exemple que les 445 espèces de plantes introduites représentent aujourd'hui 45 % de la flore de l'archipel et qu'elles auront dépassé les 50 % en l'an 2000. Mais les écosystèmes ne sont pas seuls en cause, bien qu'ils retiennent l'attention exclusive des naturalistes : le milieu - au sens de "relation d'une société à l'espace et à la nature" (Berque, 1990) - des Galapagos est lui aussi irrémédiablement modifié, en proie à une "continentalisation" aussi poussée que celle qui affecte la nature insulaire. Les migrants, chaque jour plus nombreux, s'entassent dans les premiers bidonvilles des Galapagos, aux frontières d'un parc national dont ils contestent l'extension. Ils amènent avec eux leurs milieux d'origine et se coulent dans les cadres administratif et urbain que l'Etat a voulu identiques à ceux du reste du pays. L'aspect des bourgades se modifie à vue d'œil : la délinquance, autrefois inconnue, a amené les habitants à placer des barreaux à toutes leurs fenêtres; les ordures s'amoncellent dans certaines zones du parc national contiguës aux villages, les eaux usées et les hydrocarbures rejetés par un nombre croissant de bateaux de tourisme finissent en mer sans aucun traitement, le béton gagne dans un modernisme de façade, la circulation automobile augmente...

Or l'Etat est incapable de faire front à cette menace. Ses administrations sont désormais essentiellement occupées à capter une partie de la formidable rente internationale qui se déverse sur les Galapagos par le biais du tourisme et des fonds pour la conservation. De plus, les gouvernements civils ne peuvent modifier la constitution établie par la junte militaire des années soixante-dix, car celle-ci garantit des revenus institutionnels à des forces armées qui se montrent donc hostiles à tout changement sur ce plan : les Galapagos demeureront une province. De sorte que les organisations conservationnistes ne comptent pas sur l'Etat mais sur le marché pour essayer de réguler les migrations vers l'archipel.

Le but de cette politique est de détourner les migrants potentiels des Galapagos en réduisant la part des revenus que la population locale tire du tourisme. Mais les conséquences sociales et écologiques de cette politique de régulation par le marché sont catastrophiques. En effet, alors que la population voit la source de ses revenus touristiques se tarir, les migrations vers les Galapagos s'accélèrent car, depuis le début des années quatre-vingt-dix, on assiste à un "boom" de la pêche aux holothuries exportées vers l'Asie, qui attire dans l'archipel des migrants s'ajoutant à ceux qui persévèrent à vouloir y trouver un emploi dans le tourisme. Les bateaux-usines et chalutiers équatoriens, japonais ou autres qui attendent hors des eaux territoriales - ou se risquent parfois en pleine zone protégée étant donnée l'absence quasi totale de surveillance - sont approvisionnés par de puissants canots à moteur transportant les prises des pêcheurs artisanaux établis dans le parc national. Là, dans des campements regroupant jusqu'à une centaine de personnes, la mangrove est coupée pour fumer les holothuries, de multiples organismes introduits se répandent dans les îles de l'ouest des Galapagos - considérées jusqu'à présent comme intactes, et les fonds marins sont systématiquement ratissés. Or, la population insulaire marginalisée du tourisme cherche maintenant à s'employer dans cette pêche qui paye bien. Face à ces nouveaux réseaux transnationaux d'usagers de la nature des Galapagos, reliant les pêcheurs d'holothuries insulaires aux consommateurs asiatiques par l'intermédiaire d'entreprises de Guayaquil, l'Etat et les organisations conservationnistes sont non seulement impuissants mais divergent à nouveau.

En réalité, l'Etat équatorien se trouve partagé en deux camps reproduisant en grande partie le clivage économique et culturel traditionnel du pays, entre "Costa" et "Sierra". Le puissant groupe de pression des pêcheurs de Guayaquil, soutenu par les Forces Armées, veut exploiter les ressources naturelles des Galapagos au prétexte qu'il s'agit d'une province équatorienne comme une autre et que la population insulaire a droit au développement. Ce camp multiplie les prises de position nationalistes, s'oppose vigoureusement à la FCD et à la présence de naturalistes étrangers aux Galapagos, et bénéficie du soutien d'une partie croissante de la population locale, qui revendique de meilleures conditions de vie au prétexte qu'elle forme "les frontières vives" de l'Equateur aux Galapagos. "Hacemos patria", "nous faisons la patrie" : par leur présence, ces colons marquent les limites du territoire national de leurs corps et sont les preuves vivantes de la souveraineté de leur pays sur l'archipel. Au contraire, les principales entreprises de tourisme et le groupe de pression conservationniste national, basés à Quito, veulent interdire ce type de pêche dans l'archipel parce qu'il donne une image déplorable du pays alors que le gouvernement a l'ambition de faire de l'Equateur un "pôle" mondial de l'écotourisme et que les Galapagos sont la vitrine de ce projet. En juillet 1994, le gouvernement équatorien accomplit deux démarches qui illustrent son double langage ou, tout au moins, ses contradictions. D'une part, après avoir interdit la pêche aux holothuries à cause d'un début de campagne de presse internationale, des pressions de la FCD et d'entreprises de tourisme nationales et étrangères, le gouvernement a constaté que celle-ci se poursuivait malgré tout et a donc accompagné le mouvement en la légalisant. Comme cela était en contradiction totale avec le règlement édicté par ce même Etat équatorien sur la RRMG, cela lui a valu la mise en garde du représentant du PNUD. Mais le même mois, le représentant de Quito auprès de l'UNESCO demandait l'inscription de la RRMG sur la liste du Patrimoine de l'Humanité, ce qui serait excellent en terme d'image conservationniste et donc touristique...

Les dissensions entre intérêts nationaux et législation internationale sur les usages de la nature seront plus fréquentes à mesure de l'aggravation de la crise écologique sur la Terre, et devront être résolues autrement que par un immobilisme désastreux légitimant les Etats comme la technostructure conservationniste mondiale. Car la contradiction grandit entre, d'un côté, la finitude d'une planète-espace entièrement humanisée - le Système Monde - et subdivisée en une marqueterie de territoires nationaux et, d'un autre côté, le caractère apparemment illimité de la croissance démographique, du "progrès" technique et du développement économique. Or, ces phénomènes sociaux, en provoquant des dommages écologiques irréversibles, accélèrent l'entropie au sein de la biosphère, dont l'humanité dépend en tant qu'espèce. La convention de l'UNESCO sur le Patrimoine Mondial, malgré son inefficacité, a contribué à une prise de conscience salutaire.

Mais on ne répond encore à cette question, devenue essentielle, qu'avec des discours. Car la déconnexion est patente entre des notions globalisantes comme "la Terre", "la biosphère" ou "l'humanité", qui n'existent encore que dans la phraséologie des scientifiques ou des organisations internationales, et des réalités aussi intangibles que les Etats territoriaux, leurs populations et leurs recherches effrénées du développement. Ce n'est qu'à partir de la prise en compte de tous usages de la nature dans chaque situation géographique particulière, c'est-à-dire des "milieux", que l'on pourrait espérer trouver des solutions à la crise écologique. Mais pour ce faire, il faudrait d'abord en finir avec une conception de la conservation de la nature monopolisée par les naturalistes alors qu'elle est, d'abord, une affaire sociale. Ce qui revient à dire que le véritable problème n'est pas de conserver la nature mais de préserver les milieux. Car ce sont à fois des isolats écologiques uniques au monde et un "milieu" singulier d'"îléité" qui sont en train de disparaître, ensemble, des îles Galapagos.

Bibliographie

BERQUE, A., 1990, *Médiances. De milieux en paysages,* Montpellier, RECLUS, 159 p.

BONNEMAISON, J., 1990, "Vivre dans l'île. Une approche de l'identité océanienne", *L'Espace géographique*, n° 2, Paris, Doin.

CHEMILLIER-GENDREAU, M., 1995, *Humanité et souverainetés. Essai sur la fonction du droit international,* Paris, La Découverte, 382 p.

Comisión Multisectorial, 1991, *Plan Global de Manejo Turístico y conservación ecológica de Galápagos*, Quito, 67 p.

EPLER, B., 1992, *An Economic and Social Analysis of Tourism in the Galapagos Islands*, University of Rhode Island, Coastal Resources Center, 33 p.

GRENIER, C., 1994, "De l'espace marginal à l'espace pionnier frontalier : ouverture et attraction des Galapagos", *L'Espace géographique*, t. XXIII, n° 3, Paris, Doin, 250-262.
GRENIER, C. et C., de MIRAS, 1994, "Les Galapagos : du mythe d'un espace vierge au partage disputé de la rente", *Cahiers des Sciences Humaines*, vol. 30, n° 4, Paris, Orstom, p. 645-666.
GRENIER, C., 1995, "Les naturalistes et les Galapagos", *Géographie et cultures*, n° 13, Paris, L'Harmattan, p. 107-132.
HURRELL, A. et B., Kingsburry, 1992, dir., *The International Politics of the Environment*. Oxford, Clarendon Press, 492 p.
LARREA, G., 1982, *Patrimonio Natural y Cultural Ecuatoriano*, Quito, Banco Central del Ecuador, 456 p.
MAUCHAMP, A., (à paraître), "Will there be a Limit to Plant Introductions in Galápagos ?", 7 p.
MEFFE G. et C., Carroll, 1994 , dir., *Principles of Conservation Biology*. Sunderland, MA, Sinauer Associates, Inc., 600 p.
OST, F., 1995, *La nature hors la loi. L'écologie à l'épreuve du droit,* Paris, La Découverte, 346 p.
STEPPACHER, R., 1995, "L'ingérence écologique et la globalisation de l'économie de marché", *Ecologie contre nature. Développement et politiques d'ingérence.* Nouveaux Cahiers de l'IUED, Paris, PUF, p. 99-114.
VALENCIA RODRIGUEZ, L., 1977, *El Ecuador y las 200 millas*, Quito, Instituto Panamericano de Geografía e Historia, 199 p.
THORSELL, J., 1994, *IUCN Technical Evaluation. Galapagos Marine Resources Reserve,* Gland, UICN, p. 95-98
UNESCO, 1972, *Convention concernant la protection du patrimoine mondial,* Paris, UNESCO, p. 23-33.
UNESCO, 1994, *Comité du Patrimoine Mondial; Dix-huitième session, Rapport du rapporteur*, Paris, UNESCO, 61 p.

CONCLUSION

André-Louis SANGUIN
Université d'Angers
et Laboratoire Espace et Culture

Vers une approche politique de l'insularité en Union Européenne

Au terme de cette contribution collective, il semble opportun de revenir sur une définition géopolitique de l'insularité. Sous cet éclairage, la meilleure définition semble être celle fournie par Hache :

> "L'insularité, comme phénomène social, est l'usage, par le peuple vivant sur une île ou appartenant à une île, de sa caractéristique géographique intrinsèque en vue de revendiquer une identité distincte, en vue d'expliquer sa situation socio-économique et politico-culturelle, et en vue, enfin, de justifier des demandes spécifiques dans ces divers domaines.
> En tant que telle, l'insularité tend à être le résultat d'un processus de périphérisation économique, sociale, culturelle et politique qui a affecté ces populations, processus qui a été plus ou moins aiguisé et plus ou moins rendu manifeste par leur condition insulaire".
>
> (Hache, 1986)

Cette définition n'a pas la prétention de couvrir tous les aspects de la question mais, tout au moins, elle renforce le point de vue selon lequel l'insularité est d'abord et avant tout un phénomène politique (Aubert de la Rüe, 1935). D'un côté, en effet, nous observons des îles ayant un haut degré d'insularité. Elles ont un sens aigu de leur localisation périphérique. Souvent, elles ont atteint des résultats satisfaisants dans les domaines économiques, politiques et culturels. Elles combattent énergiquement pour l'autonomie, soit pour l'obtenir, soit pour l'augmenter, soit pour la défendre. Cette lutte passe parfois aujourd'hui par la protection de la ressource halieutique et par la défense de la ZEE. D'un autre côté, nous avons des îles où l'insularité sociale n'est plus que résiduelle ou déliquescente. Dans ce type d'îles, la géographie ne peut plus être considérée comme une forme réellement significative d'identification. Ces îles deviennent, largement ou totalement, indifférentes à leur géographie insulaire pour toutes sortes de raisons (Gourmelon et Brigand, 1991). Les sagas nordiques nous apprennent que l'une des méthodes employées par les Vikings pour se partager des terres entre eux consistait à donner les îles à l'un et une part de continent à l'autre. Alors, les drakkars naviguaient le long de la côte et si le bateau avec son gouvernail pouvait traverser la pièce de terre, le territoire était considéré comme une île; dans le cas contraire, la pièce de terre était rattachée au continent (Hache, 1986). Neuf cents ans plus tard, les juristes, diplomates et experts du nouveau Droit de la mer utilisent une vision extravertie de la propriété insulaire : il ne s'agit plus d'exercer sa souveraineté sur un territoire géologique mais sur des zones économiques exclusives faites intégralement d'étendues marines !

En ce qui concerne l'Union Européenne proprement dite, ce changement capital dans la géographie des mers et des océans est aisé à comprendre. Certains Etats qui disposent de territoires insulaires en dehors de l'Europe se trouvent maintenant à contrôler et à posséder des surfaces océaniques considérables. On calcule ainsi que les Etats-Unis, la Grande-Bretagne et la France réunis possèdent à eux seuls 34 millions de km^2 d'espace maritime, soit 26 % des aires océaniques mondiales à contrôle étatique. Plus important pour l'Union Européenne est de retenir que plusieurs de ses Etats membres ont octroyé différents types d'autonomie à leurs îles. Les Baléares et les Canaries n'ont pas exactement le même statut au sein de l'Espagne. La France agit différemment selon qu'il s'agit de ses DOM (Départements d'Outre-Mer), de ses TOM (Territoires d'Outre-Mer) ou de la Corse. Le Danemark fait de même avec les Féroé, le Groenland, Bornholm et les îles côtières. La Finlande a mis en place, dès 1920, au bénéfice des îles Aland ce qui reste comme le modèle mondial d'autonomie insulaire. La Grande-Bretagne applique aussi différentes règles pour l'Ile de Man, les Iles Anglo-Normandes, les archipels extérieurs écossais ou encore pour l'Ile de Wight.

Les îles appartenant à l'Union Européenne se considèrent fréquemment comme mal préparées ou désavantagées par rapport au fonctionnement du Marché unique. Par voie de conséquence, ces îles demandent à Bruxelles les mêmes aides financières que celles octroyées aux régions sous-développées du continent. Ces aides plus connues sous le nom de Fonds structurels visent à combler le fossé face aux régions les plus riches, les plus grosses, les plus développées et les plus industrialisées du continent. La Commission Européenne a compris le problème. Même si les îles ne représentent que 4 % de la population totale de l'Union Européenne, les insulaires constituent 16 % de la population vivant dans les régions désignées Objectif 1. Ce sont celles qui reçoivent l'essentiel des fonds structurels. Ces fonds, au montant de presque 6 milliards d'écus en 1994, proviennent du FEDER (Fonds Européen de Développement Régional), du FSE (Fonds Social Européen), du volet "Orientation" du FEOGA (Fonds Européen d'Orientation et de Garantie Agricoles) auxquels s'ajoutent des programmes spéciaux comme REGIS, POSEIDOM, POSEICA ou RECITE. Il existe cependant un aspect délicat à propos de cette question. En effet, près d'un million d'insulaires européens ne tombent pas dans cette catégorie et, dès lors, ne sont pas éligibles à ce type d'assistance ou ne sont éligibles qu'à une assistance réduite. C'est le cas de l'Ile de Wight ou des Baléares. Aussi le couperet a-t-il bien fini par tomber quelque part pour départager les îles qui, aux yeux de la Commission, sont significativement affectées par l'insularité de celles qui ne le sont pas ou qui ne le semblent pas ! Tout le débat consiste à savoir quels sont exactement les indicateurs socio-économiques capables de donner pleine satisfaction à cette question hautement sensible.

La préoccupation "insulariste" au sein des instances dirigeantes de l'Union Européenne a été le fruit d'un long cheminement. En 1973, était créée la Conférence des Régions Périphériques Maritimes de la Communauté Européenne. Suite au Traité de Maastricht, la création du Comité des Régions d'Europe en 1994 constitue une étape importante de son action. Au sein de la Conférence, la Commission des Iles, fondée en 1980, rassemble vingt régions insulaires représentant 13 millions de citoyens répartis sur 106 000 km^2 (des Canaries à la Crète en passant par la Corse et les Shetland). Ses deux objectifs essentiels sont, d'une part, les échanges et la coopération inter-régionale entre les communautés insulaires de l'Union Européenne et, d'autre part, l'obtention de politiques appropriées en faveur des îles de la part de Bruxelles. Sans doute à cause de ses origines, l'Union Européenne a eu trop longtemps une vision continentale de son avenir. Jusqu'à récemment, les problèmes concernant la mer, les îles et le littoral avaient été traités séparément sans vision globale. Les choses sont en train de changer. De fait, les îles européennes présentent une grande variété de situations en matière de taille, de population, de climat, d'économie. Toutefois, cette diversité ne doit pas masquer nombre de difficultés et de problèmes communs. Du fait du processus de l'intégration européenne, la Commission à Bruxelles et le Parlement à Strasbourg sont maintenant amenés à les comparer et à les évaluer.

Les transports sont le problème le plus évident des îles de l'Union Européenne. En clair, les insulaires n'ont pas la même liberté de se déplacer que les citoyens continentaux. D'un côté, les bateaux et les avions sont soumis aux aléas des intempéries, des grèves, des ennuis mécaniques. De l'autre, tant pour les passagers que pour les marchandises, les coûts de transport continent/île sont lourds. Ainsi, par exemple, il peut arriver que des produits de base (matériaux de construction, engrais, aliments pour bétail) coûtent le double que sur le continent. Dans certaines îles, l'isolement peut avoir des aspects extrêmes. Dans la petite île de Flores aux Açores, en hiver, le taux d'annulation des vols peut atteindre 50 % et, quelquefois, des navires y ont jusqu'à deux mois de retard (CRPM, 1995). Certains problèmes sont exacerbés par la configuration montagneuse de telle ou telle île où l'espace disponible est encore plus limité. A Madère, il a fallu construire sur des piliers en béton en mer l'aéroport de l'île. L'intérieur des îles est de plus en plus déserté.

Les Açores comptent 9 îles pour un total de 250 000 habitants. Or, elles s'étendent dans l'Atlantique sur 600 km, soit exactement la largeur de l'Allemagne. Plus encore, les îles mineures d'un archipel sont soumises au phénomène de "double insularité" ou de "surinsularité". Pour répondre aux besoins de ces communautés isolées, les gouvernements régionaux doivent démultiplier toutes les infrastructures : ports, aéroports, écoles, hôpitaux...

Les indicateurs socio-économiques ont tendance à refléter les conséquences de l'insularité. Ainsi, en 1988 pour un indice 100 moyen en Union Européenne, le PIB *per capita* des Canaries était de 73, celui de la Sicile de 70,2, de la Sardaigne de 75, de la Corse de 76,2 et celui des DOM français d'environ 42. Le taux de chômage peut dépasser dans certaines îles les 20 % voire les 30 %. Même des îles touchant carrément le continent, avec une population importante et une prospérité supérieure à la moyenne de l'Union, souffrent des coûts de l'insularité. Le voyage aller/retour entre l'Ile de Wight et l'Angleterre coûte trois fois plus cher qu'entre le Royaume-Uni et le continent !

La situation démographique des îles de l'Union Européenne révèle leurs communes difficultés. Si Madère a une densité de 334 habitants au km^2, celle-ci tombe à moins de 10 habitants au km^2 pour les Hébrides. La population des îles écossaises a dégringolé de 42 % entre 1871 et 1971, celle des Cyclades a chuté de 30 % depuis 1950.

Une politique pour les îles de l'Union Européenne est devenue une urgence. En 1989, lors d'une conférence tenue à Ajaccio, Jacques Delors, à l'époque président de la Commission Européenne, mentionna la possibilité de "créer un cadre général qui permettrait aux îles de surmonter leur handicap naturel". Lors du Sommet de la Guadeloupe (29-31 mars 1995), les présidents des sept régions ultrapériphériques de l'Union Européenne ont réaffirmé avec force la pertinence du concept de l'"ultrapériphéricité" définie dans la Déclaration n° 26 du Traité de Maastricht. Plus encore, ils demandent qu'à l'occasion de la Conférence Inter-gouvernementale de 1996-1997 un nouvel article soit inclus dans le Traité instituant l'Union Européenne. Cet article se lit comme suit :

> "Les dispositions du Traité instituant l'Union Européenne et celles du droit dérivé s'appliquent aux régions ultrapériphériques (départements français d'outre-mer, Açores, Canaries, Madère). Toutefois, pour tenir compte des réalités et des spécificités de ces régions, le Conseil adopte des mesures particulières en leur faveur, sur proposition de la Commission et selon la procédure prévue à l'Article 189B, après consultation du Conseil Economique et Social et du Comité des Régions, dans la mesure et aussi longtemps qu'il existe un besoin objectif de prendre de telles dispositions. Celles-ci doivent répondre, notamment, à l'objectif de la cohésion économique et sociale visée par les articles 130A et suivants du Traité, en permettant, en particulier, à ces régions de rattraper le niveau économique et social moyen de

l'Union. Les dispositions du droit dérivé relatives aux régions ultrapériphériques, actuellement en vigueur, restent d'application".

Toujours à ce même sommet, les présidents des régions les plus éloignées de l'Union Européenne continentale (Açores, Canaries, Guadeloupe, Guyane, Madère, Martinique, Réunion) ont signé le Protocole de Coopération entre les Régions Ultrapériphériques (Pointe à Pitre, 29 mars 1995). Ces évolutions politiques récentes montrent que les îles européennes se préoccupent dorénavant de questions politiques comme leur présence au Parlement Européen, l'application du principe de subsidiarité ou de domaines pratiques comme la pêche, la sécurité maritime, la prévention de la pollution en mer, l'aménagement des côtes, les transports île/continent ou île/île (Anckar, 1994).

Significative est également la montée en puissance du concept de "vulnérabilité insulaire". L'idée de construire un indice de vulnérabilité revient à Lino Briguglio. De fait, beaucoup de petits Etats insulaires enregistrent un PNB par habitant relativement élevé, ce qui donne une impression de force économique. En réalité, ces îles ont une économie fragile et sont continuellement exposées à des développements économiques hors de leur contrôle. En 1991, L. Briguglio a été chargé par l'UNCTAD (United Nations Conference on Trade and Development) de développer une méthodologie et de construire cet indice. La United Nations Global Conference on the Sustainable Development of Small Island States (La Barbade, avril 1994) a recommandé dans son plan d'action la construction de l'indice de vulnérabilité (Briguglio, 1995; Briguglio et Bezzina, 1995).

Finalement, dans ses composantes politiques, l'insularité n'est pas automatiquement plus forte dans les petites îles et plus faibles dans les grandes îles. Par exemple, alors que la Sicile (25 000 km^2 pour 5 millions d'habitants) est bien perçue comme une île, le Danemark, dans le même temps, n'est quasi pas considéré comme une île. Pourquoi ? Sans doute tout simplement parce que Sjaelland, île sur laquelle est localisée Copenhague, est le centre politique, économique et culturel d'un pays européen prospère. A l'inverse, la Sicile est appréhendée par l'opinion publique européenne d'abord comme une région sous-développée puis ensuite comme une île tout simplement parce qu'elle localisée dans le Mezzogiorno. Pour beaucoup, le Groenland est considéré comme un petit continent et non comme une île parce que sa superficie est de 2 175 000 km^2. En dehors de la pêche, les ressources groenlandaises sont rares. La population n'est que de 53 000 habitants et la capitale Nuuk est située à 3 500 km de Copenhague, capitale de l'Etat d'appartenance légale. En outre, la population du Groenland, essentiellement Inuit, jouit d'une histoire et d'une culture complétement distinctes de celles du Danemark. Les Groenlandais ont lutté avec succès pour l'obtention de l'autonomie et se sont retirés de l'Union Européenne. A tous égards, le Groenland ne peut être reconnu comme un continent mais davantage comme une région ultrapériphérique.

En conclusion, disons que l'insularité endosse une dimension politique multiple. En Ecosse, les îles externes des archipels ont le même type de rapport avec l'île principale qu'avec le continent. Si d'un point de vue européo-continental, nous considérons la Sicile comme une île, les Siciliens eux-mêmes tendent à se percevoir comme des "continentaux" par rapport aux résidents des archipels externes (Stromboli, Vulcano, Egadi, Favignana, Pantelleria, Lampedusa, Linosa...). En situation de "double insularité", les archipels de l'Union Européenne souffrent de relations complexes en terme de rapport centre-périphérie. De même, les îles montagneuses (Corse, Madeire, Réunion) requièrent une attention particulière que l'insularité peut cacher (Hache, 1986).

Bibliographie

ANCKAR, Dag, 1994, "Geography as a Political Determinant : Notes on Legislatures in Small Island States", *Insula, International Journal of Island Affairs*, vol. 3, n° 2, p. 25-27.

AUBERT DE LA RÜE, Edgar, 1935, *L'homme et les îles*, Paris, Gallimard.

BRIGUGLIO, Lino, 1995, "The Vulnerabilities of Small Island States", *World Development.*

BRIGUGLIO, Lino et Joseph BEZZINA, 1995, *Gozo and Its Culture*, Blata l-Bajda (Malte), Formatek Ltd.

CRPM (Conférence des Régions Périphériques Maritimes de l'Union Européenne), 1995, *L'Europe des Iles*, Rennes, CRPM.

HACHE, Jean-Didier, 1986, "Les communautés insulaires du Nord de l'Atlantique et la militarisation des océans", *Stratégique*, n° 1, p. 95-131.

GOURMELON, Françoise et Louis BRIGAND (sous la direction de), 1991, *Territoires et sociétés insulaires*, Paris, Ministère de l'Environnement, collection Recherche/Environnement, n° 36.

Postface

L'île, l'amour, l'Europe

André-Louis SANGUIN

Je voudrais achever cette contribution collective que fut le Colloque de Minorque par une trilogie allégorique tirée de la mythologie grecque. Cette trilogie, appelons-la "l'île, l'amour, l'Europe".

Europe (du grec Europê ou Evropi qui veut dire vision large) est une très belle fille. Elle est la fille d'Agénor, roi légendaire de Phénicie et la soeur de Cadmos. Zeus, le dieu, est tellement séduit par cette belle fille que, pour l'approcher, il se métamorphose en taureau blanc. Europe monte sur le taureau blanc. Tous les deux, ils marchent, ils courent, ils nagent à travers l'archipel grec puis ils arrivent dans l'île.

L'île, c'est la Crète et là, dans l'île, ils font l'amour. De leurs ébats amoureux naissent trois fils, des rois. Parmi eux, Minos, fondateur de la civilisation crétoise dont nous sommes les héritiers.

Europe bâtit avec ses fils le continent où nous vivons (Girault, 1986)[1]*. Europe a commencé son grand parcours en faisant l'amour sur une île. Cadmos, ce prince de Tyr qui, parti à la recherche de sa soeur Europe, devint le fondateur de Thèbes représente le symbole européen de la quête, transformant la notion d'une Europe introuvable en un acte créateur exemplaire.*

L'île, c'est l'amour; l'île, c'est la femme. L'homme, c'est Zeus, parti du continent... L'homme, c'est le continent. Or, l'homme-continent a aimé, aime et aimera toujours la femme-île et ses séductions.

---

1. Girault, René, "De l'existence de la déesse Europe", *Hérodote* , 1986, n° 40

645085 - Mars 2016
Achevé d'imprimer par
1livre.com
du rêve à la réalité !

Made in the USA
Monee, IL
08 November 2026

68033807R00214